青藏高原羌塘沉积盆地演化与油气资源丛书

羌塘盆地重点区块调查与评价

王　剑　孙　伟　付修根　谭富文 等　著

科 学 出 版 社

北 京

内 容 简 介

本书是“青藏高原羌塘沉积盆地演化与油气资源丛书”的一个分册，系统地总结羌塘盆地重点区块地质-地球物理特征，特别是2015年以来石油地质调查的新认识和新成果。本书在概述羌塘盆地的基础地质及油气地质等基础上，详尽论述各重点区块的地层与沉积特征、油气生储盖层及组合、油气成藏与保存、地球物理、地球化学等石油地质特征，在此基础上开展综合评价与目标优选，并指明羌塘盆地下一步勘探方向。

本书对青藏高原海相沉积盆地演化与油气勘探具有较大的参考价值，可供从事石油地质勘探工作者、科研人员和相关院校师生参考。

图书在版编目（CIP）数据

羌塘盆地重点区块调查与评价/王剑等著. —北京：科学出版社，2020.8

（青藏高原羌塘沉积盆地演化与油气资源丛书）

ISBN 978-7-03-063124-4

Ⅰ. ①羌…　Ⅱ. ①王…　Ⅲ. ①羌塘高原－含油气盆地－石油天然气地质－评价　Ⅳ. ①P618.130.202

中国版本图书馆CIP数据核字（2019）第249393号

责任编辑：罗　莉 / 责任校对：彭　映
责任印制：罗　科 / 封面设计：蓝创视界

科学出版社 出版
北京东黄城根北街16号
邮政编码：100717
http://www.sciencep.com
四川煤田地质制图印刷厂印刷
科学出版社发行　各地新华书店经销
*
2020年8月第　一　版　开本：787×1092　1/16
2020年8月第一次印刷　印张：19 1/2
字数：463 886

定价：298.00元

（如有印装质量问题，我社负责调换）

丛书编委会

《羌塘盆地重点区块调查与评价》
作 者 名 单

王　剑　孙　伟　付修根　谭富文
陈　浩　谢尚克　曹竣锋　陈　明
刘中戎　宋春彦　陈文彬　李忠雄
王羽珂　王　东　曾胜强　冯兴雷

前　　言

油气是国家经济社会发展不可或缺的重要资源。近年来，中国自产的能源与消耗的能源之间存在巨大缺口，石油约 70%依赖进口，天然气 38%也需要进口，国家一直致力于寻找油气资源后备基地。羌塘盆地位于青藏高原腹部，位于可可西里-金沙江缝合带、班公湖-怒江缝合带之间，面积约为 22 万平方千米，是青藏高原内部海相地层保存最为完整、最大的中生代海相含油气盆地。我国地质学家经过长期的调查研究，已初步证实羌塘盆地分布面积广、沉积厚度大、成油气条件好、区域封盖好、构造较为稳定，是最有望成为我国大型油气田战略基地的含油气盆地，是我国新区油气地质战略性选区调查的首选目标。

20 世纪 50～90 年代初，青藏高原油气地质调查工作主要集中于羌塘盆地外围的陆相盆地。1993～1998 年，中国石油天然气总公司勘探局青藏油气勘探项目经理部对青藏高原开展了以羌塘盆地为重点的全面的石油地质预查工作，主要的工作手段包括：石油地质填图、路线地质调查、物化探和专题研究等，形成了一系列分析数据、成果报告及专著，并对羌塘盆地石油地质条件开展了初步评价。2001 年以来，原国土资源部先后组织了部重点项目“青藏高原重点沉积盆地油气资源潜力分析”（2001～2004）、国家专项“青藏高原油气资源战略选区调查与评价”（2004～2008）、国家专项“青藏高原重点盆地油气资源战略调查与选区”（2009～2010）、国家油气专项“青藏地区油气调查评价和青藏地区多能源综合地质调查”（2012～2014），用地面地质调查、地震及非地震物探等方法全方位揭示各盆地的油气资源远景，先后完成了横穿羌塘盆地、措勤盆地和岗巴-定日盆地的石油地质综合大剖面调查、大地电磁测量，羌塘盆地的 1∶5 万区块构造详查、二维地震方法实验、地质浅钻及低密度化探测量等工作，形成了多个综合性成果报告及专著，认为羌塘盆地具有形成大型油气田的地质背景，并优选出了 6 个远景区带及 9 个远景区块。

本书是继上述工作之后在羌塘盆地区块调查方面取得的一些最新成果，依托中国地质调查局成都地质调查中心 2015 年“羌塘盆地油气资源战略调查”工程和 2016～2018 年“羌塘盆地金星湖-隆鄂尼地区油气资源战略调查”二级项目开展的大量地质-地球物理资料。项目自 2015 年启动以来，调查与研究工作历时 4 年，针对羌塘盆地开展了石油地质调查和地球物理测量及处理解释等工作，取得了一系列重要地质认识和研究成果。①明确了羌塘盆地主要有利区块为半岛湖区块、托纳木区块、隆鄂尼-昂达尔错区块和鄂斯玛区块，阐述了各区块主要生储盖层及组合、油气成藏等基本石油地质特征。②在半岛湖区块落实了 9 个地腹构造，并优选出半岛湖 6 号和半岛湖 1 号为区块最有利构造；通过钻井揭示，确定区块中侏罗统布曲组、上三叠统那底岗日组底部、上三叠统肖茶卡组上部存在油气藏，夏里组和雀莫错组存在对油气保存极为有利的巨厚膏岩层；综合评价认为区块勘探第一目的层为中侏罗统布曲组颗粒灰岩及礁灰岩层，第二目的层为中下侏罗统雀莫错组砂砾岩层和上三叠统肖茶卡组砂岩层。③明确了托纳木区块具有“两隆夹一凹”构造形态，落实了

6 个地腹构造，并优选出托纳木 4 号构造和托纳木 2 号构造为区块最有利构造；综合评价认为区块勘探第一目的层为中侏罗统布曲组颗粒灰岩层，第二目的层为中下侏罗统雀莫错组砂砾岩层和上三叠统土门格拉组砂岩层。④详细论述了隆鄂尼-昂达尔错白云岩层的时空分布、白云岩的结构构造，提出白云岩多期复合成因机制（即早期低温混合水白云石化、中期高温埋藏白云石化、晚期燕山期和喜马拉雅期构造白云石化），建立了油藏模式；综合评价认为区块勘探目标层位为中侏罗统布曲组含油白云岩层、中侏罗统沙巧木组石英砂岩和上三叠统土门格拉组上部砂岩层，目标区为北部逆冲断层下盘和凹陷内的玛日巴晓萨低凸起地区。⑤首次在区块崩果额茸-唐日江木东-托木日阿玛一带布曲组地层中发现多个含油白云岩点，提出南羌塘拗陷隆鄂尼-昂达尔错古油藏带可以东延至鄂斯玛区块的观点；综合评价区块勘探目标层位为中侏罗统布曲组含油白云岩层和上三叠统夺盖拉组砂岩层。

本书是在中国地质调查局资源评价部领导下，在中国地质调查局成都地质调查中心统一组织下，由成都地质调查中心、成都理工大学、中国地质大学（北京）、中国石油集团东方地球物理勘探有限责任公司、中国石油化工股份有限公司勘探分公司、西藏地质矿产勘查开发局第六地质大队、盎亿泰地质微生物技术（北京）有限公司、四川省中成煤田物探院研究有限公司、山东省地质矿产勘查开发局第三地质大队和环县生强物探技术服务有限公司等 10 个单位实施完成的；本书的统稿和校对工作是作者在西南石油大学完成的；本书是广大地质工作者集体劳动的结晶。

本书是在工程及二级项目负责人王剑、谭富文、付修根的主持和参与下完成。本书分为八章，编写具体分工如下：前言由孙伟主笔，陈明、付修根参与编写；第一章由陈明主笔，孙伟参与编写；第二章由陈明主笔，谭富文、陈浩参与编写；第三章由王剑主笔，付修根、宋春彦、陈明参与编写；第四章由谢尚克主笔，李忠雄、孙伟参与编写；第五章由孙伟主笔，陈明、陈浩、王羽珂参与编写；第六章由孙伟主笔，陈文彬、陈明参与编写；第七章由曹竣锋主笔，陈明、孙伟参与编写；第八章由孙伟、陈明主笔。全书由陈明、孙伟统撰。

本书在编写过程中，中国地质调查局及成都地质调查中心各级主管领导提出了工作思路、方法和大量指导性建议，本二级项目之相关子项目工作人员、中国地质调查局成都地质调查中心车队和中国地质调查局拉萨工作站提供了大力支持和帮助，在此表示衷心的感谢！

目　录

第一章　盆地基础地质概况

青藏高原在地质历史演化过程中形成了若干缝合带和稳定地块，羌塘盆地位于可可西里-金沙江缝合带与班公湖-怒江缝合带之间的昌都-羌塘稳定地块之上，盆地内在前奥陶系变质结晶基底之上充填了古生界、中生界和新生界地层。通过多年的研究表明，羌塘盆地是青藏高原诸多盆地中面积最大、研究程度相对较高、油气资源潜力最大、石油勘探最被重视的盆地。

第一节　盆地基本构造格架

羌塘盆地的构造位置决定了其形成演化直接受控于南、北两侧构造带的演化，要认识羌塘盆地的形成演化，首先必须了解盆地南北构造边界的构造演化及盆地的基底特征。

一、盆地边界

地质、地球物理调查研究表明（王剑等，2004，2009），羌塘盆地北部边界为可可西里-金沙江缝合带；南部边界为班公湖-怒江缝合带；西部以中生界地层尖灭为界，大致位于东经 84°；东部以侏罗系海相地层尖灭为界，大致位于东经 94°。

1. 盆地北部可可西里-金沙江缝合带的构造演化

可可西里-金沙江缝合带在空间上沿拉竹龙—若拉岗日—西金乌兰湖—玉树—巴塘—得荣一线展布，向西与红山湖-乔尔天山缝合带相连，其间在郭扎错一带被阿尔金山断裂所裁切。以玉树为界，缝合带可分为东西两段，西段（拉竹龙—玉树段）呈东西向延伸，为巴颜喀拉地块与羌塘地块的分界线；东段（玉树—得荣段）呈南东向延伸，为昌都地块与川西高原分界。

前人曾对可可西里-金沙江缝合带做过大量的研究工作（刘增乾等，1990；Dewey et al.，1990；常承法，1992；莫宣学等，1993；边千韬等，1997；尹集祥，1997），缝合带北以郭扎错-羊湖-萨玛绥加日-西金乌兰湖北断裂为界与可可西里盆地相邻；南以拉竹龙-玛尔盖茶卡-雪环湖-乌兰乌拉湖北断裂与羌塘盆地相接[成都理工大学，2002；中国地质大学（武汉），2005]。该缝合带在地面上为一条规模巨大的构造混杂岩带，由大量被肢解的地层断块和岩浆岩断块组成，主要包括断续延伸的三叠系若拉岗日群，泥盆系—二叠系碎屑岩及灰岩断块、放射虫硅质岩块、基性超基性岩块等。

根据 1∶25 万区调资料（新疆维吾尔自治区地质调查院，2005），该构造带在晚泥盆系到早二叠世时期为拉张背景，充填了一套变深的沉积序列组合，特别是在石炭—早二叠世时期扩张达到高峰，堆积了大量的浊积岩和火山岩；晚二叠世时期，缝合带逐渐消减闭合，充填了一套深水、浅水混合沉积组合；三叠纪时期，缝合带发生碰撞，充填了一套从深水浊流到浅水过渡相的变浅序列。地层接触关系上，在西金乌兰湖出现蛇绿岩之上为晚二叠世晚期—早三叠世砂岩不整合覆盖（边千韬等，1993）；在玉帽山一带出现下二叠统热觉茶卡组不整合于石炭系—下二叠统西金乌兰群之上（新疆维吾尔自治区地质调查院，2005）；在金沙江沿岸存在上、下二叠统之间的不整合接触，或者上三叠统地层不整合在海西期花岗岩与二叠系地层之上；在若拉岗日—绥加山一带见上三叠统平行不整合于中三叠统地层之上。目前比较可靠的资料显示蛇绿岩的形成时代为石炭纪、二叠纪。因此认为金沙江洋盆打开于晚泥盆—早二叠世，汇聚闭合于晚二叠世，三叠纪为陆内碰撞造山时期。关于洋盆的俯冲极性，主要存在向北和向南两种观点（沈上越等，1994；罗建宁，1995；潘桂棠和李兴振，1996；王剑等，2009），根据北羌塘在晚三叠世具有北深南浅的楔形结构、缝合带南侧的构造主要表现为向南逆冲的特点，因此本书倾向于洋盆向北俯冲。

2. 盆地南部班公湖-怒江缝合带的构造演化

班公湖-怒江缝合带西起班公错，向东经日土、改则、东巧、安多、索县、丁青，然后沿怒江南下进入缅甸境内，全长 2000 km 以上。

缝合带北界大致沿班公湖—羌多—康托南—安多—巴青一线与羌塘盆地分界；南界大致沿日土—盐湖—改则—尼玛—东巧—索县—丁青与拉萨地块相邻，带宽数公里至数十公里。构造带内主要出露一套巨厚的三叠系乌嘎群和侏罗系木嘎岗日群深海相复理石沉积岩系和蛇绿岩。蛇绿岩组成包括堆晶辉长岩、块状玄武岩、放射虫硅质岩，以及大量出露的斜长花岗岩等（邓万明，1984；王希斌等，1987；张旗和周国庆，2001）。

根据 1∶25 万区调资料和前人科研成果（王剑等，2004，2009），本书认为班公湖-怒江构造带在晚三叠世快速扩张，充填了一套由深水复理石、基性超基性火山岩、放射虫硅质岩等组成的蛇绿岩套。晚侏罗世开始俯冲消减，侏罗纪末—早白垩世洋盆闭合，并隆升为陆，充填了一套水体逐渐变浅的浅水沉积序列。晚白垩世进入陆内沉积阶段，对洋盆的俯冲极性存在着向北俯冲、双向俯冲、向南俯冲以及和平停靠方式来完成洋盆的关闭等观点（潘桂堂，1983；罗建宁，1995；侯增谦等，1996；Kapp et al.，2003；杜德道等，2011；Pan et al.，2012；Zhu et al.，2013；梁桑等，2017）。本书通过对深部地震反射结构（赵文津等，2002；Haines et al.，2003）、缝合带南侧堆积有岛弧型火山岩及俯冲到碰撞期的中—酸性侵入岩的分析，认为缝合带向南俯冲趋于合理。

二、盆地基底

长期以来，对于羌塘盆地是否存在古生代以前的刚性结晶基底，争论较大（李才，2003；李才等，2000，2005；黄继均，2001；王国芝和王成善，2001；谭富文等，2009）。通过对地质调查、地震及非地震地球物理勘探和前人研究成果等进行综合分析，本书认为羌塘盆地存在前奥陶系变质结晶基底。

1. 地表地质调查证实羌塘盆地存在变质结晶基底

赵政璋等（2001a）认为分布于中央隆起带戈木日—玛依岗日—阿木岗一带的原戈木

日群中下部变质岩为前震旦系地层，岩性主要由片麻岩（包括白云钾长片麻岩、花岗片麻岩、石榴石片麻岩、黑云片麻岩等）、片岩（包括含榴二云石英片岩、绿泥绢云石英片岩、黑云石英片岩、石榴二云片岩等）、石英岩和大理岩等组成。王成善等（2001）在该套变质岩中获得 Pb-Pb 法年龄 1111 Ma 和 1205 Ma，说明其原岩时代应为元古宙。

谭富文等（2009）在羌塘盆地中央隆起带北缘，玛依岗日北侧的兰新岭附近发现含夕线石和蓝晶石的片麻岩。岩石组成为细粒斑状角闪黑云斜长片麻岩、中粒斑状蓝晶石夕线石黑云斜长片麻岩、中粒斑状条带状夕线石黑云斜长片麻岩等（图 1-1），锆石的 SHRIMP U-Pb 法最老年龄为 2498～2374 Ma，说明其原岩时代应为元古宙。

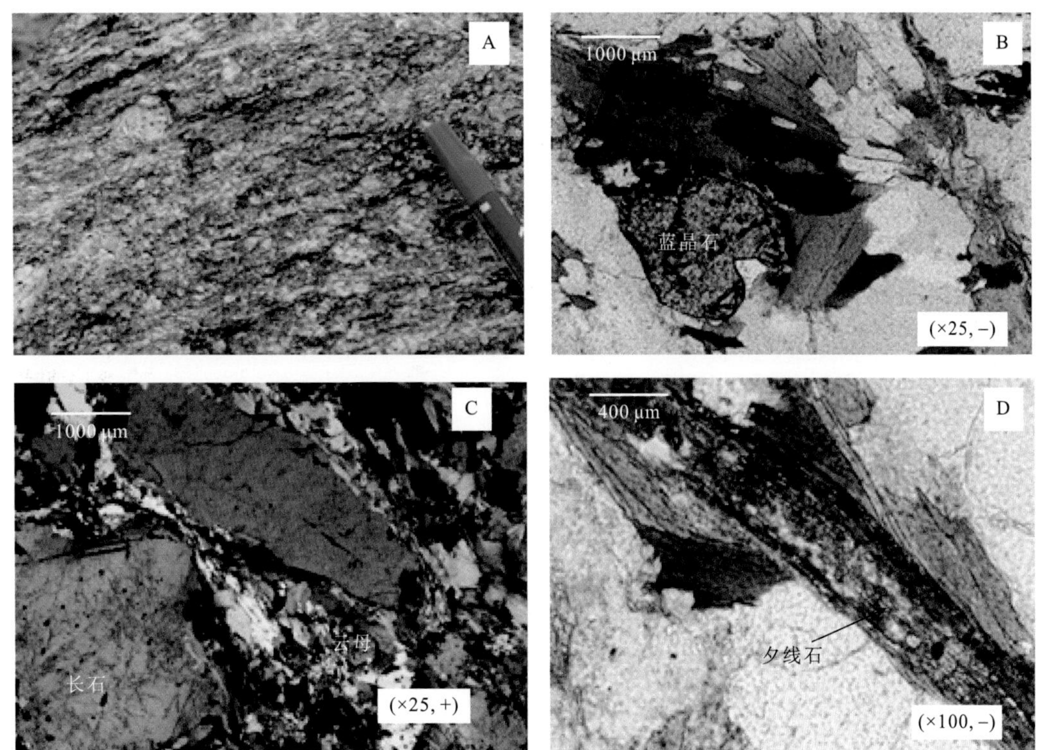

图 1-1　俄久卖片麻岩的岩石学特征（谭富文等，2009）

A. 中粒斑状蓝晶石夕线石黑云斜长片麻岩；B. 片麻岩中的蓝晶石；
C. 片麻岩中的长石斑晶；D. 沿黑云母解理缝交代的夕线石柱状晶体

2. 地球物理勘探证实羌塘盆地存在变质结晶基底

（1）根据王剑等（2009）的研究，前奥陶系基底变质岩的密度平均为 2.778 g/cm^3，而上覆地层的密度平均为 2.634 g/cm^3，二者相差 0.144 g/cm^3，说明基底变质岩表现出较为明显的重力异常。

（2）根据南、北羌塘数条二维地震剖面显示，在双程走时 4～6 s 范围存在明显的反射界面（图 1-2、图 1-3），该反射界面埋深大致在 10 km 以上，结合地表地质研究推测，该界面可能为盆地基底界面。

（3）通过对中石油 1994～1997 年的大量岩石物性数据统计，羌塘盆地高电阻体为变质岩、碳酸盐岩、岩浆岩和膏岩；低电阻体为砂泥岩层。王剑等（2009）对盆地片麻岩的电性测量显示为高电阻率特征，平均为 280 Ω·m。根据大地电磁、二维地震剖面对比及综合研究，盆地的结晶基底在剖面上表现为较连续的高阻层，埋深为 10～15 km，虽然起伏较大，但对应一个较为明显的电性界面。

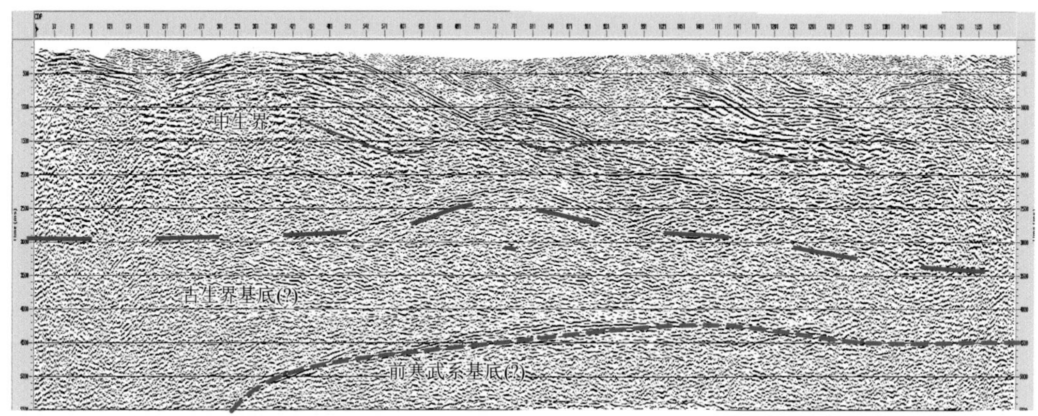

图 1-2　羌塘盆地毕洛错地区二维地震（QT2004-2）测线揭示的三个构造层

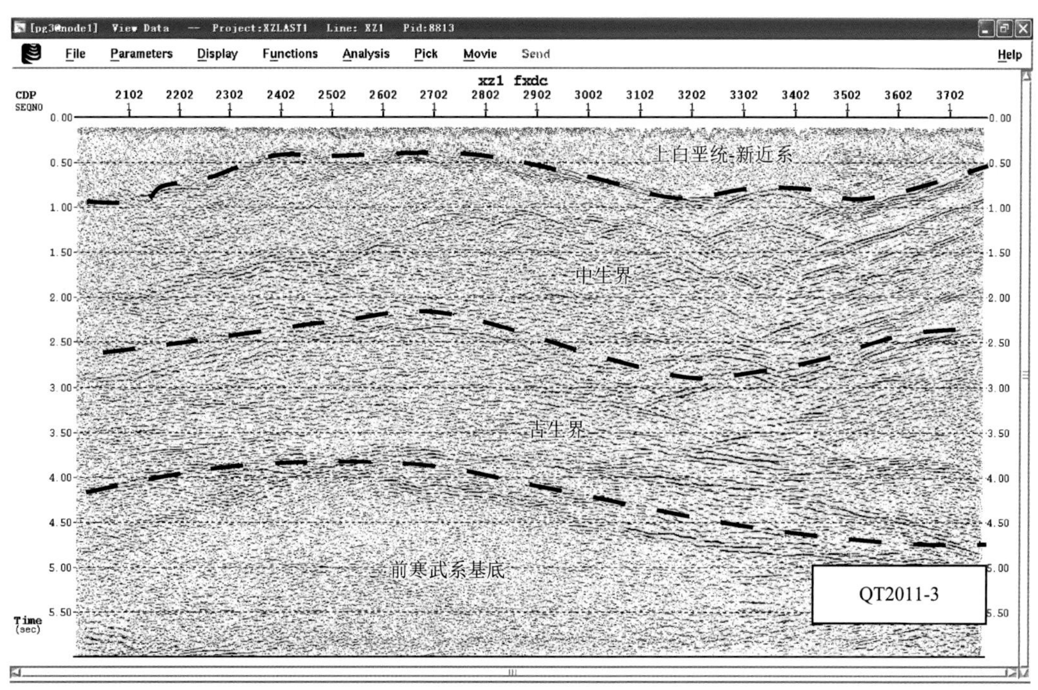

图 1-3　羌塘盆地托纳木地区二维地震（QT2011-3）测线揭示的构造层

3. 盆地基底特征

从上述地质、重力、二维地震、大地电磁等分析，羌塘盆地存在前奥陶系结晶基底。根据重力、地震等资料，王剑等于 2005 年重新编制了盆地基底轮廓图（图 1-4）。

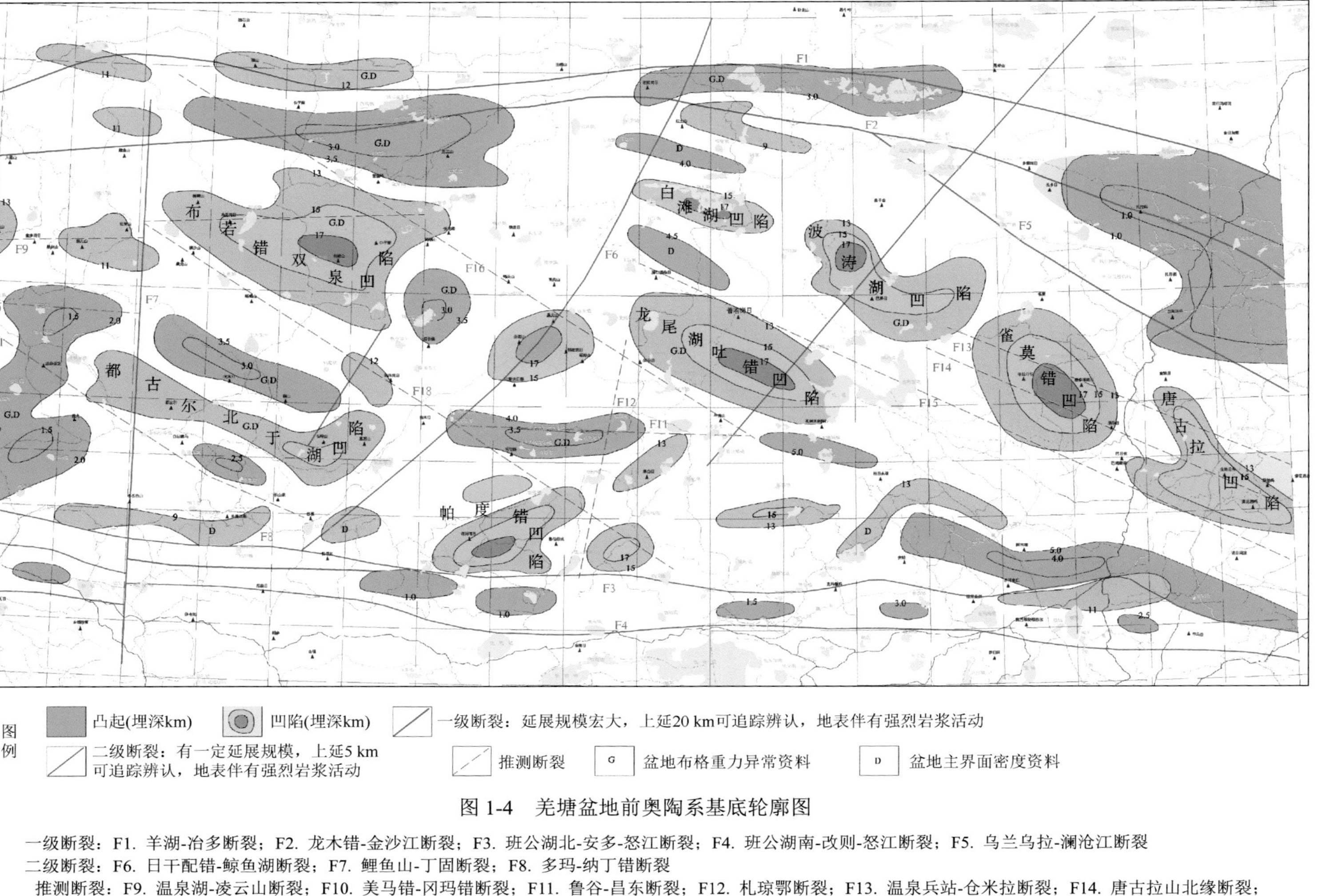

图 1-4　羌塘盆地前奥陶系基底轮廓图

一级断裂：F1. 羊湖-冶多断裂；F2. 龙木错-金沙江断裂；F3. 班公湖北-安多-怒江断裂；F4. 班公湖南-改则-怒江断裂；F5. 乌兰乌拉-澜沧江断裂
二级断裂：F6. 日干配错-鲸鱼湖断裂；F7. 鲤鱼山-丁固断裂；F8. 多玛-纳丁错断裂
推测断裂：F9. 温泉湖-凌云山断裂；F10. 美马错-冈玛错断裂；F11. 鲁谷-昌东断裂；F12. 札琼鄂断裂；F13. 温泉兵站-仓米拉断裂；F14. 唐古拉山北缘断裂；F15. 普若岗错-唐古拉山断裂；F16. 向阳湖-阿木错断裂；F17. 双湖断裂-肖茶卡断裂

从图 1-4 可看出：①羌塘盆地现今的南北边界古生代已显雏形（当时边界表现为羌塘古陆陆缘）；②中部隆起前古生代尚未形成；③当时主要的凹陷有布若错-双泉凹陷（最大埋深大于 16 km）、龙尾湖-吐错凹陷（最大埋深大于 16 km）、都古尔-北于错凹陷（最大埋深大于 15 km）、帕度错凹陷（最大埋深大于 14 km）、波涛湖凹陷、雀莫错凹陷等，主要凸起有石榴湖隆起、戈木日凸起、玛尔果茶卡凸起、孔孔茶卡凸起等，凸起规模相对较小，埋深为 4～5 km；④断裂带方向主要为北西西-北西向，其次为东西向；⑤凸起和凹陷虽相间出现，但分布规律不甚明显；⑥据重力、航磁、大地电磁测深、地震等物探资料，结合地质认识，推测盆地保存有 6～8 km 古生界沉积。

三、盆地构造层划分

地层接触关系及地球物理特征等揭示盆地基底之上的地层存在多个沉积-构造旋回。

1. 地表地质揭示的主要沉积-构造界面

（1）在中央隆起带北侧的热觉茶卡剖面见下三叠统康鲁组底砾岩低角度不整合于上二叠统热觉茶卡组含煤碎屑岩之上（吉林大学，2005）。

（2）在南羌塘北侧邻近中央隆起带的肖茶卡剖面见上三叠统肖茶卡组角度不整合于二叠系礁灰岩之上，在肖茶卡组底部见底砾岩，由变质岩砾石、灰岩砾石、砂岩砾石等下部地层的砾石组成（王剑等，2009）。

（3）在北羌塘开心岭地区广泛发育上三叠统甲丕拉组底砾岩角度不整合于二叠系乌丽群含煤碎屑岩及灰岩之上（青海省地质调查院，2004，2005）。

（4）在羌塘盆地发现了上三叠统那底岗日组之下广泛分布的古风化壳。其上发育冲洪积相沉积或裂谷型火山岩；其下见二叠系古喀斯特和石炭系冰碛岩（王剑等，2009）。

（5）在北羌塘东部阿日永地区见上三叠统那底岗日组底砾岩角度不整合于石炭—二叠系碎屑岩、灰岩及火山岩之上（宜昌地质矿产研究所，2003，2004）。

（6）在北羌塘邻近中央隆起带北侧的沃若山东剖面可见上三叠统那底岗日组凝灰岩角度不整合于上三叠统土门格拉组含煤碎屑岩之上（成都地质矿产研究所；2005a）。在北羌塘北部的弯弯梁剖面见上三叠统那底岗日组底砾岩及火山岩角度不整合于上三叠统藏夏河组泥页岩及砂岩之上（成都地质矿产研究所；2005b）。

（7）在整个羌塘盆地中普遍存在上白垩统—新生界陆相碎屑岩角度不整合于中生界、古生界海相地层之上。

2. 地球物理揭示的主要界面

（1）羌塘盆地多条地震剖面显示，除前述在双程走时为 4～6 s 存在反射界面外（图 1-2、图 1-3），在双程走时为 2～3 s 也存在反射界面，它可能是古生界顶部界面（王剑等，2009）。

（2）根据王剑等（2009）的研究，羌塘盆地存在古近系与新近系、前奥陶系变质基底与上覆地层之间的两个密度界面。

（3）根据王剑等（2009）对盆地岩石磁性统计分析，变质岩地层具弱磁性，形成弱磁性基底；大多数层位的沉积岩无磁性或具极弱磁性；中酸性火山岩具弱磁性，中基性火山岩层磁性较强，各时代玄武岩磁性最强，可产生强磁异常；区内侵入岩表现为较强的磁性，且从酸性到基性、超基性磁性逐步增强。而羌塘盆地含有较大规模高磁性火山岩体的地层主要有广泛分布于北羌塘上三叠统顶部的那底岗日组，分布于南羌塘地区的上三叠统上部的日干配错组和中二叠统鲁谷组，以及沿中央隆起带（东段）广泛分布的中酸性侵入岩、基性岩脉、二叠纪玄武岩层等。羌塘盆地内，侏罗纪地层正好在上三叠统火山岩之上或不整合于中二叠统鲁谷组之上。因此该磁性界面可能为上三叠统那底岗日组火山岩界面，中央隆起带可能为二叠系鲁谷组界面。该界面埋深为 0.5～5 km。

3. 盆地构造层划分

根据上述地层接触关系，结合地球物理综合分析，可以确定盆地内自前奥陶系基底之上的沉积盖层大致可以划分出四个构造层：古生界构造层、肖茶卡组-中下三叠统构造层、下白垩统-侏罗系-那底岗日组构造层和上白垩统-新生界构造层（图 1-5）。

构造层	地层组合	不整合界面		重、磁、电及岩性产状界面	地震界面	残留厚度与埋深	盆地性质
		北羌塘	南羌塘				
I	上白垩统-新生界	Q 角度不整合 N E 角度不整合 K_2	Q N E K_2	冲洪积层		0～1 km	陆相山间断陷盆地
		角度不整合		岩性、产状	T_3 0～0.5 s	0～1 km	
II	下白垩统-侏罗系-那地岗日组	K_1 J T_3nd	J T_3	膏盐层及海相油页岩 磁性界面 陆相火山岩		4～5 km	裂陷-拗陷盆地
		角度不整合		古风化壳			
III	肖茶卡组-中下三叠统	T_3x T_2 T_1		低阻层			前陆盆地
		角度不整合		岩性、产状 低阻层	T_7 2～3 s	4～6 km	
IV	古生界	P_2r P_1 D-C 角度不整合 S-O	P_1 D-C ? S-O	? 低阻层 ?		6～10 km	被动大陆边缘盆地
		?		弱磁性-密度界面	T_8 4～6 s	10～15 km	
	前寒武系基底	AnЄ		高阻基底			变质岩结晶基底

图 1-5　青藏高原羌塘盆地沉积-构造演化旋回与构造层划分（王剑等，2009）

四、盆地构造单元划分

从地表地质上看，羌塘盆地西部地层时代较老（古生界地层分布），东部地层时代较新（以三叠—侏罗系地层分布为主）；中央隆起带地层较老（以古生界地层分布为主），中央隆起带南北两侧地层较新（以侏罗系地层分布为主），且中央隆起带地层与南北羌塘地层以断层接触为主。从地球物理上看，盆地深部基底结构具有南北羌塘拗陷与中央隆起之分（王剑等，2009）。因此根据地表地质，结合地球物理特征，将羌塘盆地划分为北羌塘拗陷、中央隆起带和南羌塘拗陷三个大的构造单元。

1. 北羌塘拗陷

北羌塘拗陷位于金沙江构造带与中央隆起带之间。拗陷基底发育若干次级凸起和凹陷，平面上总体呈东西向相间排列；凸起基底埋深为4～6 km，凹陷基底埋深为6～8 km；基底具有东西高、中间低的趋势。基底发育北东东向和北西西向两组断裂，发育程度基本相同，大致呈等间距分布，构成棋盘格，将基底切成菱形块体。

北羌塘拗陷地表出露地层总体呈东西向或北西—南东向展布，以中上侏罗统和新生界为主，约占拗陷的85%，古生界和三叠系地层少量见于拗陷南北边界过渡带及东部地区。侏罗系地层主要发育中、上侏罗统，而下侏罗统则多呈点状分布，侏罗系累计最大厚度大于 5000 m，具有中西部厚、向南北边缘和东部减薄的特点。古生界以二叠系地层为主，三叠系以上三叠统为主，它们主要分布于北羌塘拗陷的东部和南北边缘，多呈断块状产出。拗陷褶皱发育，以东西向为主，多为宽缓形态；断层以东西向或北西西向为主，少量为南北向，多为逆冲断层，部分构成逆冲叠瓦式。

根据2016年托纳木地质走廊大剖面调查，结合2015年大剖面地震资料综合解释，北羌塘拗陷内基底之上的盖层可划分为7个次级构造单元（图1-6），总体呈“四凹夹三凸”“隆凹相间”的构造特征，越靠近盆缘缝合带，构造形变越强。

2. 中央隆起带

中央隆起带夹持于南北羌塘拗陷之间，北以玉环湖-大熊湖-热觉茶卡-阿木岗断裂与北羌塘拗陷分界，南以依布茶卡-比隆错断裂与南羌塘拗陷相邻。以双湖为界分为东、西两段，西段为隆起剥蚀区，东段为潜伏隆起区。平面上西段呈西宽东窄的东西向延伸，东段呈狭窄弯曲状近东西向延伸；纵向上西段前奥陶系基底埋深为 0～6 km，东段基底埋深为5～6 km。

西段出露有前奥陶系变质岩、奥陶-志留系碳酸盐岩-碎屑岩建造、泥盆系-下石炭统碳酸盐岩建造、上石炭统陆源碎屑岩建造、下二叠统碳酸盐岩-陆源碎屑岩建造及中基性火山岩建造、上二叠统海陆交互相含煤碎屑岩建造和碳酸盐岩建造、中下三叠统泥岩-泥灰岩建造、上三叠统碳酸盐岩-陆源碎屑岩建造以及中基性火山岩建造；地层多呈断块状产出，且伴随大量岩浆侵入；东段出露有上三叠统碳酸盐岩-含煤碎屑岩建造和少量中—上侏罗统碎屑岩、碳酸盐岩建造。

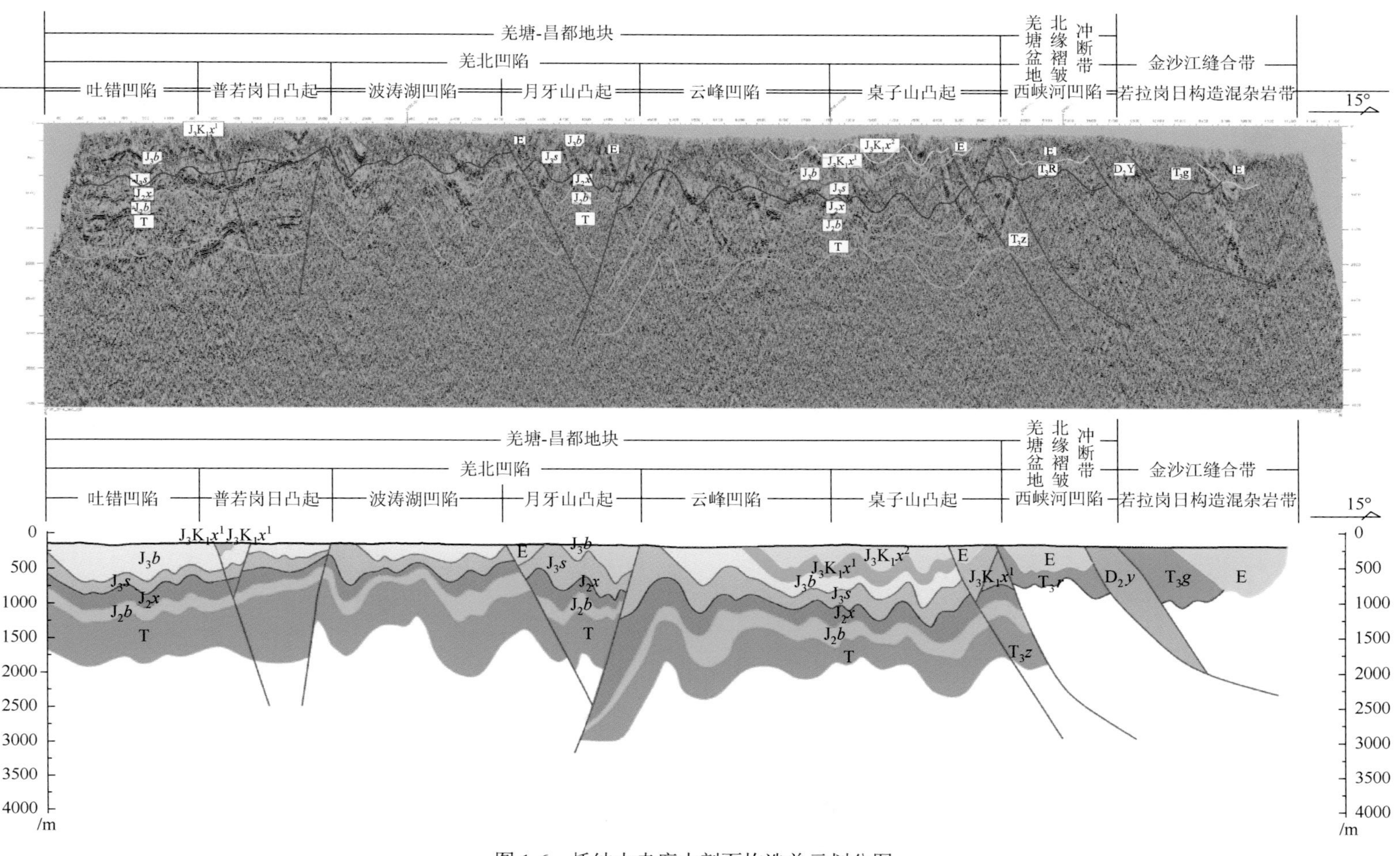

图 1-6　托纳木走廊大剖面构造单元划分图

隆起带褶皱变形强烈，经历了多期变形改造和叠加。隆起带断裂发育，走向总体呈北西西向和北东向；北部地区主要由一系列北西向断层组成断裂带，其间被北东向断层错断，断层总体倾向南，局部倾向北，倾角较陡，沿断裂带常见石炭系、二叠系，前奥陶系逆冲覆盖于侏罗系、古近系、新近系之上；南部地区由数条东西走向、倾向北的断裂组成一叠瓦式逆冲断裂带，沿走向多处被北东向断裂错断。

3. 南羌塘坳陷

南羌塘坳陷位于中央隆起带与班公湖-怒江构造带之间。基底发育一系列呈近东西向展布的次级凸起和凹陷，凸起埋深为5～6 km，凹陷埋深为6～9 km。地表露头主要为上三叠统、侏罗系海相地层和新生界陆相地层，海相地层在西部以上三叠统为主，在中、东部以侏罗系为主；纵向上为上三叠统不整合于二叠系地层之上，与上覆侏罗系地层连续过渡，其间缺失中、下三叠统地层；上三叠统厚度大于1200 m，侏罗系累计厚度在5000 m以上。南羌塘坳陷地面构造相对北羌塘复杂，褶皱构造主要分布于南羌塘坳陷北部，以直立开阔到紧闭形态为主，轴向近东西向；断层以南羌塘坳陷南部最发育，以紧闭-倒转褶皱和断面南倾的逆冲断层为主，局部成叠瓦状构造。

第二节　盆地地层特征

盆地在变质结晶基底上出露的地层包括古生界、中生界和新生界。其中，下古生界仅出露于中央隆起带西部的龙木错—普尔错及塔石山一带；上古生界主要出露于中央隆起带西部和北羌塘坳陷周缘地区；中生界在南北羌塘坳陷内广泛分布；新生界多呈点状分布。

一、盆地地层划分与对比

盆地地层在不同地区的地层层序及其接触关系、岩石组合及厚度变化等存在差异。本书根据盆地各地层的时空分布特征大致将盆地基底之上地层划分为三个小区，即唐古拉山北小区、北羌塘坳陷小区、南羌塘坳陷小区，其地层划分与对比如表1-1所示。

表1-1　羌塘盆地地层划分与对比表

地层系统			北羌塘分区		南羌塘分区
			唐古拉山北小区	北羌塘坳陷小区	南羌塘坳陷小区
新生界	新近系	N	五道梁组	石坪顶组	
	古近系	E	雅西错组/风火山群	唢呐湖组/康托组	唢呐湖组/康托组/纳丁错组
中生界	白垩系	K_2		阿布山组	阿布山组
		K_1	雪山组	雪山组、白龙冰河组	
	侏罗系	J_3	索瓦组		索瓦组

续表

地层系统			北羌塘分区				南羌塘分区	
			唐古拉山北小区		北羌塘坳陷小区		南羌塘坳陷小区	
中生界	侏罗系	J_2	夏里组				夏里组	
			布曲组				布曲组	
			雀莫错组				色哇组	
		J_1					曲色组	
	三叠系	T_3	结扎群	那底岗日组	那底岗日组		土门格拉组	日干配错组/索布查组
				巴贡组	藏夏河组	肖茶卡组		
				波里拉组				
				甲丕拉组				
		T_2			康南组		?	
		T_1			康鲁组			
古生界	二叠系	P_3	乌丽群	拉卜查日组	热觉茶卡组		吉普日阿组	
				那益雄组				
		P_2	开心岭群	九十道班组	先遣组		龙格组	
				诺日尕巴日保组			吞龙贡巴组	
		P_1		扎日根组	长蛇湖组		曲地组	
							展金组	
	石炭系	C_2			冈玛错组		擦蒙组	
		C_1	杂多群		月牙湖组/日湾茶卡组		?	
	泥盆系	D_3	?		拉竹龙组	查桑群	长蛇山组	
		D_2			雅西尔群			
		D_1						
	志留系	S			普尔错群	龙木错组	三岔沟组	
	奥陶系	O			饮水河群		塔石山组	
					三岔口组		下古拉组	
前奥陶系			戈木日群					

二、盆地主要地层特征

1. 奥陶系

（1）北羌塘分区。奥陶系在北羌塘分区出露于龙木错—拉竹龙—饮水河一带，由下奥陶统三岔口组和中、上奥陶统饮水河群构成，主要为一套浅海陆棚相碎屑岩建造，岩性由一套不等粒石英砂岩、长石岩屑砂岩和页岩组成，夹粉砂岩、泥岩及灰岩透镜体。产腕足类、三叶虫、头足类、珊瑚等化石，时代为奥陶纪。未见底，与上覆泥盆系为角度不整合接触或与志留系呈平行不整合接触，厚度大于 1396 m。

（2）南羌塘分区。奥陶系在南羌塘分区仅见于玛依岗日附近的塔石山一带，由下古拉组和塔石山组构成，下部为一套杂色变质细碎屑岩夹结晶灰岩；上部以一套浅色碳酸盐岩为主，偶夹钙质粉砂岩，岩石多已重结晶。该地层产丰富的鹦鹉螺化石、腹足类、海百合茎及保存欠佳的腕足类等化石。与下伏下古拉组整合接触，未见底，厚度大于 180 m。

2. *志留系*

（1）北羌塘分区。志留系在北羌塘分区出露于龙木错—拉竹龙—饮水河—兽形湖一带。在日土县兽形湖至饮水河一带称为普尔错群，下部以碎屑岩为主夹灰岩，碎屑岩为石英砂岩、砂质泥岩和粉砂质页岩，灰岩为微晶灰岩、泥晶灰岩和介屑灰岩；上部以灰岩为主夹碎屑岩。该地层产志留纪的三叶虫、腕足类、头足类等化石（赵政璋等，2001c）。与下伏奥陶系饮水河群平行不整合接触，厚度大于 950 m。

该地层在龙木错一带称为龙木错组，下部为灰色薄—中层状微晶生屑灰岩、细晶白云岩夹含生物碎屑细粒石英砂岩及钙质页岩；上部为灰色砾岩、细粒岩屑石英砂岩、粉砂质泥岩、碳质页岩及煤层；产三叶虫、头足类、腕足类、珊瑚、海百合茎、植物碎片等化石，时代为志留纪。未见底，厚度大于 1951 m。

（2）南羌塘分区。志留系在南羌塘分区仅见于玛依岗日附近的塔石山一带，称为三岔沟组，岩性为一套浅变质的细碎屑岩夹结晶灰岩薄层或透镜体组合，岩石类型包括绢云母化粉砂岩、绢云母片岩、结晶灰岩等；产大量志留纪笔石化石。与下伏奥陶系整合接触，厚度为 60～70.87 m。

3. *泥盆系*

（1）北羌塘分区。泥盆系在北羌塘分区分布于西北部龙木错—邦达错—月牙湖、拉竹龙及中央隆起带地区，自下而上由下—中统雅西尔群、上统拉竹龙组及泥盆系查桑群等组成。

雅西尔群下部和上部岩性为石英砂岩夹粉砂岩、泥岩或薄层灰岩；中部为厚层灰岩、生屑灰岩。中部灰岩中产中泥盆世腕足类、珊瑚类化石，灰岩之下的碎屑岩时代可能跨越早泥盆世。与下伏志留系普尔错群呈角度不整合接触，厚度为 670～1115 m。

拉竹龙组下部由白云岩组成，上部由生物碎屑灰岩和微晶灰岩组成。生物化石丰富，产腕足类、腹足类、层孔虫、苔藓虫、珊瑚等化石，时代为晚泥盆世。与下伏雅西尔群整合接触或角度不整合接触于奥陶系之上，厚度为 130～850 m。

查桑群分布在中央隆起带的查桑地区，岩性主要为灰色、浅灰色、紫灰色中厚层结晶灰岩、生物碎屑灰岩、泥质灰岩、泥灰岩。中部产中泥盆世腕足及珊瑚等化石，上部产晚泥盆世的菊石。未见底，顶被石炭系平行不整合超覆，厚度小于 724 m。

（2）南羌塘分区。泥盆系在南羌塘分区见于尼玛县荣玛乡附近的长蛇山一带，由长蛇山组构成，下部主要为碳酸盐岩组合，多为重结晶的生物碎屑灰岩，上部以粉细砂岩为主；产丰富的竹节石及腕足类等，时代为泥盆纪。未见顶，底与志留系整合接触，厚度大于 94 m。

4. *石炭系*

（1）北羌塘分区。石炭系在北羌塘分区分布于日土县月牙湖—双点达坂、查布—查桑地区及东部的唐古拉山北坡等地，石炭系由下石炭统月牙湖组、日湾茶卡组、杂多群和上石炭统冈玛错组组成。

月牙湖组下部为粉砂质灰岩和生物碎屑灰岩，上部为鲕粒灰岩、白云岩夹灰质云岩、泥质灰岩。含丰富的早石炭世珊瑚、腕足类化石；与下伏拉竹龙组整合接触，厚度为 210～1350 m。

日湾茶卡组为灰色、灰绿色、淡紫色泥质灰岩、砂质灰岩、灰岩与砂岩、页岩不等厚互层。产早石炭世的珊瑚及腕足类化石组合；与下伏泥盆系呈断层接触，厚度为 417 m。

杂多群分布在唐古拉山北坡地区，下部为含煤碎屑岩夹灰岩、火山碎屑岩，上部为结晶灰岩、生物碎屑灰岩、泥灰岩、礁灰岩，局部夹海绿石硅质岩；产珊瑚、腕足、植物化石，时代为早石炭世。未见底，厚度为 865～2018 m。

冈玛错组为浅灰色、灰黄色石英砂岩、长石石英砂岩、粉砂岩夹灰岩透镜体，底部以石英砂岩与月牙湖组灰岩分界。灰岩中产腕足类、珊瑚、腹足类、棘皮类和蜓类化石，时代为晚石炭世。未见顶，底与下伏月牙湖组或日湾茶卡组整合接触，厚度为 79～1800 m。

（2）南羌塘分区。石炭系在南羌塘分区见于多玛—塔查普山—加错一带，由擦蒙组构成，由冰水沉积为特征的砂岩、板岩、含砾板岩、含砾粉砂岩等组成，夹基性火山岩和凝灰岩，未见底，厚度大于 500 m。

5. *二叠系*

（1）北羌塘分区。二叠系在北羌塘分区分布于察布区先遣、热觉察卡、唐古拉山北开心岭等地，下、中、上三统齐全，包括长蛇湖组、先遣组、开心岭群、热觉茶卡组和乌丽群。

长蛇湖组岩性以碳酸盐岩为主，夹多层细碎屑岩。产丰富的蜓类化石，时代为早二叠世。与下伏石炭系整合接触，厚度大于 400 m。

先遣组为鲕粒灰岩、泥晶灰岩及少量碎屑岩。灰岩中产大量生物，主要有腕足类、双壳类、蜓类和珊瑚类等化石，时代为中二叠世。未见底，厚度大于 3027 m。

开心岭群分布在唐古拉山北开心岭一带，下部为生物碎屑泥晶灰岩、凝灰岩、钙碱性粗面岩、岩屑长石石英砂岩；中部为复成分砾岩、岩屑砂岩、长石石英砂岩、粉砂岩、泥岩、蚀变安山玄武岩、泥晶灰岩；上部为生物礁灰岩、生物介壳灰岩、砂质灰岩、泥灰岩、岩屑石英砂岩、玄武岩。灰岩中产丰富的蜓、珊瑚、有孔虫、藻类等化石，时代为中二叠世。未见底，厚度大于 1500 m。

热觉茶卡组分布在中央隆起带北侧的热觉茶卡地区，下部为灰色薄层状石英砂岩、粉砂岩夹碳质页岩；中部为薄层状细粒长石砂岩、粉砂岩夹生物灰岩、泥质灰岩；上部为灰色砂岩、灰黑色碳质粉砂岩、碳质页岩夹薄煤层或煤线。中部灰岩中含丰富的䗴类、腕足、三叶虫、腹足类等化石；上部含植物化石，时代为晚二叠世。未见底，厚度大于 502 m。

乌丽群分布在唐古拉山北开心岭一带，下部为复成分砾岩、岩屑砂岩、粉砂岩、碳质页岩见煤层或煤线、蚀变玄武岩、安山岩；上部为生物灰岩、白云质灰岩、白云岩夹粉砂岩、细粒长石岩屑砂岩。产䗴、珊瑚、腕足类、有孔虫等化石，时代为晚二叠世。与下伏开心岭群不整合接触，厚度大于 1159 m。

（2）南羌塘分区。二叠系在南羌塘分区主要分布于日土—改则以北地区，自下而上由展金组、曲地组、吞龙贡巴组、龙格组、吉普日阿组组成。

展金组为灰黑色、灰绿色变质长石石英砂岩、粉砂岩、板岩等呈互层组合，部分夹火山碎屑岩，也见有少量安山岩和英安岩。产珊瑚、双壳以及腹足类化石，时代为早二叠世。与下伏擦蒙组整合接触，厚度大于 3550 m。

曲地组为灰、灰白色、灰绿色中粗粒长石石英砂岩、含砾粗砂岩、钙质砂岩，局部夹含砾板岩和灰岩透镜体。产双壳类、腕足类及䗴类化石，时代为早二叠世。与下伏展金组整合接触，厚度为 763～1200 m。

吞龙贡巴组，岩性为灰色、灰绿色、灰白色中厚层灰岩、泥灰岩、砂泥岩组合。产䗴、腕足类、珊瑚化石，时代为中二叠世。与下伏曲地组整合接触，厚度为 100～1600 m。

龙格组为灰—深灰色中厚层状结晶灰岩、生物礁灰岩、含砂灰岩、白云岩及部分鲕状灰岩组成的一套地层。富含䗴类、群体珊瑚、苔藓虫、有孔虫、钙藻及部分腕足类、腹足类化石，时代为中二叠世晚期。与下伏吞龙贡巴组整合接触，厚度为 360～1000 m。

吉普日阿组下部为砾岩、砂砾岩、钙质砂岩或砂质灰岩、粉砂岩互层；上部为浅灰色白云质灰岩、生物碎屑灰岩、鲕粒灰岩，局部夹安山岩。产䗴、腕足类及珊瑚等化石，时代为晚二叠世。与下伏地层龙格组整合接触，厚度大于 1520 m。

6. 三叠系

（1）北羌塘分区。三叠系在北羌塘分区分布广泛，为盆地主要生油层和勘探目的层，下、中、上三统齐全，包括康鲁组、康南组、肖茶卡组、藏夏河组、甲丕拉组、波里拉组、巴贡组、那底岗日组。

康鲁组底部以细砾岩、含砾粗砂岩与下伏上二叠统热觉茶卡组呈低角度不整合接触；下部为中、粗粒岩屑砂岩、长石砂岩，夹粉砂岩；上部以中厚层状泥质灰岩、鲕粒灰岩、生物碎屑泥灰岩、泥片状泥质灰岩为主，夹钙质粉砂岩、粉砂质泥岩。含丰富的双壳类及少量牙形石、菊石等生物化石，时代属早三叠世。与下伏二叠系热觉茶卡组呈角度不整合接触，厚度为 733～1216 m。

康南组下部为砂岩、粉砂质泥岩、页岩夹透镜状泥质灰岩，向上过渡为灰岩、含泥质灰岩组合。含丰富的腕足类、菊石等化石，时代属中三叠世。与下伏康鲁组顶部生物碎屑泥灰岩整合接触，厚度为 311 m。

肖茶卡组，下部为灰色中薄层细粒岩屑长石砂岩、碳质页岩、粉砂质页岩夹薄层状泥灰岩，局部夹煤线，底部有 1 m 厚复成分砾岩；中部为中薄层泥晶灰岩夹泥页岩、泥灰岩；上部为灰色薄层粉砂质泥岩、粉砂岩、岩屑砂岩夹薄层碳质页岩，局部夹煤线。产菊石、双壳类、珊瑚、植物等化石，时代定为晚三叠世。与下伏康南组假整合接触，厚度为549～873 m。

藏夏河组为细砾岩，含砾砂岩，细粒岩屑长石砂岩，长石岩屑砂岩，石英砂岩，粉砂岩，粉砂质泥岩、页岩和泥页岩组成的多种互层状韵律式沉积。含牙形石、腕足类、孢粉等化石，时代为晚三叠世诺利期。未见底，出露厚度为627～1063 m。

三叠系在唐古拉山北一带为甲丕拉组、波里拉组、巴贡组，甲丕拉组由复成分砾岩、岩屑砂岩、岩屑石英砂岩、玄武岩、安山岩、凝灰岩等组成；波里拉组由生物碎屑灰岩、微泥晶灰岩夹砂岩组成；巴贡组由岩屑石英砂岩、岩屑砂岩、粉砂岩、碳质泥页岩夹煤线组成。产菊石、腕足类、珊瑚、双壳类、植物等化石，时代为晚三叠世。未见顶，与下伏二叠系角度不整合接触，厚度大于1061 m。

那底岗日组，主要分布于弯弯梁、雀莫错和中央隆起带北侧等区域，岩性为玄武岩、英安岩、流纹岩、凝灰岩，底部为复成分砾岩与下伏地层角度不整合或平行不整合接触，局部为整合接触，依据火山岩中单颗粒锆石的SHRIMP定年为219～205 Ma（王剑等，2007a，2008；付修根等，2008，2009），时代归属为晚三叠世中、晚期，厚度为200～1274 m。

（2）南羌塘分区。三叠系在南羌塘分区分布较广，见上三叠统地层，由日干配错组和土门格拉组组成。

日干配错组为浅海碳酸盐岩与碎屑岩夹基性火山岩；在日干配错地区未见顶、底，下部以灰色、灰白色砂岩、粉砂岩为主夹页岩和生物碎屑灰岩、泥灰岩及火山岩；中上部以生物碎屑灰岩、鲕粒灰岩、礁灰岩为主夹砂岩和页岩；顶部为砂质页岩夹砂质灰岩（西藏自治区地质调查院，2005）。产珊瑚、腹足类、双壳类等化石；时代为晚三叠世诺利期。在索布查一带，为深灰色微泥晶灰岩、生物灰岩与深灰色粉砂质泥岩夹粉砂岩，未见底，顶部与下侏罗统曲色组整合接触，厚度大于1600 m。

土门格拉组分布于南羌塘分区东部，靠近中央潜伏隆起带附近，为一套含煤碎屑岩、页岩、泥岩及煤层或煤线夹泥岩、砂屑灰岩、微晶灰岩（西藏自治区地质调查院，2003）。产双壳类、植物及孢粉等化石组合，时代为晚三叠世。未见底，顶部不整合于中下侏罗统雀莫错组之下，总厚度可达3000 m。

7. 侏罗系

（1）北羌塘分区。侏罗系在北羌塘分区分布广泛，厚度巨大，下、中、上统齐全，也是该盆地油气勘探的主要目的层。该套地层具有两个碎屑岩到灰岩的沉积旋回。自下而上由雀莫错组、布曲组、夏里组、索瓦组组成。

雀莫错组由下部巨厚层砾岩、砂岩、粉砂岩，中部岩屑石英砂岩、粉砂岩、微泥晶灰岩、膏岩和上部粉砂岩、泥岩、泥灰岩夹膏岩组成。上部产丰富的双壳及腕足化石，时代为中侏罗世早期，推测其下部未见化石的紫红色砾岩段时代跨入早侏罗世。多整合于上三叠统那底岗日组或不整合于上三叠统藏夏河组或巴贡组之上，局部直接不整合于古生界地层之上，厚度为500～1200 m。

布曲组以碳酸盐台地相灰岩为主，主要为微泥晶灰岩、生物碎屑灰岩、鲕粒灰岩、礁灰岩、泥质灰岩夹粉砂岩、泥质岩及膏岩。含丰富的双壳、腕足类、珊瑚、有孔虫、海胆、腹足类等化石，时代属中侏罗世中期。底部与下伏雀莫错组整合接触，厚度为500～1000 m。

夏里组为一套杂色细砂岩、粉砂岩、泥页岩夹泥晶灰岩、泥灰岩及石膏层组合。含丰富的双壳及腕足类化石，时代为中侏罗世晚期。与下伏布曲组为整合接触，厚度为400～800 m。

索瓦组以微泥晶灰岩、生物碎屑灰岩、泥质灰岩为主，频繁出现粉砂岩夹层。含丰富的腕足类、双壳类化石，时代为晚侏罗世。整合于夏里组之上，厚度为283 ～1825 m。

（2）南羌塘分区。侏罗系在南羌塘分区主要分布于比洛错—鄂斯玛一带，自下而上由曲色组、色哇组、布曲组、夏里组和索瓦组组成。

曲色组为一套暗色泥岩、页岩夹少量粉砂岩、泥灰岩组合。产丰富的菊石、腕足、双壳等化石，时代为早侏罗世。未见底，厚度大于1732 m。

色哇组由暗色泥页岩夹粉砂质页岩、泥灰岩组成，在比洛错见油页岩和膏岩。产丰富的菊石、双壳类、腕足类和腹足类化石，时代为中侏罗世早期。底部以细粒长石石英砂岩整合于曲色组之上，厚度大于1240 m。

布曲组岩性组合特征以及化石特征与北羌塘分区相似，以碳酸盐台地相灰岩为主，偶夹粉砂岩，与北羌塘不同的是该区隆鄂尼—鄂斯玛一带发育大量含油白云岩、礁灰岩和滩灰岩，局部夹膏岩（即隆鄂尼—鄂斯玛古油藏带）。产双壳、腕足类、珊瑚、腹足类等化石，时代为中侏罗世中期。与下伏色哇组整合接触，厚度为400～2000 m。

夏里组为泥岩、粉砂岩及细粒石英砂岩互层组成，局部夹生物碎屑灰岩、鲕粒灰岩及膏岩。产双壳、腹足类化石，时代为中侏罗世晚期。与下伏布曲组碳酸盐岩整合接触，厚度为250～450 m。

索瓦组仅发育相当于北羌塘分区索瓦组的下部地层，岩性为生物碎屑鲕粒灰岩、泥晶灰岩、泥灰岩夹少量粉砂质泥岩，局部夹礁灰岩。产珊瑚、腕足类、腹足类等化石，最新的研究将索瓦组时代划为晚侏罗世—早白垩世（孙伟等，2013a）。未见顶，底与下伏布曲组整合接触，厚度大于1100 m。

8. 白垩系

下白垩统呈面状分布于北羌塘拗陷地区，由白龙冰河组和雪山组组成；上白垩统呈点状分布，称为阿布山组。上、下统之间为角度不整合接触。

下白垩统分布于北羌塘拗陷的中西部地区，其海相地层称为白龙冰河组，岩性由钙质泥岩、粉砂岩、页岩、泥灰岩夹（或互层）泥晶灰岩、介壳灰岩等组成。含丰富的菊石、双壳类、腕足类以及裸子植物花粉化石。依据化石组合特征以及油页岩Re-Os定年结果［（101±24）Ma］（王剑等，2007b；付修根等，2008，2009），将其时代确定为早白垩世，但不排除跨入晚侏罗世的可能。未见顶，与下伏索瓦组呈整合接触，厚度大于2080 m。下白垩统陆相地层称为雪山组，岩性为一套粉砂岩、粉砂质泥岩互层，夹不厚的灰质泥岩和泥灰岩层，顶部风化残积物中见许多大块的中、粗粒砂岩。产亚洲地区常见于下白垩统中的淡水双壳化石动物群，但不排除跨入晚侏罗世的可能。

未见顶，与下伏索瓦组呈整合接触，厚度大于 532.52 m。

上白垩统分布十分局限，称为阿布山组，目前除少量火山岩外，唯一报道的该时代沉积型地层位于双湖西侧，其岩性为中砾岩、细砾岩、粗砂岩、中砂岩、细砂岩、粉砂岩、泥岩。底部不整合于上三叠统肖茶卡组或侏罗系之上，顶部被康托组不整合覆盖。时代归属为晚白垩世。厚度为 1202～5000 m。

9. 新生界

新生界主要为一套紫红色砾岩、砂岩和泥岩组合，普遍夹石膏，厚度大于 2300 m。顶部为一套富钾的酸性-基性火山岩组合，厚度为 200 m，但分布十分局限。

第三节　盆地中生代古地理及盆地演化

在油气勘探过程中，岩相古地理研究对于分析沉积盆地演化和油气远景预测具有重要的意义，不同地质时代的岩相古地理控制了烃源岩、储层和盖层的分布（刘宝珺和曾允孚，1985；牟传龙等，2016）。开展古地理研究，有助于预测含油气盆地“生、储、盖”层的时空分布规律，为进一步勘探部署提供依据。

一、沉积体系与沉积相

中生代时期，受可可西里-金沙江缝合带的闭合碰撞与班公湖-怒江缝合带的开合，羌塘盆地经历了海-陆-海-陆交替的演化过程，沉积环境从陆相到浅海直至深海盆地相均有发育，形成了相应的海相与陆相沉积体系。

通过对典型地层剖面的沉积序列和冲积相分析与统计，对羌塘盆地中生界共计划分出 8 个沉积体系 19 个沉积相和多个亚相（表 1-2）。

表 1-2　中生代羌塘盆地沉积体系及沉积相分类表

沉积体系	沉积相	沉积亚相	出现层位
冲积扇	泥石流、片泛沉积	扇头、扇中、扇尾	那底岗日组、雀莫错组
河流	曲流河、辫状河	河道、边滩、心滩、泛滥平原	那底岗日组、雀莫错组、雪山组
湖泊	陆源近海湖泊相	滨湖、浅湖	那底岗日组、雀莫错组
三角洲	河控三角洲、潮控三角洲	三角洲平原、三角洲前缘、前三角洲	康鲁组、肖茶卡组、甲丕拉组、雀莫错组、夏里组、雪山组
碳酸盐缓坡	浅缓坡、中缓坡、深缓坡		康鲁组、康南组、肖茶卡组
碳酸盐台地	台地边缘（台缘斜坡、台缘礁及浅滩）、开阔台地、局限台地（潟湖、潮坪）		布曲组、夏里组、索瓦组

续表

沉积体系	沉积相	沉积亚相	出现层位
有障壁海岸	潟湖、潮坪、障壁岛、陆棚（内陆棚和外陆棚）		曲色组、色哇组、夏里组、日干配错组、白龙冰河组
火山碎屑岩	水下沉积、陆上喷发		日干配错组、那底岗日组

二、盆地岩相古地理概况

在前人（王剑等，2009）编制的羌塘盆地岩相古地理基础上，谭富文等（2014，内部资料）通过近年资料的补充和完善，重新修编了晚三叠世卡尼期、诺利早期、诺利晚期—瑞替期，早侏罗世—中侏罗世巴柔期，中侏罗世巴通期、卡洛期，晚侏罗世牛津期—基末里期和晚侏罗世提塘期—早白垩世贝里阿斯期等 8 个时期的岩相古地理图，此处仅简要介绍如下。

1. 晚三叠世卡尼期岩相古地理

二叠纪末期，古特提斯洋关闭，至三叠纪时期，开始造山作用，在羌塘北侧形成金沙江造山带，而羌北地区受强烈的挤压形成前陆挠曲盆地；羌南地区，处于前陆隆起区，大部分地区处于剥蚀环境，缺失早、中三叠世和晚三叠世卡尼期沉积。该期古地理格局如图 1-7 所示，古地理单元包括：隆起剥蚀区、滨岸-三角洲相区、碳酸盐岩缓坡相区、浅海-斜坡相区。

（1）隆起剥蚀区。隆起剥蚀区位于中央隆起带及其以南地区，主要依据：①隆起北侧发育滨岸和沼泽相沉积，并有大量近源岩屑或砾石存在；②在剥蚀区北侧热觉茶卡一带的古流向统计显示来自中央隆起带；③南羌塘地区缺失早、中三叠世和晚三叠世卡尼期沉积，可见晚三叠世诺利期河流相沉积物不整合于上二叠统灰岩之上（如肖茶卡西侧肖且保一带）。

（2）滨岸-三角洲相区。滨岸-三角洲相区分布于北羌塘地区的南部和东部，东部以三角洲相最为发育，局部发育沼泽相沉积，可形成多个煤层或煤线。在沱沱河西（纳日帕查）、土门、那底岗日北西（沃若山）等地均有较好的剖面露头，岩性组合主要为青灰色中—厚层状含砾粗粒岩屑砂岩、细粒岩屑（长石）石英砂岩、粉砂岩、灰色薄层状粉砂质泥岩组合，中部常夹灰岩，上部夹煤层或煤线。向西至黑龙山、红脊山一带，以滨岸沉积为主，岩性以石英砂岩、长石石英砂岩为主夹粉砂岩、灰岩，不含煤线。

（3）碳酸盐岩缓坡相区。碳酸盐岩缓坡相区分布于羌北拗陷中西部的温泉湖—拉雄错—半岛湖—乌兰乌拉湖一带，近东西向展布，主要沉积一套较纯碳酸盐岩，岩性单一，横向分布较稳定。

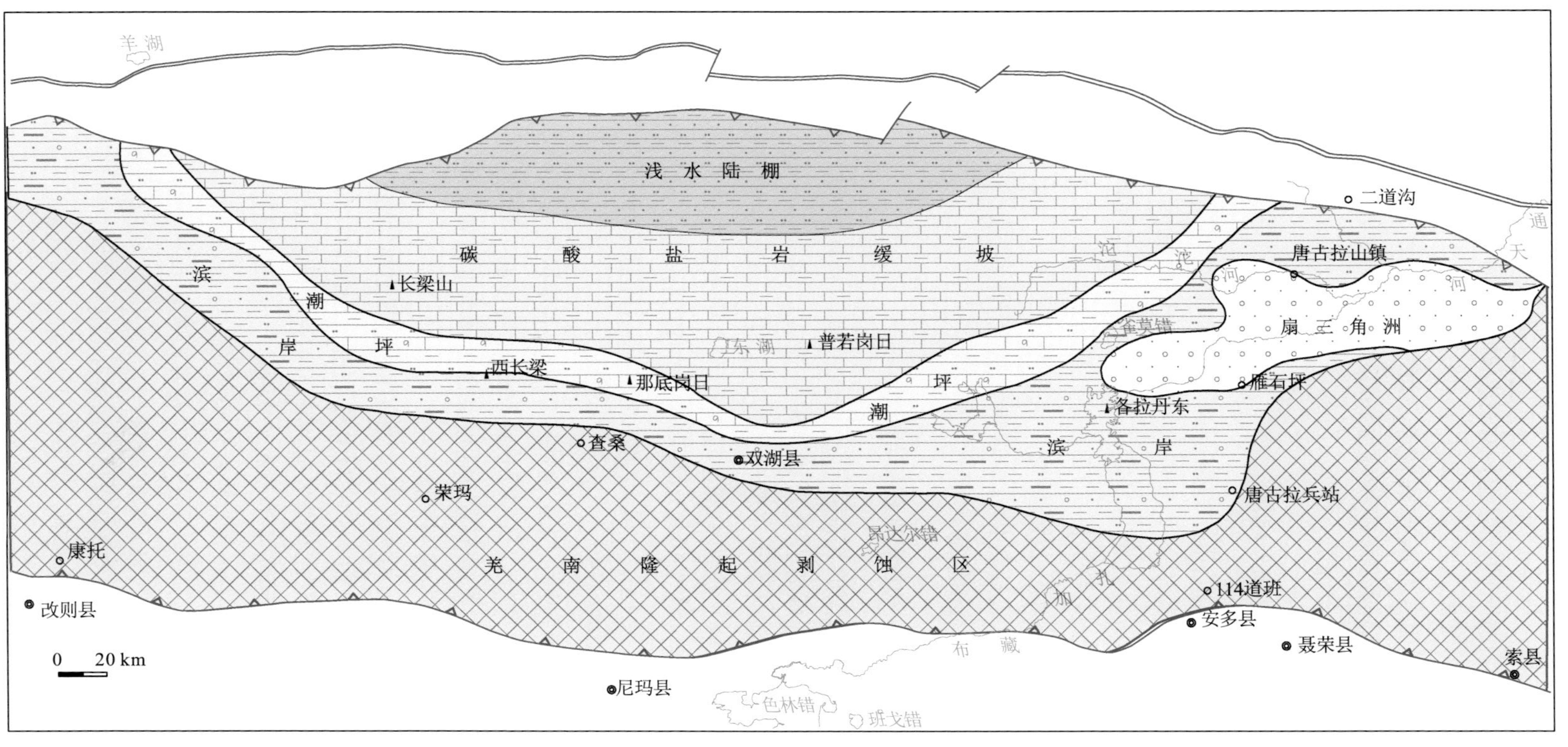

图 1-7 羌塘盆地晚三叠世卡尼期岩相古地理图

（4）浅海-斜坡相区。浅海-斜坡相区位于羌北拗陷的北部，主要为一套灰色深水复理石沉积，向上过渡为三角洲相沉积，总体反映前陆盆地逐步萎缩演化过程。下部沉积以藏夏河一带沉积的藏夏河组为代表，由细粒长石岩屑砂岩、粉砂岩、粉砂质泥岩页岩和泥页岩组成多种互层状韵律式复理石沉积，具有浊流沉积特征；上部沉积主要出现在北部，近造山带前缘，沉积物粒度较粗，以中—细粒长石砂岩为主，夹透镜状含砾粗砂岩，上部夹含碳质泥岩。

2. 晚三叠世诺利早期岩相古地理

晚三叠世诺利早期，是羌塘盆地南侧的班公湖-怒江洋盆开始打开的时期，羌塘地区构造应力发生了根本性转变。羌北地区受挤压作用加强，导致三叠系中、下部地层发生了褶皱并隆升成陆，缺失诺利早期沉积，多处可见诺利晚期地层那底岗日组角度不整合于肖茶卡组之上。羌南地区的应力背景与班公湖-怒江洋盆的打开同步，以张扭性为主，由局部断陷向大范围拗陷转变，上三叠统上部与下侏罗统连续沉积，且从北到南海水逐渐变深。因此该期岩相古地理单元从北到南依次为隆起剥蚀区、滨岸相区、开阔台地相区、陆棚-盆地相区等。

3. 晚三叠世诺利晚期—瑞替期岩相古地理

该时期，羌塘盆地南侧的怒江洋盆已进入扩张的初期阶段，受其影响，羌塘地区地壳逐步拉伸减薄，并继承晚三叠世诺利早期面貌，进一步下沉。羌北地区在经历晚三叠世诺利早期隆升剥蚀后发生了强烈的裂陷作用，再次开始接受沉积，伴生广泛的火山活动。至此，在羌塘盆地的中部出现了所谓“中央隆起带”，其东、西段均处于剥蚀区，对南、北羌塘地区的沉积格局起着明显的控制作用，海水仅沿双湖一带狭窄通道向北浸漫。古地理单元包括：隆起剥蚀区、火山碎屑-河流-湖泊相区、滨岸相区、浅海-陆棚-盆地相区等（图1-8）。

（1）隆起剥蚀区。该时期，北羌塘地区仅在中部地区发育河流-湖泊沉积，周缘大部地区仍处于隆起剥蚀区。此外，在拗陷内部航磁所显示的半岛湖-沱沱河凸起之上的半岛湖北、半咸河西等地见中侏罗统雀莫错组不整合在肖茶卡组或二叠系之上，其间缺失那底岗日组，说明它同样是该时期的剥蚀区。

（2）火山碎屑-河流-湖泊相区。火山碎屑-河流-湖泊相区分布于羌北地区，地表出露范围有限，据典型剖面分析，沉积物以陆相喷发的火山熔岩、火山碎屑岩为主，其次为水下喷发的火山碎屑岩，夹紫红色和杂色的河流和湖泊相砾岩、砂岩、泥岩。统计显示，地表出露的沉积物明显呈近东西向条带分布，分别位于北部的弯弯梁、东部的雀莫错和南部的菊花山—那底岗日—玛威山一带，并具有快速沉积特点，据此推测当时存在三个较大的裂陷槽沉积。基于该期沉积物厚度在区域上差异较大，推测当时具有隆-拗相间的格局，但总体上表现为河流、湖泊纵横交错的面貌。

（3）滨岸相区。滨岸相区沿中央隆起南缘发育，沉积物相当于日干配错组上部沉积，以肖茶卡西、土门格拉等地沉积物为例，以滨岸沉积为主，夹河流、三角洲沉积，局部地区有含煤沼泽相沉积。

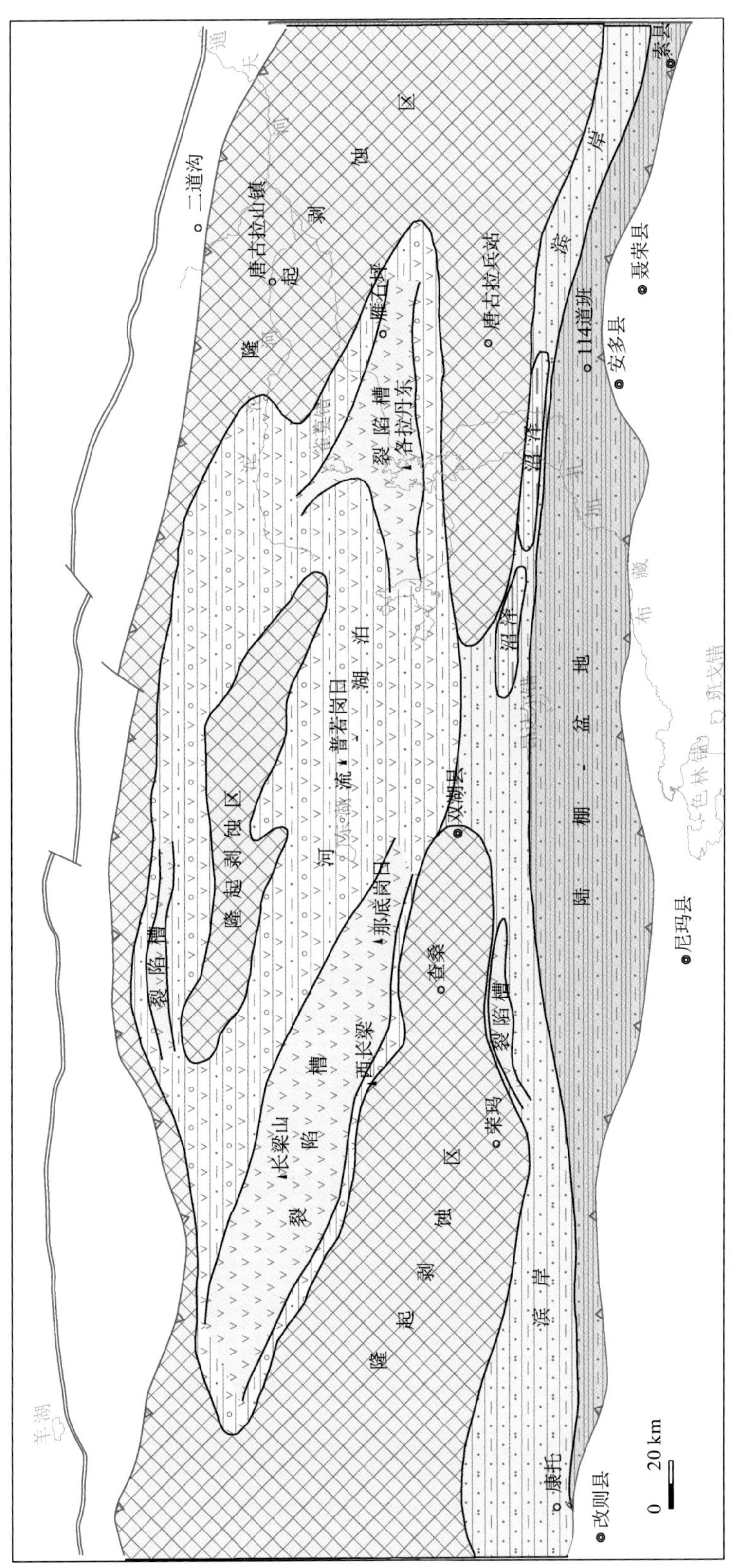

图1-8　羌塘盆地晚三叠世诺利晚期—瑞替期岩相古地理图

（4）浅海陆棚-盆地相区。浅海陆棚-盆地相区分布于羌南地区，以泥、页岩沉积为主，向南过渡为怒江洋盆。

4. 早侏罗世—中侏罗世巴柔期（雀莫错组）岩相古地理

早侏罗世—中侏罗世早期，羌北地区经过前期的快速充填补齐沉积之后，地形已大大趋缓，沉积物以雀莫错组为代表，广泛分布，几乎覆盖羌北全区。沉积环境仍以炎热干旱的河流-湖泊相为主，为一套紫红色与灰绿色相间的紫色沉积物。但相对于前期，羌北地区在拉张作用下继续快速沉降，陆源剥蚀区大大缩小，盆地范围明显扩大，海水频繁地越过中央隆起带向北浸漫，使盆地内沉积物带有明显的海相色彩，但总体上仍以地表径流和淡水作用为主，陆源沉积物供应十分丰富，堆积了一套厚达 2000 m 的陆源碎屑岩层。

羌南地区则大致继承了前期的沉积格架，色哇乡松可尔剖面的曲色-色哇组为一套典型的陆棚沉积，富含菊石，整体表现出自下而上逐渐变浅的沉积序列，可能反映羌南陆架的坡度在逐步变缓。该时期古地理单元包括：隆起剥蚀区、河流-三角洲-湖泊相区、滨岸相区和陆棚-盆地相区（图 1-9）。

（1）隆起剥蚀区。隆起剥蚀区主要位于盆地北侧的可可西里造山带和中央隆起带，随着盆地的下沉和沉积面积的大幅扩展，剥蚀区范围大大缩小，中央隆起东段大部分地区被夷平并接受沉积，但大部分以河流-三角洲平原沉积为主，向东至沱沱河以东地区仍处于隆起剥蚀区。

（2）河流-三角洲-湖泊相区。河流-三角洲-湖泊相区位于羌北地区，北浅南深，湖盆中心靠近中央隆起带北侧石水河、那底岗日、雀莫错一带；滨湖地区水体较浅，为湖泊三角洲相沉积；湖泊周缘近源广大地区发育河流和小型湖泊。沉积剖面显示湖盆的沉积中心具有从中西部石水河一带向北东部雀莫错、雁石坪和乌兰乌拉一带迁移的特点。早期中心沉积物以石水河剖面下部的细碎屑岩夹海相灰岩为代表，其后，由于沉积速率大于沉降速度，沉积物变为以粗碎屑物为主的三角洲相进积序列，导致沉积中心向北东逐步迁移。雀莫错、乌兰乌拉地层剖面显示，下部以三角洲相沉积为主，向上变为以细碎屑沉积为主的湖盆（晚期中心）相或湖滨相沉积，总体表现为一个欠补偿退积序列；那底岗日一带则处于过渡区，沉积速率和沉降速率均小，主要为一套细碎屑岩夹海相灰岩和膏岩沉积，陆源物质供给差，沉积水体较为清澈，盐度大，反映其紧邻海水向北浸漫通道。

（3）滨岸相区。滨岸相区主要位于中央隆起带南侧，沿隆起带分布，沉积岩主要由石英砂岩和长石石英砂岩等组成，河流相不发育，说明其地势较中央隆起带北侧平缓。

（4）陆棚-盆地相区。陆棚-盆地相区位于羌南地区的滨岸相带南部大部分地区，该区广泛出露曲色组、色哇组深灰色陆棚相粉砂岩、泥岩、泥灰岩为主的沉积岩。

5. 中侏罗世巴通期（布曲组）岩相古地理

巴通期的羌塘地区差异升降作用明显减弱，羌北地区经历了前期的快速沉积充填作用以后，盆地地形大大变缓。随着班公湖-怒江洋盆的进一步扩张，全区发生了整体

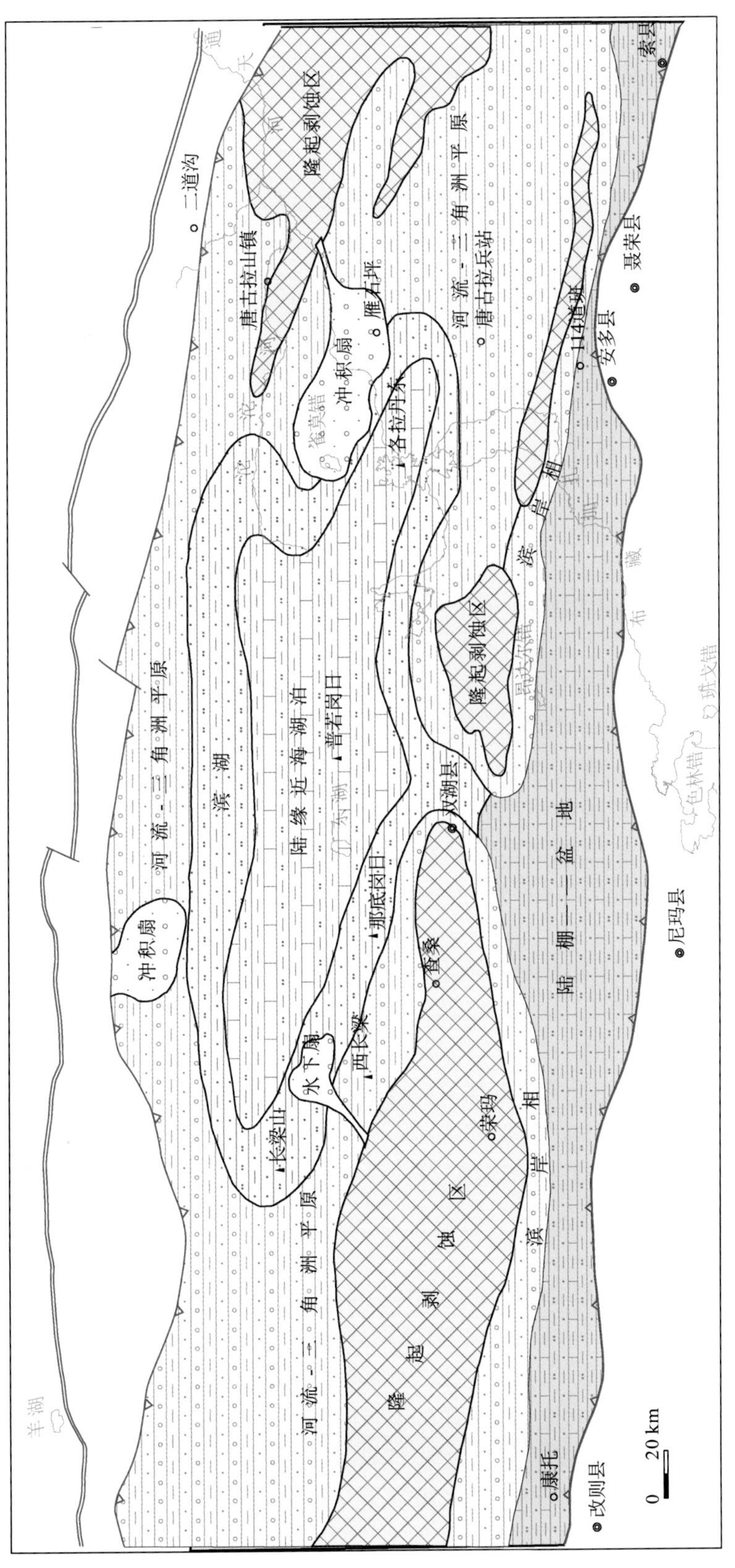

图1-9　羌塘盆地早侏罗世-中侏罗世巴柔期岩相古地理图

性大规模下沉（拗陷），羌塘地区发生了一次侏罗纪最大规模的海侵，前期大部分物源区被海水淹没，陆源碎屑供应量急剧减少，沉积物以中侏罗统布曲组为代表，为一套十分稳定的碳酸盐岩沉积，并在隆鄂尼—昂达尔错一带形成台地边缘礁滩相，礁滩相以南过渡为斜坡、盆地环境。古地理单元包括：隆起剥蚀区、局限台地相区（潮坪、潟湖）、开阔台地相区、台缘礁滩相区、台缘斜坡-盆地相区（图 1-10）。

（1）隆起剥蚀区。根据布曲组地层分布和各地布曲组中所夹陆源碎屑岩的含量分析，陆源剥蚀区位于中央隆起带的戈木茶卡、玛依岗日、多巧等局部地区，沿剥蚀区外缘地层中含碎屑岩较多，向外侧迅速减少。

（2）局限台地相区。局限台地相区主要位于盆地东北缘玉盘湖、乌兰乌拉湖、沱沱河一带，内部发育潟湖和潮坪沉积，以泥晶灰岩为主，夹钙质泥岩和少量砂岩、粉砂岩，局部有膏岩沉积，是盆地内较好的盖层。

（3）开阔台地相区。开阔台地相区位于羌塘盆地北部广大地区，分布范围极广，大致沿吐波错、半岛湖、吐错、雁石坪一带，呈北东向带状展布。可进一步分为台盆和台内浅滩亚相。

①台盆。台盆大致沿白龙冰河、吐波错、半岛湖南、普若岗日、温泉一带呈北西—南东向展布，宽度近 30 km，为碳酸盐台地内一相对低洼地带，大部分位于浪基面以下，处于低能环境。台盆内沉积物以泥晶灰岩为主，夹深灰色钙质泥岩、泥灰岩等，分析表明，其有机质含量高，是盆地内很好的生油岩系。

②台内浅滩。台内浅滩在盆地的北东部，位于台盆的北侧，大致沿半岛湖北、雀莫错、雁石坪等地呈岛链状分布。其内主要发育中层状生物碎屑灰岩、颗粒灰岩，并出现一系列点礁。这些颗粒灰岩和礁灰岩的沉积能量较台地边缘的礁滩相低，多数为灰泥质胶结。颗粒本身以及胶结物易被溶蚀，在成岩早—中期易形成孔隙，是很好的储集岩。

（4）台缘礁滩相区。台缘礁滩沿中央隆起带南侧断续分布，如扎美仍、日干配错、隆鄂尼、昂达尔错等地，主要为珊瑚礁和藻礁、鲕粒灰岩、砂屑灰岩等。礁灰岩在成岩期间，常受白云石化，孔隙度和渗透率高，是盆内极其良好的储集层，最典型的如隆鄂尼古油藏。

（5）台缘斜坡-盆地相区。台缘斜坡-盆地相区位于盆地南部，沉积薄—中层状泥晶灰岩、泥灰岩、条带状灰岩夹钙质泥岩、页岩等，局部见砂屑灰岩透镜体，其中见滑动构造。向南过渡为深盆-远洋环境，沉积木嘎岗日群。

6. 中侏罗世卡洛期（夏里组）岩相古地理

卡洛期，盆地内发生了大规模的海退，中央隆起带西段和盆地北侧的可可西里造山带再次出露水面，成为剥蚀区，并向盆地内注入陆源碎屑沉积物。中央隆起带东段作为水下高地，也对南北羌塘起着明显的分隔作用，从而再次将羌北拗陷区与南侧的广海分隔，成为一个巨大的半封闭型海湾环境，海水局部地带向北间歇性侵入。

总体上，该时期地形高差不大，沉积速率小，沉积地层厚度不大，仅为 200～1000 m。沉积物以粉砂岩、细砂岩、泥岩为主，并夹大量海源沉积，也反映当时源

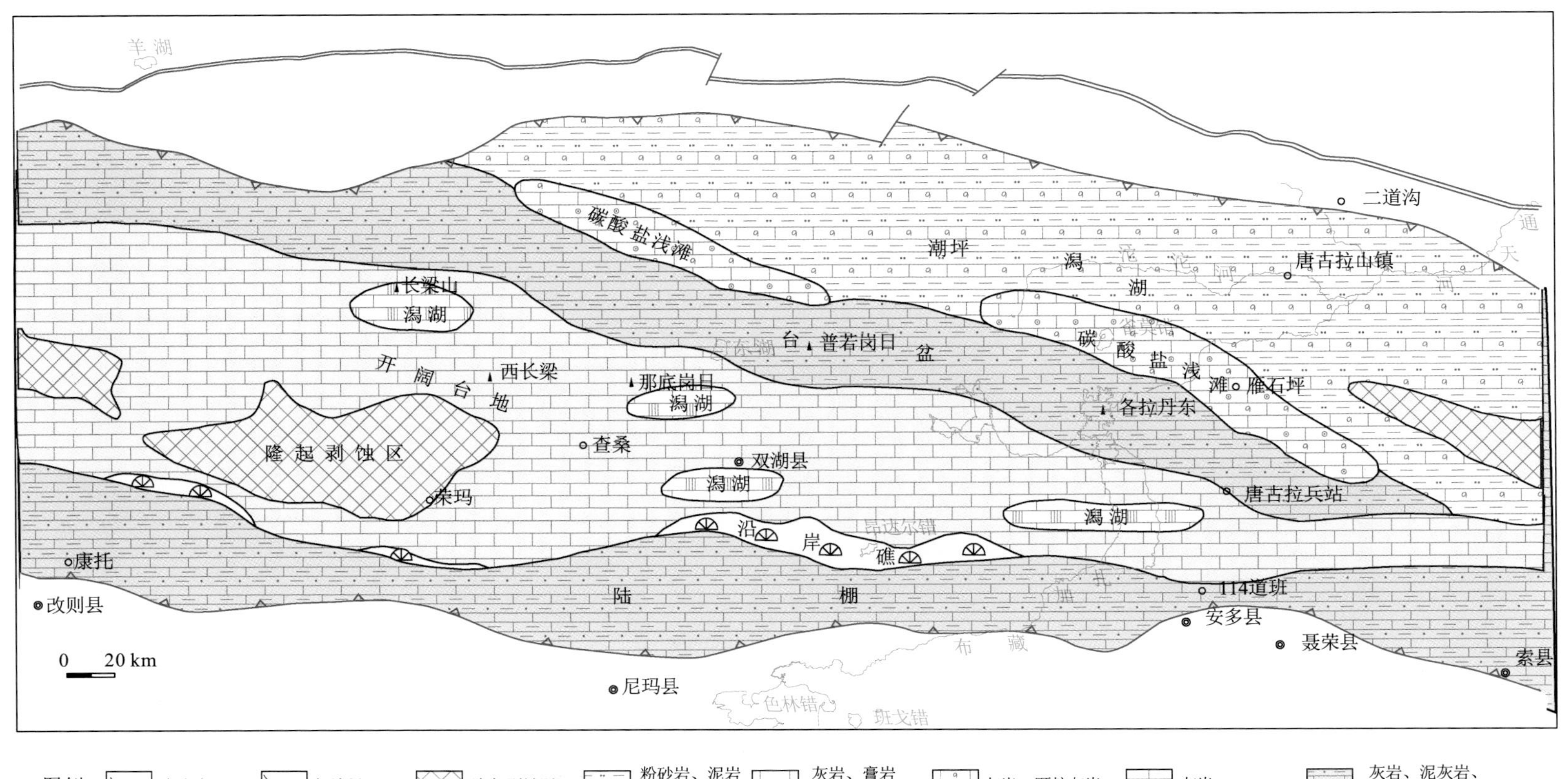

图 1-10　羌塘盆地中侏罗世巴通期岩相古地理图

区剥蚀缓慢，地形平缓。但该时期气候明显向干热气候转变，致使沉积物普遍呈紫红色，并普遍发育蒸发岩。古地理单元构成包括：隆起剥蚀区、潮坪-潟湖相区、滨岸相区、浅海陆棚相区（图 1-11）。

（1）隆起剥蚀区。隆起剥蚀区分布于盆地北侧、北东侧，以及中央隆起带西段冈玛错、玛依岗日、肖茶卡一带，根据沉积厚度和灰岩含量的变化，推测其东段可能也有部分岛状剥蚀区。

（2）潟湖-潮坪相区。潟湖相区位于沉降中心拉雄错、吐波错、半岛湖、各拉丹东一带，主要沉积灰色泥岩、页岩等细碎岩，发育水平层理，局部可见膏岩晶洞。沉积物中常夹较多的内源沉积，如泥灰岩、生物碎屑灰岩等，含量为 10%～20%，最高达 34%（向阳湖）。

在潟湖的外侧为潮坪环境，沉积物以陆源碎屑为主（含量大于 85%），主要为杂色泥岩、粉砂岩夹灰色介壳灰岩透镜体组合，常呈多个介壳灰岩-泥质粉砂岩-泥岩沉积韵律，每一旋回以膏岩或密集顺层排列的膏岩晶洞作为顶部。区域上分布范围宽阔，反映地形较平坦。受干热气候影响，带内膏岩十分发育，形成了一个宽阔的膏岩环带。膏岩层在紫红色粉砂岩、泥岩中呈夹层产出，多属潮上萨布哈沉积，是盆内良好的油气盖层。

（3）滨岸相区。在北羌塘地区，滨岸相区分布于北羌塘拗陷的周缘，沉积物以紫红色陆源碎屑为主（大于地层总厚的 85%），分布范围宽阔，反映地形较平坦。受干热气候影响，带内也发育大量萨布哈相膏岩沉积。在南羌塘地区，滨岸相区沿中央隆起带的南缘呈东西向分布，滨岸沉积物以灰色及灰绿色中层状细粒石英砂岩和钙质石英砂岩为主，夹钙质粉砂岩，其中发育楔状交错层理、平行层理、冲洗层理等，有较好的分选性和磨圆度。

（4）浅海陆棚相区。浅海陆棚位于南羌塘拗陷的中部地区，沉积组合以曲瑞恰乃剖面为例，可进一步分为内陆棚和外陆棚亚相。内陆棚为灰色薄层状泥岩夹粉砂岩和少量细粒石英砂岩组合，发育水平层理、沙纹层理；外陆棚为灰色、浅灰色薄层状细粒石英砂岩与粉砂岩、粉砂质泥岩不等厚互层，上部夹少量鲕粒灰岩透镜体，见平行层理、沙纹层理和楔形交错层理。地层中普遍含菊石。洋盆位于上述陆棚以南地区，大部分被后期改造破坏，沉积物部分保存在现今班公湖-怒江缝合带内。

7. 晚侏罗世牛津期-基末里期（索瓦组）岩相古地理

牛津期，羌塘盆地发生了侏罗纪以来第二次大规模海侵，但此次海侵方向是以自西向东为主，其次为南西向北东方向，与巴通期由南向北海侵方向显然不同。在地形上，无论是沉积厚度（反映沉积中心），还是沉积物碎屑岩含量（反映沉降中心）都显示全区形成了东高西低的格局。该期古地理格局与巴通期大致相近（图 1-12）。古地理单元包括：隆起剥蚀区、局限台地相区（潮坪、潟湖）、开阔台地相区、台缘礁-浅滩相区、台缘斜坡-陆棚相区。

（1）隆起剥蚀区。该期盆地东部发生了明显的抬升，盆地内出现范围较大的剥蚀区。此外，根据地层中陆源碎屑沉积物含量统计发现，在中央隆起带西段局部地区也存在陆源剥蚀区。总体上，盆地内陆源碎屑沉积含量低，说明该期整个羌塘地区已大大夷平，剥蚀强度大为减弱。

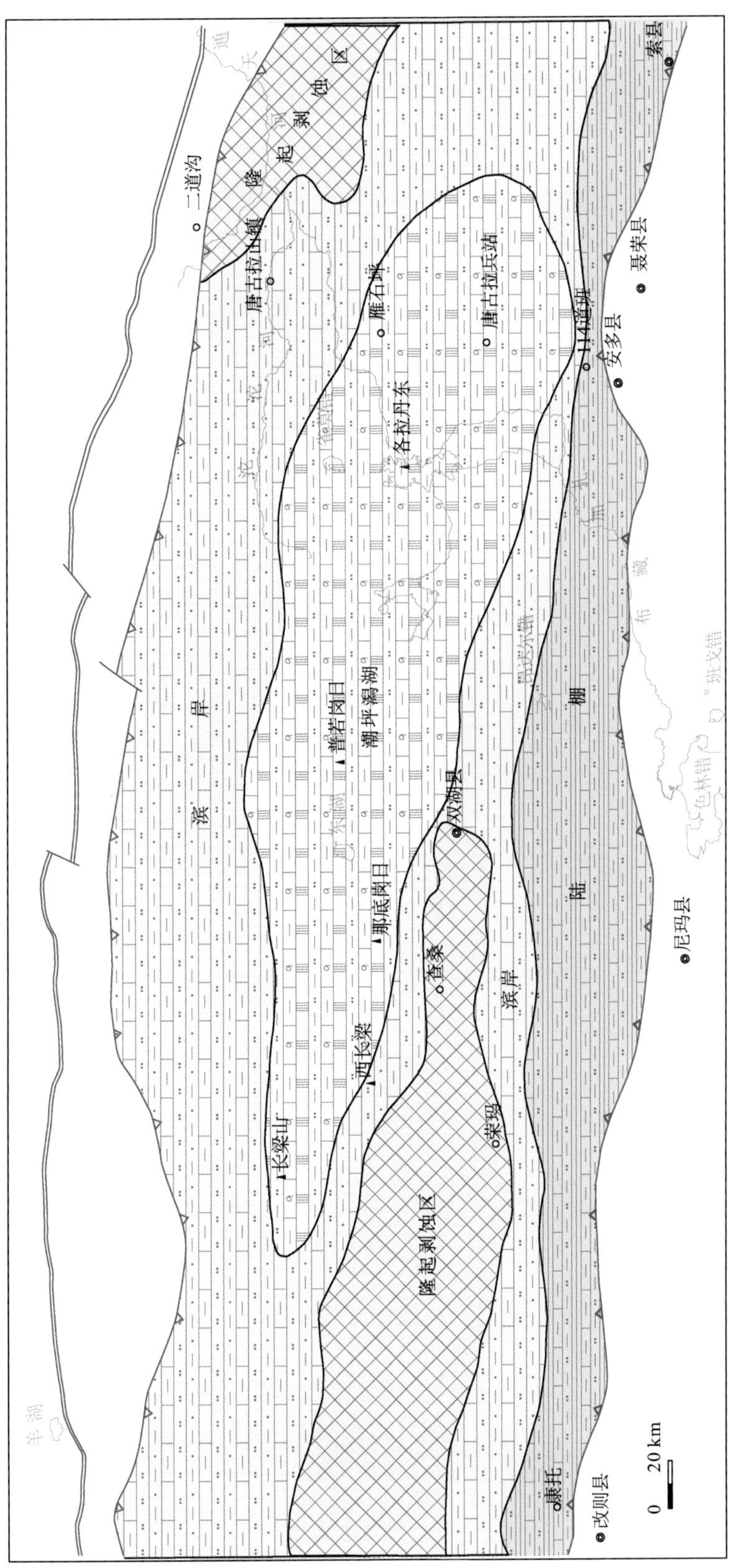

图 1-11　羌塘盆地中侏罗世卡洛期岩相古地理图

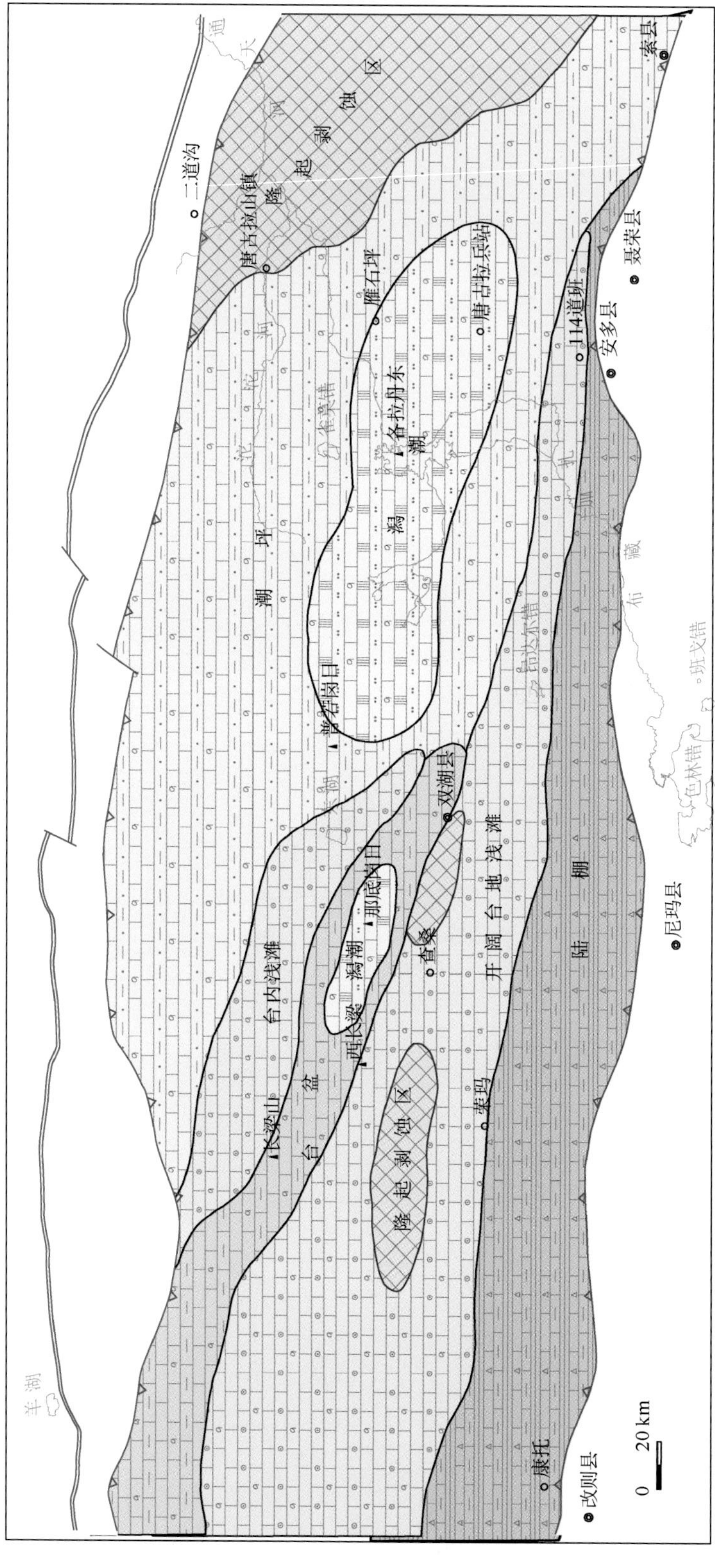

图 1-12　羌塘盆地晚侏罗世牛津期—基末里期岩相古地理图

（2）局限台地相区。该时期羌塘盆地东浅西深的格局十分明显，在盆地东北部广大地区均发育局限台地相沉积物。区内主要发育潮坪和潟湖亚相，据典型剖面统计，二者在剖面上交替出现，纵向上没有明显的优势相，说明该期地形较缓，潟湖可能具有棋盘状分布的面貌。区内沉积物中富含双壳生物，但生物分异度低，种属单调，说明环境局限、海水盐度异常。沉积物为泥晶灰岩、钙质泥岩、粉砂岩和少量砂岩，局部夹膏岩透镜体。膏岩层有两种产出类型，一是潟湖相膏岩，作为钙质泥岩、泥灰岩中夹层产出，产于潟湖环境高盐度地区；二是萨布哈相膏岩，产于近陆源区潮上部位，与紫色粉砂岩、泥岩或白云岩共生，说明当时气候仍以干热气候为主。

（3）开阔台地相区。开阔台地相区位于盆地的中西部，沿布若岗日、黑尖山、尖头山一带呈北西—南东向带状展布，北西部较宽，向南东方向在双湖—尖头山一带尖灭。总体上，范围较巴通期小，分布也主要向西南方向迁移。带内包括台盆和台内浅滩亚相。

①台盆。台盆沿独雪山、西长梁、双湖一带分布，沉积物以大套灰色厚层-块状泥晶灰岩为主夹深灰色泥灰岩，双壳类化石较少，但普遍含有丰富的海百合茎，生油性能远不如巴通期同类环境发育，可能反映该期水体较浅，局部地带含膏岩，如黑尖山南的胜利河、向阳湖一带。在白龙冰河一带，沉积水体较深，沉积物以薄—中层状泥晶灰岩、泥灰岩为主，夹深灰色页岩，具有较好的生油性能，其中见较丰富的菊石类浮游生物化石。

②台内浅滩。台内浅滩分布于元宝湖、青尖山、半岛湖一带，以发育碳酸盐浅滩为主，点礁体星散状分布其中。浅滩由生物碎屑、球粒、鲕粒、核形石等内碎屑物质堆积而成，以泥晶或灰泥质胶结为主，亮晶方解石胶结物少见，属低能滩。滩上点礁十分发育，据初步统计，目前已发现出露地表的点礁近 20 个。

（4）台缘礁-浅滩相区。台缘礁-浅滩相区分布于中央隆起带南侧，地表见于磨盘山、扎美仍和北雷错等地，以鲕粒灰岩、生物碎屑灰岩及珊瑚礁灰岩为主，其中礁灰岩的单个礁体规模大，最大厚度可达 200 m，延伸数公里，孔隙发育，是较好的储集层。

（5）台缘斜坡-陆棚相区。台缘斜坡-陆棚相区位于盆地南部，斜坡相发育较差，主要为生物碎屑灰岩、砂屑灰岩夹粉砂岩，局部见角砾状灰岩；陆棚相较发育，以 114 道班沉积为例，发育一套灰色、深灰色薄—中层状泥晶灰岩、泥灰岩夹泥岩、页岩，富含菊石，其中泥灰岩、页岩是很好的生油岩。

8. 晚侏罗世提塘期—早白垩世贝里阿斯期（白龙冰河组）岩相古地理

该时期是班公湖-怒江洋盆最终消亡的时期，区内发生了大规模的海退，北侧造山带、中央隆起带和盆地的东部地区迅速隆起。盆地内由晚三叠世以来的北浅南深首次转变为南浅北深的格局，海侵来自盆地的西北方向。在盆地南部，除中央隆起带东段附近，目前为止尚未发现相当的地层，推测羌南地区已迅速转变为陆地。从沉积物发育情况看，羌北盆地总体为一个向北西开口的相对闭塞的巨大海湾，周围均向其内部提供物源，尤以东部最盛，反映东部可能处于区域性最高部位。

该时期膏岩层并不发育，说明古气候相对湿润，从东湖附近硅化木的发现（谭富文等，2003）以及地层中富含孢粉来看，中央隆起带附近应当有大片森林。贝里阿斯期末，海水迅速退出羌塘地区，转变为陆内河湖沉积环境，发育陆相磨拉石和广泛的膏岩沉积，古气候再次处于干热状态。

该时期沉积了索瓦组上段、白龙冰河组、雪山组和扎窝茸组等地层，它们属晚侏罗世末至早白垩世初期的同期异相沉积物（谭富文等，2004）。据此认识得出的岩相古地理单元有：陆源剥蚀区、河流-三角洲、海湾（潮坪-潟湖）和浅海-陆棚。

综上所述，根据沉积相及岩相古地理展布，结合地层发育特征，羌塘盆地沉积体分布稳定、沉积厚度大、岩石类型多样、沉积相带较多且时空配置良好，具备形成大型油气田的沉积环境。

三、盆地性质及演化

1. 盆地的性质

前人对羌塘盆地中生代的演化提出了不同认识（周祥，1984；黄汲清和陈炳蔚，1987；易积正等，1996；潘桂棠等，1996，1997；李勇等，2001；Metcalfe，2013；Song et al.，2015），通过对盆地形成的区域构造背景分析、深部地球物理资料、沉积充填过程、沉积相与沉积体系、古流向、古地理环境分析、盆地结构与构造沉降分析、火山岩及其构造环境分析以及沉积地层的叠置关系等方面的综合研究，王剑等（2009，2010）认为羌塘盆地中生代为一个叠合盆地。早三叠世—晚三叠世中期，盆地仅限于羌北地区，属可可西里造山带的前陆沉积盆地；晚三叠世晚期—早白垩世，属被动大陆边缘裂陷-拗陷盆地。

2. 盆地的演化

根据羌塘盆地地层、沉积相以及岩相古地理等方面的分析，将羌塘中生代盆地的演化过程划分为 6 个演化阶段：前陆盆地演化阶段、初始裂谷演化阶段、被动陆缘裂陷阶段、被动陆缘拗陷阶段、被动大陆向活动大陆转换阶段和盆地萎缩消亡阶段，演化模式如图 1-13。

（1）前陆盆地演化阶段。在早三叠世初—晚三叠世诺利早期（图 1-13a）。盆地的范围仅限于北羌塘地区，中央隆起带以南可能处于隆起剥蚀区，盆地是羌塘地块向北俯冲以及可可西里造山带的崛起并向南逆冲共同作用的产物。

二叠纪末期，金沙江洋盆关闭。早三叠世开始，可可西里造山带前缘发育巨厚的暗色深水相细复理石沉积（若拉岗日群下部），据推测属中下三叠统（西藏区域地质调查队，1986）；而在盆地南缘热觉茶卡一带，下三叠统以角度不整合向南超覆于中央隆起带北缘，主要为一套河流-三角洲相碎屑沉积物，其上为中三叠统浅海碳酸盐岩沉积。因此在早、中三叠世，北羌塘盆地已具备了前陆盆地的基本特征，即造山带前缘快速挠曲、下沉、接受早期复理石沉积；盆地呈南浅北深的箕状；沉降中心向前陆隆起方向迁移等。

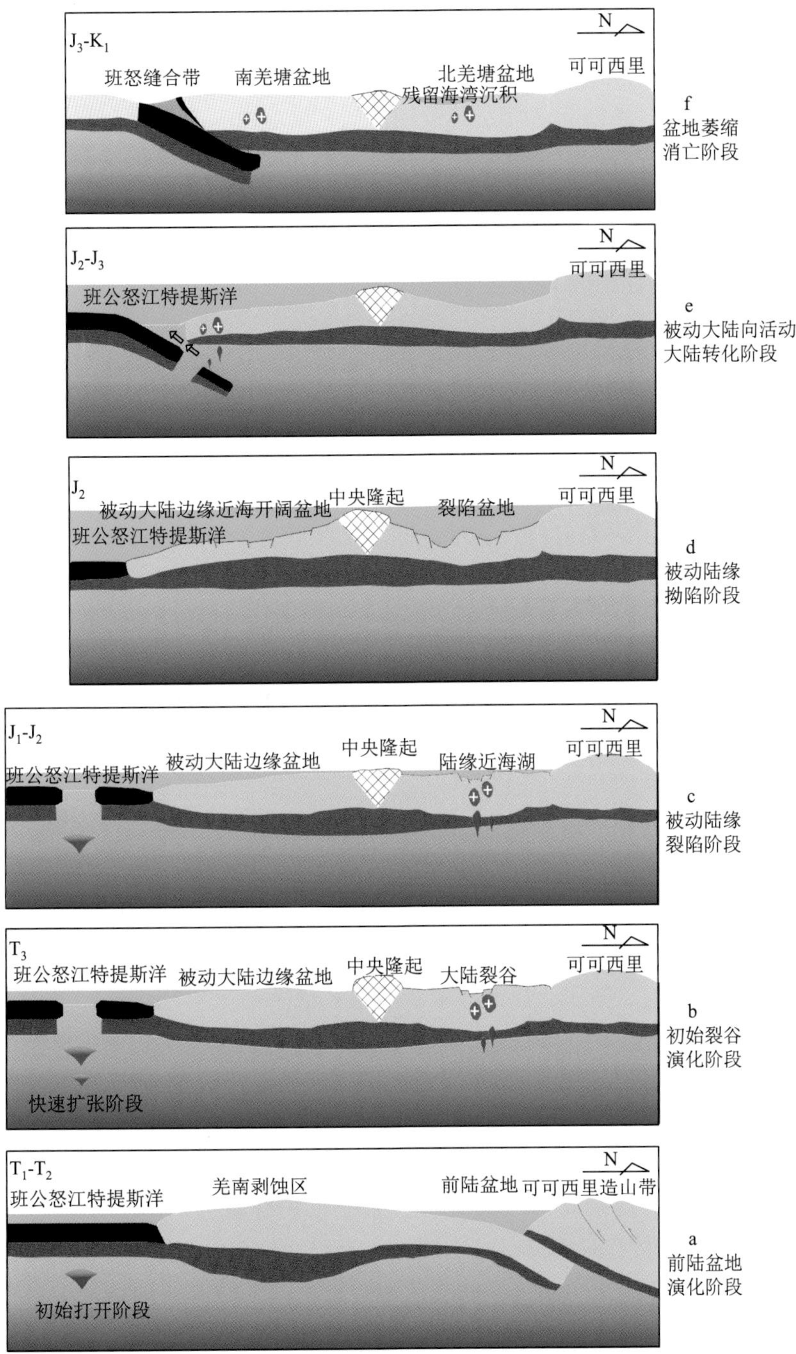

图 1-13　羌塘中生代沉积盆地演化模式图

晚三叠世卡尼期，盆地沉降中心进一步向南迁移，前缘带位于藏夏河、明镜湖一带，形成深水复理石沉积；前陆斜坡带位于盆地中部布若错、半岛湖、沱沱河一带，分布广泛，主要发育缓坡相碳酸盐岩沉积；前陆隆起区位于中央隆起带，其隆起北缘的那底岗日、土门格拉一带，主要发育滨岸相碎屑岩沉积，局部发育含煤碎屑沉积。古流向和物源分析显示，盆地具有双向物源。

晚三叠世诺利早期，该前陆盆地迅速萎缩阶段，盆地内广泛发育三角洲相碎屑含煤沉积，诺利晚期，羌塘地区的构造性质全面发生了反转，羌北地区全面隆升成为剥蚀区，羌南地区发生了强烈的拉张（或剪切）作用。

（2）初始裂谷演化阶段。该阶段发生在晚三叠世诺利早期（图 1-13b）。在现今羌塘盆地南侧的班公湖怒江一带地壳受拉张（或剪切）破裂，产生裂谷，并迅速扩张成为洋盆。

（3）被动陆缘裂陷阶段。该阶段发生在晚三叠世诺利晚期—瑞替期（图 1-13c）。裂陷作用主要发生在羌塘盆地北部，使前期的大陆剥蚀区下陷成为沉积盆地，从而真正意义上形成了羌塘盆地内部“两拗一隆”的格局。

南拗陷为被动大陆边缘近海开阔盆地，发育滨岸-浅海相砂岩、粉砂岩和页岩，整合于三叠系之上，呈北浅南深的单斜式盆地地貌，沉积厚度为 600～1200 m，单向物源来自中央隆起带（王剑等，2009；冯兴雷等，2016）。

（4）被动陆缘拗陷阶段。自早侏罗世至中侏罗世巴通期（图 1-13d～图 1-13g）。整个羌塘地区发生了相对稳定的均匀沉降作用，盆地内发生了大规模海侵，海水淹没了中央隆起，将南北拗陷连接成一个统一的被动大陆边缘拗陷盆地，整体上呈北浅南深的单斜结构。

（5）被动大陆向活动大陆转化阶段。该阶段为中侏罗世卡洛期，该时期区内发生了一次快速的海平面下降，盆地内主要表现为陆源碎屑沉积物急剧增加。值得注意的是，晚侏罗世牛津期—基末里期（相当于索瓦组沉积期）羌塘盆地发生了第二次海侵，沉积了上侏罗统索瓦组下段。

（6）盆地萎缩消亡阶段。羌塘中生代盆地萎缩消亡与中特提斯洋盆的最后关闭有关，许多学者提出中特提斯洋盆的关闭时间为晚侏罗世（Girardeau et al.，1984；Pearce and Deng，1990；Zhou et al.，1997）。然而，最新的研究显示中特提斯洋盆的最后关闭时间延续到了晚白垩世（Zhang et al.，2012；Liu et al.，2014）。该阶段发生在晚侏罗世提塘期—早白垩世贝里阿斯期（图 1-13h）。晚侏罗世提塘期，随着班公湖-怒江洋盆关闭，羌塘盆地南部迅速抬升，羌南地区和盆地的北东部分迅速隆升成陆地，海水逐步向西北部退缩，形成一个向北西开口的海湾-潟湖环境，其内部沉积灰岩、泥岩和粉砂岩，沉积厚度 600～1600 m，向东南部的外缘地区发育河流-三角洲相紫红色碎屑沉积。大约在贝里阿斯期末，海水退出羌塘地区，结束中生代海相盆地的演化历史。

从上述盆地性质及演化特征上看，前陆盆地与被动大陆边缘盆地均是世界上大型油气田分布的重要盆地，因此羌塘盆地具有形成大型油气田的地质背景。

第四节　盆地构造特征

针对羌塘盆地的构造地质研究，王剑等（2004，2009）对盆地的构造样式及形成机制、构造期次、构造改造强度等方面进行了系统阐述，本书仅概要介绍如下。

一、构造样式概况

1. 盆地褶皱概况

通过 1∶25 万区域地质填图中 454 条由三叠系—古近系构成的褶皱统计，结合近年野外调查分析，显示羌塘盆地近东西-北西西向褶皱占 75%（图 1-14），北西向褶皱为 12%，北东向褶皱为 10%，南北向褶皱为 3%。

（1）近东西-北西西向褶皱构成盆地内主要构造形迹，形成相对较早，普遍被北西向、北东向褶皱和南北向褶皱叠加，形成各种形态的褶皱。该方向褶皱具有以下特征。

①从平面分布上看，上述褶皱尤其是“短轴褶皱”在平面上成群、成带分布，走向上表现为尖灭再现特点。褶皱枢纽总体显示出微倾伏特点，如将多个串珠状分布的“短轴褶皱”的枢纽连在一起，则显示出规模较大的、波浪起伏的长轴褶皱，且同一褶皱内形成多个构造高点；这可能为后期构造叠加于近东西—北西西向褶皱而成。

②从层位上看，发育于不同层位、不同地区的褶皱在形态等方面具有一定差异：侏罗系地层构成的褶皱，在北羌塘坳陷的南、北两侧和中央隆起带密度较大，而在北羌塘坳陷的腹地尤其是西部的金星湖—东湖地区褶皱密度较小。三叠系地层构成的褶皱主要见于北羌塘坳陷和中央隆起带，在坳陷南、北两侧和中央隆起带以连续的小褶曲为主，且发育密集的轴面劈理，这些小褶曲受后期构造运动的影响，与侏罗系一起卷入褶皱，发生再褶，形成背形或向形构造；而在该坳陷腹地多构成规模相对较大的中常褶皱。上白垩统和古近系地层中，褶皱密度远小于侏罗系和三叠系，且主要集中在靠近区域性断裂的部位，多为短轴褶皱。

③从褶皱强度上看，三叠系褶皱强度最大，尤以中央隆起带及其相邻地区和靠近金沙江结合带部位褶皱最紧闭，且发育轴面劈理。侏罗系褶皱强度在南北坳陷内部较小，在靠近中央隆起带两侧和金沙江缝合带地区褶皱强度较大。上白垩统和古近系构成的褶皱翼间角最大。

（2）北西向褶皱总体上以线状和短轴褶皱为主，枢纽近于水平，轴面基本上呈直立至近直立。在横剖面上，单个褶皱基本平行，同一褶皱岩层在厚度上基本保持一致，转折端圆滑且曲率由内到外逐渐加大，弯曲越来越紧闭。其变形强度与近东西—北西西向褶皱相近，与近东西—北西西向褶皱是同一期次地质作用在不同部位的产物。

（3）北东向褶皱分布相对零散，总体上轴面直立，两翼对称，转折端圆滑、等厚，不发育劈理构造，基本上表现为叠加于近东西—北西西向褶皱上的短轴褶皱。

（4）南北向褶皱分布零星，均由侏罗系构成，翼间角多大于 120°，枢纽略有起伏，轴面多为直立至近直立，基本上属于短轴直立水平褶皱，局部地带叠加于近东西-北西西向褶皱之上。

2. 盆地断层概况

通过对 1∶25 万区域地质填图中 755 条断裂的统计分析和近年野外调查研究，认为盆地断层发育有近东西-北西西、北西、北东、南北四组断裂（图 1-14）。其中以东西-北西西和北西断层为主。各组断层的特征如下。

（1）东西—北西西向断层。

①该组断层最发育，控制着盆地的构造格架。

②就性质而言，该类断层多为压扭性逆冲断层。

③就规模而言，此类断层可分为控制盆地边界的一级断裂、长达 100 km 以上的二级断裂、长度在 30～100 km 的三级断裂和长度小于 50 km 的次级断层。

④就活动时间而言，东西-北西西向断裂具有燕山早—中期活动相对较强，燕山晚期和喜马拉雅期相对较弱的特点。

⑤就变形地带而言，表现为南羌塘拗陷和中央隆起带相对较强、北羌塘拗陷相对弱的特点，同时也表现为盆地东部强、西部弱的特点。在北羌塘拗陷内部，尤其是该拗陷西部，盆地南、北两侧断裂规模、密度均较大，而中部地区不仅规模、密度相对较小，还发育隐伏断层。此种现象表明，北羌塘拗陷断裂活动具有从南北两侧向盆地腹地不断迁移的特点，即前展式运动的特点。

（2）北西向断层。

①就性质而言，该类断层多为压扭性逆冲断层。

②就规模而言，区内此种断层规模一般较小，延伸多在 20 km 以下。

③就活动时间而言，它们普遍切割近东西—北西西向断裂和同向展布的褶皱构造，表明其形成时代相对较晚。此类断层切割最新的地层为鱼鳞山组火山岩，表明它在新近纪以来仍在活动。

（3）北东向断层。

①就性质而言，该类断层多为压扭性逆冲断层。

②就活动时间而言，此类断层普遍切割近东西—北西西向断层。此类断层较近东西—北西西向断层形成较晚。据前人对此类断层构造岩或断裂带内方解石脉的同位素测年，发现此类断层主要活动于 5 Ma 以来。

（4）南北向断层。

①就性质而言，该类断层多为压扭性和张性断层，局部地带具有走滑特征。

②羌塘盆地南北向断层零星出露，以中央隆起带和北羌塘拗陷东部地区规模相对较大。

③就活动时间而言，它既切割古生界地层，也发育在新生界中。可见，此类断层具有多期活动的性质。

3. 构造应力场分析

（1）根据盆地断层、节理等构造分析，盆地应力场是以近南北—北北东向挤压应力场为主，其次为南东向的应力。

（2）盆地大多数地区褶皱轴迹走向大多数为北西西—近东西向，反映羌塘盆地变形主要受到统一的南北向挤压力；极少量的褶皱轴迹为北东向、近南北向。

二、构造组合类型

1. 断层组合

断层组合主要有叠瓦冲断构造组合（包括基底卷入型冲断系、盖层滑脱型叠瓦冲断系）、对冲断裂系、冲起构造、棋盘网格状组合、拉分盆地、地堑构造等。

2. 褶皱组合

褶皱主要有复背斜和复向斜组合、斜列雁行式褶皱组合、斜跨叠加褶皱组合、平行褶皱群和类隔挡式褶皱、穹窿和构造盆地等。

3. 褶皱与断层组合

褶皱与断层组合主要有南北向褶皱与断层的组合、断层与牵引褶皱组合。

三、构造期次及构造演化

羌塘盆地自元古代以来经历了多期次构造运动，但羌塘盆地的油气勘探主要集中于中生代，因此本书仅简要阐述中生代以来的构造运动。

1. 中新生代构造期次

在前述构造层划分的基础上，依据各构造层变形特征、接触关系、岩浆活动和沉积作用等，认为羌塘盆地中新生代主要有燕山期 3 幕和喜马拉雅期 3 幕构造运动。

1）燕山运动

燕山运动在羌塘盆地表现为 3 幕。

燕山运动Ⅰ幕。羌塘盆地侏罗系地层以开阔褶皱为主，而且具有复杂的褶皱叠加样式，与角度不整合覆于其上的下白垩统、上白垩统阿布山组和始新统明显不同，表明二者之间存在一次构造运动，即燕山运动。

燕山运动Ⅱ幕。该幕构造运动存在的依据有：①下白垩统在北羌塘拗陷区为海相碎屑岩夹灰岩，上白垩统为夹有火山岩的红色磨拉石建造；②在冈底斯构造带，上白垩统与下白垩统之间存在角度不整合面，且冈底斯地块与羌塘地块于侏罗纪晚期已经拼合；③早白垩世存在碰撞型花岗岩，如发育于北羌塘拗陷东部的早白垩世花岗岩基（Rb-Sr 年龄为 132.67 Ma，甲布热错似斑状二长花岗岩基的 K-Ar 同位素年龄为 129～120 Ma）沿侏罗系背斜核部侵位。此期构造运动使下白垩统构成近东西-北西西向展布的开阔褶皱。

燕山运动Ⅲ幕。该幕构造运动存在的依据有：①羌塘盆地上白垩统阿布山组与上覆始新统康托组呈角度不整合接触；②羌塘盆地上白垩统地层普遍发生褶皱；③发育晚白垩世碰撞型花岗岩体，布诺错碰撞型花岗斑岩基的 K-Ar 同位素年龄为 94.8 Ma，饮马湖花岗斑岩体的 K-Ar 同位素年龄为 97.5 Ma；④阿布山组含中酸性火山岩夹层。由此表明，该幕构造运动在整个羌塘盆地均存在。

2）喜马拉雅运动

喜马拉雅运动在羌塘盆地表现为 3 幕。

喜马拉雅运动Ⅰ幕。该幕构造运动存在的依据有：①羌塘盆地的始新统地层普遍发生褶皱；②始新统康托组被渐新统唢呐湖组角度不整合覆盖；③发育古近纪花岗岩株，映天湖二长斑岩株 K-Ar 同位素年龄为 39.2 Ma，普若岗日二长花岗岩年龄为 40.2 Ma（K-Ar 法），马料山花岗岩株的年龄为（34.9±0.8）Ma（Ar-Ar 法）。

喜马拉雅运动Ⅱ幕。该幕构造运动存在的依据主要有：①羌塘盆地渐新统唢呐湖组普遍发生褶皱；②在该盆地广泛发育产状近于水平的渐新世—中新世熔岩被，局部地带呈角度不整合覆于唢呐湖组之上。

喜马拉雅运动Ⅲ幕。该幕构造运动存在的依据主要有：①羌塘盆地主要发育两套不同时代和性质的火山岩，一组同位素年龄为40～28 Ma，以碱性为主；另一组同位素年龄为10～5 Ma，表现为高钾特征。②这两套火山岩变形特征存在差异，时代较早的碱性火山岩不仅断层发育，而且局部地区产状较陡；时代较新的高钾火山岩内部断层不发育，且产状总体较缓。

2. 构造演化

1）燕山期伸展-挤压旋回

该期总体上可分为侏罗纪（包括晚三叠世那底岗日期）伸展-挤压阶段、早白垩世反转阶段和晚白垩世挤压阶段三个发展过程。

（1）侏罗纪伸展-挤压阶段。晚三叠世那底岗日期—早侏罗世，受班公湖-怒江洋的打开控制，北羌塘地区处于伸展状态，表现为河流-湖泊沉积及拉张背景下的裂谷型火山岩堆积环境；与此同时，南羌塘地区自北而南表现为滨岸相沉积向陆棚相沉积的过渡。

中—晚侏罗世，盆地经历了沉降—抬升—再沉降的伸展过程，充填了雀莫错组碎屑岩、布曲组台地相碳酸盐岩、夏里组碎屑岩和索瓦组台地相碳酸盐岩。

晚侏罗世末期，随着拉萨地块与羌塘地块碰撞作用的持续，班公错-怒江结合带以AF7断裂为运移面向北逆冲，同时AF5断裂背驮中央隆起带向南逆冲（图1-14），使南羌塘拗陷大为缩短。与此同时，强烈的南北向挤压使北羌塘拗陷南北两侧的AF2、AF4断裂再度活跃，它们分别被亚克错-乌兰乌拉湖冲断带、中央隆起带向拗陷中央地带逆冲，使相对较深构造层次的上三叠统、古生界和结晶基底暴露于地表，造成对冲式构造格局。在上述卷入基底断裂的活动过程中，派生出一系列同向或反向倾斜的次级断层，使盆地边缘地带或中央隆起带相邻地区呈现出“断夹块”的构造地貌。随着挤压作用的持续进行，位于上述卷入基底逆冲推覆构造系统前方部位的侏罗系—上三叠统内的膏岩、泥岩或不整合面发生滑脱推覆，于滑脱面上盘形成一系列次级断层以及“隔槽式”或“隔挡式”构造组合样式，呈现出典型的薄皮逆冲推覆构造的特征。与此同时，在上述不同层次逆冲推覆构造活动过程中，由于前方地带受到阻挡，滑脱面上盘部位往往形成近东西—北西西向展布的撕裂断层，它们共同将羌塘盆地分割成一系列断块。

随着挤压作用的进一步持续，羌塘地区地壳已增大到一定程度并开始向东西两侧“逃逸”。此时，近东西-北西西向断层以走滑活动为主，南北向断层则显示出东西向逆冲活动，被这些断层分割的一系列断块以南北向断层为作用面而相互碰撞，使近东西-北西西向褶皱普遍变形变位，在靠近南北向断层的部位由于挤压应力较强而形成一系列同向展布的褶皱。

（2）早白垩世挤压阶段。早白垩世，羌塘地区总体上呈隆起剥蚀状态，仅在南部边缘地带和北羌塘拗陷西部地区接受海相沉积。该时期末期，随着狮泉河-嘉黎结合带逐渐形成，羌塘地区再度转入南北向挤压状态，地壳加厚并发生局部重熔，形成规模巨大的中酸性花岗岩基或岩株，使围岩发生热烘烤；与此同时，先期的断裂构造再度活动，打破了原有的平衡，油气可沿断裂向地表散失。

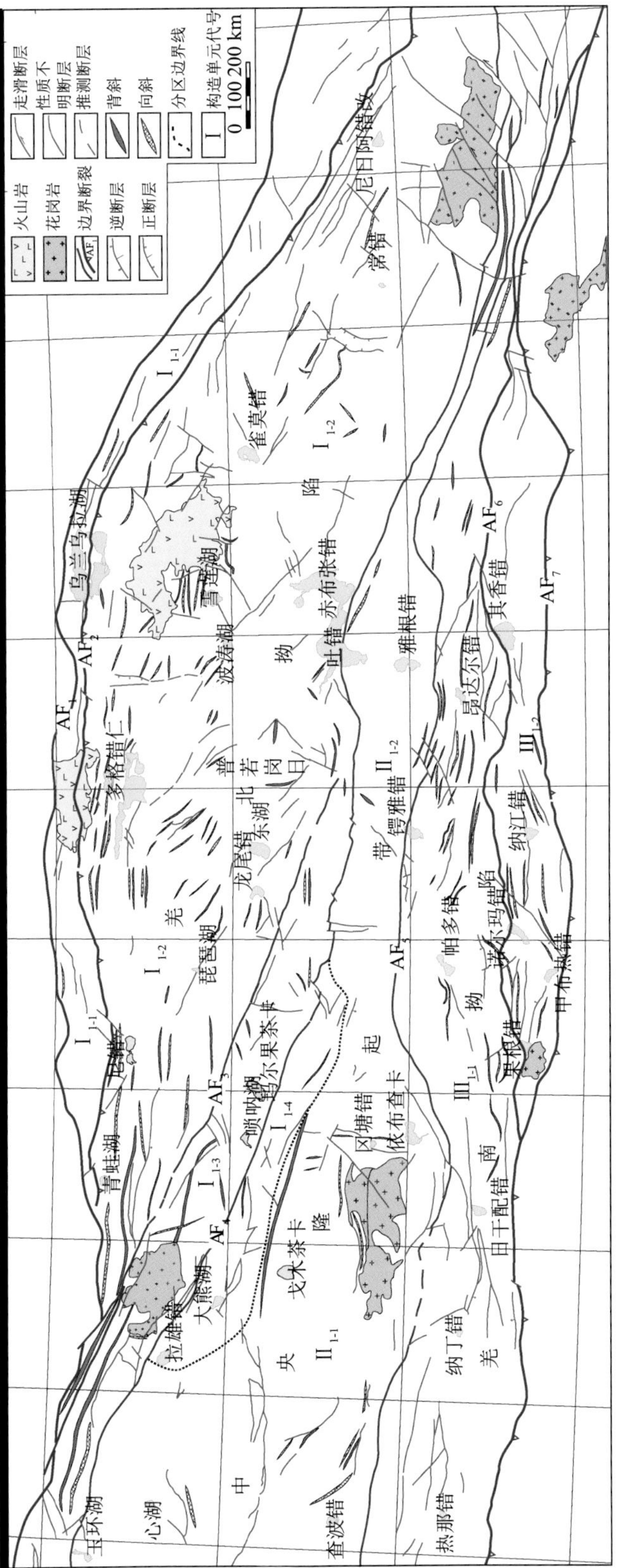

北羌塘坳陷（Ⅰ）：Ⅰ$_{1-1}$.亚克错-乌兰乌拉湖冲断带；Ⅰ$_{1-2}$.羌中舒缓褶皱带；Ⅰ$_{1-3}$.布若错-达尔错温过渡构造带；Ⅰ$_{1-4}$.大熊湖冲断带；
中央隆起带（Ⅱ）：Ⅱ$_{1-1}$.西部强烈隆起区；Ⅱ$_{1-2}$.东部强烈隆起区；
南羌塘坳陷（Ⅲ）：Ⅲ$_{1-1}$.帕度错-扎加藏布褶皱带；Ⅲ$_{1-2}$.诺尔玛-其香错断褶带

图 1-14　羌塘盆地构造纲要图

另外，此期构造运动在北羌塘北部地区影响微弱，主要表现在上白垩统桑恰山组与下白垩统错居日组为整合接触关系。

（3）晚白垩世挤压阶段。在经历了晚侏罗—早白垩世强烈隆升和以后的剥蚀夷平作用后，大约在晚白垩世，随着印度板块与欧亚板块的点碰撞，羌塘地区先期的近东西—北西西向断裂再度发生逆冲活动。下盘部位接受了一系列零星展布的红色磨拉石沉积，而且在南羌塘和中央隆起带的局部地区发生强烈的火山喷发，形成近东西向串珠状分布的阿布山组消减带型陆相中性火山岩（K-Ar 年龄为 103 Ma），属钙碱性-拉斑玄武岩系列。同时，随着地壳的加厚，地壳局部熔融，形成了一系列浅成—超浅成中酸性侵入体，其中灰白色花岗闪长斑岩的 K-Ar 年龄为 68.87 Ma。随着挤压作用的持续，上白垩统不同程度地发生褶皱，局部地带被断层切割。

2）喜马拉雅构造旋回

喜马拉雅构造旋回总体上可分为始新世—中新世伸展-挤压阶段、渐新世—中新世伸展-挤压阶段和上新世以来的高原隆升阶段。现对其特征分述于下。

（1）始新世—中新世交替伸展-挤压阶段。大约在始新世，青藏高原地区普遍沉降，形成了一系列规模不等的陆相盆地，接受了巨厚的陆相红色磨拉石沉积。石油地质勘探表明，不论是羌塘盆地南部边缘的伦坡拉始新世含油气盆地，还是北部的风火山盆地、柴达木含油气盆地都属于东西向断陷盆地，表明该时期区域上处于南北向伸展环境。在羌塘地区，此种伸展作用也表现强烈，使燕山运动及其以后形成的准平原发生肢解，形成了一系列沉积盆地，分别接受了一套以康托组为代表干旱炎热气候条件下的河湖相磨拉石沉积。另从这些磨拉石建造“总体沿近东西-北西西向展布的基岩露头区分布”“砾石普遍磨圆度较差以及其物质成分与基岩露头基本一致”等方面来看，推测这些始新世磨拉石盆地为受近东西-北西西向正断层控制的断陷盆地，而这些正断层是在先期的逆冲断层基础上发展起来的。

大约在始新世末期，随着印度板块与欧亚板块全面碰撞，使包括羌塘盆地在内的整个青藏高原始新世盆地反转。在羌塘盆地内，此次构造事件不仅造成古老的深大断裂的再度转换为逆冲断层，并沿断裂带浅成—超浅成中酸性斑岩岩枝、岩株的侵位，还使掩盖于始新统之下的断层再度活动、生长，造成它们在始新统中呈现出沿走向尖灭再现的特征。与此同时，此次构造运动使始新统普遍发生褶皱，但褶皱强度比较轻微，仅在靠近深断裂的部位可见开阔褶皱、舒缓褶皱，总体上保留着原始产状。可见，此次构造事件应力主要被断裂，尤其是深大断裂吸收和释放，对由侏罗系构成的褶皱具有一定程度的叠加作用，但改造甚轻微。

（2）渐新世—中新世伸展-挤压阶段。在继始新世末期构造运动造成的隆升剥蚀后，大约于渐新世，羌塘地区再度进入伸展构造应力背景，并使先期的准夷平面发生裂解形成了一系列沉积盆地。该时期羌塘地区海拔在 1000 m 左右，气候干旱、炎热，接受了河流-滨浅湖相红色细碎屑岩、碳酸岩盐夹膏岩层沉积组合。由上可见，该时期全盆地普遍差异沉降，但沉降幅度远比始新世小。

渐新世末期—中新世，喜马拉雅运动Ⅱ幕波及区内，不仅使先期的近东西-北西西向断裂重新活动并发生垂向或侧向扩展，还使渐新统普遍褶皱，但褶皱强度较弱，仅在靠近深大断裂的部位褶皱强度较高，可见开阔褶皱、舒缓褶皱。与此同时，随着地壳的再度加厚且局部熔融，发生强烈的火山喷发，形成了一套厚度逾千米的碱性火山岩系。

（3）上新世以来高原隆升阶段。上新世以来，青藏高原地区陆内俯冲作用强烈，造成该区广泛的地壳加厚。此种地质作用不仅使整个青藏高原由海拔 1000 m 左右快速隆升到 5000 m 以上，而且局部地带发生熔融，形成了以石坪顶组为代表的巨厚的高钾火山岩系。与此同时，在包括羌塘盆地在内的整个青藏高原地区，总体上表现为南北向挤压、东西向伸展的地球动力背景，在造成先期近东西-北西西向断裂再度活跃的同时，不仅形成了一系列北东-北西向共轭走滑断裂系和相伴的拉分盆地，而且使早期的南北向压扭性断层表现为正断活动，塑造了一系列地堑构造，并接受了巨厚的第四纪沉积。

印度板块向欧亚板块的陆内俯冲作用是脉动式进行的，相应地由其造成的构造运动也是间歇性向前发展的，进而造成断裂构造表现为活动期和休眠期交替发展的特征。在断裂活动期间，近东西-北西西向断裂上盘逆冲，相应的下盘沉降，南北向断层则呈现出上盘下滑、下盘抬升的特征，此种构造状态不仅使先期的夷平面发生肢解，而且河流下蚀作用强烈，塑造了崎岖不平的构造地貌。在断裂休眠阶段，除了表现为剥蚀作用和向准平原化发展演化外，还沿断裂发育有温泉、冷泉。上述构造活动特征不仅在羌塘盆地内造成三级明显的夷平面，还形成多级阶地。

四、盆地构造改造强度

根据羌塘盆地构造运动期次及性质、剥蚀程度、地层变质程度、岩浆岩分布等，将盆地划为极强改造区、强改造区、中强改造区、弱改造区（图 1-15）。

1. 极强改造区

羌塘盆地内极强改造区集中在两个区域：①中部隆起带，分布面积大致与盆地中央隆起带相当，该地区经历了多次构造运动，变形、变质程度都很深，出露最老地层为前奥陶系中深变质岩系，广泛分布的是古生界—三叠系地层，不同时代的岩浆活动强烈，断裂规模大、数量多；②盆地东部地区，为多条区域性断裂集中发育的地带，后期北东向断层错断近东西向断层，发育大面积的花岗（斑）岩体，东西走向的褶皱密集分布。

2. 强改造区

羌塘盆地强改造区大致包括两个区域：①中央隆起带周边地区分布于中央隆起带南北两侧，该地区三叠系广泛出露，侵入岩体和火山岩广泛发育，褶皱、断层发育，褶皱多为复背斜，其幅度、频率均较大，变形较强，在构造上为一强烈的逆冲推覆构造带；②东部康果-乌兰乌拉湖改造区分布在金沙江缝合带南部及羌北拗陷的东部地区，构造变形强烈，褶皱和断层展布密集，以规模较大的逆冲断层为主，常构成逆冲推覆断褶带，乌兰乌拉湖附近出露古生界地层，局部岩体较多，而东部变质程度较高，三叠系地层发育。

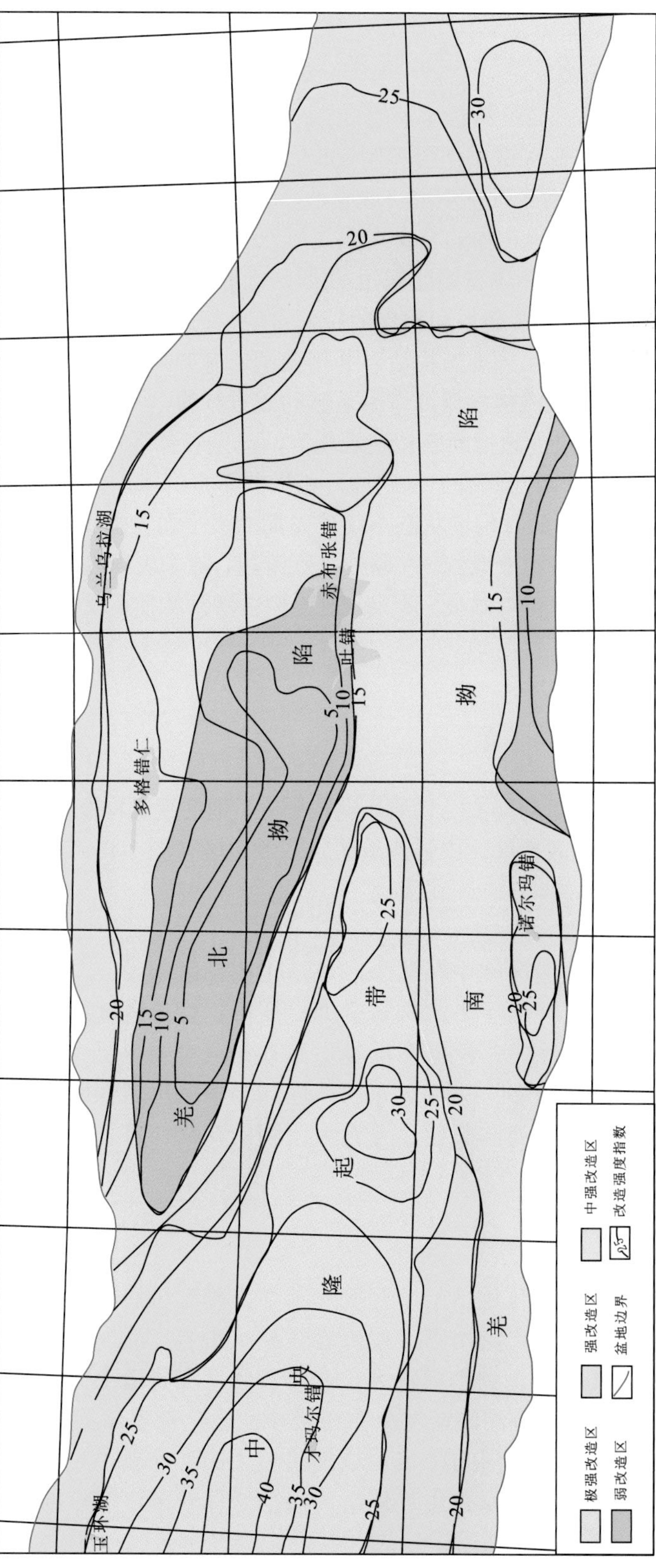

图 1-15　羌塘盆地构造改造强度平面图

3. 中强改造区

中强改造区在盆地内广泛分布，呈环带状，东段较宽，面积较大。此类改造区出露地层以侏罗系为主，局部见上三叠统，岩浆岩主要集中在多格错仁、雪莲湖、如木称错一带。断层数量多，但规模一般较小；褶皱数量多，以长轴褶皱为主。

4. 弱改造区

弱改造区主要集中于羌北拗陷和羌南拗陷中部。此类改造区以大片分布新近系、古近系和侏罗系为特征，岩浆活动、构造变形相对较弱，褶皱以宽缓的背斜、向斜为主，其中背斜转折端较开阔，两翼产状较缓，断层规模相对较小。

第二章　盆地石油地质概况

羌塘盆地不仅是青藏高原面积最大的盆地之一，而且与同处于高原其他盆地相比具有优越的油气地质条件，是青藏高原首选勘探盆地（赵政璋等，2001d；王成善等，2001，2006；王剑等，2009）。主要表现在：①盆地发育多套烃源岩层，具有雄厚的物质基础；②白云岩、礁灰岩、颗粒滩灰岩为油气富集提供了有利储层；③泥质岩和膏岩大面积出现是油气保存的良好盖层；④发育多套生储盖组合；⑤地表大型背斜构造发育，为油气聚集提供了有利场所；⑥隆鄂尼-鄂斯玛古油藏带和盆地大面积油气显示的发现，反映出盆地有过大规模油气聚集与成藏过程。

第一节　盆地生、储、盖层特征

羌塘盆地发育有十余个层位的生、储、盖层。但由于盆地遭受后期抬升剥蚀，致使中侏罗统夏里组到新生界地层多出露地表，且呈残块状分布，难以形成有一定覆盖面积的生、储、盖组合；而古生界地层仅少量出露在盆地周缘和中央隆起带，在盆地南北拗陷均深埋于地下，难以对其生、储、盖特征进行有效评价。因此，本章主要对盆地上三叠统肖茶卡组、下侏罗统曲色组-中侏罗统色哇组（雀莫错组）、中侏罗统布曲组等层位的生、储、盖层特征进行阐述，至于夏里组和索瓦组仍有一定潜力的部分区块见其他章节相关阐述。

一、生油岩特征

参照中国石油天然气集团有限公司（简称中石油）的评价标准（表 2-1、表 2-2），羌塘盆地大致可划分出 N_1k、E_3s、K_1b、J_3x、J_3s、J_2x、J_2b、T_3x、P_2r 和 P_1l 等十余套生油层，但以 T_3x、J_1q、J_2s、和 J_2b 为盆地主要烃源岩。

表 2-1　青藏高原碳酸盐岩烃源岩有机质丰度等级划分标准

参数类型	非生油岩	较差生油岩	中等生油岩	好生油岩
有机碳/%	＜0.10	0.10～0.15	0.15～0.25	＞0.25
氯仿沥青“A”/($\times10^{-6}$)	＜50	50～200	200～1000	＞1000
总烃/($\times10^{-6}$)	＜40	40～80	80～200	＞200
生烃潜量/(mg/g)	＜0.10	0.10～0.15	0.15～0.25	＞0.25

表 2-2　青藏高原泥质岩烃源岩有机质丰度等级划分标准

参数类型	非生油岩	较差生油岩	中等生油岩	好生油岩
有机碳/%	＜0.4	0.4～0.6	0.6～1	＞1

续表

参数类型	非生油岩	较差生油岩	中等生油岩	好生油岩
氯仿沥青“A”/($\times10^{-6}$)	＜100	100～500	500～1000	＞1000
总烃/($\times10^{-6}$)	＜100	100～200	200～500	＞500
生烃潜量/(mg/g)	＜1	1～2	2～6	＞6

1. 上三叠统烃源岩

上三叠统以泥质岩烃源岩为主，局部地区见少量碳酸盐岩烃源岩。

1）烃源岩厚度

泥质岩烃源岩主要有北羌塘拗陷北侧的半深海—深海环境黑色碳质泥岩、暗色粉砂质泥岩和中央隆起带两侧的过渡相黑色含煤泥页岩、粉砂质碳质泥岩。

上三叠统泥质岩烃源岩厚度为42～760 m。其中，藏夏河-多色梁子一带厚度大于116 m，最厚见于岗盖日地区，厚度达760 m，该带烃源岩呈东西向沿北部推覆带南侧（金沙江断裂向南仰冲到北羌塘拗陷之上）展布。中央隆起带两侧烃源岩形成两个富烃中心，即中西部沃若山东部和东南部的土门—尕尔曲地区（图2-1），沃若山东部地区的含煤泥页岩及黑色泥页岩厚度达576.09 m，土门格拉剖面地区的黑色泥页岩及含煤岩系的厚度达420 m。

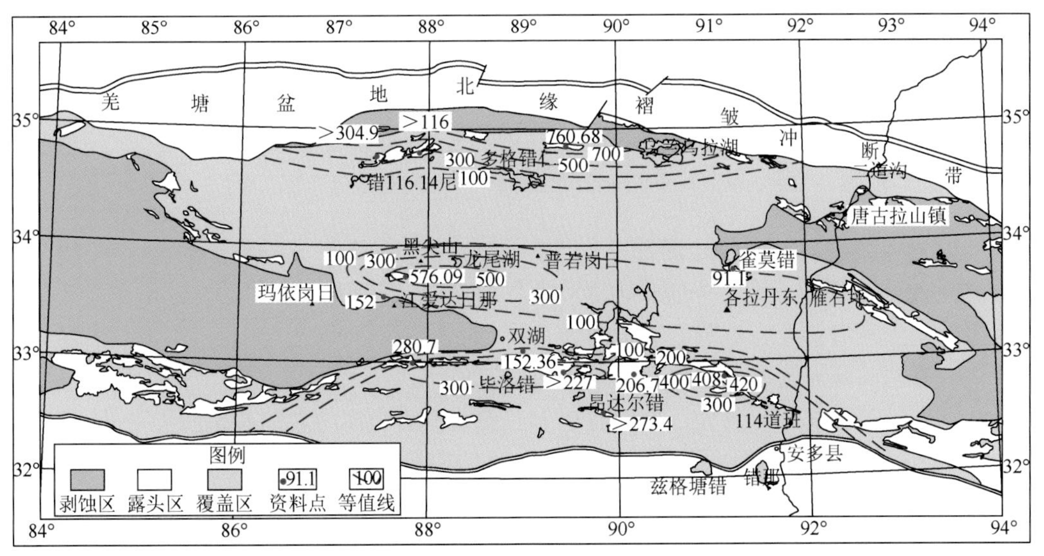

图2-1　羌塘盆地上三叠统泥质岩烃源岩厚度等值线分布图（单位：m）

烃源层纵向上分布于北羌塘拗陷北部的藏夏河一带，具有与浊积砂岩互层特点，在中央隆起带及潜伏隆起带两侧主要产于上三叠统上部，与过渡相砂岩互层。

2）有机地化特征

上三叠统泥质岩烃源岩各剖面平均有机碳含量为0.45%～4.29%，高有机质丰度主要分布于中央隆起带两侧和北羌塘拗陷北缘。例如北羌塘拗陷北部多色梁子—藏夏河的高值分布区，该区域暗色泥页岩的有机碳最大值达到 2.43%，在多色梁子剖面的 4 件样品中有机碳含量平均值达到1.84%，属于好生油岩；藏夏河剖面地区有机碳含量为0.42%～1.85%，均值为 0.7%，均属于中等生油岩；由此可见，在多色梁子一带形成一个有机碳丰度高值区。中央隆起带北侧西部的沃若山东部地区，有机碳含量为0.64%～3.29%，平均达到1.6%，属于中等—好生油岩；中央隆起带南侧中部和东部地区泥质岩有机碳含量为 0.45%～2.51%，特别是土门地区的碳质泥岩的有机碳为 0.23%～24.45%，平均为 4.29%，而土门格拉剖面的煤系地层中的煤有机碳 10.6%～62.3%，均值达到 38.38%，为南羌塘拗陷有机碳丰度高值区，属于好生油岩（图 2-2）。

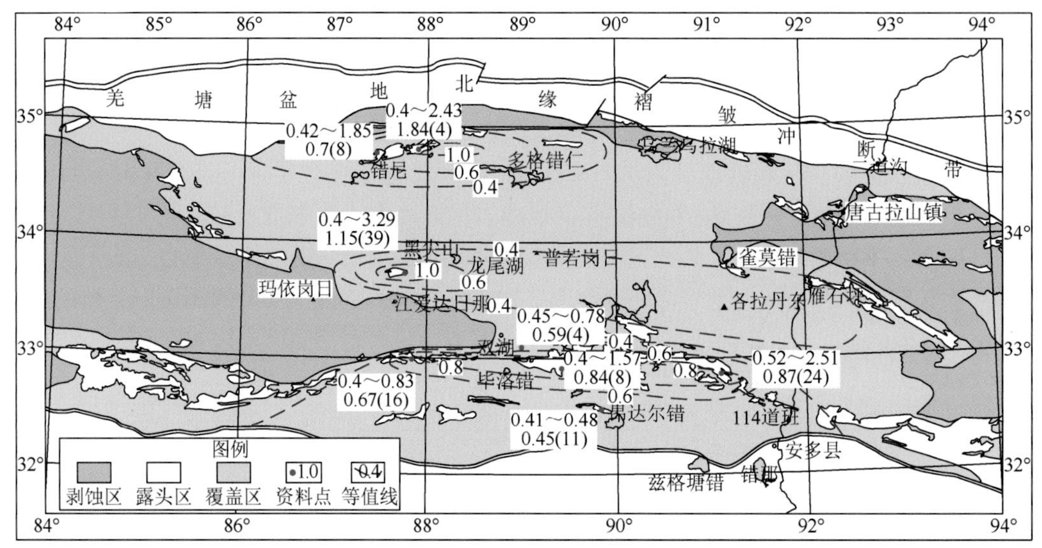

图 2-2　羌塘盆地上三叠统泥质岩烃源岩有机碳等值线分布图（单位：%）

泥质岩烃源岩各剖面生烃潜量平均值为 0.023～0.5 mg/g，氯仿沥青“A”平均值为 5×10^{-6}～152.9×10^{-6}，大部分低于 100×10^{-6}，总体呈偏低的趋势。结合该组泥质岩烃源岩有机碳与生烃潜量及有机碳与氯仿沥青“A”的关系综合研究认为，该组泥质岩烃源岩以中等—好生油源岩为主，少数为较差生油岩。

根据王剑等（2009）研究，羌塘盆地上三叠统泥质岩烃源岩的有机质类型Ⅱ$_2$型和Ⅲ型。各剖面有机质镜质体反射率（R_o）平均值为 0.94%～3.0%，多数样品的 R_o 大于 1.3%；岩石最高热解峰温各剖面均值为 447～562℃；干酪根颜色也以棕褐色、褐黑色为主，因此盆地上三叠统烃源岩热演化程度为高成熟—过成熟阶段。

2. 下侏罗统曲色组烃源岩

1）烃源岩厚度

曲色组烃源岩主要为陆棚相黑色泥页岩、粉砂质泥岩，平面分布范围仅限于南羌塘拗陷内（图 2-3），泥质岩烃源岩厚度为 35～625 m，如毕洛错剖面有厚达 171.89 m 的泥页岩烃源岩，其中含有 35.3 m 的灰黑色薄层状含油气味页岩，一般称之为“毕洛错油页岩”；木苟日王—扎加藏布地区，泥质岩烃源岩厚 549.34 m；松可尔剖面的黑色泥页岩生油岩厚达 625.28 m。

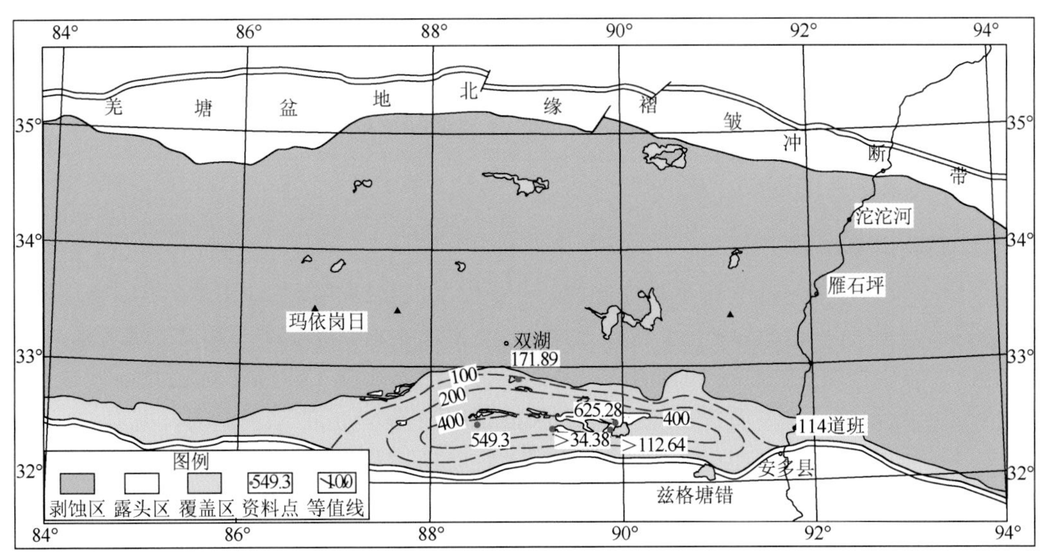

图 2-3　羌塘盆地下侏罗统曲色组泥质岩烃源岩厚度等值线分布图（单位：m）

2）有机地化特征

曲色组烃源岩有机质含量变化大（图 2-4）。南羌塘拗陷毕洛错剖面的泥页岩 20 件达标样品的有机碳含量为 0.64%～26.12%，平均值为 7.67%，残余生烃潜量为 1.79～91.45 mg/g，平均值为 30.47 mg/g；残余沥青“A”含量为 608×10^{-6}～18707×10^{-6}，平均值为 6614×10^{-6}，总烃为 311×10^{-6}～5272×10^{-6}，平均值为 2280×10^{-6}，属典型的好生油岩。木苟日王—扎加藏布地区的有机碳为 0.44%～0.88%，属较差生油岩。松可尔剖面黑色泥页岩 32 件达标样品的有机碳为 0.4%～7.44%，平均值为 0.71%；残余生烃潜量为 0.02～0.07 mg/g，平均值为 0.04 mg/g；残余沥青“A”含量为 6.4×10^{-6}～39.8×10^{-6}，均值为 14.5×10^{-6}；但是该剖面以差生油岩为主，极少数为中等到好生油岩。

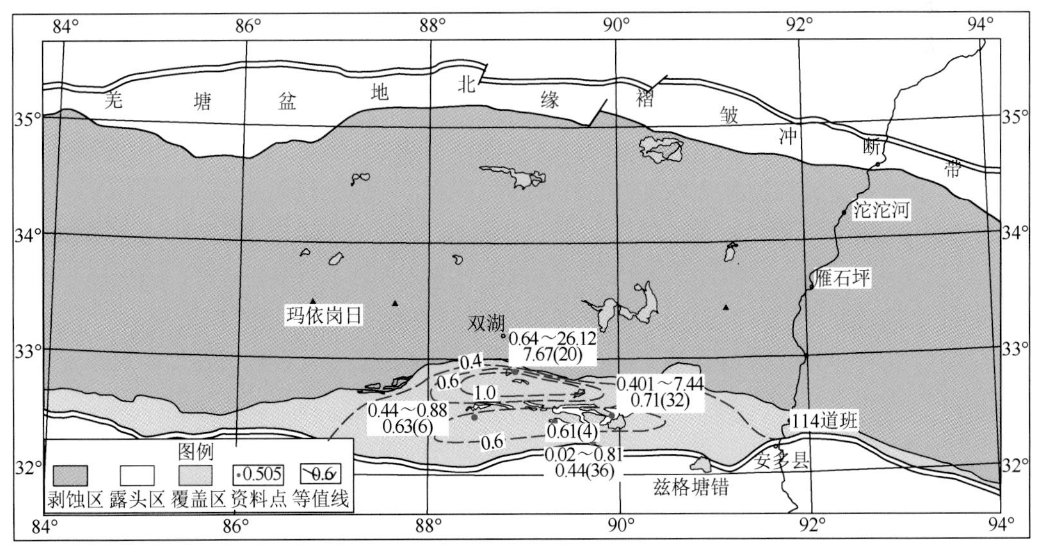

图 2-4　羌塘盆地下侏罗统曲色组泥质岩烃源岩有机碳等值线分布图（单位：%）

依据前人对松可尔剖面、嘎尔敖包剖面、木苟日王剖面研究，该组有机质类型以Ⅱ$_2$为主，少量为Ⅱ$_1$、Ⅲ型。根据木苟日王剖面、松可尔剖面的 R_o 可知，平均值分别为 2.91% 和 2.33%，均处于过成熟阶段，显示该组的烃源岩成熟度高。

3. 中侏罗统色哇组烃源岩

1）烃源岩厚度

该组烃源岩主要分布于南羌塘拗陷内，岩石类型以陆棚相暗色泥页岩为主，夹少量深灰色泥灰岩、泥晶灰岩。烃源岩分布较为局限，主要集中出露在多玛—色哇一带（陈明等，2007），烃源岩厚度为 49.3～1012.6 m（图 2-5），一般为 240～300 m，如改拉、嘎尔敖包和松可尔剖面地区分别发育了 246.5 m、263.13 m 和 298.69 m 的暗色泥岩、页岩。

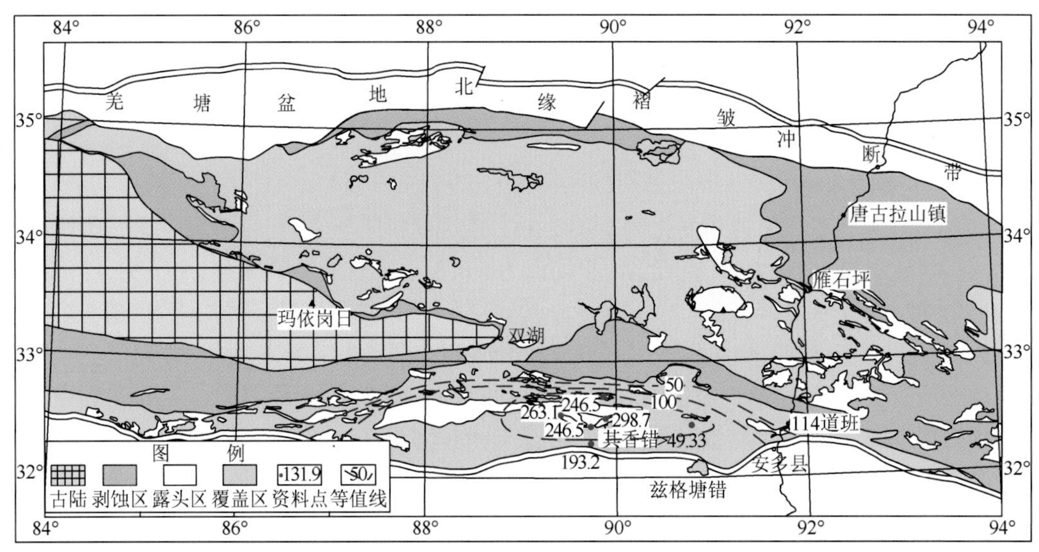

图 2-5　羌塘盆地中侏罗统色哇组泥质岩烃源岩厚度等值线分布图（单位：m）

2）有机地化特征

该组泥质岩烃源岩有机碳含量偏低，各剖面均值为 0.4%～0.64%，属于较差—中等。例如松可尔剖面地区有机碳含量仅为 0.407%～0.66%；生烃潜量为 0.02～0.18 mg/g，平均为 0.09 mg/g；氯仿沥青“A”为 57×10^{-6}～110×10^{-6}，平均为 91.1×10^{-6}。嘎尔敖包剖面有机碳含量在 0.5%～0.57%，平均为 0.54%；生烃潜量为 0.07～0.11 mg/g，平均为 0.93 mg/g；氯仿沥青“A”在 39×10^{-6}～65×10^{-6}，平均为 54.7×10^{-6}。

该组烃源岩的有机质类型以Ⅱ型为主，少量为Ⅰ和Ⅲ型。有机质成熟度资料仅见于卓普剖面，R_o 为 1.46%，属于高成熟。

4. 中侏罗统布曲组烃源岩

布曲组烃源岩主要为深色泥灰岩、泥晶灰岩，局部夹少量暗色泥页岩，控制其分布的沉积环境为潮坪、潟湖、开阔台地及台盆相。

1）烃源岩厚度

布曲组烃源岩厚度为 67～621.5 m。平面上广泛分布在南、北羌塘拗陷内，累计厚度最厚处位于北羌塘拗陷的中部，其次是北羌塘拗陷西部。北羌塘拗陷中部的长水河西和石门沟等剖面的暗色灰岩累计厚度分别达 621.5 m 和 425.2 m，向周缘呈逐渐减薄的趋势。北羌塘拗陷西部的分水岭—野牛沟—向阳湖南—长蛇山—那底岗日西一带烃源岩厚度为 67.2～232.2 m，烃源岩厚度中心为野牛沟地区（图 2-6）（陈明等，2010）。南羌塘拗陷中东部加那南—多涌—破岁抗巴一带的烃源层厚度大，形成两个烃源岩厚度中心，向四周减薄。两个烃源岩厚度中心的鞍部曲瑞恰乃地区烃源岩厚度为 281.4 m，其余烃源岩厚度一般大于 400 m。

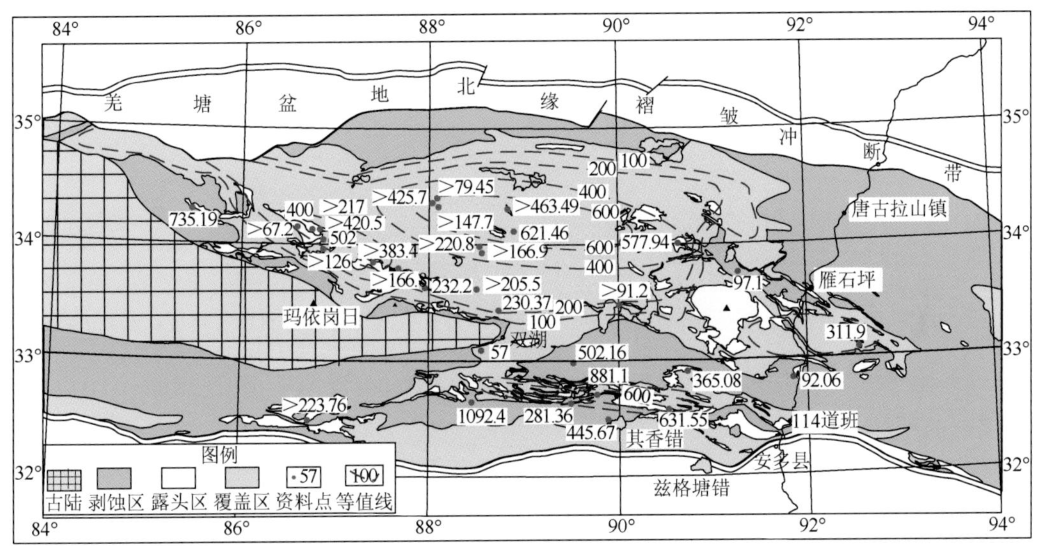

图 2-6　羌塘盆地中侏罗统布曲组碳酸盐岩烃源岩厚度等值线分布图（单位：m）

2）有机地化特征

布曲组碳酸盐岩烃源岩各剖面平均有机碳含量为 0.11%～0.68%，生烃潜量普遍偏低，各剖面生烃潜量平均值为 0.01～0.47 mg/g，氯仿沥青“A”为 3×10^{-6}～233×10^{-6}。结合有机碳和生烃潜量及有机碳和氯仿沥青“A”的关系综合研究认为，该组碳酸盐岩烃源岩以中等-好生油岩为主。

南北羌塘拗陷的大部分地区碳酸盐岩烃源岩的有机碳含量为 0.15%～0.25%，处于中等生油岩的分布范围内。在北羌塘拗陷中东部长水河西剖面碳酸盐岩烃源岩的有机碳含量平均值为 0.55%，属于北羌塘拗陷内最大值，向西至石门、沟虎尾岭剖面地区有机碳含量逐渐减为 0.34%、0.25%，但均属好生油岩，沿黄山南坡、半岛湖南、祖尔肯乌拉山等剖面地区逐渐降低，烃源岩级别也降为中等-较差生油岩。在中央隆起带北侧的分水岭—唢呐湖—长蛇山南的北西向的狭长地区有机碳平均含量大于 0.2%，属于中等生油岩（图 2-7）。北羌塘拗陷生烃潜量的平面展布基本与有机碳平面展布一致，以黄山南坡剖面地区平均生烃潜量 0.47 mg/g 为中心，向北东至长水河西剖面地区减为 0.375 mg/g，向拗陷西部分水岭—唢呐湖剖面地区的狭长地区平均生烃潜量大于 0.15 mg/g，向南至牛湖、阿木岗日剖面地区逐渐减为 0.14 mg/g、0.029 mg/g。南羌塘拗陷东部剥蚀区域改拉曲-卓普剖面有机碳含量全盆最高，平均值达 0.68%，属好-很好生油岩。

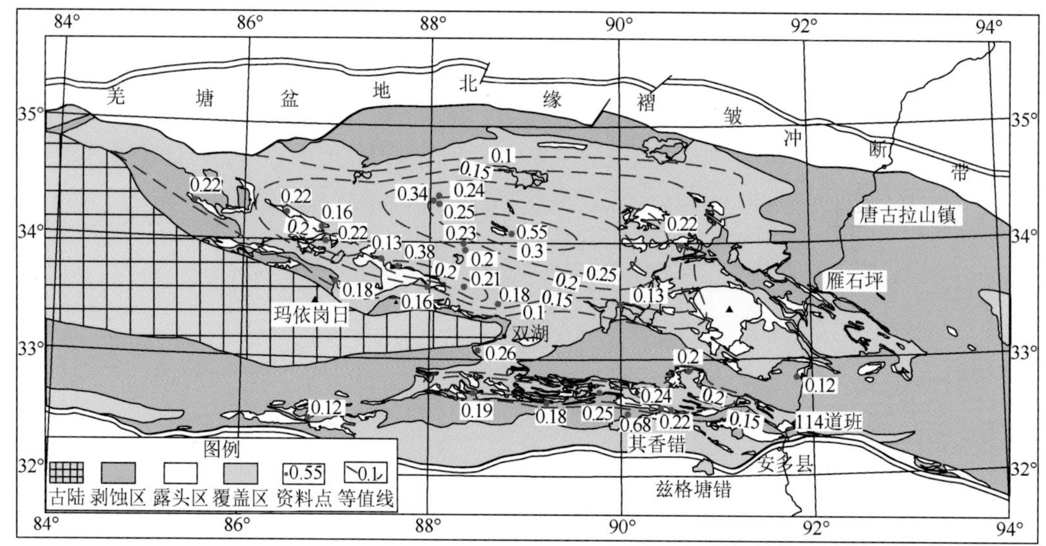

图 2-7　羌塘盆地中侏罗统布曲组碳酸盐岩烃源岩有机碳等值线分布图（单位：%）

布曲组烃源岩有机质类型以Ⅱ$_1$型为主，部分为Ⅰ型，少量为Ⅱ$_2$型。平均 R_o 为 0.98%～2.39%，有机质处于成熟—过成熟阶段。

综上所述，羌塘盆地烃源岩分布广（几乎遍布于整个盆地）、层位（三叠系及侏罗系各组地层均有烃源岩产出）及岩石类型（暗色泥页岩、煤岩、深色微泥晶灰岩等烃源岩）多、厚度大、有机质丰度高，具备形成大型油气田的物质基础。

二、储集层特征

羌塘盆地中生界地层除下侏罗统曲色组和中侏罗统色哇组不发育储集岩外，其他各组均有储层分布；但以上三叠统肖茶卡组、中下侏罗统雀莫错组、中侏罗统布曲组为主。上三叠统肖茶卡组和中下侏罗统雀莫错组以发育碎屑岩储层为主，岩石类型主要为细砂岩、粉砂岩，其次为中砂岩和粗砂岩，以及少量砾岩。中侏罗统布曲组发育碳酸盐岩储层，包括生物碎屑灰岩、介壳灰岩、核形石灰岩、砾屑灰岩、鲕粒或假鲕粒灰岩、砂糖状白云岩、藻白云岩、颗粒白云岩等。

本书储层评价标准主要依据赵政璋等（2001d）在青藏高原油气储层评价中提出的标准（表 2-3、表 2-4）。

表 2-3　碎屑岩储层分类评价标准

名称		低渗透储层					评价
		孔隙度/%	渗透率/mD	R_{50}/μm	储层类型	类型	
常规层	中孔、中渗	15～25	10～500	3～1	Ⅱ	孔隙型	好—较好

续表

名称		低渗透储层					评价
		孔隙度/%	渗透率/mD	R_{50}/μm	储层类型	类型	
常规层	低孔、低渗	12～15	10～1	1～0.303	Ⅲ	孔隙型	好—较好
	近致密层	12～8	1～0.5	0.303～0.137	Ⅳ	裂缝—孔隙型	中等—差
非常规层	致密层	8～5	0.5～0.05	0.137～0.05	Ⅴ		
	很致密层	5～3	0.05～0.01		Ⅵ		
	超致密层	<3	<0.01	<0.05	Ⅶ	裂缝型	很差

表 2-4　碳酸盐岩储层分类评价标准

储层类型	Ⅰ	Ⅱ	Ⅲ	Ⅳ
渗透率/mD	10	10～0.25	0.25～0.002	<0.002
R_{50}/μm	>1	1～0.2	0.2～0.024	<0.024
孔隙度/%	>12	12～6	2～6	<2
孔隙结构类型	粗孔大喉型	粗孔中喉或细孔中喉型	粗孔小喉或细孔小喉型	微隙微喉型
储层类型	孔隙型或洞穴型	较好的裂缝-孔隙（洞）型	中等的裂缝-孔隙（洞）型	裂缝型
储层名称	中孔中渗	低孔低渗	特低孔特低渗	特低孔特低渗

1. 上三叠统肖茶卡组

上三叠统肖茶卡组储层以中—细砂岩为主夹含砾粗砂岩及粗砂岩，其主要分布于北羌塘北部和中央隆起带及潜伏隆起带两侧地区（图 2-8），厚度为 47.3～1419.9 m。

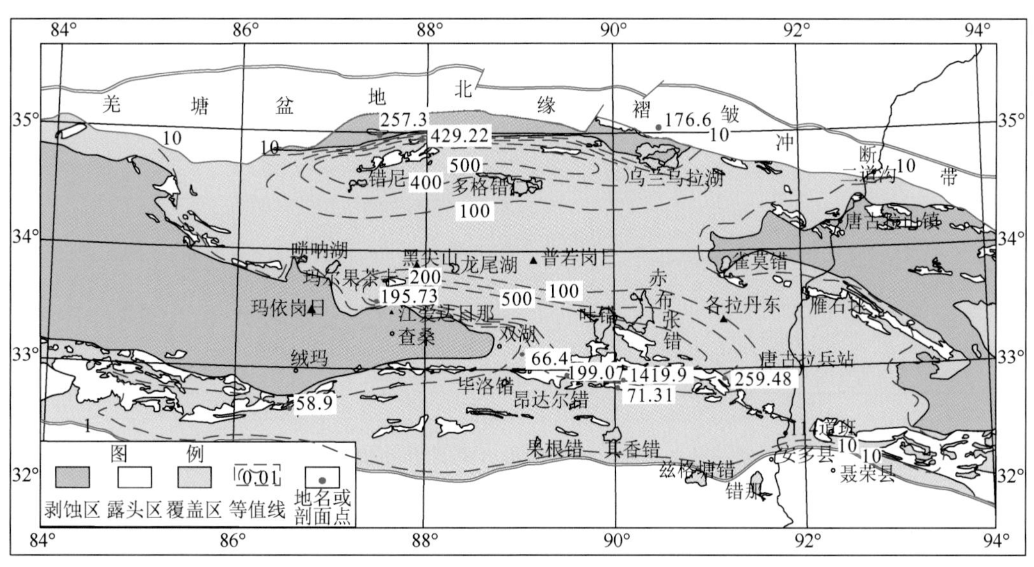

图 2-8　羌塘盆地上三叠统碎屑岩储层厚度等值线图（单位：m）

储层孔隙度平均值为3.27%，各剖面平均孔隙度最小值为0.09%，最大值为6.4%（安多县岗尼乡查郎拉）（图 2-9）。渗透率平均值为 2.2477mD，最大值达 13.73mD（明镜湖东），最小值几乎为零（图 2-10），基本上为致密层和很致密储层。在土门格拉尕尔曲和多色梁子两个剖面物性稍好，孔隙度、渗透率分别为5.78%、4.1%和13.73mD、8.9mD。中央潜伏隆起带两侧的碎屑岩孔渗性总体具有向南北羌塘拗陷由高变低的趋势。

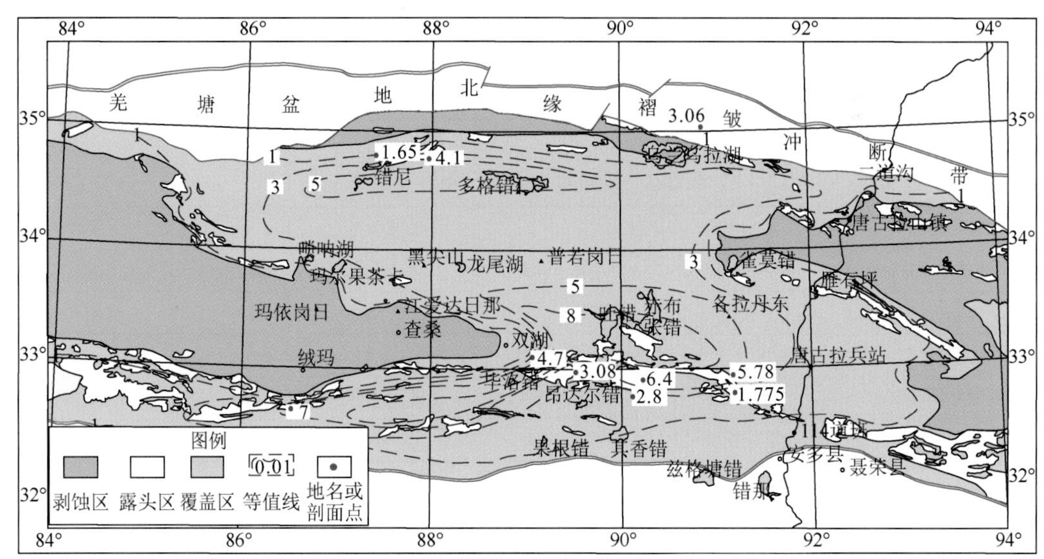

图 2-9　羌塘盆地上三叠统碎屑岩储层孔隙度等值线图（单位：%）

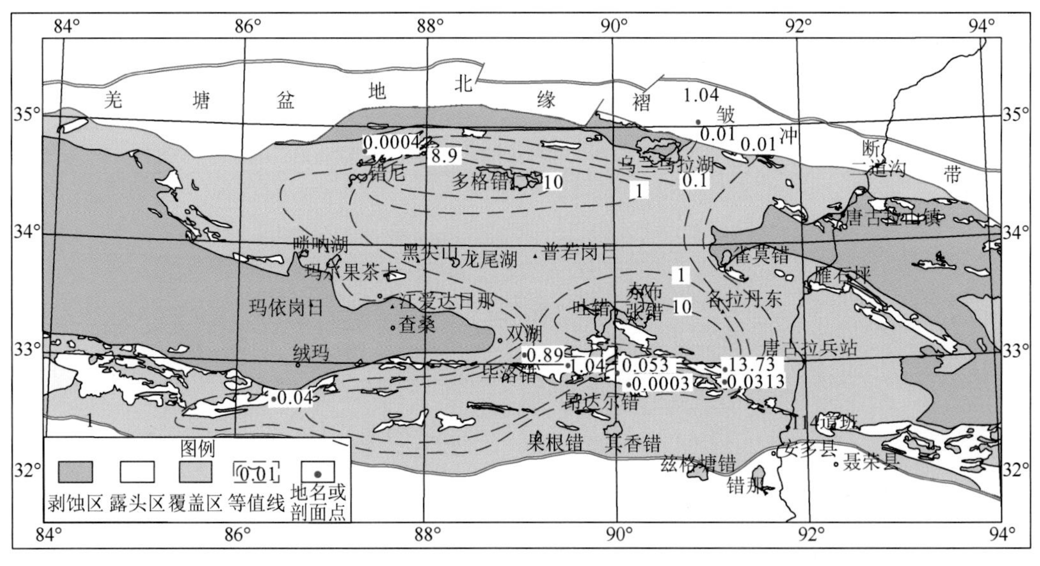

图 2-10　羌塘盆地上三叠统碎屑岩储层渗透率等值线图（单位：mD）

2. 中下侏罗统雀莫错组

雀莫错组储层以细砂岩、中砂岩为主，亦可见砾岩和含砾砂岩，主要产于羌北拗陷的陆源近海湖泊三角洲环境，为一套快速堆积的陆源碎屑沉积物。该期储层主要分布于北羌塘拗陷周缘及中央潜伏隆起带两侧，如北羌塘拗陷的阿木岗日、咸水河、石水河、雀莫错等地和中央潜伏隆起带南侧的土门日阿等地（图 2-11）。厚度从十几米到数百米不等，平均为 272.18 m。

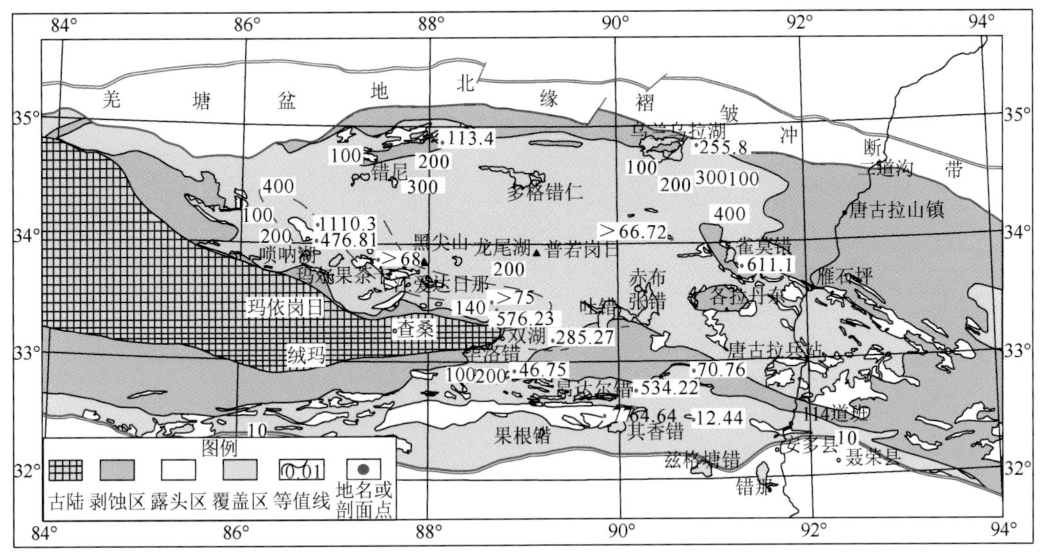

图 2-11　羌塘盆地中下侏罗统雀莫错组碎屑岩储层厚度等值线图（单位：m）

雀莫错组碎屑岩孔隙度均值为 3.54%，各剖面平均孔隙度大多集中于 2%～5%（图 2-12），中部扎日阿布剖面最低为 1.3%，最高样品可达 9.27%（乌兰乌拉湖东山）。渗透率均值为 1.3537mD，东部除雀莫错剖面较好之外（图 2-13），一般都较低，西部相对较好，且北羌塘拗陷相对南羌塘拗陷较好。

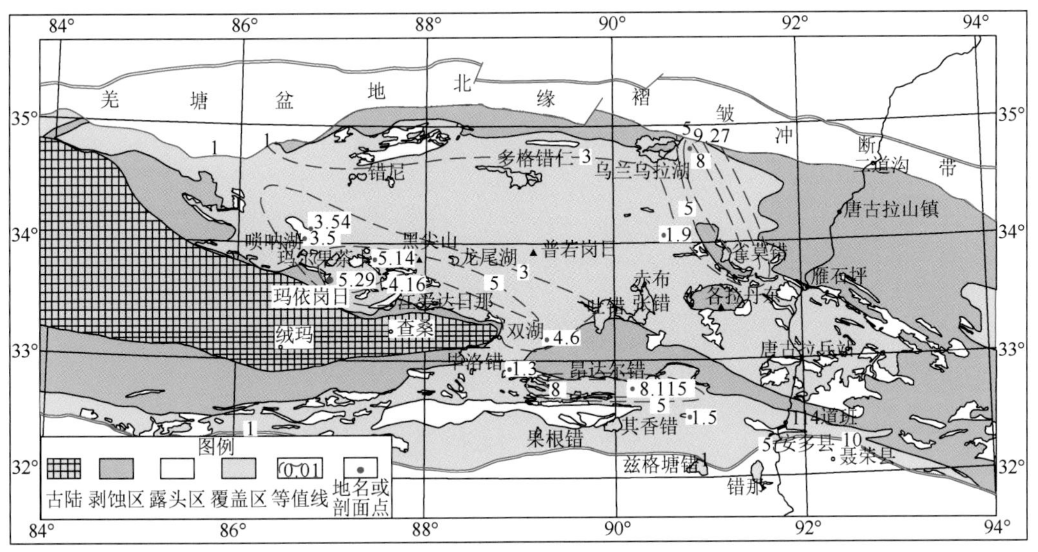

图 2-12　羌塘盆地中下侏罗统雀莫错组碎屑岩储层孔隙度等值线图（单位：%）

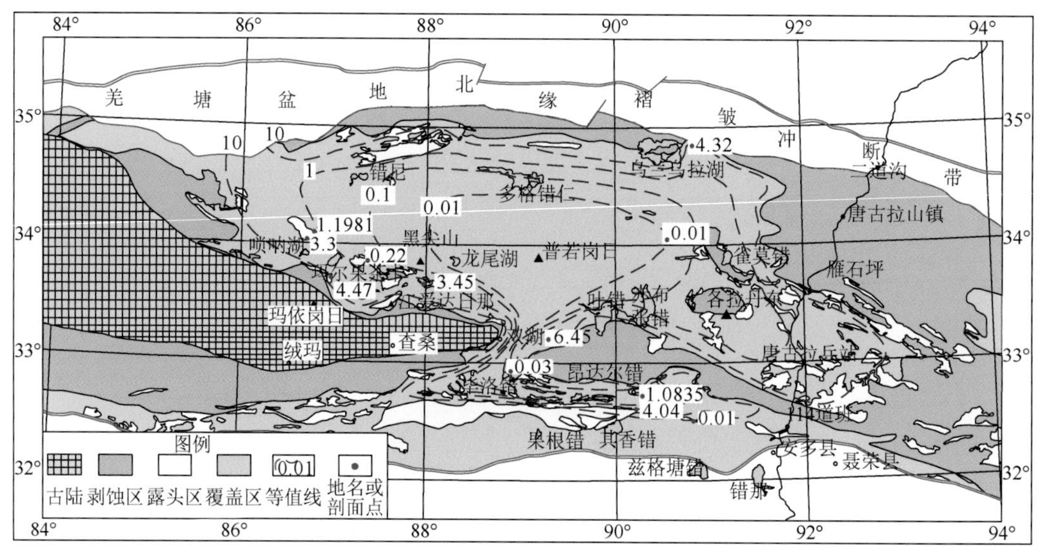

图 2-13　羌塘盆地中下侏罗统雀莫错组碎屑岩储层渗透率等值线图（单位：mD）

3. 中侏罗统布曲组

布曲组主要为碳酸盐岩储层，岩石类型包括粒屑灰岩、生物碎屑灰岩、砂屑灰岩、鲕粒灰岩、核形石灰岩、藻礁灰岩、珊瑚礁灰岩和白云岩。碳酸盐岩储层厚度从十几米到六七百米不等，平均近 200 m（图 2-14），其中以北羌塘中部的黄山地区、南羌塘拗陷多涌地区和加那南地区最为发育，厚度分别大于 524.26 m、710.27 m、496.1 m。此外，在南羌塘隆鄂尼-昂达尔错油藏带发育十余米到 150 余米不等的砂糖状白云岩储层。

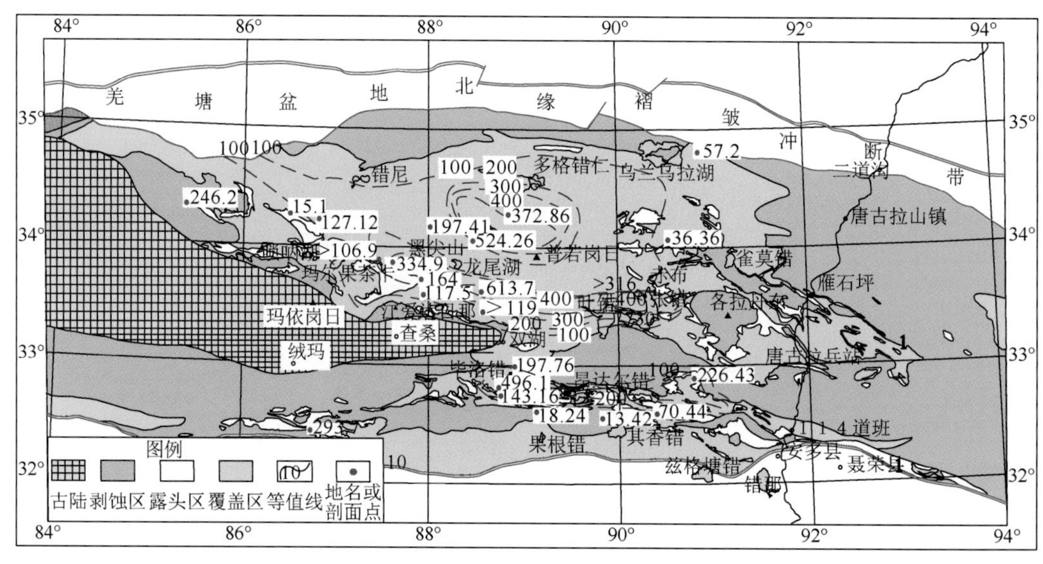

图 2-14　中侏罗统布曲组碳酸盐岩储层厚度等值线图（单位：m）

布曲组碳酸盐岩孔隙度平均值为 2.526%，平均孔隙度范围为 0.76%～8.41%，多为 1%～3%。渗透率平均值达到 4.434mD，最小为 0.0002mD，最大为 64.58mD（图 2-15、图 2-16）。盆地内该时期碳酸盐岩储层以羌南拗陷隆鄂尼地区物性最好，孔隙度最大值为 15.5%，地区孔隙度均值可达 8.76%，渗透率一般大于 10mD。羌北拗陷野牛沟地区孔隙度较大，那底岗日以西孔隙度较大，向东到东湖地区孔隙度仅为 0.665%。此外，在东部雀莫错、西部那底岗日、唢呐湖等剖面物性也较好。其他地区物性较差，孔隙度一般为 1%～5%，渗透率一般小于 0.1 mD。

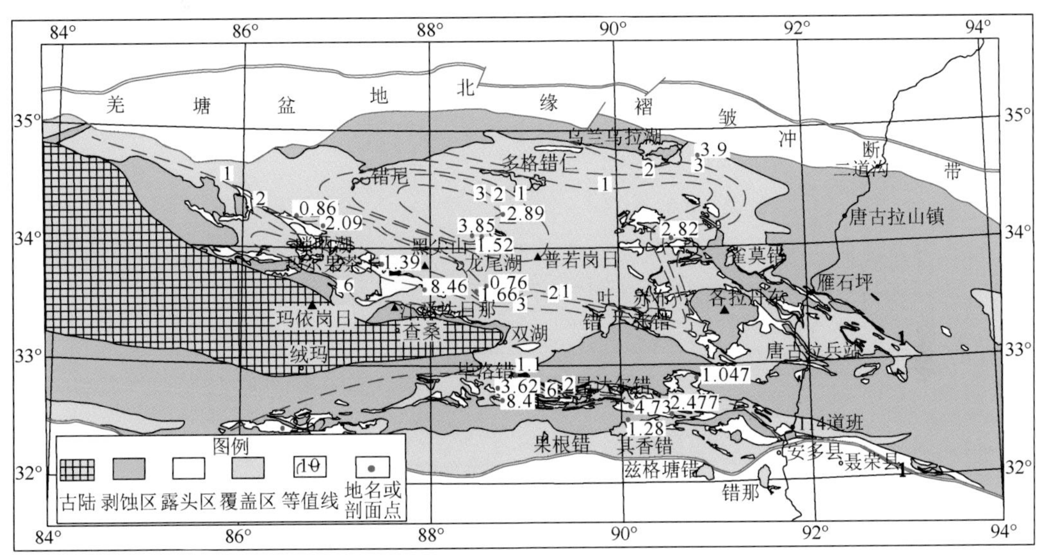

图 2-15　中侏罗统布曲组碳酸盐岩储层孔隙度等值线图（单位：%）

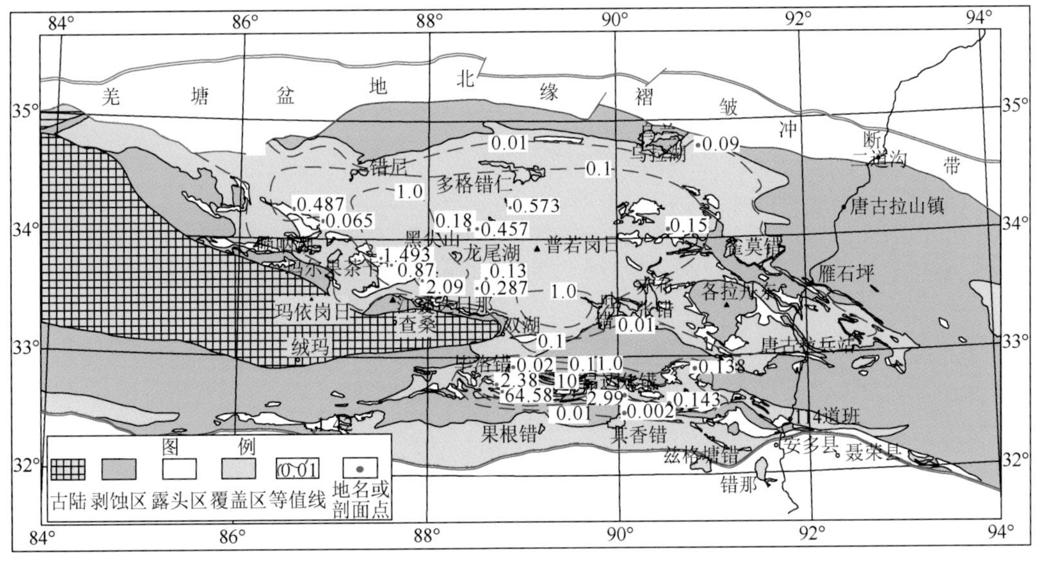

图 2-16　中侏罗统布曲组碳酸盐岩储层渗透率等值线图（单位：mD）

三、盖层特征

羌塘盆地中生代盖层层位众多且岩性复杂，海相层位有上三叠统、中下侏罗统雀莫错（曲色组和色哇组）、中侏罗统布曲组、中侏罗统夏里组和上侏罗统索瓦组，陆相层位主要为下白垩统雪山组和新生界地层，其有利层位为海相盖层。盖层岩石类型有泥质岩、页岩、硅质岩、膏岩、致密灰岩、致密砂岩、火山岩等；有利岩石类型以泥质岩、膏岩、致密灰岩为主。

泥质岩类盖层分布于在上述各层位中，而致密灰岩盖层主要分布于中侏罗统布曲组和上侏罗统索瓦组地层，膏岩盖层主要分布于中侏罗统雀莫错组、布曲组、夏里组和上侏罗统索瓦组地层中。

1. 上三叠统盖层

上三叠统盖层主要分布于南北羌塘拗陷的大部分地区，中央隆起带西部和盆地东部的沱沱河一仓来拉一带为隆起剥蚀区（图 2-17）。

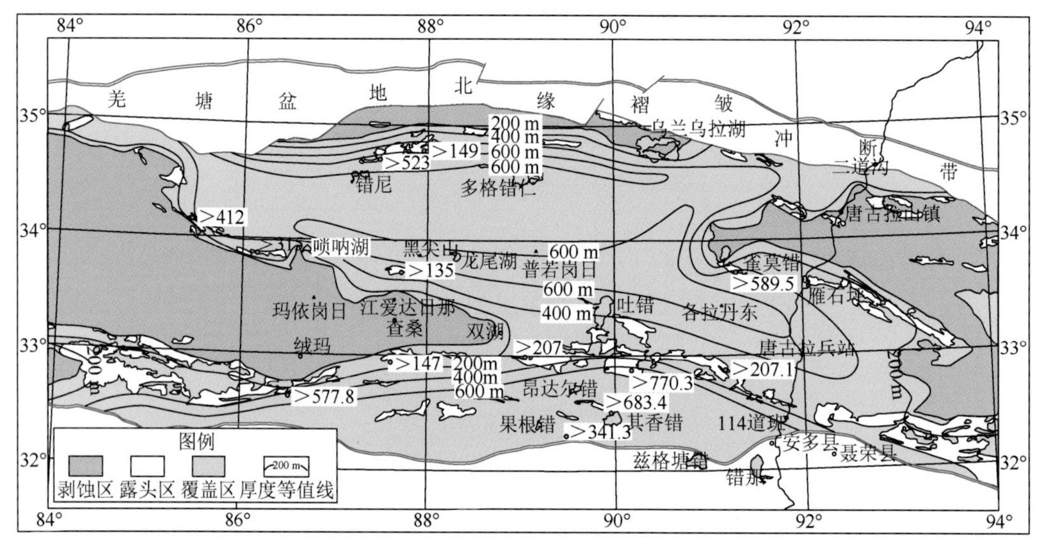

图 2-17　羌塘盆地上三叠统盖层分布及厚度等值线图

北羌塘拗陷盖层岩性具有拗陷南部（中央隆起带北侧）的泥质岩盖层带、拗陷中部的灰岩盖层带和拗陷北部的泥质岩盖层带。盖层厚度总体在 200 m 以上，多数地区大于 400 m，厚度中心有两个，主要为泥质岩盖层带：一个分布于北羌塘拗陷南部的黑尖山-雀莫错-各拉丹东；另一个分布于拗陷北部的多色梁子一带。拗陷中部的灰岩盖层带可达 400 m 以上，如照沙山地区盖层厚度大于 411 m。

南羌塘拗陷盖层岩性主要为北部（中央隆起带南侧）的泥质岩带和中、南部的泥质岩-灰岩带。盖层厚度一般大于 400 m，最厚可达 600 m 以上。

2. 下侏罗统曲色组盖层

下侏罗统曲色组盖层主要分布于南羌塘拗陷内，盖层岩性为泥页岩和致密灰岩；盖层厚度多在 500 m 以上（图 2-18），且从北向南，盖层厚度增加，如色哇松可尔、改拉地区的累计盖层厚度大于 900 m，最大单层厚度为 133.8 m；木苟日王地区累计盖层厚度达 1683 m，最大单层厚度达 94 m。

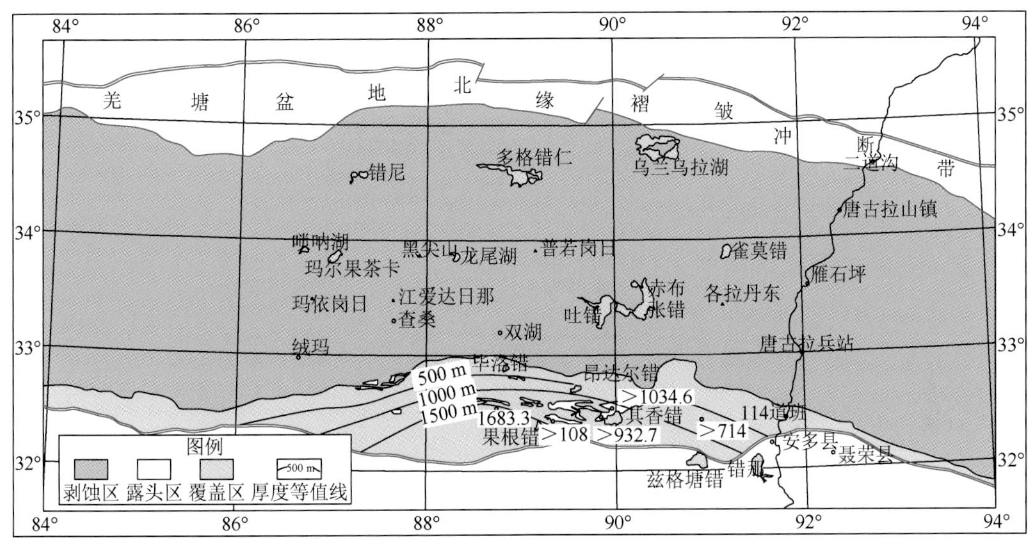

图 2-18　羌塘盆地下侏罗统曲色组盖层分布及厚度等值线图

3. 中下侏罗统雀莫错组盖层

中下侏罗统雀莫错组盖层主要分布于北羌塘拗陷的大部分地区和南羌塘拗陷的毕洛错—达卓玛及果根错—其香错—安多一带，中央隆起带、盆地东部、北羌塘拗陷北缘的鸭子湖—长颈湖一带为古陆和隆起剥蚀区（图 2-19）；盖层岩性主要为泥质岩、膏岩和灰岩。

北羌塘盖层具有拗陷边缘薄中心厚的特点，拗陷边缘厚度一般大于 200 m，多在 400 m 之上，拗陷中部地区厚度大于 600 m，如向阳湖南累计盖层厚度大于 358.8 m，最大单层厚度 29.6 m；石水河地区累计盖层厚度大于 486.6 m，最大单层厚度 53.9 m；雀莫错地区累计盖层厚度为 671 m，最大单层厚度达 192 m；乌兰乌拉湖地区累计盖层厚度为 674 m。

南羌塘盖层厚度一般大于 200 m，最厚达 658 m（扎目纳剖面），盖层厚度分布有两个中心区：一个分布于毕洛错—土门日阿一带，盖层厚度在 400 m 以上，如土门日阿剖面盖层厚度大于 529 m，最大单层厚度达 14 m；另一个分布于南部的果根错—卓普一带，厚度在 600 m 之上。

该期盆地发育大量膏岩盖层，地表主要分布于北羌塘西南部的唢呐湖—黑尖山地区和东部的巴格日陇巴—乌兰乌拉湖地区，单层厚度多在 0.05～1 m，累计厚度在 5～50 m，

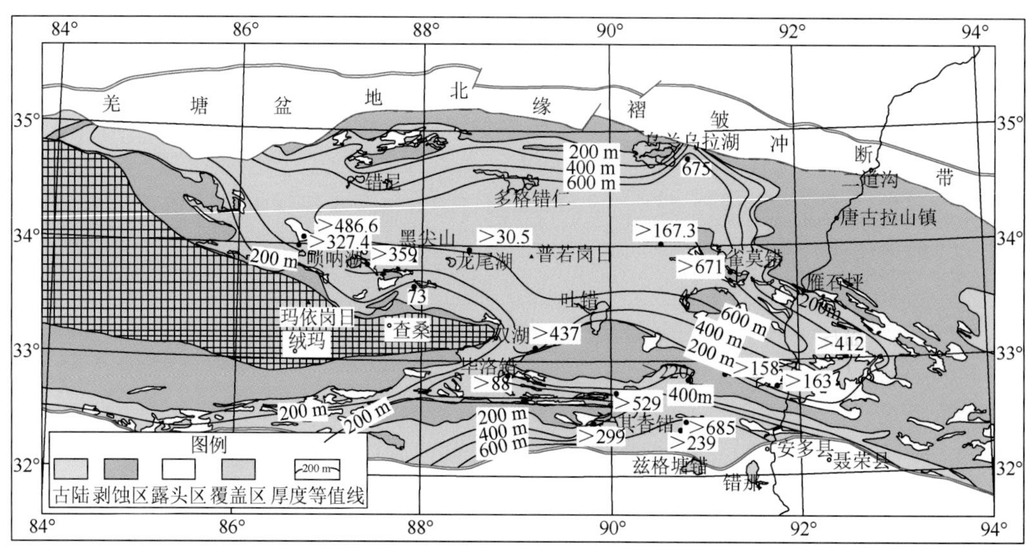

图 2-19　羌塘盆地中下侏罗统雀莫错组盖层分布及厚度等值线图

局部地区厚度增加，如巴格日陇巴剖面膏岩层厚 440 m（盐丘）。地震解释和钻井揭示该组石膏盖层发育且稳定，在半岛湖地区地震资料显示（见第三章盖层内容）该组石膏盖层厚度大，横向延伸稳定；在羌科 1（QK-1）井揭示，其石膏层厚达 368 m，在东部雀莫错地区的羌资 16（QZ-16）井揭示，该组石膏厚 382.89 m，两井之间距离达 100 km，进一步说明羌塘盆地在雀莫错期存在区域分布且厚度较大的膏岩盖层。

4. 中侏罗统布曲组盖层

中侏罗统布曲组盖层主要分布于北羌塘拗陷的大部分地区和南羌塘的毕洛错—昂达尔错和果根错—其香错一带（图 2-20）。

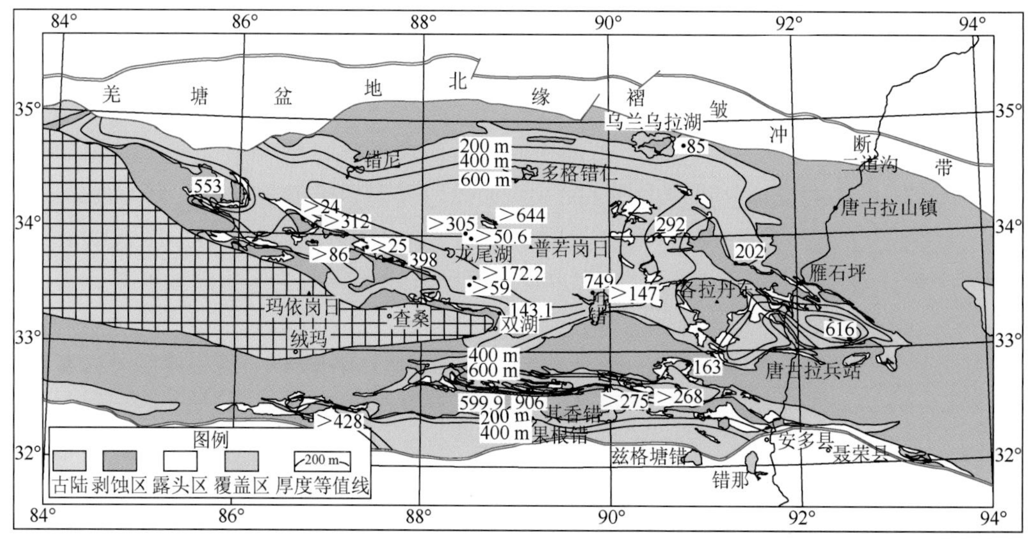

图 2-20　羌塘盆地中侏罗统布曲组盖层分布及厚度等值线图

北羌塘盖层厚度在拗陷边缘大部分地区均大于 200 m，拗陷中部大部分地区在 600 m 以上，如野牛沟泥晶灰岩盖层累计厚度大于 311.9 m，最大单层厚度为 127.8 m；长水河地区泥晶灰岩和泥灰岩盖层累计厚度大于 644 m，最大单层厚度为 153.4 m；多尔索洞错地区致密灰岩和泥岩盖层累计厚度大于 749 m，最大泥岩单层厚度达 189 m，最大灰岩单层厚度达 151 m。

南羌塘地区盖层岩性在北部以致密灰岩和膏岩为主，中部和南部为泥页岩和致密灰岩。在北部的毕洛错—昂达尔错一带盖层厚度大于 200 m，最厚可达 905 m（曲瑞恰乃剖面）；在中南部盖层厚度多大于 400 m，如懂杯桑地区的泥质岩盖层和灰岩盖层累计厚度大于 427 m，最大泥岩单层厚度达 76.3 m，最大灰岩单层厚度达 45.7 m。

羌塘盆地的膏岩盖层主要分布于北羌塘周缘地区和南羌塘的毕洛错—土门一带；北羌塘膏岩盖层单层厚度 0.03～16 m，累计厚度 2～50 m，如尖头山地区泥灰岩所夹的石膏层，单层厚度达 16 m，累计厚度达 59 m。南羌塘膏岩盖层单层厚度为 0.15～1 m，累计厚度为 1.5～30 m，局部地区厚度增大，如耸鄂柔曲剖面石膏层厚 82 m（盐丘）、安多达卓玛剖面石膏厚 125 m（盐丘）。

5. 中侏罗统夏里组盖层

中侏罗统夏里组盖层主要分布于北羌塘拗陷的大部分地区，南羌塘拗陷由于后期隆升而大部分地区被剥蚀，仅南部的果根错—其香错—兹格塘错一带尚被保存（图 2-21）。盖层岩性以泥页岩为主，次为膏岩和致密灰岩。

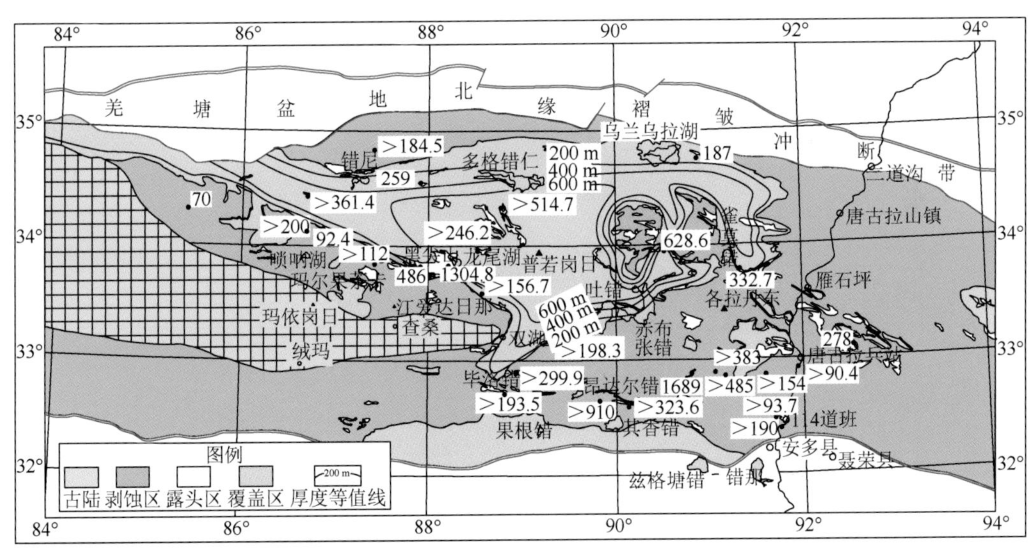

图 2-21　羌塘盆地中侏罗统夏里组盖层分布及厚度等值线图

北羌塘地区盖层厚度一般为 200 m 以上，拗陷中部大于 600 m，如祖尔肯乌拉山地区的泥岩盖层累计厚度达 628 m，最大单层厚度达 39.8 m；龙尾湖南西地区的泥岩夹泥晶灰岩盖层累计厚度大于 1304 m，最大单层厚度 56.6 m。

南羌塘地区夏里组多呈残块分布，盖层厚度变化亦大，仅在其香错-果根错一带保存完好，但无剖面厚度控制。

夏里组膏岩非常发育，地表大面积分布于北羌塘周缘的西南部、东部和南羌塘的毕洛错-土门-安多一带［中国地质大学（北京），2004］；北羌塘膏岩盖层单层厚度为0.02～7 m，累计厚度为10～60 m，局部厚度增加；南羌塘膏岩盖层单层厚度为0.02～6 m，累计厚度一般为10～20 m，局部厚度增加，如毕洛错膏岩层厚175 m，达卓玛石膏层厚40.6 m。半岛湖地区地震资料解释和羌科1井钻井揭示，该组膏岩厚度大、层位稳定（见第三章盖层部分）。以上说明夏里组膏岩盖层对盆地油气具有良好的封盖性能。

6. 上侏罗统索瓦组盖层

上侏罗统索瓦组地层遭受大面积剥蚀，仅在北羌塘拗陷的中心部位深拗地区和南羌塘拗陷的南部边缘被保存，因此该期盖层主要分布于北羌塘拗陷的中心部位地区和南羌塘拗陷的果根错、其香错一带（图2-22）。

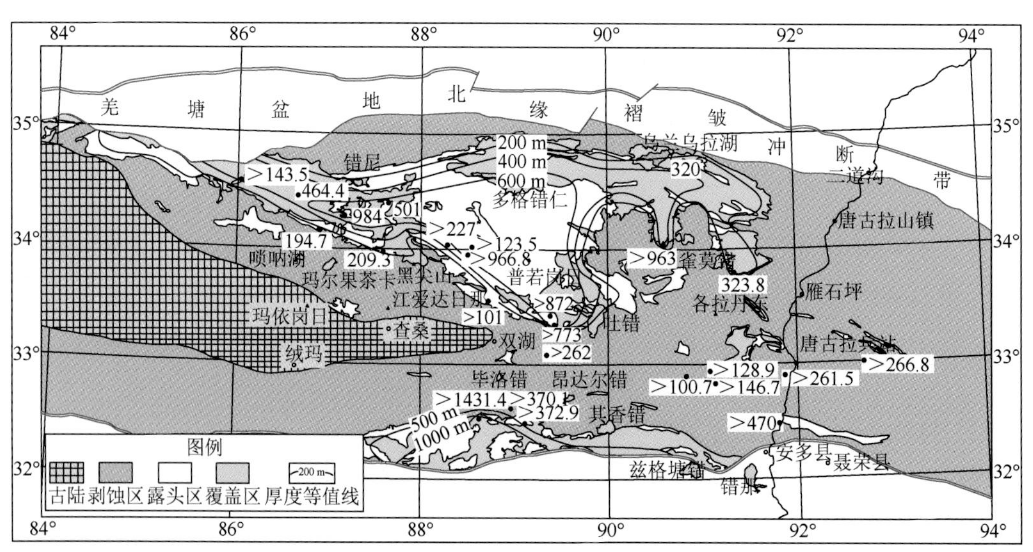

图2-22　羌塘盆地上侏罗统索瓦组盖层分布及厚度等值线图

北羌塘拗陷盖层岩性以致密灰岩为主，次为粉砂质泥页岩和膏岩。盖层厚度普遍大于200 m，拗陷中部大于600 m，部分地区盖层厚度大于900 m，如祖尔肯乌拉山地区盖层厚度大于962 m、长龙梁地区灰岩盖层厚度大于984 m、东湖北地区泥岩-灰岩盖层厚度大于966 m。

南羌塘拗陷盖层岩性以泥页岩和致密灰岩为主；现保存的盖层主要分布于拗陷南部的果根错—其香错—兹格塘错一带，拗陷的中北部多被剥蚀，仅少量零星分布，拗陷南部的盖层厚度多大于500 m，局部大于1000 m，如鲁雄错盖层厚度大于1431 m。

该期的膏岩盖层不发育，主要见于北羌塘拗陷南缘的那底岗日—阿木查跃—依仓玛一线和南羌塘坳陷的耸鄂柔曲—达卓玛一带，北羌塘膏岩盖层单层厚度 0.02～1.4 m，累计厚度为 1.5～24 m；南羌塘膏岩盖层单层厚度为 0.2～1 m，累计厚度一般为 1～10 m。

7. 其他层位盖层

下白垩统雪山组盖层，受盆地大面积隆升，仅部分坳陷见湖相泥岩沉积，因此，该期盖层分布局限，仅乌兰乌拉湖、祖尔肯乌拉山、雀莫错一带的泥质盖层保存较好。

新生界为陆相河湖沉积，呈点状分布，虽然沉积厚度较大，但分布面积较小，不具备区域盖层的条件。

综上看出，盆地盖层层位多（中生界各组均有盖层产出）、分布广（几乎遍布全盆地）、厚度大（各组盖层厚度多在 200 m 之上）、岩石类型较好（泥页岩、泥晶灰岩、膏岩），特别是夏里组和雀莫错组膏岩厚度大且分布广（前述钻井及地震资料已揭示其两个地层组的膏岩厚度均在 300 m 之上，且羌科 1 井和羌资 16 井及地震资料显示其膏岩具有区域分布特点）。因此羌塘盆地具有形成大型油气田的良好封盖条件。

第二节 盆地油气成藏条件

据不完全统计，羌塘盆地发现了 200 多处油气显示点、多处液态油苗点及油页岩层，表明盆地具备生烃的物质基础；隆鄂尼-昂达尔错古油藏的发现，表明盆地存在油气的生成、运移和聚集成藏过程。

一、生储盖组合划分

1. 生储盖组合划分

通过对多个剖面的生储盖研究，认为可将盆地生、储、盖划分为五个较好组合，即上三叠统肖茶卡组-下侏罗统曲色组组合（Ⅰ）、下侏罗统曲色组—中下侏罗统雀莫错组组合（Ⅱ）、中侏罗统布曲组-中侏罗统夏里组组合（Ⅲ）、中侏罗统夏里组—上侏罗统索瓦组组合（Ⅳ）和上侏罗统索瓦组—下白垩统雪山组组合（Ⅴ）（图 2-23）。但在这些组合中，Ⅳ和Ⅴ组合多暴露地表或埋深较浅，且由于遭受剥蚀后保存下来的区域较小，因此本章不对该组合进行阐述。

2. 生储盖组合特征及评价

（1）上三叠统肖茶卡组—下侏罗统曲色组组合（Ⅰ）。该生储盖组合以肖茶卡组碳质泥岩、泥岩、泥晶灰岩、泥灰岩等为主要生油岩，中粒砂岩、细粒砂岩、生物碎屑灰岩、核形石灰岩、鲕粒灰岩、礁灰岩等为主要储集层，泥岩、泥晶灰岩、微晶灰岩和下侏罗统曲色组泥岩、页岩为盖层，构成连续的生储盖组合方式。

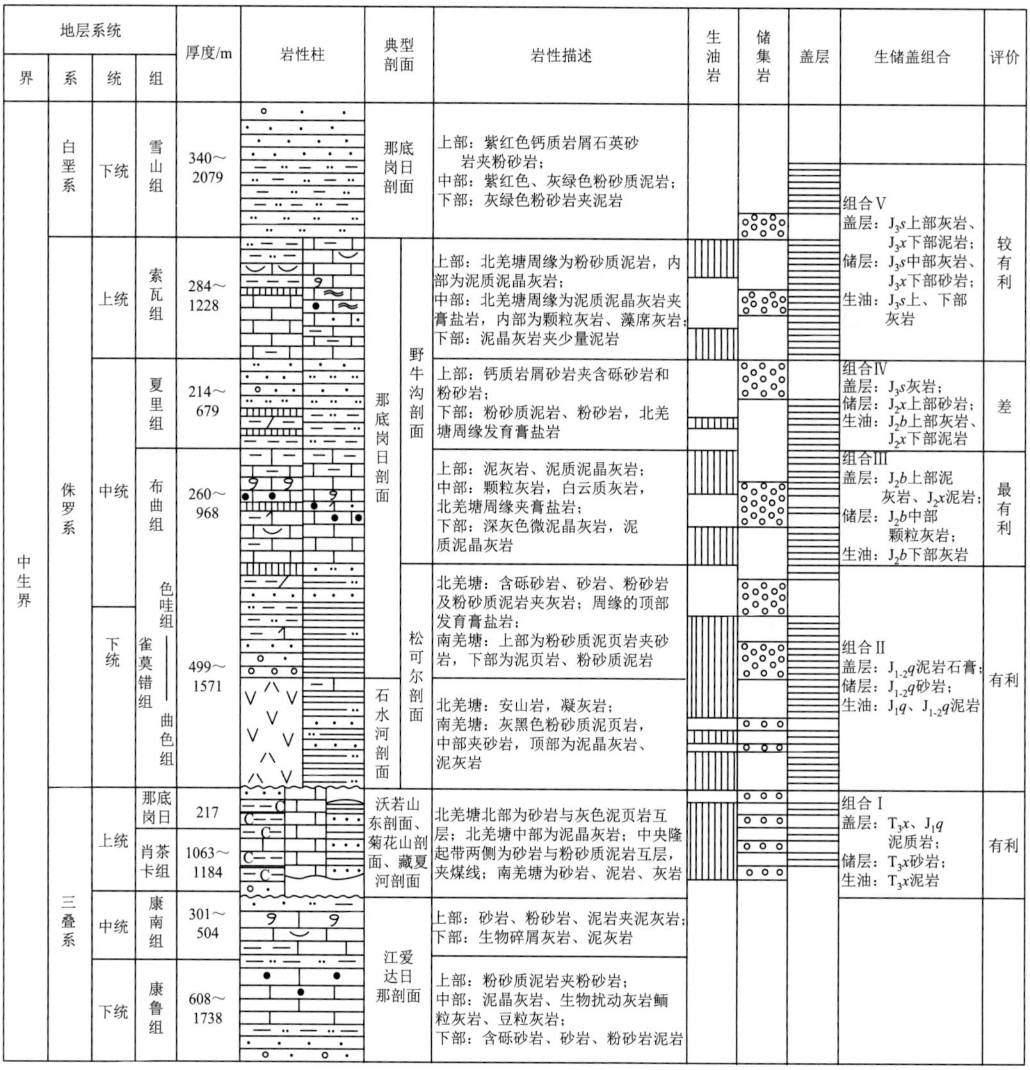

地层系统				厚度/m	岩性柱	典型剖面	岩性描述	生油岩	储集岩	盖层	生储盖组合	评价
界	系	统	组									
中生界	白垩系	下统	雪山组	340～2079		那底岗日剖面	上部：紫红色钙质岩屑石英砂岩夹粉砂岩； 中部：紫红色、灰绿色粉砂质泥岩； 下部：灰绿色粉砂岩夹泥岩					
	侏罗系	上统	索瓦组	284～1228		那底岗日剖面 野牛沟剖面	上部：北羌塘周缘为粉砂质泥岩，内部为泥质泥晶灰岩； 中部：北羌塘周缘为泥质泥晶灰岩夹膏盐岩，内部为颗粒灰岩、藻席灰岩； 下部：泥晶灰岩夹少量泥岩				组合Ⅴ 盖层：J_3s上部灰岩、J_3x下部泥岩； 储层：J_3s中部灰岩、J_3x下部砂岩； 生油：J_3s上、下部灰岩	较有利
		中统	夏里组	214～679			上部：钙质岩屑砂岩夹含砾砂岩和粉砂岩； 下部：粉砂质泥岩、粉砂岩，北羌塘周缘发育膏盐岩				组合Ⅳ 盖层：J_3s灰岩； 储层：J_2x上部砂岩； 生油：J_2b上部灰岩、J_2x下部泥岩	差
			布曲组	260～968			上部：泥灰岩、泥质泥晶灰岩； 中部：颗粒灰岩，白云质灰岩，北羌塘周缘夹膏盐岩； 下部：深灰色微泥晶灰岩，泥质泥晶灰岩				组合Ⅲ 盖层：J_2b上部泥灰岩、J_2x泥岩； 储层：J_2b中部颗粒灰岩； 生油：J_2b下部灰岩	最有利
		下统	色哇组—曲色组 雀莫错组	499～1571		那底岗日剖面 松可尔剖面	北羌塘：含砾砂岩、砂岩、粉砂岩及粉砂质泥岩夹灰岩；周缘的顶部发育膏盐岩； 南羌塘：上部为粉砂质泥页岩夹砂岩，下部为泥页岩、粉砂质泥岩				组合Ⅱ 盖层：$J_{1\text{-}2}q$泥岩石膏； 储层：$J_{1\text{-}2}q$砂岩； 生油：J_1q、$J_{1\text{-}2}q$泥岩	有利
						石水河剖面 松可尔剖面	北羌塘：安山岩，凝灰岩； 南羌塘：灰黑色粉砂质泥页岩，中部夹砂岩，顶部为泥晶灰岩、泥灰岩					
	三叠系	上统	那底岗日	217		沃若山东剖面、菊花山剖面、藏夏河剖面	北羌塘北部为砂岩与灰色泥页岩互层；北羌塘中部为泥晶灰岩；中央隆起带两侧为砂岩与粉砂质泥岩互层，夹煤线；南羌塘为砂岩、泥岩、灰岩				组合Ⅰ 盖层：T_3x、J_1q泥质岩； 储层：T_3x砂岩； 生油：T_3x泥岩	有利
			肖茶卡组	1063～1184								
		中统	康南组	301～504		江爱达日那剖面	上部：砂岩、粉砂岩、泥岩夹泥灰岩； 下部：生物碎屑灰岩、泥灰岩					
		下统	康鲁组	608～1738			上部：粉砂质泥岩夹粉砂岩； 中部：泥晶灰岩、生物扰动灰岩鲕粒灰岩、豆粒灰岩； 下部：含砾砂岩、砂岩、粉砂岩泥岩					

图 2-23　羌塘盆地生储盖组合划分及综合评价图

在北羌塘坳陷北部的藏夏河—多色梁子一带，烃源岩为泥页岩、碳质泥岩，厚度为116～700 m，平均有机碳含量为 0.7%～1.84%；储集岩为浊积砂岩，孔隙度为 4.1%、渗透率为 8.9 mD；盖层以泥岩页岩为主，厚度大，如多色梁子地区盖层厚度大于 529 m（单层厚度可达 45.5 m）。生、储、盖三者之间的配置形式以互层式、上覆式、下伏式为主。在盆地中央隆起带及潜伏隆起带两侧的查郎拉、尕尔曲和才多茶卡地区，泥页岩、碳质泥岩生油岩厚度分别为 206.7 m、408.6 m、152.39 m，平均有机碳含量为 0.73%；储集砂岩平均孔隙度为 3%～8.4%，最高如查郎拉地区可达 21.8%，渗透率平均为 1 mD，在才多茶卡平均渗透率最高可达 38.05 mD，表明储集条件优越；区域盖层厚度大于 700 m，最大单层厚度可达 79 m。生、储、盖三者多以互层式叠置。

该套生储盖组合生油岩厚度大，有机碳含量较高，储集层储集性能优越，盖层也很发育。但是，有机质类型较差，碳酸盐岩烃源岩有机质类型以Ⅱ$_1$型为主，个别为Ⅰ型，泥质岩烃源岩有机质类型则以Ⅱ$_2$型和Ⅲ型为主，有机质成熟演化程度达高成熟—过成熟。综合定性评价认为，该生储盖组合为盆地有利生储盖组合。

（2）下侏罗统曲色组-中下侏罗统雀莫错组组合（Ⅱ）。由于曲色组仅分布于南羌塘拗陷，所以该生储盖组合主要发育于南羌塘拗陷，北羌塘拗陷次之。以下侏罗统曲色组泥页岩和泥晶灰岩、中下侏罗统雀莫错组和色哇组泥岩、泥灰岩为主要生油岩，下侏罗统曲色组的少量砂岩、中下侏罗统雀莫错组砂岩为主要储集层，盖层则是下侏罗统曲色组泥页岩、中侏罗统色哇组泥页岩和中下侏罗统雀莫错组下部的泥岩、膏岩。

该组合生油岩在局部地区厚度大，有机质含量高，如毕洛错地区下侏罗统曲色组生油岩厚度为 198 m，泥质烃源岩平均有机碳含量为 8.34%，碳酸盐岩烃源岩平均有机碳含量达 0.35%；松可尔地区泥质生油岩厚度达 625 m，平均有机碳含量为 0.47%。而中下侏罗统雀莫错组和中侏罗统色哇组生油岩在石水河和松可尔分别为 214.9 m 和 298.7 m，有机碳含量分别为 0.83%和 0.46%。从储集岩分布上看，南羌塘储集层主要分布在中西部和东部，北羌塘拗陷则分布在西部石水河—花梁山一带，厚度近千米；物性上看，雀莫错组碎屑岩孔隙度均值为 3.54%，各剖面平均孔隙度大多集中于 2%～5%，最高可达 9.27%（乌兰乌拉湖东山）；渗透率均值为 1.3537 mD，一般都较低，西部相对较好，北羌塘相对较好。盖层主要分布于北羌塘拗陷的大部分地区和南羌塘拗陷的毕洛错—达卓玛及果根错—其香错—安多一带，中央隆起带、盆地东部、北拗陷北缘的鸭子湖—长颈湖一带为古陆和隆起剥蚀区，北羌塘盖层厚度一般大于 400 m，拗陷中部地区厚度大于 600 m，封盖性能好。另外，在北羌塘中西部还发育一定厚度的膏岩盖层。

该生储盖组合仅发育于盆地局部地区，分布范围有限，厚度分布变化大，有机质丰度局部非常高，有机质类型Ⅱ$_1$型、Ⅱ$_2$型和Ⅲ型均有分布，成熟演化程度也较高，三者的配置在局部分布地区组合较好，综合定性评价认为，该生储盖组合为盆地有利生储盖组合。

（3）中侏罗统布曲组—中侏罗统夏里组组合（Ⅲ）。该套组合的生油岩为中侏罗统布曲组泥灰岩、泥质灰岩、泥晶灰岩，局部地区见一定厚度的泥质烃源岩，储集层以中侏罗统布曲组粒屑灰岩、生物碎屑灰岩、砂屑灰岩、鲕粒灰岩、核形石灰岩、藻礁灰岩、珊瑚礁灰岩、白云质灰岩和白云岩为主，盖层为中侏罗统布曲组上部泥灰岩、泥质灰岩、泥晶灰岩和中侏罗统夏里组下部的泥岩和膏岩。

碳酸盐岩烃源岩主要分布在北羌塘拗陷中西部河湾山—长水河—多尔索洞错地区及分水岭—唢呐湖—长蛇山南地区，烃源岩厚度为 92～621 m，有机质丰度以中部最高，各剖面平均有机碳含量为 0.117%～0.68%；南羌塘拗陷以鲁雄错—曲瑞恰乃—加那南—破岁抗巴一带为中心，厚度为 275～631 m，各剖面有机碳含量为 0.19%～0.25%。储集层孔隙度均值为 2.53%，各剖面孔隙度平均值为 0.76%～8.41%，多在 1%～3%；渗透率平均值达到 4.434 mD，最小为 0.0002 mD，最大为 64.58 mD；区域展布上以南羌塘拗陷隆鄂尼地区物性最好，孔隙度最大值为 15.5%，孔隙度均值可达 8.76%，渗透率一般大于 10 mD；北羌塘拗陷那底岗日以西孔隙度较大，其孔隙度一般都为 3%～5%（最大为 16.91%）。盆地区域盖层发育，盖层厚度多在 400 m 以上，拗陷中部多在 600 m 以上；盖层岩性以致密灰岩、泥页岩和膏岩为主。

该组合的烃源岩厚度大，有机质丰度高，有机质类型以Ⅱ$_1$型为主，部分为Ⅱ$_2$型，具有较好的生油能力，热演化程度以成熟—高成熟为主。而且生油层、储集层和盖层在纵向上配置较好，横向上展布稳定，在布曲组内部存在着互层式、上覆式和自生自储的组合方式。综合三者的分布、厚度及评价指标定性评价该生储盖组合方式为盆地最有利的生储盖组合。

二、油气成藏分析

1. 主要烃源层有机质演化和生烃过程

羌塘中生代盆地主要烃源层包括上三叠统肖茶卡组、下侏罗统曲色组、中侏罗统色哇组、中侏罗统布曲组，王剑等（2004，2009）根据羌塘地区实测剖面的埋藏史、热史，通过 Easy%R_o方法，计算了这些烃源岩有机质演化过程。

（1）肖茶卡组：该组地层在北羌塘盆地沉积早期经历了短暂的隆升剥蚀，之后，大约在 220 Ma 左右，由于受到区域性火山活动的影响，局部地区有机质成熟度迅速增加。但总体上来看，未受到火山活动影响的地区，有机质成熟度仍然较低，直到中-下侏罗世早期（$J_{1\text{-}2}q$ 早期，约 175 Ma），R_o达到 0.5%，开始进入生油门限；约 164 Ma（J_2b 末期），干酪根镜质反射率达到 0.7%，进入生油高峰；随着埋藏深度的不断增，约 157 Ma（J_3s 末期），肖茶卡组烃源岩 R_o达到 1.2%，进入湿气阶段，到 148 Ma，有机质进入过成熟演化阶段，停止了生油或生气。尽管之后羌塘盆地经历了再次埋深与抬升的过程，但对肖茶卡组烃源岩有机质演化过程的影响并不明显。

肖茶卡组在南羌塘对应地层为日干配错组，包括土门格拉组，其有机质演化过程与肖茶卡组类似，但在晚三叠世并没有受到火山活动的影响，其有机质早期演化程度略低于北羌塘的肖茶卡组。在中-下侏罗世中期（$J_{1\text{-}2}q$ 末期）进入生油门限，之后，经历了压实作用-压溶作用和早期胶结作用，在中侏罗世巴通期晚期（J_2b 末期）进入生油高峰，油气充填于残余孔隙中，晚侏罗世中期—末期（J_3s 末期—J_3x 末期）进入湿气-干气阶段，现今处于湿气-干气阶段。由于受后期构造作用的影响，现今部分岩石被抬升地表。

（2）曲色-色哇组：南羌塘曲色-色哇组在中侏罗世中期（J_2b 晚期）进入生油门限，经历压实作用-压溶作用-第一世代胶结作用，在晚侏罗世中期（J_3s 末期）进入生油高峰，油气充填于残余孔隙中，在白垩系早期，开始进入湿气期，此后一直为生油高峰-湿气阶段，在新近系早期，埋深再次增大，开始进入湿气-干气阶段，现今主要处于湿气-干气阶段。

（3）布曲组：中侏罗世，羌塘盆地进入了相对稳定的演化时期，在北羌塘盆地中部地区，布曲组地层于 148 Ma 有机质成熟度达到低成熟，R_o为 0.5%，随着埋藏深度的增加，在 143 Ma 前后，R_o达到 0.7%，有机质成熟度达到中成熟，布曲组烃源岩进入生油高峰期，之后，由于海水向西退出羌塘盆地，布曲组烃源岩埋藏深度保持相对稳定，直到 15 Ma 前后，布曲组烃源岩有机质成熟度达到高成熟，R_o为 1.2%～1.3%，结束生油高峰，并在 7 Ma 进入干气阶段。

布曲组烃源岩有机质在羌塘盆地各地的演化差异并不明显，但与北羌塘盆地相比，南羌塘盆地的布曲组烃源岩有机质并没有经历明显的二次生烃过程。另外，在北羌塘东西部之间，由于海水退出羌塘盆地时间的差异以及之后陆相地层沉积厚度的差异，布曲组烃源岩有机质达到成熟或过成熟的时间也存在轻微的差异。

2. 油气圈闭条件分析

根据野外露头和少量地震落实的构造类型，结合构造运动发生和发展的规律，认为盆地内可能发育的圈闭主要有地层圈闭（包括岩性圈闭、地层不整合遮挡圈闭和生物礁圈闭等）、构造圈闭及复合圈闭。其中构造圈闭可能是盆地最发育的圈闭类型。下面对盆地背斜构造的圈闭条件进行阐述。

盆地内背斜构造发育，据不完全统计，目前羌塘盆地中发现地表局部（背斜）构造为235个，发育于侏罗系构造层中的局部构造为163个，占盆地构造总数的69%，其中核部出露上侏罗统索瓦组（J_3s）层位的局部构造有75个，占该构造层构造的45%，也就是说，这些构造可提供中生界全部成油组合的勘探条件，是最为理想的勘探对象；核部出露中侏罗统夏里组上部层位（J_2x），则至少保存夏里组及以下生储盖组合的构造有 58 个，占该构造层构造的 36%。而这些局部构造主要集中分布在生储油条件最为理想的北羌塘坳陷中部及南羌塘坳陷北部和东北斜坡区的西部。

羌塘盆地大型的褶皱构造十分发育，虽然在南北缝合带和西部隆起带构造变形强烈，但在南、北坳陷中部构造变形适中，发育有大型的宽缓复式背斜。据不完全统计，构造面积大于 30 km^2 的背斜构造有 71 个，大部分分布在羌南和羌北区。其中，大于 100 km^2 的背斜构造有 15 个，占 21%，最大的背斜构造面积为 1150 km^2（达卓玛复背斜）。

根据地面调查和地震资料分析发现本区褶皱呈现出上强下弱的趋势：在垂向上地面为复式褶皱，向下变为较大规模的背斜或向斜。这对寻找地下完好的背斜构造十分有利。

根据盆地构造变性特征（第一章已阐述）、前人进行的磷灰石裂变径迹分析（王剑等，2004）、盆地新生界地层多呈水平产出、半岛湖地区二维地震显示新生界地层呈水平产状覆盖在中生界褶皱地层之上等研究，认为盆地中生界主要背斜形成于侏罗纪之后、白垩系阿布山组沉积之前。

3. 含油气系统

王剑等（2004，2009）依据羌塘盆地有效烃源岩分布、油气显示及油源对比，生、储、盖时空分布及配置关系，油气生成与圈闭形成时间配置等，将南羌塘坳陷划分为肖茶卡组-肖茶卡组含油气系统、曲色组-色哇组含油气系统、布曲组-布曲组含油气系统等主要油气系统；将北羌塘坳陷划分肖茶卡组-肖茶卡组含油气系统、布曲组-布曲组含油气系统。

1）南羌塘含油气系统

（1）肖茶卡组-肖茶卡组含油气系统。南羌塘坳陷肖茶卡组烃源层以黑色泥页岩、含煤泥岩和深灰色碳酸盐岩为主；储层主要为颗粒灰岩、礁灰岩和致密砂岩等，生、储层多以互层式产出；而下侏罗统曲色组广泛发育的泥岩、页岩和泥晶灰岩可以作为肖茶卡组的盖层，因此肖茶卡组和曲色组构成良好的生、储、盖组合，肖茶卡组以上岩层为上覆岩层，形成肖茶卡组-肖茶卡组油气系统（图 2-24）。

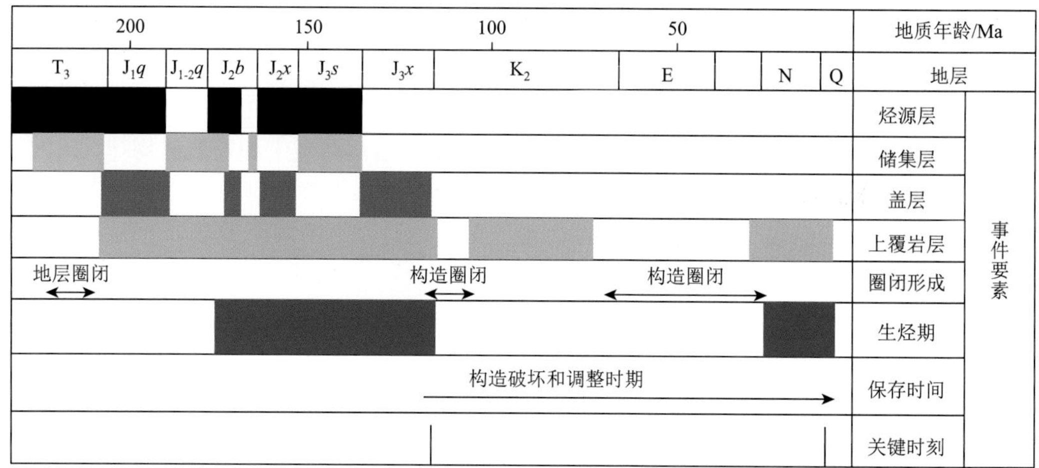

图 2-24　南羌塘拗陷中生界含油气系统地质要素与事件图

地层圈闭形成于同沉积时期，构造圈闭主要定型于燕山中晚期，喜马拉雅期对早期构造圈闭进行了不同程度的改造，同时形成了一些新的圈闭。烃源岩在中侏罗世巴通晚期（J_2b 末期）进入生油高峰，晚侏罗世中期—末期（J_3s 末期—J_3x 末期）进入湿气-干气阶段，现今处于湿气-干气阶段。由于该油气系统的埋藏深度大，保存时间长，生成的大部分油气已经转化为干气。但盆地内深部地层受构造运动和断裂破坏影响较小，因而油气保存条件较好。

（2）曲色组-色哇组含油气系统。该含油气系统烃源岩为曲色组泥岩及色哇组（雀莫错组）泥岩，储集层以色哇组（雀莫错组）碎屑岩储层为主，盖层为曲色组广泛发育的泥岩、页岩和泥晶灰岩，色哇组（雀莫错组）泥岩等。色哇组以上岩层为上覆岩层，由此可以形成曲色组-色哇组（雀莫错组）油气系统（图 2-24）。

地层圈闭同于沉积期，构造圈闭多定型于燕山中晚期，喜马拉雅期对前期构造圈闭进行了一定改造和调整。烃源岩在中侏罗世中期（J_2b 晚期）进入生油门限，在晚侏罗世中期（J_3s 末期）进入生油高峰，在白垩系早期，开始进入湿气期，此后一直为生油高峰-湿气阶段，在新近系早期，埋深再次增大，开始进入湿气-干气阶段，现今主要处于湿气-干气阶段。

（3）布曲组-布曲组含油气系统。布曲组烃源层以暗色碳酸盐岩为主，同时布曲组碳酸岩发育良好储集层。隆鄂尼古油藏的油源对比表明，布曲组上部储集层中的油苗来源于上部夏里组烃源岩，而与布曲组烃源岩无关，因此本书推测布曲组中部或中上部发育优质的盖层，而将布曲组烃源岩和夏里组烃源岩分隔开来，布曲组以上岩层为上覆岩层，这样就形成了布曲组自生、自储、自盖的组合，即布曲组-布曲组油气系统。

该油气系统的地层圈闭为同沉积期，构造圈闭定型时间主要为燕山中晚期，而喜马拉雅期对早期构造圈闭进行了一定改造和调整。油气系统的第一个关键时刻是 145 Ma 左右，以生成低成熟-成熟油气为主；第二个关键时刻是 5 Ma 左右，此刻的烃源岩有机质进入成熟-高成熟阶段，以生成轻质油为主，该期生成的油气无论是对燕山期圈闭或喜马拉雅期改造的圈闭均具有较好的成藏条件。

2）北羌塘含油气系统

（1）肖茶卡组-肖茶卡组油气系统。北羌塘拗陷肖茶卡组烃源层以黑色泥页岩和含煤泥页岩为主，覆盖本区南部和北部大部分地区，厚度大于 100 m，最高可达 700 m，残余有机碳含量高；该组三角洲相砂岩（南部）和深水浊积砂岩（北部）发育，可作为储集层；肖茶卡组内部的泥页岩、那底岗日火山岩和雀莫错组泥岩及膏岩作为盖层，那底岗日组以上岩层为上覆岩层。这样肖茶卡形成自生自储油气系统（图 2-25），该油气系统是推测的油气系统。

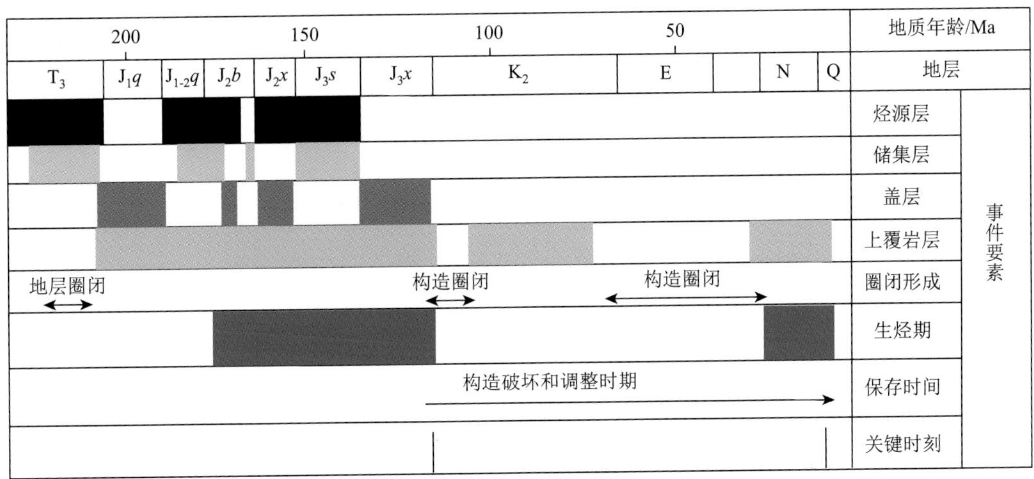

图 2-25　北羌塘拗陷中生界含油气系统地质要素与事件图

地层岩性圈闭形成于沉积期，构造圈闭主要定型于燕山中晚期，喜马拉雅期对其之前的构造圈闭进行了不同程度改造和破坏，同时也形成一些新的构造圈闭。生油岩在中-下侏罗初期（$J_{1-2}q$ 早期）开始生油，在中侏罗世巴通期晚期（J_2b 末期，约 164 Ma）进入生油高峰，晚侏罗世中期（J_3s 末期，约 157 Ma）进入湿气期，在 148 Ma 进入干气期，此后一直处于干气阶段。该油气系统多埋藏于地下，后期构造破坏较弱，保存条件较好。

（2）布曲组—布曲组油气系统。布曲组烃源层以深色碳酸盐岩为主，次为泥页岩；储层主要为布曲组颗粒灰岩、白云质灰岩及礁灰岩等；布曲组顶部泥灰岩、泥晶灰岩作为盖层，布曲组以上岩层为上覆岩层，形成布曲组—布曲组油气系统（图 2-25）。北羌塘拗陷西部布曲地层沥青显示点的油源对比表明其全部来源于本组灰岩烃源岩，证明了此油气系统的存在。

地层圈闭和构造圈闭的形成时间和成因与前述相同。生油岩在中侏罗末期（J_3s 早期，148 Ma）开始生油，并于早白垩世（约 143 Ma 左右）达到生油的高峰期，此后一直处于生油低熟-生油高峰阶段，此时形成的油气藏，经历了燕山运动和喜马拉雅运动的构造作用影响，部分油气藏遭受破坏和重新调整；在 10 Ma 左右为此油气系统的第二个关键时刻，此时以生成轻质油为主。

4. 含油气系统的时空配置

1）圈闭与生烃配置

根据对盆地内中生界油气系统的地质要素与事件的分析，油气系统的基本要素在空间上配置良好而且各种成油作用在时间上的配合关系也比较好（图 2-26）。肖茶卡组沉积时，盆地中央隆起带及潜伏隆起带周围易形成岩性和不整合等圈闭，背斜构造圈闭在印支运动末期已具雏形，在燕山中晚期基本定型；由此可见，非构造圈闭在主生烃期之前形成，构造圈闭的形成时期与主生烃期近于同步。布曲组中白云岩、生物礁、颗粒浅滩相发育，并且物性良好，可以形成岩性圈闭；该组的背斜构造圈闭定型于晚侏罗世末期—早白垩世早期，这恰好是布曲组第一次生油高峰期，生烃期与圈闭形成期正好同步，有利于油气的聚集；对于喜马拉雅期第二次生烃期而言，圈闭的定型时间明显早于主要生烃期，因此本含油气系统的圈闭形成期与油气生成期配置良好，有利于油气的聚集。

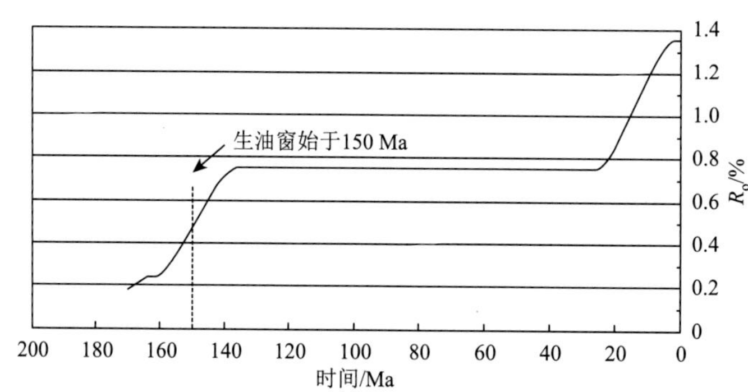

图 2-26　羌塘盆地毕洛错剖面有机质演化过程（据王成善等，2004）

2）油气运移、注入及成藏

北羌塘龙尾错烃源岩有机地球化学分析显示该区油苗具有两个期次，R_o 为 0.62%～0.81%，为首次生烃的低—中等成熟油，第二期为 1.26%～1.49%，属于二次生烃的凝析油。而据龙尾错流体包裹体特征分析夏里组盐水包裹体均一化温度有四期，分别为 87～105.3℃、105.3～136℃、136～165℃和大于 200℃，索瓦组盐水包裹体均一化温度有三期，分别为 87℃、135.1～162.5℃和 204.5℃，结合烃源岩有机质演化认为晚侏罗世末期—早白垩世早期和中新世康托期发生两次大规模的油气聚集成藏，其中第一期反映了油气充注高峰期，而第二期为油气注入高峰后期，还没有达到凝析油注入期，因此索瓦组油气充注第一期对应夏里组的前两期，而第二期对应于夏里组的第三期。油苗多期性则是该区发生两次大规模的生烃-油气运移和聚集成藏的有力证据。

王成善等（2004）对南羌塘盆地昂达尔错古油藏进行详细分析并认为羌塘盆地有两

次生排烃过程（图 2-26），第一次发生在 150～140 Ma，第二次发生在 20 Ma 至今，两次生烃石油转化率大体相当，与龙尾错地区结论基本一致。中生界地层的近东西向褶皱构造形成于晚侏罗世末—早白垩世早期的燕山运动错Ⅱ幕，构造圈闭的形成与首次生烃期近于同步，由于白垩纪末—古近纪的燕山运动错Ⅲ幕东西向挤压形成若干南北向褶皱并与前期近东西向褶皱叠加形成若干穹窿构造，这些穹窿构造为后期的二次生烃提供了良好的构造圈闭，因此根据对盆地内中生界油气系统的地质要素与事件的分析，油气系统的基本要素在空间上的配合良好，而各种成油在时间上的配合关系也比较好，显示了羌塘盆地具有良好的油气远景。

第三节　盆地油气资源综合评价与有利区块优选

羌塘盆地处于构造活动带内的相对稳定地块之上，具有大隆大拗的构造格局。盆地内沉积厚度大，烃源岩发育，存在多套生储盖组合，构造圈闭较多，构造圈闭与油气主要生成期配置关系良好，显示出良好的油气资源勘探潜力。

一、油气综合评价

1. 盆地性质及沉积充填分析

羌塘盆地是坐落于前奥陶系变质结晶基底和古生界褶皱基底之上的中生界盆地，古生代的羌塘地区经历了克拉通性质的碳酸盐岩及碎屑岩沉积，厚度巨大，为中生代羌塘盆地油气藏的形成奠定了稳定的基底。

在三叠纪末期之前，盆地受金沙江缝合带闭合碰撞的影响而形成了前陆盆地，从北到南充填了以藏夏河-多色梁子剖面为代表的前缘深水浊积砂岩及黑色泥页岩，以菊花山为代表的缓坡相微泥晶灰岩、颗粒灰岩及以沃若山东剖面为代表的前陆隆起带（中央隆起带）过渡相到浅海相含煤碎屑岩夹灰岩。

在三叠纪末期—侏罗纪时期，受班公错-怒江缝合带的拉张、闭合碰撞影响而在羌塘地区形成了被动大陆边缘盆地。南羌塘拗陷形成了北浅南深的被动边缘盆地，北羌塘拗陷受中央隆起带的阻隔而成为半局限盆地，从下到上充填了下侏罗统曲色组黑色泥页岩夹灰岩（限于南羌塘拗陷）、中下侏罗统雀莫错组（色哇组）砂泥岩夹灰岩、中侏罗统布曲组深灰色微泥晶灰岩和浅灰色颗粒灰岩-礁灰岩及白云岩、中侏罗统夏里组砂泥岩、上侏罗统索瓦组微泥晶灰岩及颗粒灰岩-礁灰岩、上侏罗—下白垩统雪山组砂砾岩、泥页岩。这些沉积体在盆内分布稳定、厚度较大、生油岩非常发育、储集体分布广泛，具备形成大型油气田的沉积环境。

2. 油气地质特征分析

羌塘盆地发育十余套烃源层，其中最主要烃源层为上三叠统和中侏罗统布曲组。上三叠统烃源层主要分布于中央隆起带两侧和北羌塘拗陷的北缘地区，为过渡相含煤碳质泥页岩和深海相黑色泥页岩；该套烃源层厚度大、有机质丰度含量高。布曲组烃源层在盆地南、北拗陷内广泛分布，为海侵时期的台盆相（北羌塘拗陷）和浅海相（南羌塘拗陷）微泥晶灰岩、泥灰岩烃源岩；该套烃源层厚度大、有机质丰度高，在拗陷中心基本达到中等到好的烃源岩标准。此外，盆地还分布有下侏罗统曲色组黑色泥页岩及泥晶灰岩烃源岩、中下侏罗统雀莫错组泥页岩和泥晶灰岩烃源岩、中侏罗统夏里组泥页岩烃源岩和上侏罗统索瓦组微泥晶灰岩烃源岩。这些烃源层中，有的分布局限、有的保存条件较差或有机质丰度较低而作为次要烃源层。除了上述常规烃源层外，盆地还发育有机质含量极其丰富的油页岩。以上表明，羌塘盆地具有形成大型油气田的物质基础。按照有机碳法计算，盆地中生代资源量在 100 亿吨之上（王剑等，2004，2009）。

除下侏罗统曲色组外，羌塘盆地中生界各组地层都具有储集层分布，其中布曲组和索瓦组以碳酸盐岩储集层为主，雀莫错组、夏里组和雪山组以碎屑岩储集层为主，而肖茶卡组则为碎屑岩和碳酸盐岩储集层。储集层的厚度总体较大，各组地层的储集层厚度多在百米之上，平面上具有由中央隆起带向南北拗陷中心减薄的分布趋势。储集物性一般较差，属（特）低孔（特）低渗储集层，但也分布有物性较好的颗粒灰岩和白云岩储集层。除了上述常规储集层外，盆地的三叠系顶面还存在不整合面及古风化壳储层。

羌塘盆地的盖层发育，中生界各组均有区域盖层分布。盖层岩性主要为泥页岩、泥灰岩、微泥晶灰岩、膏岩、致密砂岩等。各组盖层的厚度在平面上具有由拗陷边缘向拗陷中心增厚的特点，拗陷边缘一般在 200 m 之上，拗陷中心多在 600 m 之上，而盆地主要目的层（布曲组和肖茶卡组）均有 2000 m 以上的盖层大面积分布。此外盆地广泛发育有多层优质石膏盖层，从层位上看，中下侏罗统雀莫错组，中侏罗统布曲组、夏里组，上侏罗统索瓦组及下白垩统白龙冰河组均有分布；从平面上看，除雀莫错组和布曲组由于露头较少而仅见于中央隆起带及潜伏隆起带两侧和北拗陷东部外，其他各层位的石膏层几乎遍布整个北羌塘拗陷和南羌塘拗陷的毕洛错—昂达尔错一带。各种岩性盖层都具有孔渗性特低、突破压力和排替压力高的特点，特别是盆地石膏盖层的封盖性能极强，因此盆地的油气盖层发育良好。

中生界的羌塘盆地发育多套生储盖组合，组合类型以自生自储和下生上储为主。盆地有利组合以上三叠统肖茶卡组组合和中侏罗统布曲组组合为主，两大组合之上有多套盖层覆盖，保存较好，且埋深适中。

3. 油气圈闭分析

羌塘盆地内圈闭类型发育，有构造圈闭（包括背斜圈闭、断层圈闭）、岩性圈闭、生物礁圈闭、地层不整合遮挡圈闭和刺穿接触圈闭等类型，但以构造圈闭为主。构造期次研究表明，盆地主要背斜定型于燕山中晚期。根据烃源层的埋藏演化史分析，上三叠统烃源层在布曲组沉积之后进入生油门限，侏罗纪末达到高成熟阶段，古近纪进入过成熟阶段；布曲组烃源层在晚侏罗世早期进入生油门限，侏罗纪末处于生油高峰期。由此可见，构造圈闭形成时间与主要排烃期同期或在主要排烃期之前，两者时间配置良好，有利于油气聚集成藏。

4. 油气保存分析

羌塘盆地是一个遭受后期改造的变形盆地，特别是喜马拉雅期的高原隆升对盆地进行了整体性的抬升和剥蚀，使前期形成的油气藏遭受改造和破坏。因此保存条件对盆地油气勘探评价至关重要。

从盆地构造改造强度上看，盆地中央隆起带改造强度极强，次为盆地南北坳陷的周缘地区，南北坳陷内部的改造较弱，特别是北羌塘坳陷的中西部地区最弱，因此北羌塘坳陷中西部地区的油气保存最好。

二、区块优选

综合上述盆地充填特征、油气地质条件、圈闭成藏及保存条件等，羌塘盆地具备形成大中型油气田的基本地质条件，有很好的勘探前景。其主要目的层为上三叠统肖茶卡组碎屑岩层段和中侏罗统布曲组颗粒灰岩层段。

根据盆地基础地质特征、油气地质特征及油气成藏条件等综合分析，王剑等(2009)从羌塘盆地中优选出 6 个远景区带、9 个远景区块。笔者通过工作程度及近年资料的补充完善情况，确定半岛湖区块、隆鄂尼-昂达尔错区块、托纳木区块、鄂斯玛区块为盆地近期勘探的主要区块，其他如光明湖区块、胜利河区块、玛曲区块为勘探的次要区块（图 2-27）。

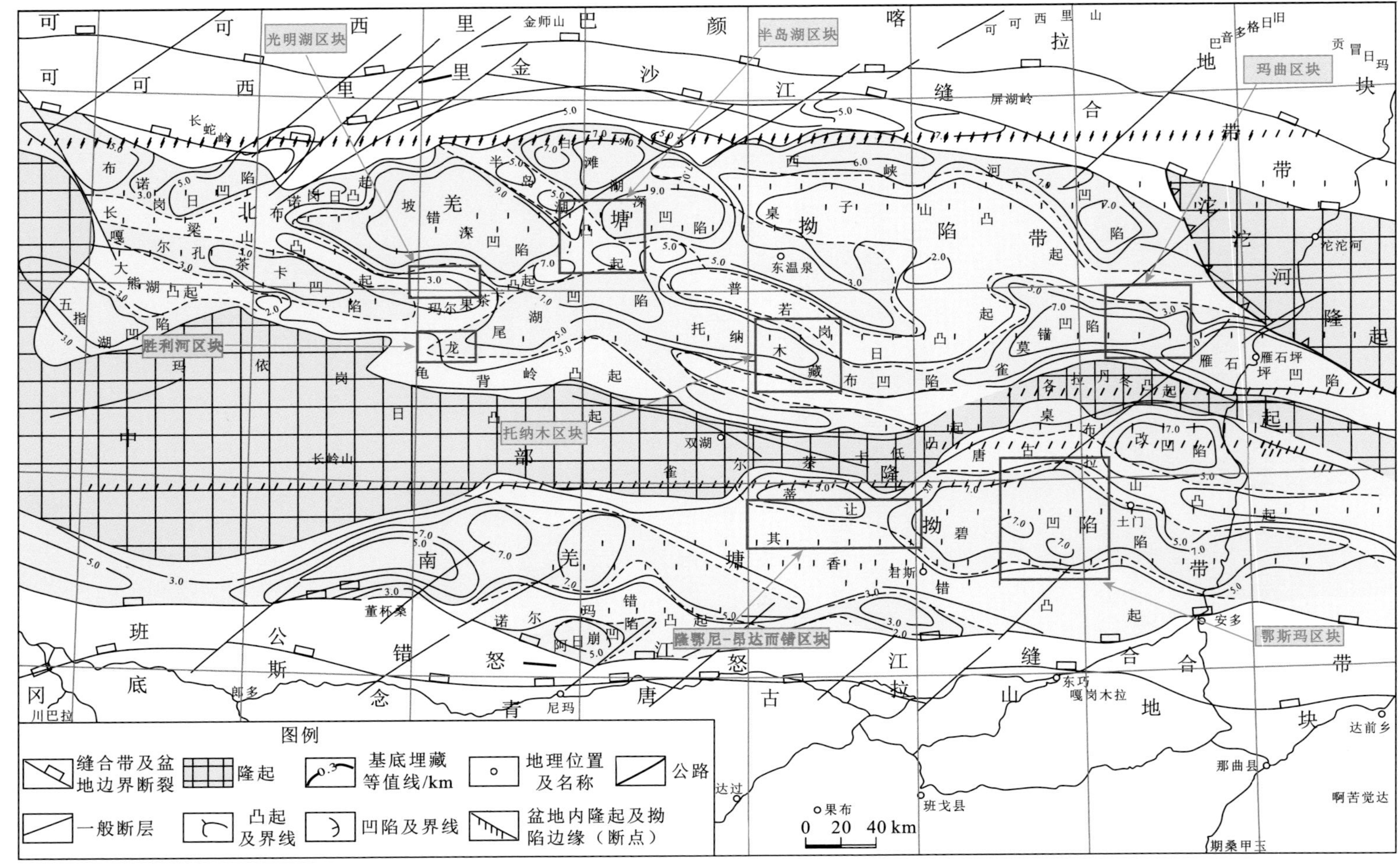

图 2-27 羌塘盆地主要有利区块位置图

第三章　半岛湖区块调查与评价

赵政璋等（2001e）在对羌塘盆地油气资源远景评价时将包含半岛湖区块在内的金星湖—东湖—托纳木地区优选为有利地区之一。王剑等在“青藏高原重点沉积盆地油气资源潜力分析”（2000～2004 年）和“青藏高原油气资源战略选区调查与评价”（2004～2008 年）两个项目中均将半岛湖区块优选为有利区块之一，羌科 1 井也位于半岛湖区块之内。

第一节　概　　述

半岛湖区块位于西藏自治区那曲市双湖县北约 150 km 的半岛湖地区，地理坐标为N34°00′～34°40′，E88°00′～88°40′。面积约为 5500 km^2。构造位置上位于北羌塘拗陷中部的吐波错深凹陷、龙尾湖凹陷和白滩湖深凹陷之间交汇的凸起地区（图 2-27），为油气聚集的有利地区。

原地质矿产部先后组织完成的 1∶100 万和 1∶25 万地质填图覆盖了本区，从而获得了本区地层系统。中石油（1994～1997 年）组织开展的羌塘盆地油气地质综合调查覆盖了本区，并优选出包含该区块的金星湖—东湖—托纳木地区为羌塘盆地油气远景区之一。

近年来，中国地质调查局成都地质调查中心承担的“青藏高原重点沉积盆地油气资源潜力分析”（2001～2004 年）、“青藏高原油气资源战略选区调查与评价”（2004～2008 年）项目对羌塘盆地油气资源远景进行了评价，并优选出半岛湖区块为最有利油气区块之一。中国地质调查局成都地质调查中心承担的“青藏地区油气调查评价”项目（2010～2014 年）和“天然气水合物”项目（2010 年）在半岛湖区块开展了 1200 km^2 的 1∶5 万石油地质调查、800 km^2 油气化探、12 条测线共计 420 km 的二维地震试验及测量（图 3-1）和 200 km^2 油气微生物调查等工作；中国石油化工集团有限公司（简称中石化）于 2014～2015 年在整个半岛湖区块开展了 600 km 的二维地震测量及解释工作。上述工作进一步确定了半岛湖区块具有油气资源潜力。

在前期工作基础上，本书项目组于 2015 年在半岛湖区块开展了 9 条测线共计 260 km 的二维地震试验及测量（图 3-1），2016～2017 年对部分地震测线进行了精细处理；同时于 2015～2017 年开展了路线地质调查与重点剖面实测；实施了 1 口地质调查井[羌地-17 井(QD-17)]，并在布曲组发现了含气层；通过综合研究落实了羌科 1 井井位并实施了钻探工程。基于此，本章对半岛湖区块进行了综合评价和目标优选，确定该区块的第一目的层为中侏罗统布曲组碳酸盐岩；第二目的层为上三叠统肖茶卡组（或藏夏河组）碎屑岩和中下侏罗统雀莫错组砂砾岩；目标构造为半岛湖 6 号构造和 1 号构造。

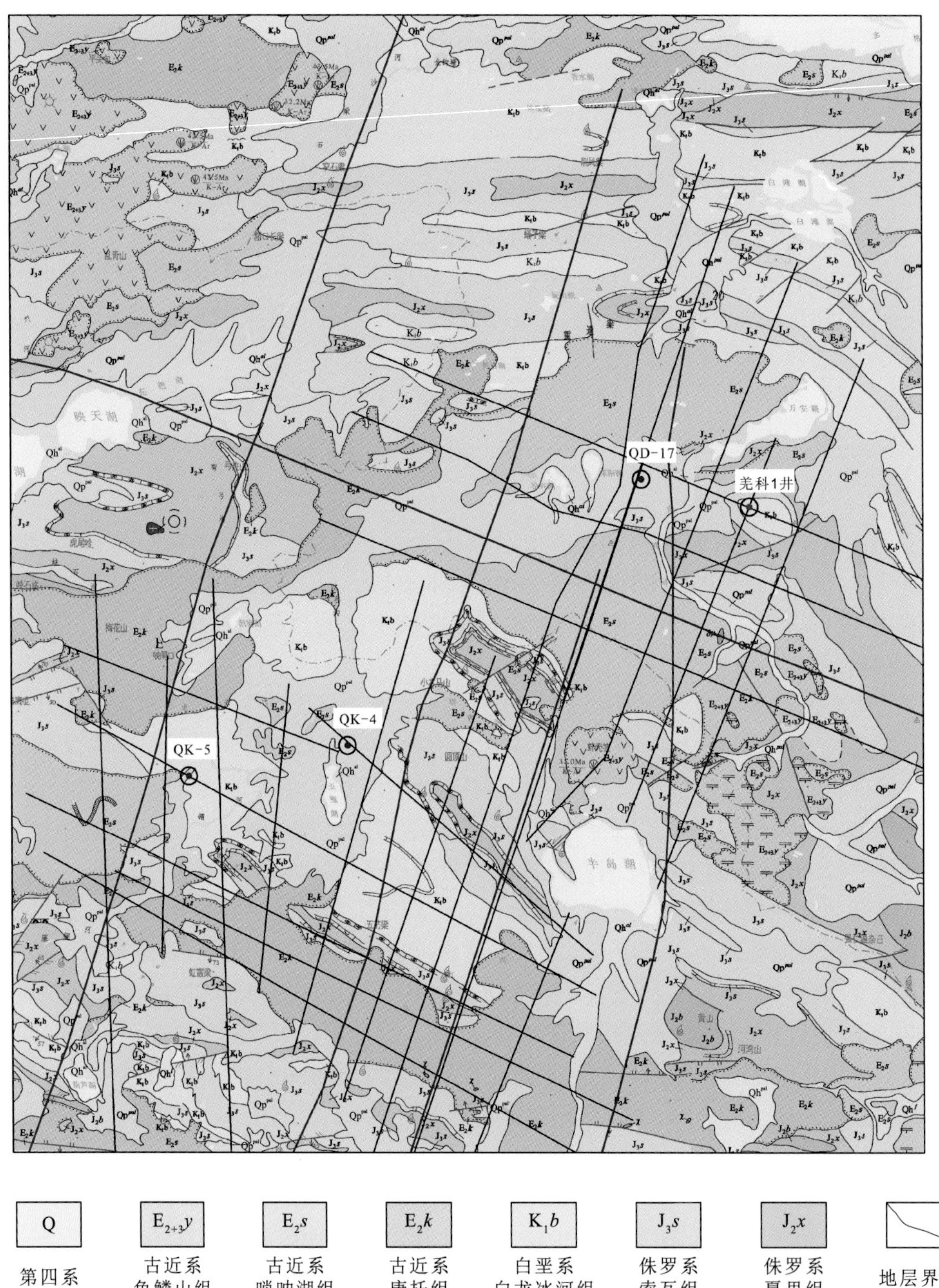

图 3-1 羌塘盆地半岛湖区块工作程度图

第二节 基础地质特征

一、地层特征

从区域地质推测，半岛湖区块从上到下应发育有古近系、白垩系、侏罗系、三叠系、二叠系、石炭系、泥盆系、志留系、奥陶系及前奥陶系等地层。但区块地表出露地层主要以上侏罗统索瓦组、下白垩统白龙冰河组和新生界为主，少量出露中侏罗统夏里组和布曲组，地层总体呈北西-南东向延伸，局部受构造变形而改变方向。

1. 白垩系

地表出露下白垩统白龙冰河组，岩性主要为中薄层状钙质砂岩、粉砂岩、页岩和中厚层夹薄层状泥晶灰岩、泥灰岩、介壳灰岩等构成不等厚互层，与下伏侏罗系整合接触；与上覆新生界为角度不整合接触，厚455～1160 m。

2. 侏罗系

地层从上到下由上侏罗统索瓦组、中侏罗统夏里组、中侏罗统布曲组、中-下侏罗统雀莫错组组成。与上覆白垩系白龙冰河组整合接触，与下伏三叠系平行不整合或角度不整合接触，内部各组为整合接触。

（1）上侏罗统索瓦组：主要为中厚层状泥灰岩、泥晶灰岩、砂屑泥晶灰岩、生物碎屑灰岩、鲕粒灰岩、珊瑚礁灰岩夹泥岩、粉砂岩等组合，细碎屑岩在上部夹层增多，厚450～600 m。

（2）中侏罗统夏里组：主要为中薄层状岩屑长石砂岩、钙质细砂岩、粉砂岩、粉砂质泥岩夹生物介壳灰岩、泥晶灰岩、泥灰岩、膏岩岩等，厚220～600 m。

（3）中侏罗统布曲组：主要为中厚层状白云质灰岩、核形石灰岩、生物碎屑灰岩、鲕粒灰岩、泥晶灰岩、泥灰岩夹珊瑚礁灰岩和少量粉砂质泥岩。从下到上可细分为三段，上段以深灰色泥晶灰岩、泥灰岩为主夹核形石灰岩、生物碎屑灰岩和少量泥页岩，中段以浅灰色和灰白色鲕粒灰岩、砂砾屑灰岩为主夹核形石灰岩、白云质鲕粒灰岩及少量泥晶灰岩，下段以深灰色、灰黑色泥晶灰岩、泥质泥晶灰岩、含生物碎屑泥晶灰岩、核形石灰岩为主，厚约1104 m。

（4）中-下侏罗统雀莫错组：主要为一套碎屑岩夹灰岩及膏岩岩组合。该组可细分为细碎屑岩段（上段）、灰岩段（中段）和粗碎屑岩段（下段）。上段主要为紫红色薄至极薄层泥页岩、粉砂质泥页岩夹中层状岩屑砂岩、泥质粉砂岩及膏岩岩；中段主要为中薄层状砂质灰岩、生物碎屑灰岩、鲕粒灰岩、泥灰岩与泥页岩、粉砂质泥页岩互层夹钙质砂岩、膏岩岩；下段主要为紫红色厚层状粗-中-细粒复成分砾岩、含砾粗砂岩、粗-中-细粒岩屑砂岩、粉砂岩组成下粗上细的韵律组合，厚499～931 m。

3. 三叠系

地层从上到下有上三叠统那底岗日组、上三叠统肖茶卡组（或藏夏河组）。

（1）上三叠统那底岗日组：下部为古风化壳和河流相砂砾岩、砂岩及粉砂岩，其上为玄武岩、安山岩、凝灰岩等。与下伏上三叠统肖茶卡组（或藏夏河组）呈平行不整合或角度不整合接触，厚 217～1571 m。

（2）上三叠统肖茶卡组（或藏夏河组）：主要为一套砂岩、泥页岩、泥晶灰岩、生物碎屑灰岩。底部可能为含砾砂岩、砂岩、粉砂岩及粉砂质泥岩，与下伏中三叠统康南组平行不整合接触；顶部可能为晚三叠世盆地闭合时的中粗砂岩及含煤泥页岩，厚 1063～1184 m。

二、沉积相特征

晚三叠世肖茶卡期：羌塘盆地处于古特提斯洋关闭末期，北羌塘拗陷主要表现为前陆盆地性质，半岛湖地区则为前陆斜坡到前缘位置，沉积了一套深水暗色泥页岩（生油岩）与密度流砂岩（储集岩）和缓坡相碳酸盐岩组合的沉积体，其顶部可能发育有盆地关闭时的三角洲相含煤碎屑岩及碳质页岩等（图 3-2）。其中，暗色泥页岩、含煤泥页岩可作为生油岩，砂岩可作为储层。

晚三叠世那底岗日期：该期为羌塘侏罗纪盆地打开初期，半岛湖地区位于盆地开启的裂隙槽一带，沉积了一套河流-湖泊相砂砾岩、泥页岩及火山岩组合。其中，砂砾岩为较好的储集岩，火山岩也可作为储集岩。

早中侏罗世雀莫错期：羌塘盆地为侏罗纪被动大陆边缘盆地沉陷初期的填平补齐阶段，半岛湖地区位于北羌塘拗陷区域，沉积了一套潮坪至陆缘近海湖泊相砂砾岩、泥页岩夹膏岩岩组合（图 3-3）。其中砂砾岩可作为储集岩，膏岩岩及泥页岩可作为盖层。

中侏罗世布曲期：羌塘盆地演化为台地相碳酸盐岩沉积期，半岛湖地区处于北羌塘拗陷台盆至潮坪-潟湖相区域，沉积了一套泥晶灰岩、生物碎屑灰岩夹鲕粒灰岩和泥页岩及膏岩岩组合（图 3-4）。其中，泥晶灰岩、泥页岩可作为生油岩，颗粒灰岩可作为储集岩。

中侏罗世夏里期：羌塘盆地发生了一次海退过程，沉积了一套以碎屑岩为主的组合，半岛湖地区位于北羌塘拗陷的潮坪潟湖相区（图 3-5），沉积了一套泥页岩、砂岩夹泥晶灰岩及膏岩岩的组合。该套沉积体主要作为盖层，局部砂体可作为储集层。

晚侏罗世索瓦期：羌塘盆地再次发生海侵，沉积了一套以碳酸盐岩为主的台地相组合，半岛湖地区位于北羌塘拗陷的台内浅滩至潮坪相区，沉积了一套泥晶灰岩、生物碎屑灰岩、鲕粒灰岩夹泥灰岩、泥页岩组合，局部见珊瑚礁灰岩。其中，颗粒灰岩、礁灰岩可作为储集岩，泥晶灰岩、泥灰岩可作为生油岩。

早白垩世白龙冰河期：羌塘盆地逐渐消亡，海水逐渐从北拗陷西北方向退出，半岛湖地区为北拗陷的海湾相带，沉积了一套泥晶灰岩、钙质泥页岩夹粉砂岩、膏岩岩组合。该套沉积体主要作为油气盖层。

新生代：羌塘地区已隆升为陆，半岛湖地区局部地区有大陆河湖相碎屑岩夹膏岩岩沉积。

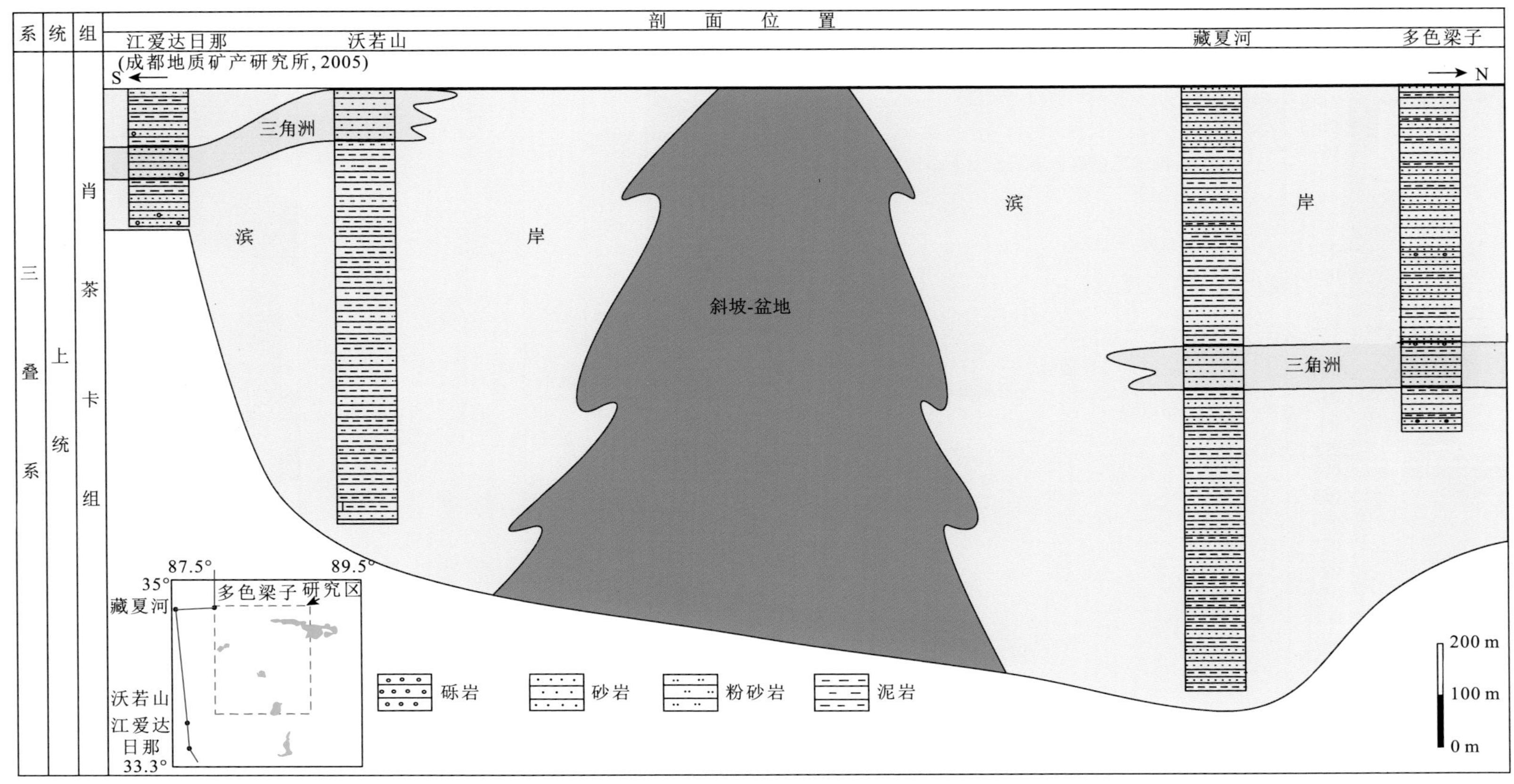

图 3-2　羌塘盆地半岛湖区块上三叠统肖茶卡组沉积相横剖面图

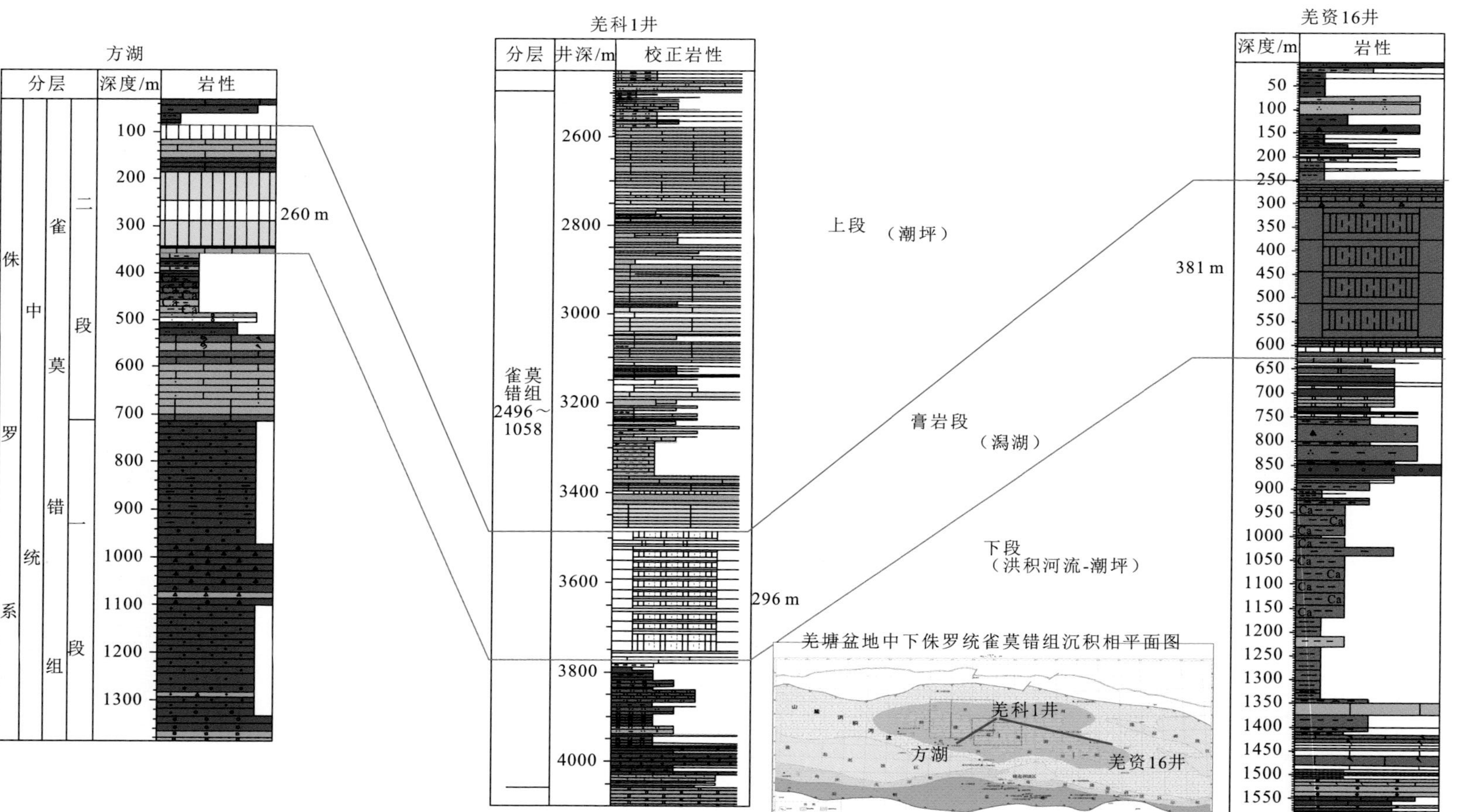

图 3-3　羌塘盆地半岛湖区块中下侏罗统雀莫错组沉积相横剖面图

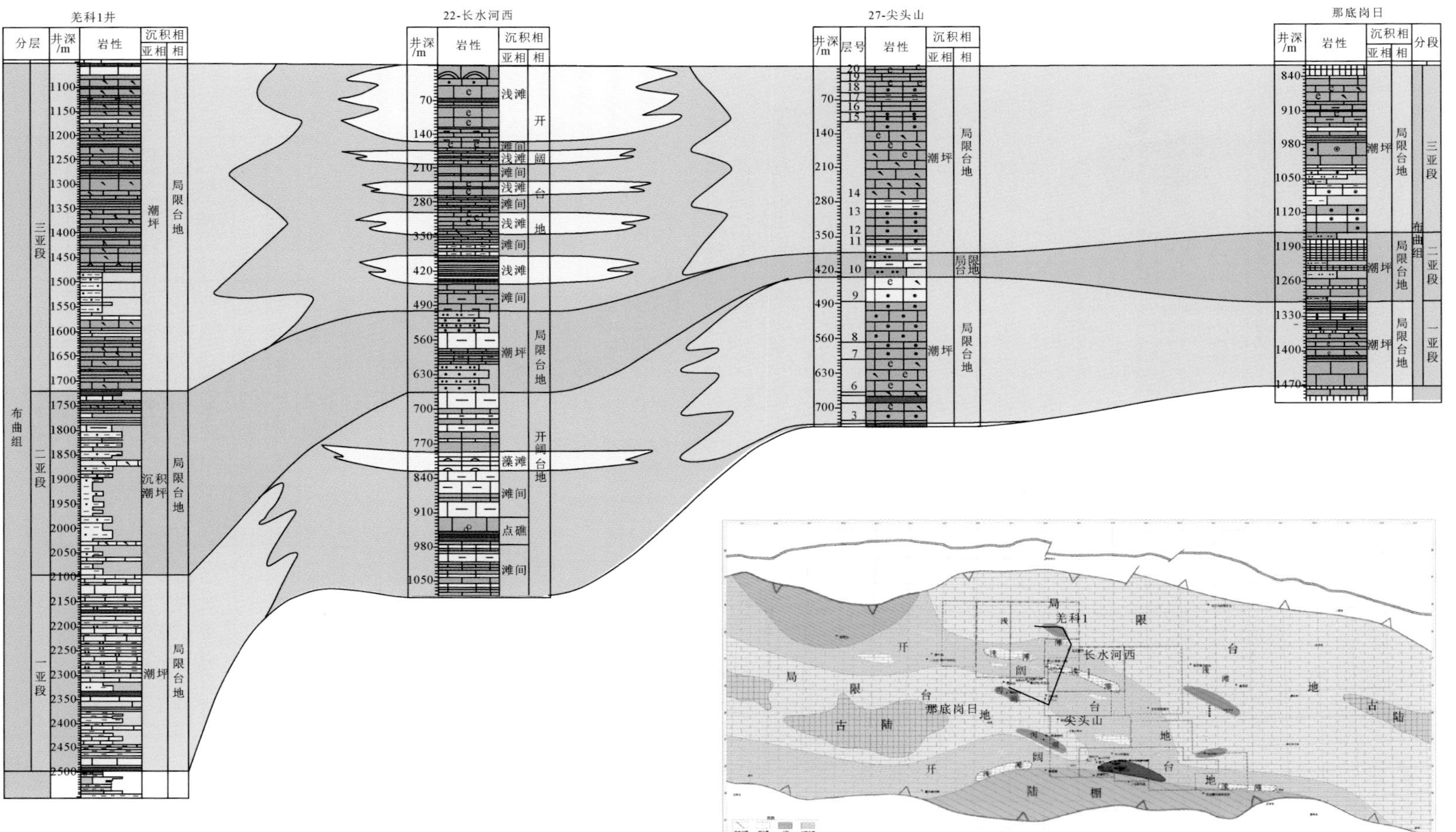

图 3-4　羌塘盆地半岛湖区块中侏罗统布曲组沉积相横剖面图

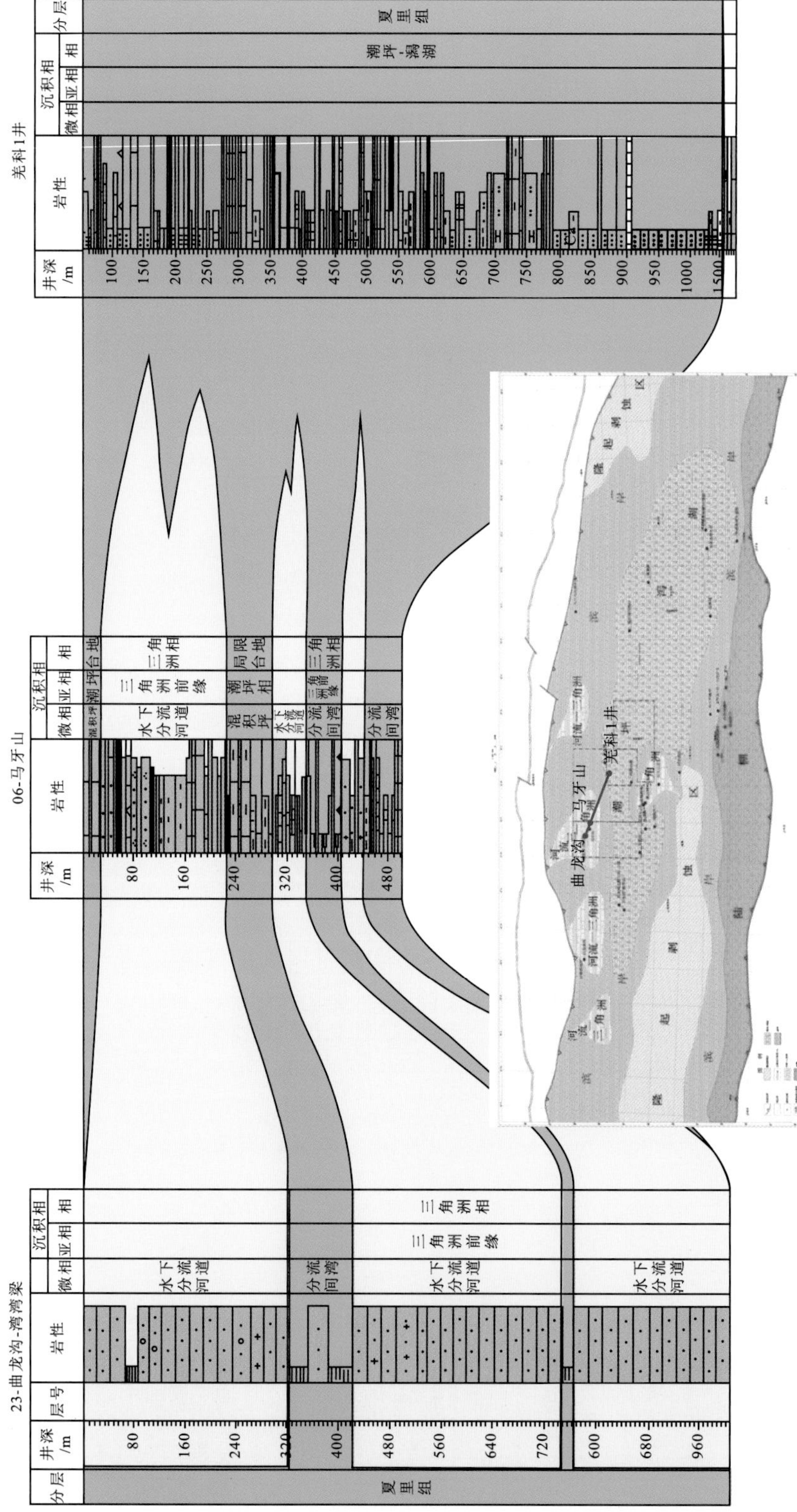

图 3-5　羌塘盆地半岛湖区块中侏罗统夏里组沉积相横剖面图

三、构造特征

半岛湖区块位于羌中舒缓褶皱带内（图 1-14），侏罗系构成该构造单元的主体，区域上该构造带总体以近东西-北西西向的宽缓褶皱为主，局部被同向断层所切断。同时由于后期构造叠加而演变为短轴褶皱，局部褶皱轴迹发生扭曲而出现东西-北西西向、北西向、北东向褶皱和近南北向褶皱并存的局面。

1. 褶皱构造特征

半岛湖区块内由 5 个较大背斜组成背斜群，从北东到南西依次为万安湖南背斜、小牧马山背斜、圆顶山背斜、五节梁背斜和虹霞梁背斜，其中万安湖南背斜、小牧马山背斜、圆顶山背斜在区块内呈北西向延伸，五节梁背斜和虹霞梁背斜在区块东部呈北西向延伸，在区块中部、西部则逐渐转为东西向和北东向延伸；背斜核部由夏里组和索瓦组组成，翼部由索瓦组、白龙冰河组组成，两翼倾角为 18°～45°。此外，在区块中西部悬天湖-玉屏湖一带出现一些背斜高点，背斜核部和两翼均由白龙冰河组或古近系唢呐湖组组成。

2. 断层构造特征

半岛湖区块内断层在地表主要分布于区块的东北角和西南角一带，断裂方向有北西向、南东向两组；断层以逆断层为主，少量为正断层和平移断层；断层规模除区块西南角和东北角较大外，其余断层均较小。

四、岩浆活动与岩浆岩

半岛湖区块内岩浆岩不发育，仅在半岛湖北东方向的蚌壳坡一带见少量新生界鱼鳞山组火成岩分布。岩性为深灰-灰黑色块状安山粗面岩，有少量气孔分布，斑状结构。岩浆活动形式主要表现为超浅成次火山活动，安山粗面岩-正长斑岩体外侧围岩中多处见到烘烤变质现象，表现为岩浆使周围的侏罗系灰岩发生重结晶作用，但重结晶作用微小，对围岩的热蚀变作用微弱，对区内油气藏基本无影响。

第三节　油 气 地 质

一、烃源岩分析

1. 烃源岩特征

根据野外调查和有机地化样品分析，结合前人工作成果，半岛湖区块内发育的主要烃源岩层位有四套：上三叠统肖茶卡组（T_3x）或藏夏河组（T_3z）、中侏罗统布曲组（J_2b）、夏里组（J_2x）和上侏罗统索瓦组（J_3s）；岩石类型有碳酸盐岩和泥页岩。其中，碳酸盐岩烃源岩主要分布于中侏罗统布曲组、夏里组及上侏罗统索瓦组地层中，岩性主要为深灰色泥晶灰岩、泥灰岩、泥晶核形石灰岩及含生物碎屑泥晶灰岩。泥质岩烃源岩主要分布在上侏罗统索瓦组、中侏罗统夏里组和上三叠统肖茶卡组或藏夏河组地层中，岩性主要为暗色泥页岩夹含煤岩系烃源岩。

1）上侏罗统索瓦组烃源岩

该套烃源岩在工区分布广泛，岩石类型包括碳酸盐岩和泥质岩，以碳酸盐岩烃源岩为主，烃源岩总厚度为 541.59 m。其中，碳酸盐岩烃源岩厚度为 454.89 m，岩性主要为灰—深灰色泥灰岩、泥晶灰岩、含生物碎屑泥晶灰岩及含核形石泥晶灰岩，属于潟湖相沉积；泥质岩烃源岩厚度 86.7 m，岩性主要为灰—深灰色泥岩。

地表采集的样品分析结果表明，碳酸盐岩残余有机碳含量为 0.08%～0.28%，平均值为 0.12%，整体属于较差生油岩；氯仿沥青“A”为 11×10^{-6}～65×10^{-6}，平均值为 38×10^{-6}；总烃为 11×10^{-6}～41×10^{-6}，平均值为 23×10^{-6}；生烃潜量为 0.003～0.082 mg/g，平均值为 0.056 mg/g。有机质类型以混合偏腐泥型为主；R_o 为 0.58%～3.08%，平均 1.83%；有机质最高热解峰温 T_{max} 均值为 393～581℃，平均值为 482℃，属未成熟—高成熟阶段。

2）中侏罗统夏里组烃源岩

该套烃源岩在半岛湖区块分布较广，包括碳酸盐岩和泥质岩两类烃源岩，累计厚度可达 106.29 m，其中碳酸盐岩厚 70.67 m，泥质岩厚 35.62 m。碳酸盐岩岩性主要为深灰色泥晶灰岩，泥质岩岩性为深灰色泥岩。

地表样品测试数据主要来自半岛湖西北部的马牙山剖面，其泥质岩有机碳含量为 0.08%～0.27%，平均值为 0.14%，总体属于非生油岩；生烃潜量为 0.038～0.061 mg/g，平均值为 0.048 mg/g。2015 年在马牙山剖面发现大量沥青发育，沥青多为顺层，推测其油气来源为沥青下部发育的灰色泥岩。该层有机碳含量仅为 0.12%，说明可能是样品长时间暴露地表，从而导致有机碳、生烃潜量和氯仿沥青“A”测试数据偏低，相应的烃源岩有机质丰度评价标准应相应降低。而该剖面中大量沥青的发育说明该区发生过油气生成和运移，证实了中侏罗统夏里组泥页岩具有较好的生烃能力。有机质类型属 II_1-II_2 型；R_o 为 1.18%～1.86%，平均值为 1.57%，属于成熟—高成熟阶段；有机质最高热解峰温 T_{max} 均值为 315～576℃，平均值为 494℃，属未成熟—高成熟阶段。

3）中侏罗统布曲组烃源岩

该套烃源岩主要分布于布曲组上、下段（布曲组可划分为上、中、下段），以碳酸盐岩烃源岩为主，累计厚度可达 303.81 m，岩性为灰—深灰色泥灰岩、泥晶灰岩，属于一套潟湖相沉积。该套烃源岩仅在工区西南角零星出露。但根据沉积相分析，该组在半岛湖区块内应有广泛分布，且大部分都埋藏于地下，是半岛湖区块重要的烃源岩之一。

地表样品分析结果表明，其有机碳含量为 0.06%～0.37%，平均值为 0.18%，大部分达到碳酸盐岩烃源岩指标（图 3-6），中等-好生油岩占比约为 48%；氯仿沥青“A”为 38×10^{-6}～76×10^{-6}，平均值为 53×10^{-6}；总烃为 19×10^{-6}～50×10^{-6}，平均值为 30×10^{-6}；生烃潜量为 0.019～0.310 mg/g，平均值为 0.114 mg/g。有机质类型属 II_1 和 II_2 型；R_o 为 1.56%～1.61%，平均为 1.59%，属于高成熟阶段；有机质最高热解峰温 T_{max} 均值为 317～577℃，平均值为 494℃，属未成熟-高成熟阶段，以高成熟为主。

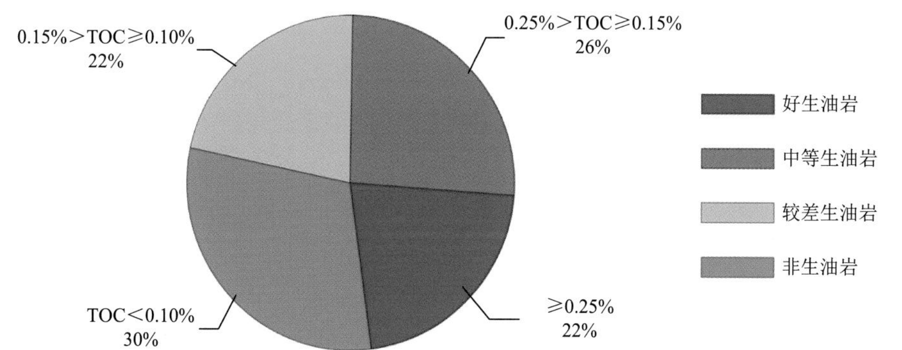

图 3-6　羌塘盆地半岛湖地区中侏罗统布曲组烃源岩有机碳（TOC，以质量分数计）品质特征

4）上三叠统肖茶卡组烃源岩

在北羌塘拗陷北部的藏夏河、多色梁子和西南部的沃若山一带，见上三叠统泥页岩夹煤线烃源岩，该套烃源岩厚度大、有机质丰度高，主要为盆地萎缩期的过渡相产物。在沃若山东剖面泥页岩烃源岩的厚度大于 570 m，多色梁子剖面泥岩烃源岩厚度大于 116 m，藏夏河剖面泥岩烃源岩厚度大于 304 m。半岛湖地区处于北羌塘拗陷的腹地，无三叠系地层出露，但从盆地演化过程来看，半岛湖地区同样经历了盆地萎缩期的过渡相沉积，因此推测半岛湖地区存在三叠系泥页岩夹煤线烃源岩。

地表样品分析显示：沃若山东剖面有机碳含量为 0.41%～2.32%，平均含量为 1.03%；岩石热解生烃潜力 $S_1 + S_2$ 为 0.1～0.22 mg/g，平均值为 0.15 mg/g。藏夏河、多色梁子地区泥质烃源岩有机碳含量为 0.30%～2.17%，平均有机碳含量为 0.90%，岩石热解生烃潜力 $S_1 + S_2$ 为 0.15～0.81 mg/g，平均为 0.34 mg/g；氯仿沥青“A”为 62×10^{-6}～157×10^{-6}，平均值为 93×10^{-6}。有机碳数据表明，该区烃源岩达标率为 90%（TOC≥0.4%），如在多色梁子剖面中，烃源岩测试样品中仅有两件有机碳含量小于 0.4%，烃源岩达标率达 94%（TOC≥0.4%），好生油岩达 22%（TOC≥1.0%）（图 3-7），泥质烃源岩有机碳含量高达 2.37%，显示了较好的生烃能力。结合该组泥质烃源岩有机碳与生烃潜量及有机碳与氯仿沥青“A”的关系综合研究认为，该组泥质烃源岩以中等-好生油岩为主，少数为较差生油岩。

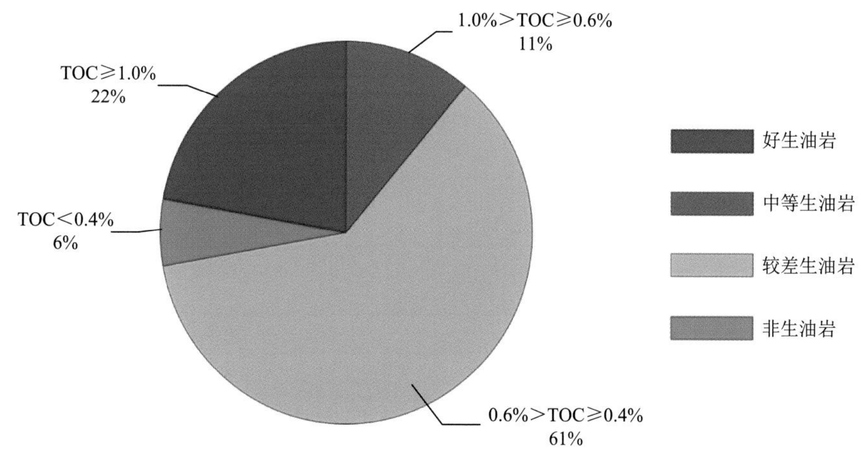

图 3-7　羌塘盆地半岛湖地区三叠系烃源岩有机碳（TOC，以质量分数计）品质特征

根据干酪根镜鉴，该套烃源岩的有机质类型以Ⅱ$_2$为主，Ⅲ型也占一定的比例；该组在半岛湖地区北部藏夏河地区肖茶卡组烃源岩中 R_o 为 1.15%～1.40%，平均值为 1.32%，处于成熟-高成熟阶段，产物以高成熟湿气为主，成熟油次之。最高热解峰温 T_{max} 为 519～534℃，平均值为 527℃，反映了高成熟度特征。干酪根颜色以棕黄色为主，少量为棕褐色、棕黑色，反映有机质为成熟-高成熟阶段。结合三者反映有机质成熟度分析，它们能较真实地反映该组有机质的热演化程度，T_{max} 与 R_o 之间存在相关性，但相关性一般（图 3-8）。

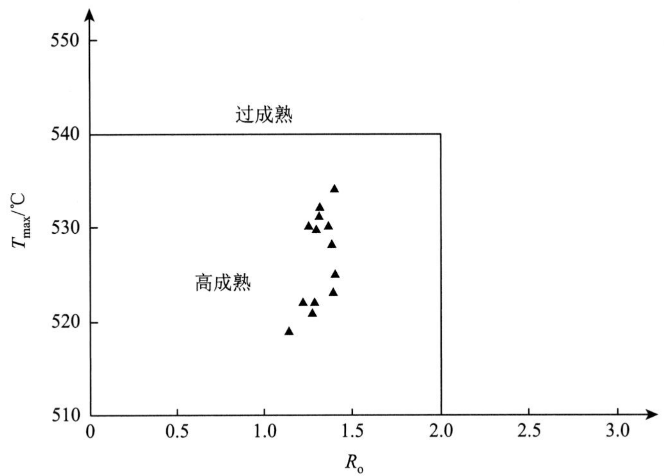

图 3-8 羌塘盆地半岛湖地区三叠系烃源岩 T_{max} 与 R_o 关系图

2. 烃源岩综合评价

综合分析认为，半岛湖地区烃源岩条件较好，包括泥质岩烃源岩和碳酸盐岩两大类。上三叠统肖茶卡组泥质烃源岩生烃潜力大，是半岛湖地区内的最有利烃源岩之一，中侏罗统布曲组烃源岩具有厚度大、有机质丰度高的特点，是该区重要烃源岩；上侏罗统索瓦组、中侏罗统夏里组烃源岩具有一定的生烃潜力，是该区值得进一步研究的烃源岩之一，具体参数如表 3-1 所示。

表 3-1 羌塘盆地半岛湖区块烃源岩综合评价表

层位	岩性	有机质丰度/%	有机质类型	厚度/m	非生油岩/%	较差生油岩/%	中等生油岩/%	好生油岩/%	成熟度		烃源岩评价
									R_o/%	T_{max}/℃	
J_3s*	灰岩	0.08～0.28 0.12（28）	Ⅱ$_1$、Ⅱ$_2$	455	—	88	12	—	0.58～3.08 1.83（33）	393～581 482（44）	较差
J_2x	泥岩	0.08～0.27 0.14（36）	Ⅱ$_1$、Ⅱ$_2$	106	100	—	—	—	1.18～1.86 1.57（3）*	315～576 494（36）	非烃源岩
J_2b	灰岩	0.06～0.37 0.18（23）	Ⅱ$_1$、Ⅱ$_2$	303	30	22	26	22	1.56～1.61 1.59（5）*	317～577 494（23）	中等—好
T_3x	泥岩	0.30～2.17 0.9（18）	Ⅱ$_2$、Ⅲ	116	6	61	11	22	1.15～1.40 1.32（15）	519～534 527（15）	中等—好

注：*数据引自《青藏地区羌塘盆地区域石油地质调查报告（QT96YD-02）》（1996）。

二、储集层分析

1. 储集层特征

根据野外调查和室内分析，半岛湖区块储层层位有上三叠统肖茶卡组、中下侏罗统雀莫错组、中侏罗统布曲组及夏里组、上侏罗统索瓦组。储层岩石类型有碎屑岩和碳酸盐岩两大类，其中碎屑岩储层主要分布于上三叠统肖茶卡组、中下侏罗统雀莫错组、中侏罗统夏里组地层中；岩性以细砂岩、粉砂岩为主，其次为中砂岩和粗砂岩，以及少量砾岩。碳酸盐类储层主要分布于索瓦组、夏里组和布曲组地层中；岩石类型主要为“滩岩”、生物礁岩和白云岩等；其中“滩岩”包括生物碎屑灰岩、介壳灰岩、核形石灰岩、砾屑灰岩、砂屑灰岩、鲕粒或假鲕粒灰岩等。

由于上侏罗统索瓦组、中侏罗统夏里组多暴露于地表，仅局部地区埋藏于地下，而中侏罗统布曲组、中下侏罗统雀莫错组和上三叠统肖茶卡组多埋藏于地下，因此该区块主要储层层位为中侏罗统布曲组颗粒灰岩、中下侏罗统雀莫错组砂砾岩和上三叠统肖茶卡组砂岩。

1）上侏罗统索瓦组

索瓦组主要出露于半岛湖、向峰河北等地，储集岩类型主要为碳酸盐岩，累计厚度为162.37 m，岩性主要为介屑（壳）灰岩、砂屑灰岩、核形石灰岩、鲕粒灰岩和礁灰岩。

索瓦组碳酸盐岩孔隙度为1.23%～6.47%，平均孔隙度为2.12%（44件样品）；渗透率为0.01～33.1 mD，平均渗透率为1.62 mD（44件样品）。按照碳酸盐岩储层评价标准，该组储集岩物性为特低孔特低渗储层。孔隙组合类型为次生粒间孔＋粒内溶孔＋铸模孔＋裂缝，孔喉组合类型主要为中孔微细喉型。

2）中侏罗统夏里组

夏里组出露于半岛湖区块内长水河、马牙山等地。储集岩类型包括碎屑岩和碳酸盐岩，以碎屑岩储集岩为主，累计厚度为267.32 m。其中碎屑岩储集岩厚225.18 m，岩性为细-粗粒岩屑长石砂岩和粉砂岩，属一套三角洲砂坝相沉积；碳酸盐岩储集岩厚42.14 m，岩性为砂屑灰岩、生物碎屑灰岩，为一套中高能环境浅滩相沉积。

碎屑岩储层的物性：孔隙度为0.58%～7.68%，平均孔隙度为2.97%（12件）；渗透率为0.01～7.1 mD，平均渗透率为0.6272 mD。物性参数表明，中侏罗统夏里组碎屑岩储集层主要为低孔低渗型储层。孔隙组合类型主要为次生粒间孔＋粒内溶孔＋裂缝，孔喉组合主要为中孔微喉型。

碳酸盐岩储层物性：孔隙度为1.56%～5.08%，平均孔隙度为3.20%（9件）；渗透率为0.01～6.08 mD，平均渗透率为1.09 mD。朱同兴等（1996，内部资料）在那底岗日剖面测得孔隙度为0.60%～5.08%，平均孔隙度为3.08%；渗透率为0.01～7.43 mD，平均渗透率为0.95 mD。其中渗透率大于0.2 mD的样品占44.4%。碳酸盐岩储层主要为低孔低渗型储层。孔隙组合类型为次生粒间孔＋粒内溶孔＋晶间晶内溶孔及晶模孔＋裂缝等，孔喉组合类型主要为大孔微喉及中小孔微细喉型。

3）中侏罗统布曲组

布曲组出露于半岛湖区块内半岛湖、黄山和长水河等地。储集岩类型为碳酸盐岩，累计厚 373.95 m，岩性为介屑（壳）灰岩、砂屑灰岩、核形石灰岩、鲕粒灰岩、白云质灰岩，局部见礁灰岩，为一套高能环境下台内浅滩相沉积。

储层孔隙度为0.44%～16.91%，平均孔隙度为3.46%(48 件)；渗透率为0.01～4.56 mD，平均渗透率为 0.3955 mD(31 件)。朱同兴等在那底岗日一带测得孔隙度为 1.18%～10.3%，平均孔隙度为 3.05%；渗透率为 0.01～4.56 mD，平均值为 0.48 mD，其中渗透率大于 0.2 mD 的样品占 41.1%。物性参数表明，中侏罗统布曲组储集岩主要为低孔低渗型储层。孔隙组合类型为粒内溶孔 + 晶洞内晶间晶内孔 + 裂缝，孔喉组合特征为小孔微喉或中孔细喉型。

4）中-下侏罗统雀莫错组

雀莫错组出露于半岛湖区块北部雪环湖-牛角梁向西外延到半岛湖区块西侧石水河等地。以石水河剖面为例，储集岩总厚 1478.2 m，类型包括碎屑岩和碳酸盐岩。其中，碎屑岩储集岩的岩性为砾岩、细-粗粒岩屑砂岩和粉砂岩，属河流-三角洲相沉积，厚 1363.1 m。碳酸盐岩储集岩的岩性主要为泥晶灰岩和粒屑泥晶灰岩，属台地相沉积，厚 115.1 m。

半岛湖区块内石水河剖面测得 10 件碎屑岩物性：孔隙度为 0.36%～8.41%，平均孔隙度为 3.54%；渗透率为 0.0023～7.9900 mD，平均渗透率为 1.3537 mD。朱同兴等在那底岗日剖面上测得孔隙度为 0.6%～9.03%，平均孔隙度为 4.14%；渗透率为 0.01～69.20 mD，平均渗透率为 2.02。物性参数表明，雀莫错组储集岩主要为低孔低渗型储层，但局部有物性较好的层段。孔隙组合类型为裂缝 + 次生粒间粒内溶孔，孔喉组合主要为微孔微喉型。该套储层属Ⅱ、Ⅲ储集类别，属中等储层。

5）上三叠统储集层

上三叠统储集层出露于工区内北部多色梁子-藏夏河一带。以多色梁子剖面为代表，储集岩类型为碎屑岩，总厚大于 505.32 m，岩性为细-粗粒长石岩屑砂岩、岩屑长石砂岩和粉砂岩。

该套碎屑岩储集岩在多色梁子一带，孔隙度为 1.51%～5.56%，平均孔隙度为 3.60%（3 件）；渗透率为 0.0110～17.700 mD，平均渗透率为 5.9346 mD。在藏夏河一带孔隙度为 0.56%～2.50%，平均孔隙度为 1.65%；渗透率为 0.00009～0.0016 mD，平均渗透率为 0.0004 mD。物性参数表明，上三叠统储集岩类为低孔低渗型致密储层。孔隙组合类型主要为裂缝 + 次生粒间孔，孔喉组合主要为中孔微喉型。

2. 储层孔隙结构特征

1）储集空间类型

根据岩石薄片、铸体薄片、阴极发光和扫描电镜等资料分析半岛湖区块储集空间类型主要包括孔隙和裂缝。

半岛湖区块内岩石孔隙发育，主要有粒间溶孔、粒内溶孔、生物骨架孔隙、晶间孔。

粒间溶孔：主要发育于颗粒灰岩中，它是颗粒边缘被溶蚀或颗粒间的泥质或胶结物被溶蚀而形成的孔隙，孔隙形状不规则，孔内干净，孔径一般为 0.10～0.30 mm［图 3-9（a）］。

粒内溶孔：主要发育于生物碎屑灰岩和鲕粒灰岩中，它是各种颗粒内部由于选择性溶解作用所形成的孔隙，呈次圆-不规则状，孔径为 0.01～0.10 mm［图 3-9（b）、图 3-9（c）］。

生物骨架孔隙：主要发育于生礁灰岩中，造礁生物以珊瑚和层孔虫为主，含少量海绵参与（孙伟等，2013）。成岩期的溶蚀作用较为强烈，早期溶孔大多被斑点状洁净的亮晶方解石充填；晚期溶孔零散分布，孔径为 10～200 μm，部分被弥散状高岭石充填。晚期构造缝较为发育，宽 10～30 μm，大多被弥散状高岭石充填［图 3-9（d）］（孙伟等，2015）。

晶间孔：是指方解石和白云石晶体之间的孔隙，常见于重结晶作用较强的结晶灰岩和白云岩中，孔径一般极小，小于 0.05 mm，常呈棱角状，边缘平直，连通性较好。

半岛湖区块内岩石裂缝发育，主要有应力缝、压溶缝和溶蚀缝。

应力缝：岩石在构造应力作用下发生破裂而形成的裂缝，缝宽为 0.05～1.20 mm，相互交叉呈网状、雁列状排列等，大部分被方解石和泥质充填［图 3-9（e）］。

压溶缝：岩石受压溶作用形成的缝合线，以晚成岩阶段形成者为主，多为低幅度类型，缝壁弯曲，缝宽 0.01～0.05 mm，小部分被泥质充填［图 3-9（f）］。

溶蚀缝：岩石压溶缝被溶蚀、局部膨胀扩大而形成，缝宽 0.02～0.25 mm，半充填—未充填，充填物为方解石和泥质［图 3-9（g）、图 3-9（h）］。

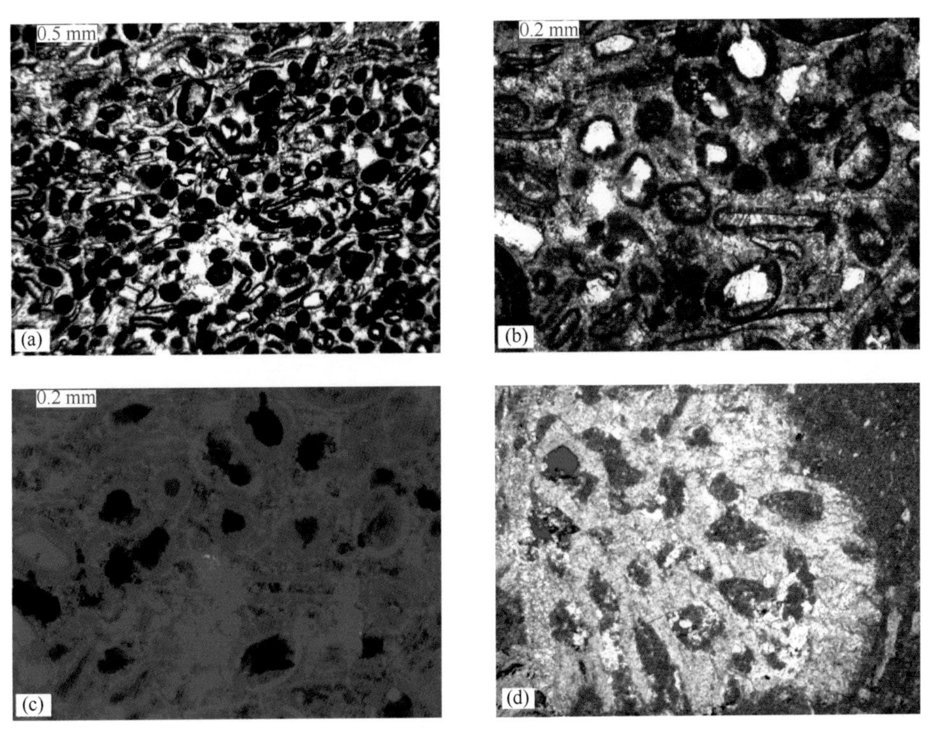

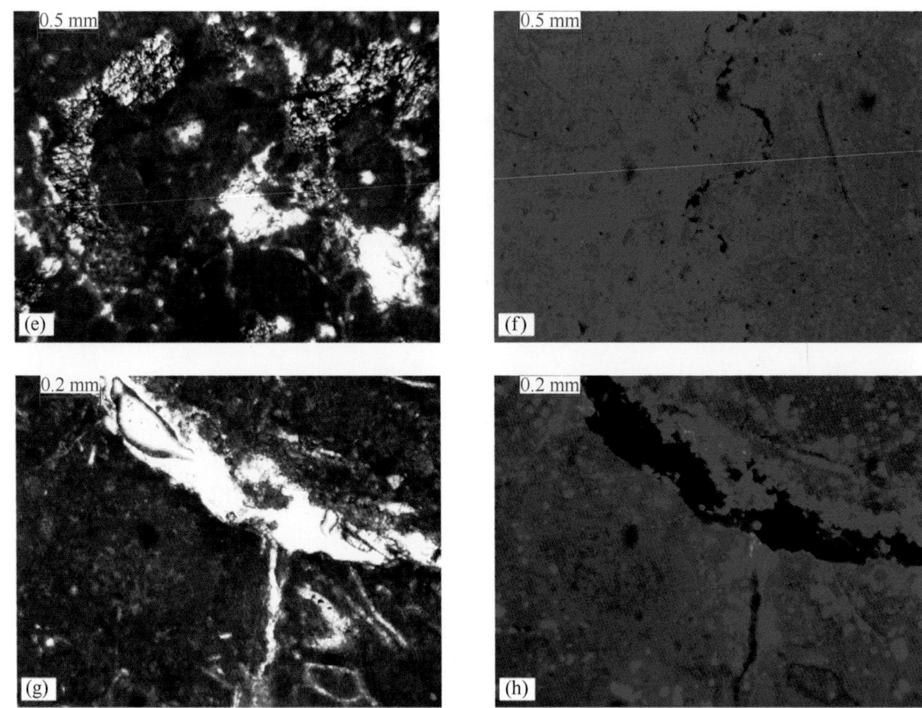

图 3-9　储集空间类型显微图片

（a）鲕粒灰岩中的粒间溶孔，正交偏光薄片；（b）鲕粒灰岩中的粒间溶孔，正交偏光薄片；（c）与上一薄片同一视域，阴极发光薄片；（d）生物礁中的生物骨架孔隙，铸体薄片；（e）应力缝，正交偏光薄片；（f）压溶缝，正交偏光薄片；（g）溶蚀缝，正交偏光薄片；（h）溶蚀缝，阴极发光薄片

2）孔隙结构特征

半岛湖区块碳酸盐岩储层孔隙与裂缝较为发育，但喉道不发育，根据中石油关于孔喉的分级标准，结合本区的实际情况，暂定本区孔喉的分级标准（表 3-2）。

表 3-2　碳酸盐岩储层孔隙、喉道分级标准

孔隙级别	平均孔径/μm	喉道级别	中值喉道半径/μm
大孔隙	＞50	粗喉	＞1.0
中孔隙	30～50	中喉	0.2～1.0
小孔隙	10～30	细喉	0.05～0.2
微孔隙	＜10	微喉	＜0.05

半岛湖地区的连通孔喉半径较小，多属微喉道类型，占 42.85%；其次为细喉道类型，占 28.57%；而中喉道半径占 28.58%，所采样品中未见粗喉半径（图 3-10）。储层以微孔隙为主，占 50%，小孔隙占 20%，中孔隙仅占 30%，所采样品分析中未见大孔隙（图 3-11）。

地层	微喉道/件	细喉道/件	中喉道/件	粗喉道/件
J_2b	1	—	—	—
J_3s	1	1	1	—
K_1b	1	1	1	—
合计	3	2	2	—
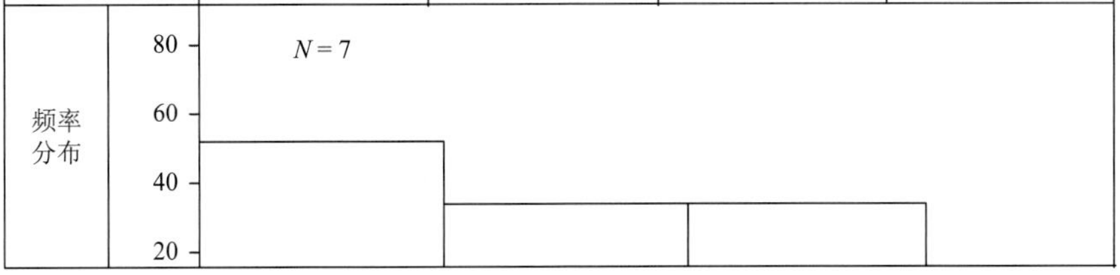 频率分布	80 60 40 20 $N=7$			

图 3-10 半岛湖地区储层喉道分布频率直方图

地层	微孔隙/件	小孔隙/件	中孔隙/件	大孔隙/件
J_2b	2	—	—	—
J_3s	3	1	1	—
K_1b	—	1	2	—
合计	5	2	3	—
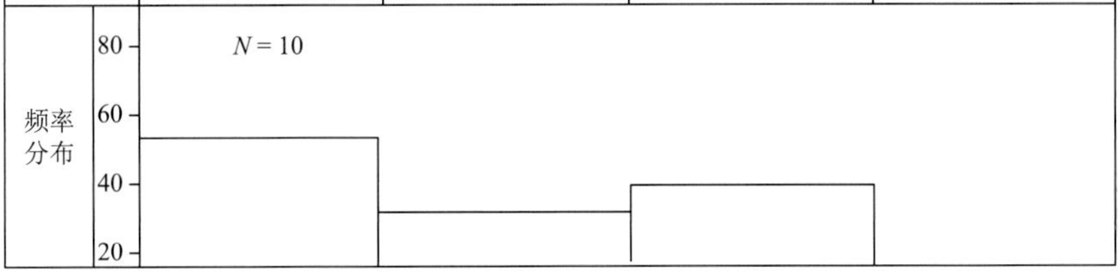 频率分布	80 60 40 20 $N=10$			

图 3-11 半岛湖地区储层孔隙分布频率直方图

总体而言，储集岩孔喉组合相对简单，主要有 4 种组合类型，即微孔微喉、小孔细喉、中孔微喉和中孔中喉。显然，研究区的储层孔隙和喉道类型都比较差，因此储层物性也较差。不同时代层位的差异也较大，其中布曲组全部为微孔微喉，白龙冰河组采集到的样品为中孔中喉、中孔细喉和中孔微喉，相对于其他的样品来说较好。

3. 成岩作用与孔隙演化

通过常规薄片、阴极发光、铸体薄片等综合分析，研究区碳酸盐岩储层成岩作用类型有：压实作用、压溶作用、胶结作用、重结晶作用、白云石化作用、溶蚀交代作用、破裂作用等，其特征及与孔隙的关系如表 3-3 所示。

表 3-3 成岩作用类型及其特征

成岩作用类型	分布情况	强度	特征描述	对孔隙有利与否
压实作用	普遍发育	弱	颗粒间以点接触为主，线接触少，几乎不见凹凸接触，可见片状矿物和生物碎屑被压变形	不利
压溶作用	普遍发育	强	缝合线几乎平行于层面，裂缝中往往可见不溶物	有利
胶结作用	普遍发育	强	在灰岩中可见二期，一期为粒屑边缘的纤维状方解石栉壳边，二期为粒状镶嵌的亮晶方解石	不利
白云石化作用	索瓦组下段、布曲组	中	呈微—细晶，雾心亮边，半自形—自形晶，具环带结构	有利
重结晶作用	索瓦组下段、布曲组	中	胶结物为微—细晶化，最普遍，而粒屑成分为泥晶—微晶化	有利
溶蚀交代作用	普遍发育	强	颗粒被溶蚀或交代形成溶蚀裂缝与孔洞，泥晶方解石被溶蚀形成淋滤孔	有利
破裂作用	普遍发育	强	岩石产生大量的成组的微裂缝，呈网状，多期次，充填物主要为方解石和泥质等	有利
方解石化作用	普遍发育	强	与破裂作用相伴生，形成方解石脉	不利

在碳酸盐岩复杂的成岩作用中，有的对孔隙起破坏作用，有的起建设作用。研究区内对储层起促进作用的，最为重要的是白云石化作用、溶蚀作用和破裂作用。其中，溶蚀作用是该区对储层起建设作用的成岩作用，它溶蚀碳酸盐岩中的颗粒形成溶孔，也可沿缝隙形成溶缝，从而大大改善储集物性。破裂作用也是一种主要的成岩作用，剖面样品中微裂缝是一种主要的储集空间类型。对碳酸盐岩储集而言，埋藏溶蚀期的晚期成岩阶段溶蚀作用最为重要。

有机质热演化数据表明，各个层位的有机质 T_{max} 分析数据值都大于 449，R_o 为 0.8%～2.09%，说明有机质演化均已进入高成熟和过成熟阶段。压实作用研究显示，碳酸盐岩储层中，出现大量的缝合线和压溶缝，碳酸盐岩中发育次生孔隙与微裂缝，极少量发育粒间原生孔隙。这种长期的压实和多期次的胶结作用是该区碳酸盐岩储层普遍特别致密、物性呈特低孔、特低渗的主要原因。

4. 储层综合评价

综上所述，从储集参数特征来看，研究区储层总体呈现中等-较好特征，以Ⅱ类为主，从勘探意义上，中侏罗统布曲组和上三叠统藏夏河组为主要目的层，其次为夏里组、索瓦组（表 3-4）。

表 3-4 羌塘盆地半岛湖地区储层物性分类评价表

层位	岩性	实测 φ 范围/% 均值（个数）	实测 k 范围/mD 均值（个数）	储层厚度/m	参照青藏高原碳酸盐岩储层分类评价标准/%		
					Ⅰ类	Ⅱ类	Ⅲ类
J_3s	碳酸盐岩	1.23～6.47 2.12（44）	0.01～33.1 1.62（44）	219	31.2	42.4	26.4

续表

层位	岩性	实测 φ 范围/% 均值（个数）	实测 k 范围/mD 均值（个数）	储层厚度/m	参照青藏高原碳酸盐岩储层分类评价标准/%		
					Ⅰ类	Ⅱ类	Ⅲ类
J_2x	碎屑岩	0.58～7.68 2.97（12）	0.01～7.1 0.6272（12）	225.18	—	77.7	22.3
	碳酸盐岩	1.56～5.08 3.20（9）	0.01～6.08 1.09（9）	42.14			
J_2b	碳酸盐岩	0.44～16.91 3.46（48）	0.01～4.56 0.3955（48）	373.95	14.0	63.2	22.8
$J_{1\text{-}2}q$	碎屑岩	0.36～8.41 3.54（10）	0.0023～7.99 1.3537（10）	1363．1	—	—	—
	碳酸盐岩	—	—	115.1	—	—	—
T_3x	碎屑岩	1.51～5.56 3.6（3）	0.011～17.7 5.9346（3）	505.32	9.9	71.3	18.8

三、盖层条件分析

1. 盖层发育特征

研究区内盖层分布层位多，从上三叠统肖茶卡组至下白垩统白龙冰河组均有分布，盖层岩性主要为泥页岩、泥晶灰岩、膏岩。研究区内各地层盖层条件均较好，特别是白龙冰河组盖层厚达 880 m，而其在区内中生界油气目的层内产出位置最高，十分有利于封盖。

（1）下白垩统白龙冰河组。白龙冰河组是研究区内分布较广的地层，主要是一套水体较为局限半封闭条件下潮坪-潟湖相灰岩及细碎屑岩。能做盖层的是泥晶灰岩、细碎屑岩。根据实测剖面，该套地层厚 1160 m，盖层厚 880 m，其中泥晶灰岩厚 388 m，占地层总厚的 33%；泥灰岩厚 465 m，占地层总厚的 40%；泥页岩厚 27 m，占地层总厚的 2%。由于该套盖层位于区块油气目的层的最高层位，对下伏油气勘探目的层的封盖十分有利。

（2）上侏罗统索瓦组。该区索瓦组主要是一套局限台地相灰岩夹膏岩岩沉积，盖层岩性为泥晶灰岩、泥灰岩夹膏岩岩。根据实测剖面，地层总厚 536～638 m，盖层厚 308～623 m，其中泥晶灰岩厚 300～459 m，占地层总厚的 56%～72%；泥灰岩厚 8～164 m，占地层总厚的 2%～26%。具备形成盖层的条件。

（3）中侏罗统夏里组。该区夏里组主要潮坪-潟湖相粉砂岩、泥页岩夹灰岩及膏岩岩沉积，盖层岩性为泥页岩、泥晶灰岩及泥灰岩、膏岩岩。根据实测剖面，地层总厚大于 367 m，盖层厚 280 m。从地震解释分析（图 3-12），该套盖层层位稳定，具备形成盖层的条件。

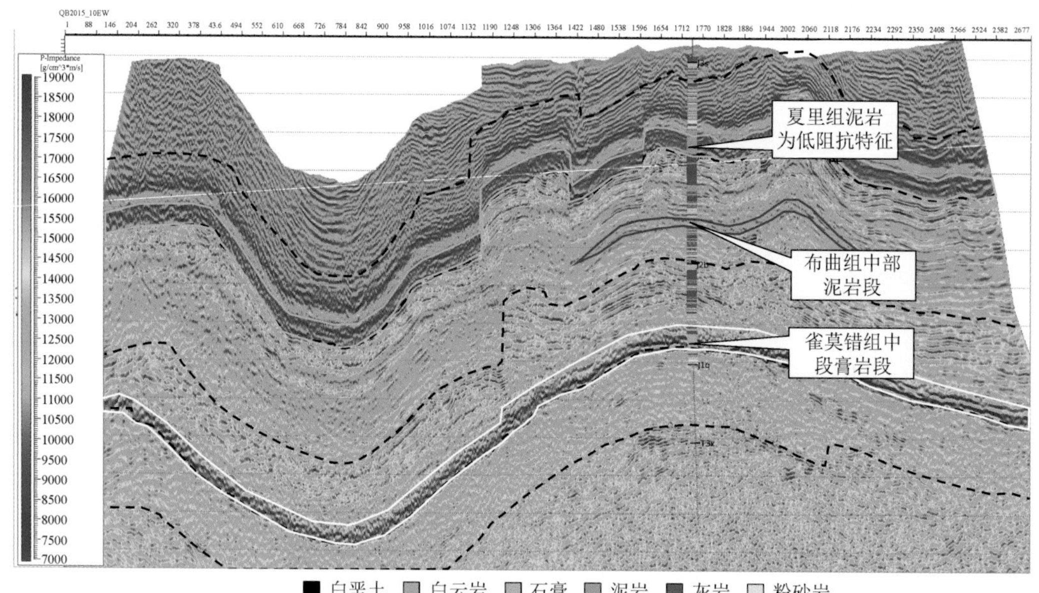

图 3-12　羌塘盆地半岛湖区块夏里组、布曲组、雀莫错组膏岩岩盖层分布示意图

（4）中侏罗统布曲组。该区布曲组盖层以碳酸盐岩为主，盖层岩性为泥灰岩和致密泥晶灰岩，厚 297～415 m，局部夹石膏层，但厚度一般较小，最大厚度仅 12 m，且展布极不稳定。该套盖层为一套局限台地相碳酸盐岩沉积，厚度大，总体延伸稳定，具一定区域性封盖意义。

（5）中下侏罗统雀莫错组。在研究区旋风梁以及那底岗日一带出露。以那底岗日剖面为例，盖层主要分布在该组的上部层位，厚 410 m，封盖层以陆棚-三角洲相泥质岩和潟湖相石膏层为主。其中，泥质岩厚 272 m，石膏层厚 84 m，其余为泥灰岩或致密灰岩和泥质粉砂岩。石膏层在那底岗日地区发育，且分布面积大，已发现石膏点或含膏灰岩点 41 处，其中较大规模的有 20 处，厚度一般为 20～80 m，最厚可达 110 m。地震解释及钻井验证，在半岛湖区块的膏岩岩盖层发育，层位稳定，厚度较大（图 3-12）。该组的泥页岩和石膏盖层是一套良好的区域性封盖层。

（6）上三叠统肖茶卡组。该套地层中封盖层以泥质岩为主，岩性主要为灰—灰黑色泥质岩、碳质泥页岩与砂岩呈互层状产出，层层封闭，具有较好的封盖能力，封盖层累计厚度为 121～664 m，最大单层厚度为 46 m。属陆棚-三角洲相，厚度大，横向延伸稳定，属于研究区一套良好的直接盖层。

2. 盖层封盖性能

根据《青藏地区羌塘盆地区域石油地质调查报告（沙窝滩幅、白滩湖幅、强仁温杂日幅）》(1996)，对长水河、长水河西、河湾山南、黄山河、半岛湖北 5 个剖面的布曲组、夏里组、索瓦组三套地层 14 件盖层样品进行了微观封闭性研究（表 3-5）。

表 3-5 羌塘盆地半岛湖地区不同盖层样品封油气特征表

层位	样品数/个	孔径分布/nm		封油能力			封气能力		
		范围	孔径平均值	排替压力范围/MPa	排替压力平均值/MPa	封油高度/m	排替压力范围/MPa	排替压力平均值/MPa	封气高度/m
J_3s	5	3.5～50	13.67	2.00～28.57	7.32	2700	5.60～80.00	20.48	1700
J_2x	4	3.5～360	42.25	0.28～28.57	2.37	＞2700	0.78～80.00	6.63	＞1700
J_2b^2	3	4～180	25.67	0.56～25.00	3.90	870	1.56～70.00	10.91	560
J_2b^1	2	3.5～80	17.17	1.25～28.57	5.82	1000	3.50～80.00	16.31	200

研究表明，索瓦组下段盖层对油可形成 2.00～28.57 MPa 的封闭能力，主要排替压力值为 6.25～10.00 MPa，可封闭 2700 m 的油柱；布曲组下、上段盖层对油可分别形成 1.25～28.57 MPa 和 0.56～25.00 MPa 的封闭能力，主要排替压力值分别为 2.50～22.22 MPa 和 2.00～8.33 MPa，可分别封闭住 1000 m 和 870 m 高的油柱。夏里组盖层对油的封闭高度大于 2700 m。

索瓦组下段对气可形成 5.60～80.00 MPa 的封闭能力，主要排替压力值为 17.50～28.00 MPa，可封闭住 1700 m 高的气柱。布曲组下、上段盖层对气可形成 3.50～80.00 MPa 和 1.56～70.00 MPa 的封闭能力，主要排替压力值为 7.00～62.22 MPa 和 5.60～23.33 MPa，可封闭住 200 m 和 560 m 高的气柱。夏里组盖层对气可封闭住大于 1700 m 高的气柱。

3. 盖层综合评价

综上所述，工区内盖层发育，纵向上各个层位均互相叠置，横向上广泛分布，具有较强的微观油气封闭能力。微观封闭性研究表明，索瓦组、夏里组封盖性相对较好，能封闭大于 2700 m 高的油柱，封闭大于 1700 m 的气柱。而藏夏河组、白龙冰河组具有盖层厚度大、分布广，岩性以泥页岩为主、塑性强的特点，为该区较好的盖层。因此，综合分析认为羌塘盆地半岛湖地区主要发育藏夏河组、夏里组、索瓦组、白龙冰河组等四套封盖性好的盖层。

四、生储盖组合

通过对剖面资料的研究，认为该区块中生界可划分出六套完整的生储盖组合，即中三叠统康南组-上三叠统肖茶卡组组合（Ⅰ）、上三叠统肖茶卡组-中下侏罗统雀莫错组组合（Ⅱ）、中侏罗统布曲组自生自储式组合（Ⅲ）、中侏罗统布曲组-夏里组组合（Ⅳ）、上侏罗统索瓦组自生自储式组合（Ⅴ）、上侏罗统索瓦组-新近系唢呐湖组组合（Ⅵ）。由于区块大面积出露唢呐湖组地层，局部出露上侏罗统索瓦组、下白垩统白龙冰河组；同时中三叠统康南组埋深较大。因此，从整体分析结果来看应以Ⅱ、Ⅲ、Ⅳ套组合为主要勘探目标（图 3-13）。

1. 上三叠统肖茶卡组-中下侏罗统雀莫错组组合（Ⅱ）

该生储盖组合的主要生油岩为上三叠统肖茶卡组暗色碳质泥岩、页岩、含煤泥页岩，主要储层为上三叠统肖茶卡组岩屑石英砂岩、三叠系与中下侏罗统雀莫错组之间的古风化壳、雀莫错组底部的砂砾岩和砂岩；主要盖层为雀莫错组上部的泥晶灰岩、泥岩和膏岩。

其中，烃源岩以测区南部的沃若山以及区内北部多色梁子、藏夏河剖面测试的样品为代表，烃源岩达标率为 90%（TOC≥0.4%），其中 22%的为好的烃源岩（TOC≥1.0%），厚度在 116～562 m 不等，证明该套烃源岩在南北三角洲-滨岸沉积部位具有较好的品质，说明处于中部斜坡-盆地相沉积带的半岛湖勘探核心区具有较大的厚度和较好的生烃能力。储集层以区内多色梁子剖面和石水河剖面的肖茶卡组和雀莫错组砂岩为代表，测试数据显示，多色梁子剖面砂岩平均孔隙度为 3.60%、平均渗透率为 5.9346 mD；石水河剖面砂岩平均孔隙度为 3.54%，平均渗透率为 1.3537 mD，是研究区内储集性比较好的储层。雀莫错组和肖茶卡组的泥岩、膏岩均在区域上广泛发育，具有厚度大、分布广特征，具备较好的油气封盖性。

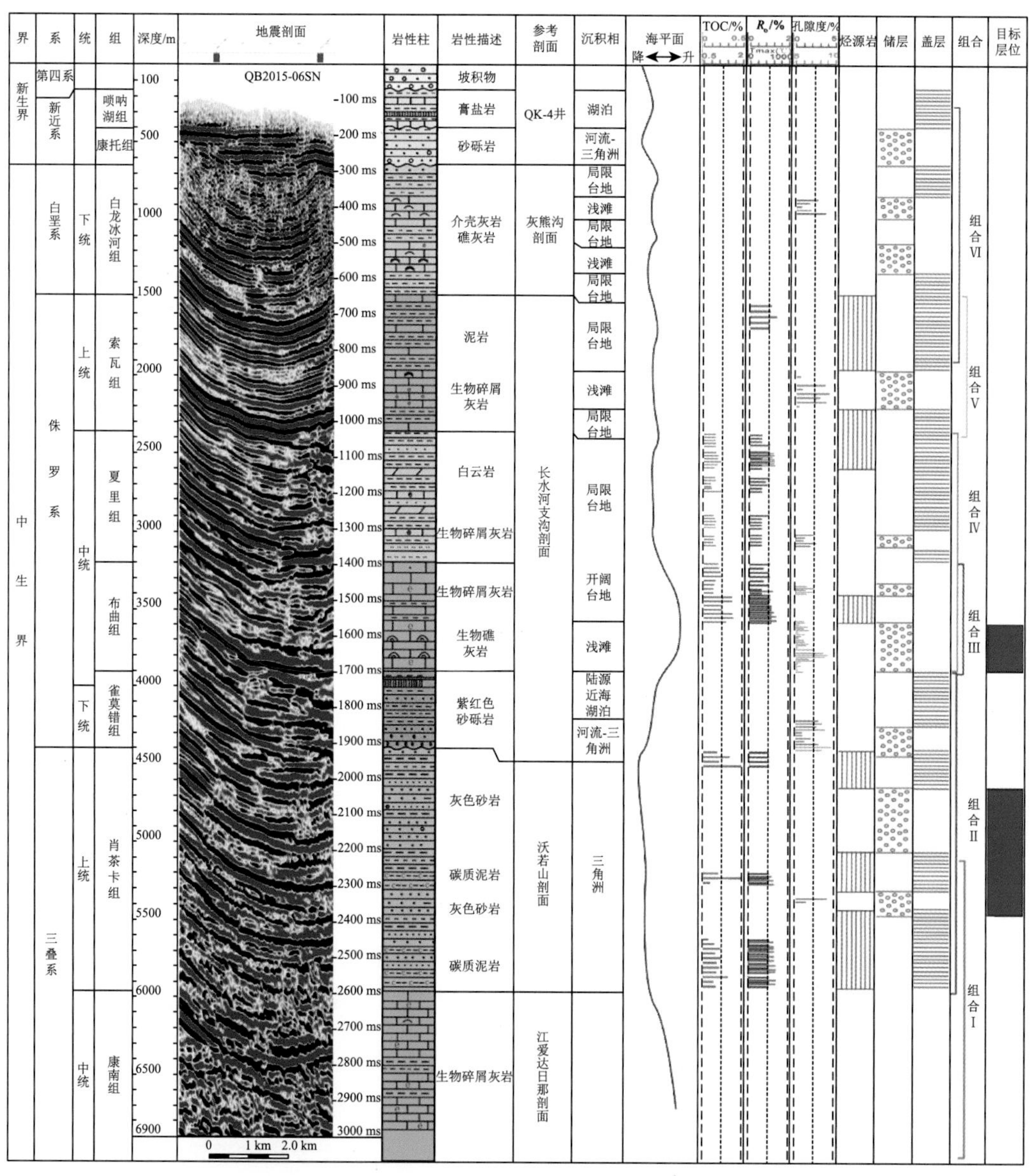

图 3-13　羌塘盆地半岛湖地区石油地质综合柱状图

2. 中侏罗统布曲组自生自储式组合（Ⅲ）

该生储盖组合的主要生油岩为中侏罗统布曲组暗色泥晶灰岩、泥灰岩；主要储层为布曲组介屑（壳）灰岩、砂屑灰岩、核形石灰岩、鲕粒灰岩、白云质灰岩；主要盖层为布曲组致密泥晶灰岩。其中，烃源岩以测区西部长水河、中部黄山、河湾山剖面样品为代表，中等—好烃源岩（TOC≥0.15%）所占比例约为48%，显示了较好的生烃能力，累计厚度达 303 m，说明该套烃源岩具有较大的厚度和较好的生烃能力。布曲组颗粒灰岩储集层累计厚 373 m，孔、渗性、物性参数表明，中侏罗统布曲组储集岩主要为低孔低渗型储层，总体是研究区较好的储层。布曲组泥晶灰岩在区域上广泛发育，具有厚度大、分布广的特征，具备较好的油气封盖性。

3. 中侏罗统布曲组-夏里组组合（Ⅳ）

该生储盖组合以中侏罗统布曲组的暗色泥灰岩和夏里组的暗色泥岩为主要烃源岩；布曲组的颗粒灰岩和夏里组滨岸-三角洲相的砂体为主要储层；夏里组泥岩和泥晶灰岩为主要盖层。其中，研究区内长水河、黄山剖面的中侏罗统布曲组烃源岩平均有机碳含量为 0.18%，烃源岩达标率达 70%（TOC≥0.1%）；虽然马牙山剖面的中侏罗统夏里组烃源岩平均有机碳含量为 0.14%，但该剖面却存在大规模油气生成-运移的直接证据——沥青，证明了夏里组具有较强的生烃能力。中侏罗统布曲组储集层主要为高能环境下形成的颗粒灰岩，测试数据表明，该区布曲组储层Ⅰ、Ⅱ、Ⅲ类的厚度分别为 52.44 m、236.35 m、85.16 m，总体是研究区较好的储层；中侏罗统夏里组储集层主要是三角洲相砂体，平均孔隙度为 2.97%，平均渗透率为 0.6272mD，是区内较好的储层。中侏罗统夏里组泥岩和致密泥晶灰岩厚度达 280.96 m，具有区域普遍分布的特征，具有较好的封闭能力。

第四节　地 球 化 学

一、油气微生物地球化学特征

油气微生物地球化学勘探新技术（microbial geochemical exploration，MGCE）的研究方法主要分为两个部分：微生物石油调查技术（microbial oil survey technique，MOST）和土壤吸附气（sorbed soil gas，SSG）技术。MOST 通过测定单位重量样品中专属烃氧化菌的丰度（即 MV），用微生物的方法研究正在进行的、动态的轻烃微渗漏特征，以确定油气藏的存在与分布。SSG 技术通过测定土壤中酸解吸附烃各轻烃组分（C_1～C_5+）的浓度，来研究各个烃组分之间的比值（或称内组成特征），从而确定下伏油气藏中流体的性质（油藏、凝析油气藏、气藏），它是运用化学的方法来研究历史过程中累积的轻烃微渗漏特征。

1. MV 平面分布特征

将区块所有采样点的 MV 分别采用统一的门槛值和分级原则，得到 MV 的平面分布图（图 3-14），总体上，异常值带与背景值带非常明显，表明研究区存在油气富集区

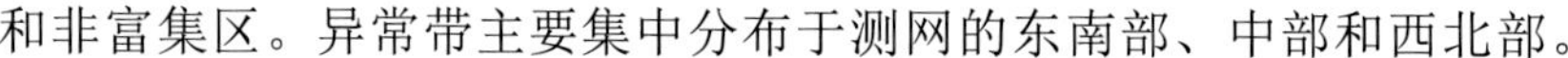
和非富集区。异常带主要集中分布于测网的东南部、中部和西北部。

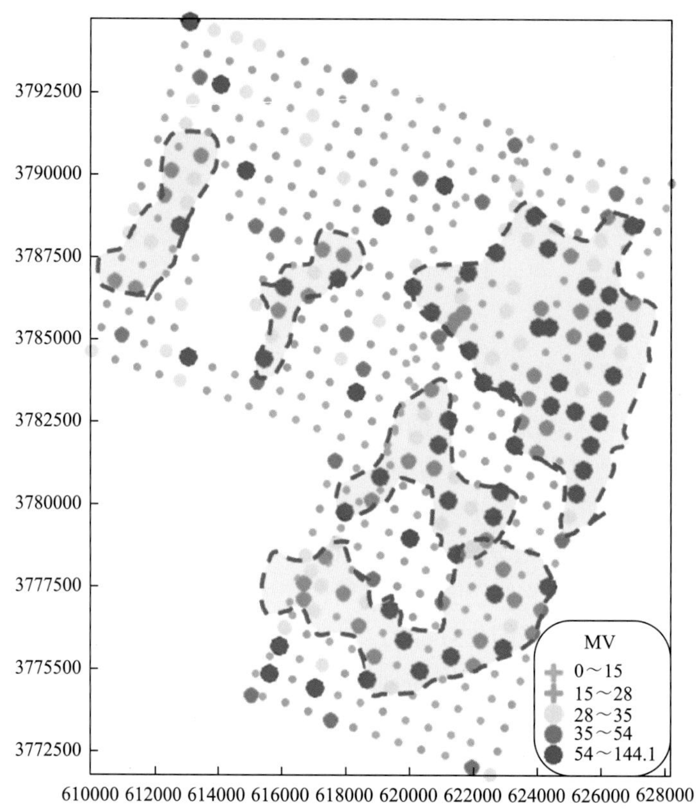

图 3-14　羌塘盆地半岛湖地区 MV 平面分布图

2. MGCE 综合研究

从总体分布特征来看，MV 具有“南高北低，东高西低”的特点，区块中西部地区存在稳定可靠的背景区。MV 异常带分布与区域构造特征具有较好的一致性（图 3-15），具有很好的地质意义。在半岛湖研究区识别了 4 个具有一定面积、连续稳定的异常区带，分别为圆顶山背斜异常带Ⅰ，中部异常带Ⅱ，北部异常带Ⅲ，南部异常带Ⅳ。

3. SSG 成果分析

为了比较全面地鉴定羌塘盆地半岛湖地区 MGCE 测线上微生物异常带下伏渗漏烃源的油气性质，我们在剖析样品 MV 资料基础上，共选取了 140 个测点的土壤样品完成 SSG 分析。分析的成分包括：甲烷、乙烷、乙烯、丙烷、丙烯、正丁烷、异丁烷，以及其他重烃（C_5+）。根据 SSG 数据，我们绘制了 $C_1/(C_2+C_3)$-$C_2/(C_3+C_4)$交会图。

$C_1/(C_2+C_3)$-$C_2/(C_3+C_4)$三组分图版是一幅油气类型的判别图版。其利用 $C_1/(C_2+C_3)$以及 $C_2/(C_3+C_4)$可识别土壤吸附烃的油气藏类型，是 SSG 技术中判别油气类型最主要的图版。我们将 2010～2013 年的 SSG 检测成果投落到图版之上，数据具有很好的一致性，大多数点都落在“凝析油”和“干气”区内（图 3-16），这说明 2010～2013 年的半岛湖区域微生物勘探项目中所取得的油气藏的属性具有很好的一致性。半岛湖地区下伏油气藏的性质主要表现为“凝析油气”和“干气”的特征，且以“凝析油气”为主，干气次之。

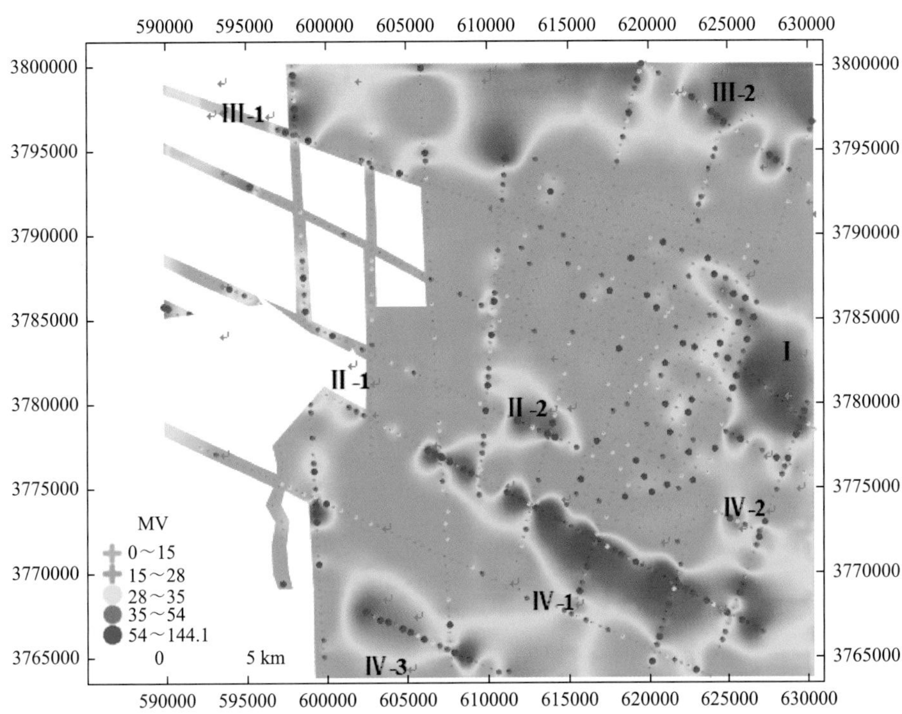

图 3-15　羌塘盆地半岛湖区块微生物异常带分布图（圆顶山背斜异常带Ⅰ、中部异常带Ⅱ、北部异常带Ⅲ、南部异常带Ⅳ）

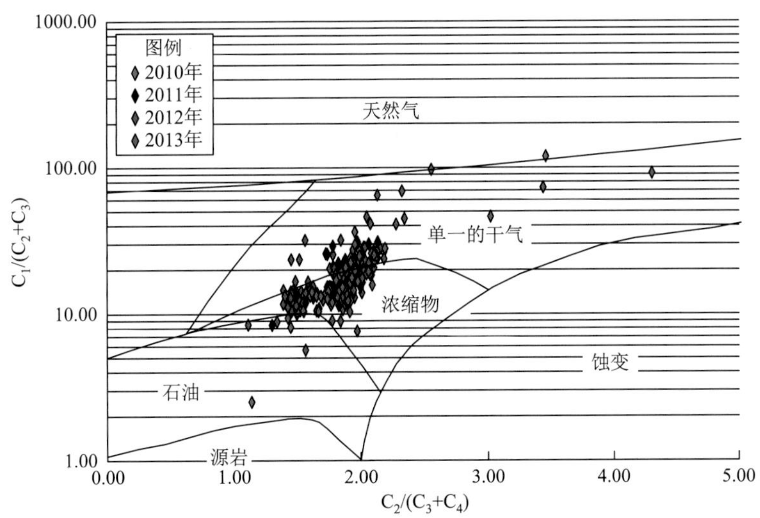

图 3-16　2010～2013 年羌塘盆地半岛湖地区 SSG 检测 $C_1/(C_2+C_3)$-$C_2/(C_3+C_4)$交会图

二、油气化探特征

2010 年，天然气水合物项目在半岛湖区块完成了 800 km^2 的地球化学调查，其异常特征如图 3-17 所示。从图上可以看出，羌塘盆地半岛湖区块圈出了两处油气远景区，研究表明，半岛湖区块环状异常和顶部异常配置关系非常好，显示了良好的油气远景。

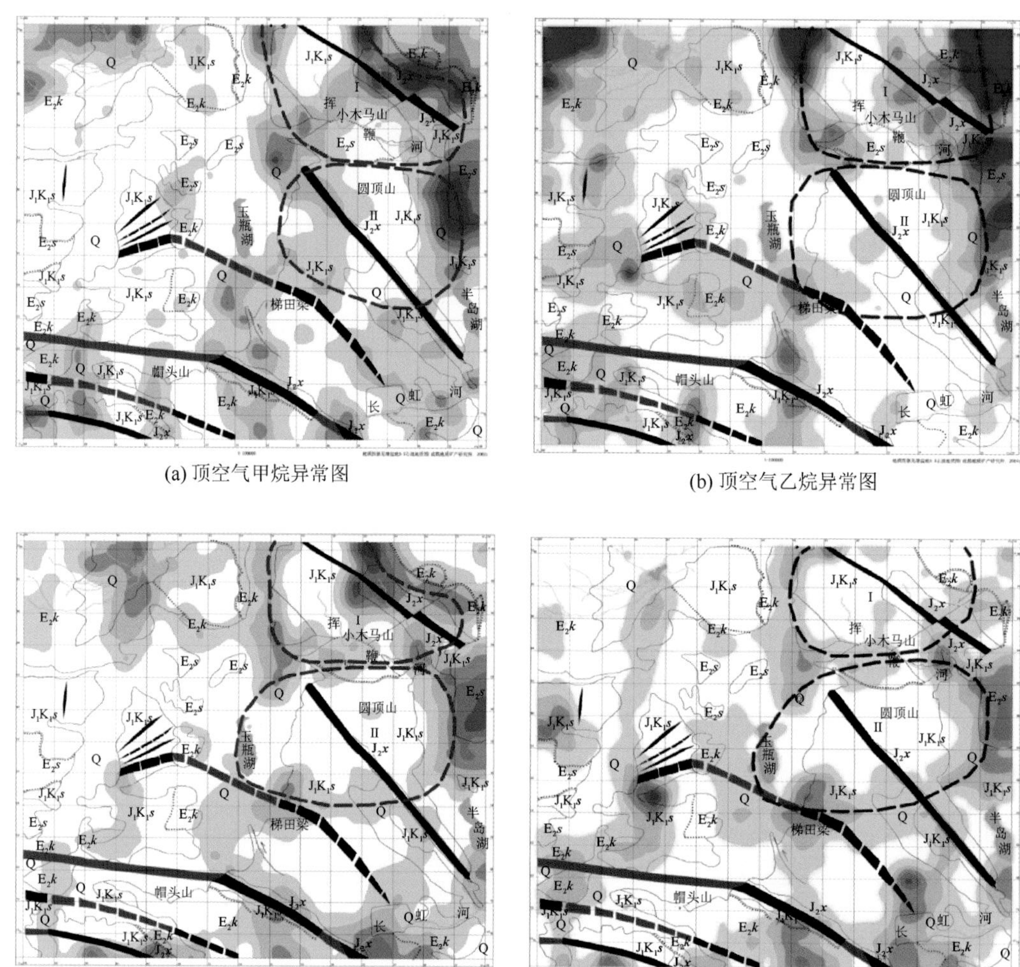

(a) 顶空气甲烷异常图

(b) 顶空气乙烷异常图

(c) 土壤酸解烃甲烷异常图

(d) 土壤酸解烃重烃异常图

图 3-17　羌塘盆地半岛湖区块地球化学特征异常示意图

第五节　地 球 物 理

羌塘盆地半岛湖区块物化探工作主要包括三个方面：非震物探、油气化探、二维地震；非震物探工作主要包括重力、航磁、大地电磁测量，其成果为准确地厘定盆地格架奠定了基础，同时为二维地震工作的开展提供了参考资料；通过进一步的二维地震勘探，发现了多个较好的地腹构造圈闭，结合在该区块开展的地球化学、微生物调查、非震地球物理资料再研究，为最终确定有利构造圈闭提供依据。

一、重、磁、电异常特征

1. 重力异常分析

区域重力异常是由变质基岩与沉积岩系以及地壳中的其他因素叠加效应引起的，即地壳中密度不均匀的总和；局部重力异常则缘于水平方向的变化或密度差。羌塘盆地半岛湖区块整体呈现“东西正、中心负”的重力异常特征（图 3-18）。

半岛湖区块东部和西部明显呈现重力正异常特征；确旦错以西的地区多为重力正常，通常为 0～5×10^{-5} m/s^2；东部以浩波湖-半岛湖一线为界，该线以东地区重力多为正异常，而研究区最东部多格错仁地区正异常值局部可达 5×10^{-5} m/s^2；研究区中部为重力负异常区，通常为–5×10^{-5}～0 m/s^2，重力低异常带的中心位于凌云山地区，负异常值可达–5×10^{-5} m/s^2。研究区地表出露地层主要为侏罗系、白垩系、新生界，地层整体较新，综合分析认为，该带可能是前泥盆系变质基底呈低隆起反映。

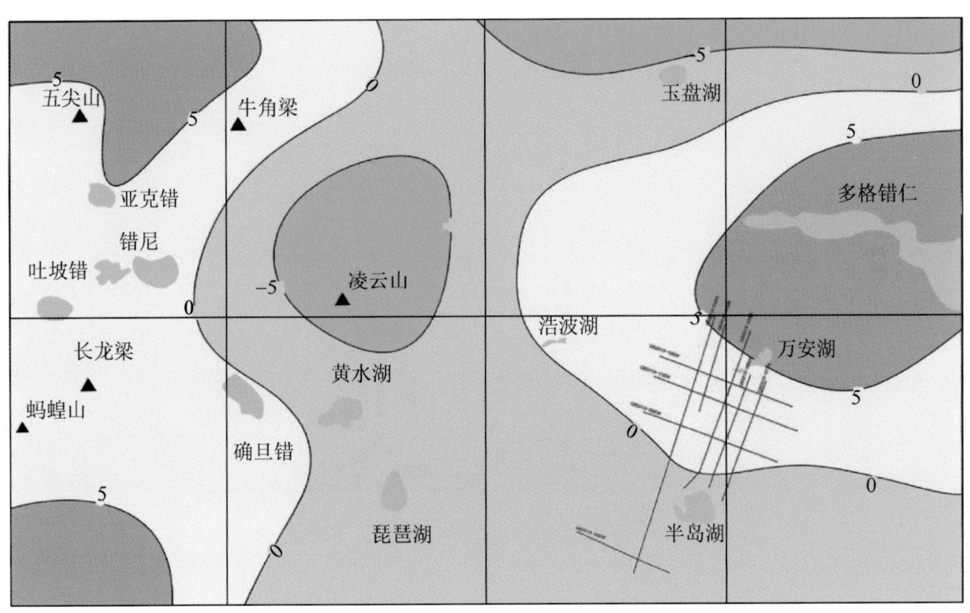

图 3-18　羌塘盆地半岛湖地区区域重力异常图

研究区内部存在重力异常值正、负相间的格局，其中西部吐波错（0m/s^2）、东部白滩湖—多格错仁（5×10^{-5} m/s^2）为正异常区；中部凌云山（–5×10^{-5} m/s^2）、北部玉盘湖（–5×10^{-5} m/s^2）为负异常区，正、负异常的重力异常特征可能反映该带内部基底存在次级凸起、凹陷。半岛湖地震测量核心区位于研究区东部，2015 年地震测量区多位于重力正异常带内（0～5×10^{-5} m/s^2），并且重力异常值明显呈现南低北高的特征，可能反映了地震测量区内部基地存在南北向隆凹相间的变化特征。

2. 航磁特征分析

羌塘盆地半岛湖研究区内总体呈现平缓异常带，中部略微呈现低异常区，该带异常值多为−10～0 nT，仅在研究区万安湖地区低正异常，正异常值多为 0～5 nT，整体呈现四周正异常、中心负异常的格局。研究区内最大正异常带主要位于万安湖北—多格错仁南地区，最大可达 10 nT；主要的负异常区域位于万安湖以南、半岛湖以北的区域，其最小负异常可达−10 nT。

值得注意的是，在半岛湖和万安湖之间，沿向峰河流域，存在一个正负异常带交替发育区，南部正异常带位于半岛湖正东，面积约为 100 km^2，最大正异常达 15 nT，负异常区位于万安湖正南，面积约为 50 km^2，最小负异常达−10 nT，正负异常带的出现可能反应该带存在次级凹陷与凸起（图 3-19）。

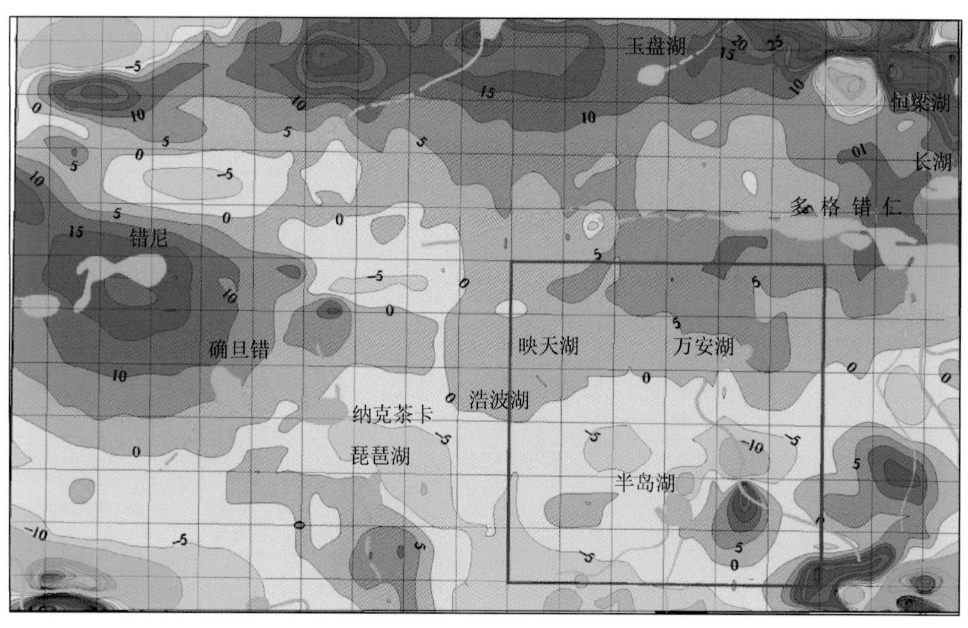

图 3-19　羌塘盆地半岛湖地区航磁化极异常图

3. 大地电磁特征分析

电磁测深的视电阻和阻抗相位是岩石电性特征的地球物理场响应，依据电性在纵向及横向的变化规律可解释地层、构造、岩性、岩相等特征。中石油在 20 世纪 90 年代对羌塘盆地进行了 18 条 MT 剖面及 1700 余个坐标点的测量。依据中石油基底顶界面深度图，羌塘盆地半岛湖区块内，总体具有四周浅、中部深的分布特点（图 3-20）。大地电磁资料显示，研究区基底最深区域主要位于半岛湖西北和多格错仁以西地区，二者之间基底深度较浅，呈现“两拗夹一隆”的构造格局。

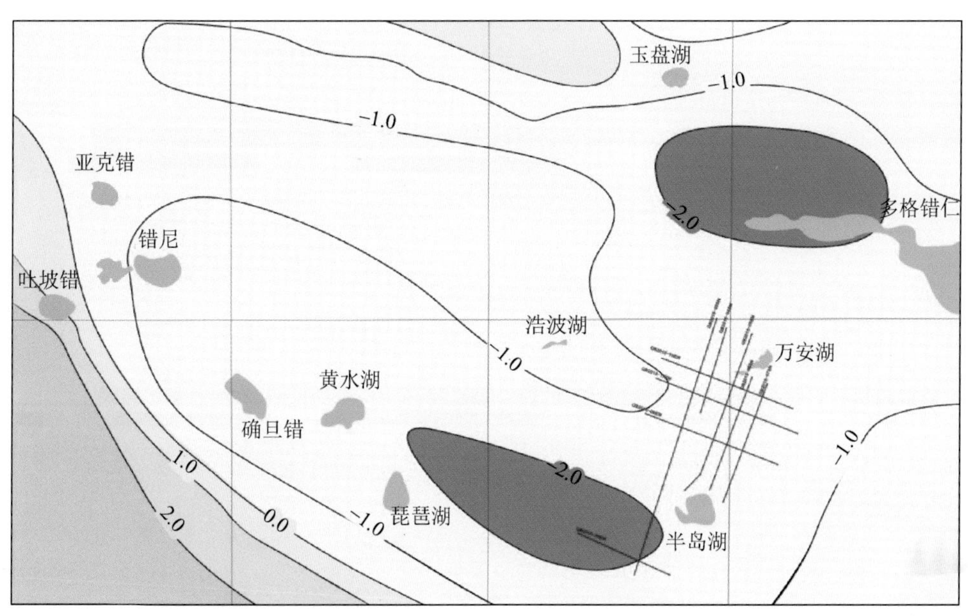

图 3-20　羌塘盆地半岛湖地区基底电性层顶界面深度图

二、二维地震资料特征

通过二维地震测量、处理及解释，获得了半岛湖区块的地腹构造特征，并落实了圈闭构造，为区块评价和油气勘探井位论证等提供了地下深部资料。

1. 构造单元划分

以地震资料处理解释结果为主要依据，在结合前期重磁电震资料的基础上，分别以中侏罗统布曲组底界埋深和上三叠统肖茶卡组底界埋深划分了半岛湖区块的构造单元。

1）中侏罗统布曲组底界构造单元

以中侏罗统布曲组底界埋深等值线（1000 ms）作为划分构造单元的主要参数约束，分析构造组合特征，划分了 5 个构造单元（图 3-21），羌塘盆地半岛湖研究区由北往南整体呈现“三凸两凹”的构造格局：桌子山凸起、万安湖凹陷、半岛湖凸起、龙尾湖凹陷和那底岗日凸起。

半岛湖研究区内的 5 个构造单元中，万安湖凹陷的面积最大，其次为半岛湖凸起构造；而万安湖凹陷可进一步分为 3 个次一级的构造单元，由北往南依次为白滩湖洼陷带、映天湖背斜带和琵琶湖洼陷带（图 3-22）。

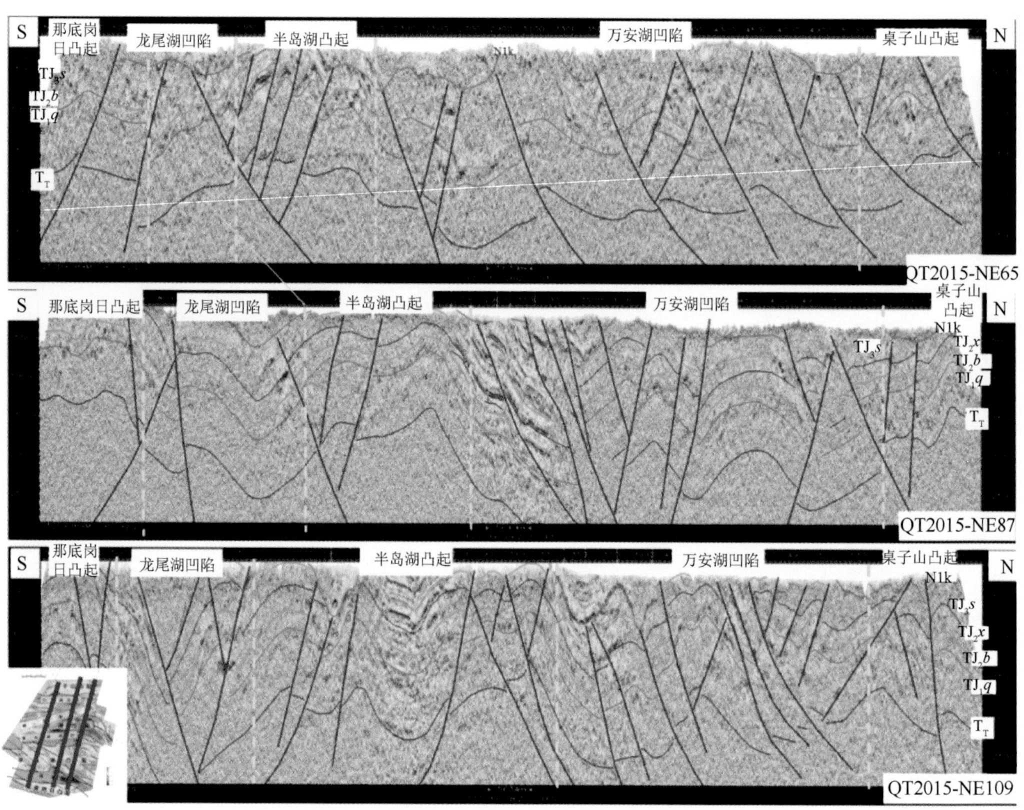

图 3-21　羌塘盆地半岛湖地区布曲组底界构造单元划分剖面示意图

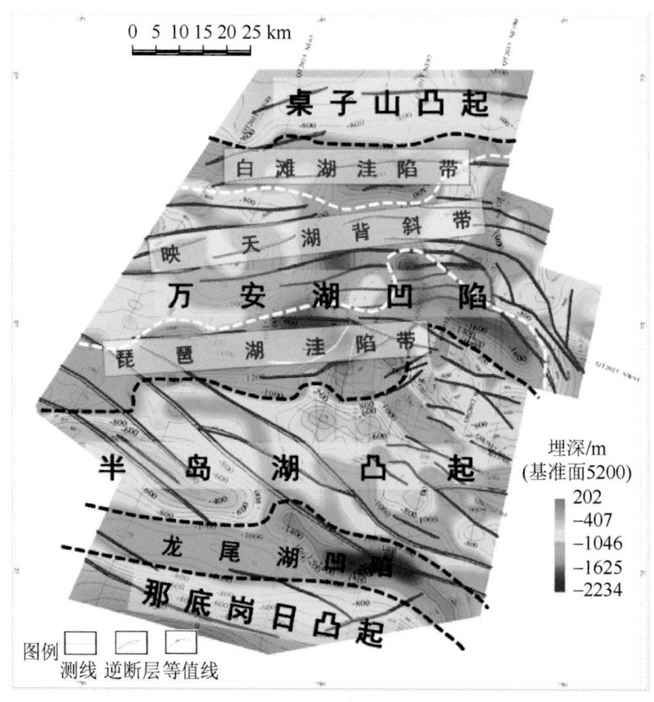

图 3-22　羌塘盆地半岛湖地区布曲组底界构造单元划分平面示意图

2）上三叠统肖茶卡组底界构造单元

以上三叠统肖茶卡组（T_3x）底界构造图作为划分构造单元的依据，参考构造组合特征，划分了5个构造单元，由北往南分别为桌子山凸起、万安湖凹陷、半岛湖凸起、龙尾湖-托纳木凹陷和达尔沃玛湖凸起（图3-23，图3-24）。

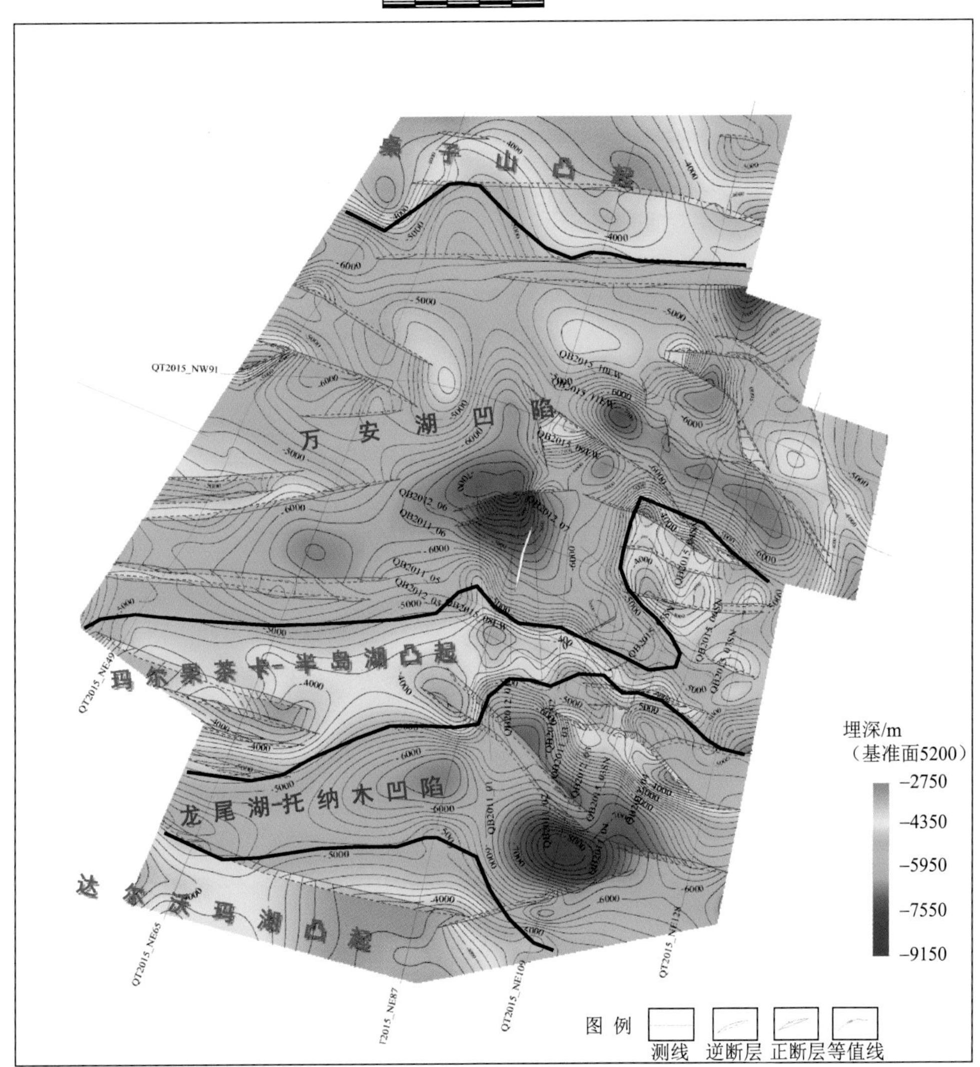

图3-23　羌塘盆地半岛湖地区肖茶卡组底界构造单元划分平面示意图

2. 断裂特征

1）主要断层类型

通过地震解释，半岛湖区块断层类型主要有逆断层和正断层两大类。

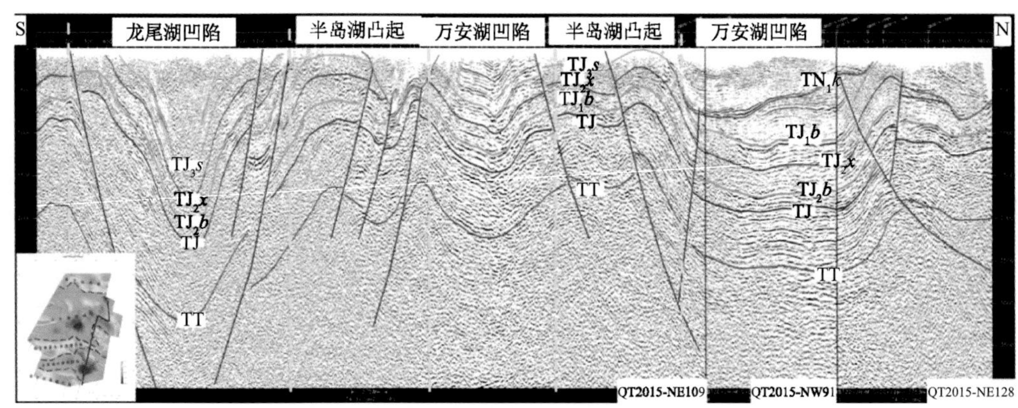

图 3-24　羌塘盆地半岛湖地区肖茶卡组底界构造单元划分剖面示意图

逆断层：逆冲断层受挤压应力作用强，有些产状平缓，水平断距大；有些逆冲角度高，垂直断距大，少量断层产生长距离逆冲推覆。逆冲断层使许多老地层被冲起剥蚀，并在不同区域产生了逆掩，地层重叠，大型逆冲断层主要发育于中生代沉积盖层厚度相对较薄的半岛湖凹陷周缘斜坡带和凸起带。对于沉积盖层较厚凹陷深部位，仅发育隐伏逆断层。

正断层：在凹陷周缘西、南侧零星发育。剖面上的正断层有三种形成机制：一是晚三叠世盆地裂陷期形成的正断层，在后期挤压作用中，有些正断层仍未完全反转，深层仍表现为正断层；二是盆地后改造期，早期逆冲断层在后造山阶段发生滑覆运动产生的正断层，这类断层的形成期与主逆冲断层略晚；三是与后期挤压应力方向平行或斜交的老断层在扭动作用的拉分效应中产生正断层。在地表正断层中，晚期造山后滑覆作用产生的正断层占主要地位。

2）主要断层特征

根据地震资料解释，结合地面地质露头，半岛湖地区发育北北西、北西向逆断层和少量北东向正断层，本次解释出的 30 条逆断层中（图 3-25，表 3-6），以 Fr8、Fr26、F22 三条北西向断层的规模较大，平面延伸距离在 40 km 左右，总体上控制半岛湖地区展现出北西向展布的隆拗相间格局。

表 3-6　半岛湖地区断裂要素表

序号	断裂名称	断层性质	延伸长度/km	平均断距/m	倾角/(°)	断面倾向	断层走向
1	Fr1	逆断层	30.431	150	45	N	EW
2	Fr2	逆断层	27.937	600	30	N	EW
3	Fr3	逆断层	10.588	450	45	S	EW
4	Fr4	逆断层	22.105	880	60	S	EW
5	Fr5	逆断层	34.258	500	60	NE	NW

续表

序号	断裂名称	断层性质	延伸长度/km	平均断距/m	倾角/(°)	断面倾向	断层走向
6	Fr6	逆断层	9.611	360	60	NE	NW
7	Fr7	逆断层	6.396	350	45	NE	EW
8	Fr8	逆断层	44.963	950	45	NE	NW
9	Fr9	逆断层	14.089	600	60	NE	NW
10	Fr10	逆断层	12.589	450	45	NE	NW
11	Fr11	逆断层	15.158	1450	45	NW	NE
12	Fr12	逆断层	8.843	120	30	NW	NE
13	Fr13	逆断层	16.132	65	30	NW	NE
14	F14	逆断层	16.180	320	30	N	EW
15	F15	逆断层	26.774	460	45	N	EW
16	F16	逆断层	6.043	220	60	NW	NE
17	F17	逆断层	4.336	440	45	NW	NE
18	Fr18	逆断层	19.570	650	45	S	EW
19	Fr19	逆断层	7.990	130	45	S	EW
20	Fr20	逆断层	12.193	550	60	NW	NE
21	Fr21	逆断层	15.323	800	60	NE	NW
22	Fr22	逆断层	35.618	970	60	NE	NW
23	Fr23	逆断层	6.191	35	45	NE	NW
24	Fr24	逆断层	14.089	500	60	N	EW
25	Fr25	逆断层	7.089	850	60	N	EW
26	Fr26	逆断层	42.749	1500	30	NE	NW
27	Fr27	逆断层	12.754	360	45	NE	NW
28	Fr28	逆断层	3.191	70	60	NE	NW
29	Fr29	逆断层	28.789	780	45	N	EW
30	F30	逆断层	3.008	160	45	NW	NE

根据地震剖面特征，区内断层总体上表现为由北东向南西逆冲的构造面貌，逆冲断层和水平收缩构造是其主要变形形式（图 3-26～图 3-29）。在这些主干逆断层的控制之下，半岛湖地区发育一系列北西向相关褶皱构造，其中背斜和向斜相间展布且成排成带发育。

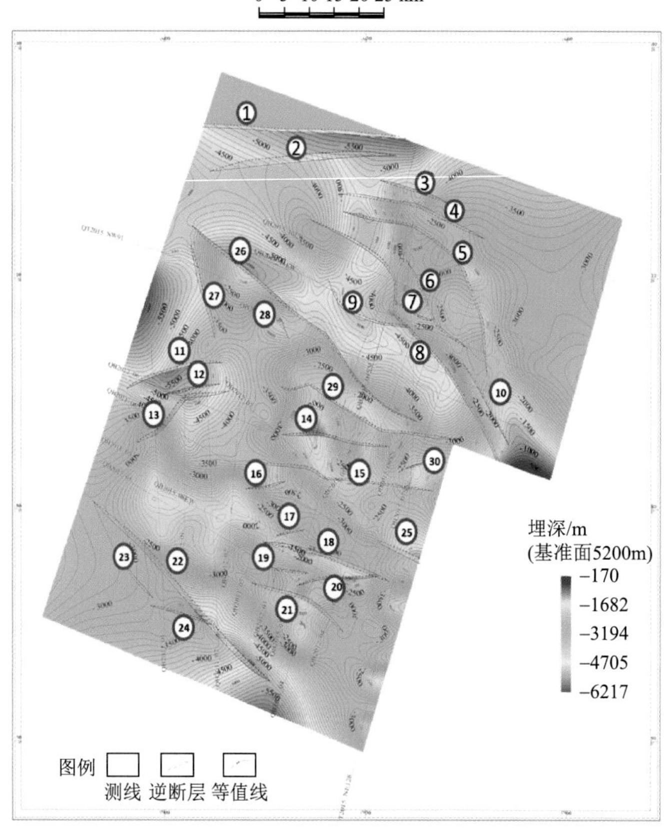

图 3-25　半岛湖地区断裂系统示意图

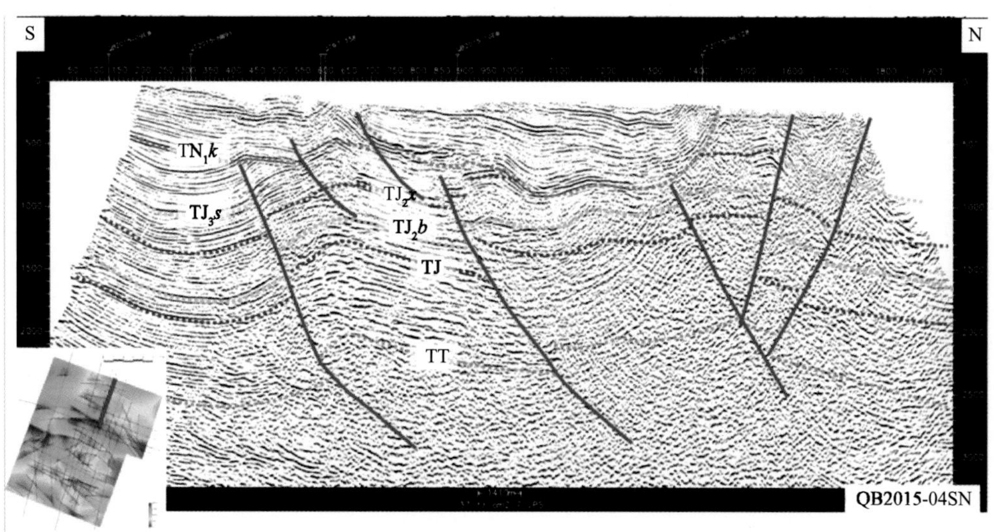

图 3-26　羌塘盆地 QB2015-04SN 线剖面示意图

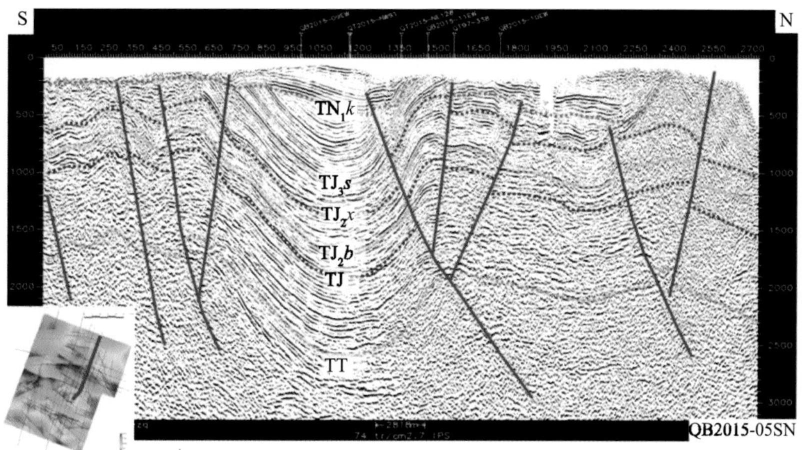

图 3-27　羌塘盆地 QB2015-05SN 线剖面示意图

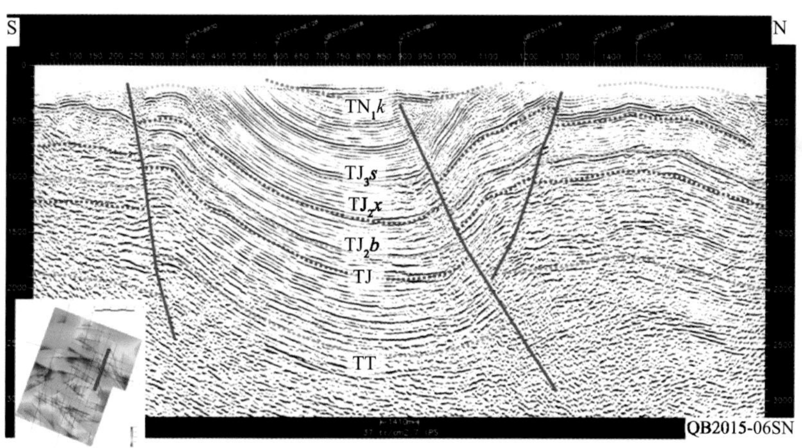

图 3-28　羌塘盆地 QB2015-06SN 线剖面示意图

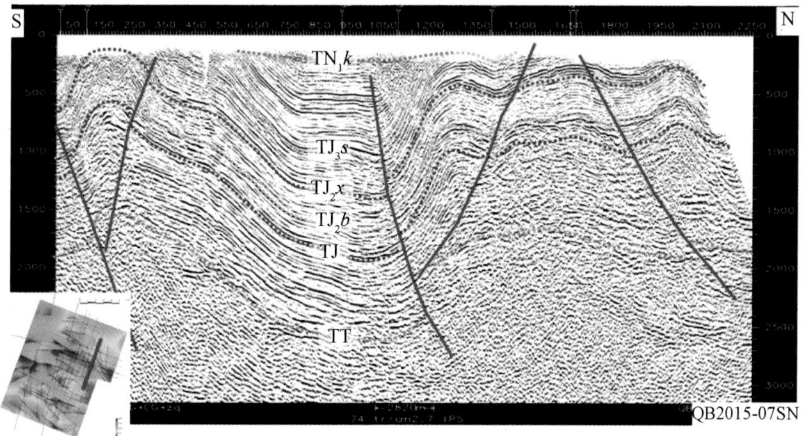

图 3-29　羌塘盆地 QB2015-07SN 线剖面示意图

3. 构造组合样式

根据半岛湖地区二维地震剖面上构造特征，研究区内主要发育受挤压和拉张及其复合作用共同控制的4种构造组合样式（图3-30）。挤压构造样式以冲起构造和断弯背斜为主；拉张构造样式以顺向断阶展布为主，断距在空间上大小差异较大；叠加作用主要形成"Y"字形构造样式，下部表现为正断层，上部转换为逆断层控制的向斜，反映出晚期表层受挤压改造可能由于局部滑脱作用的影响而变形更强烈的特点。

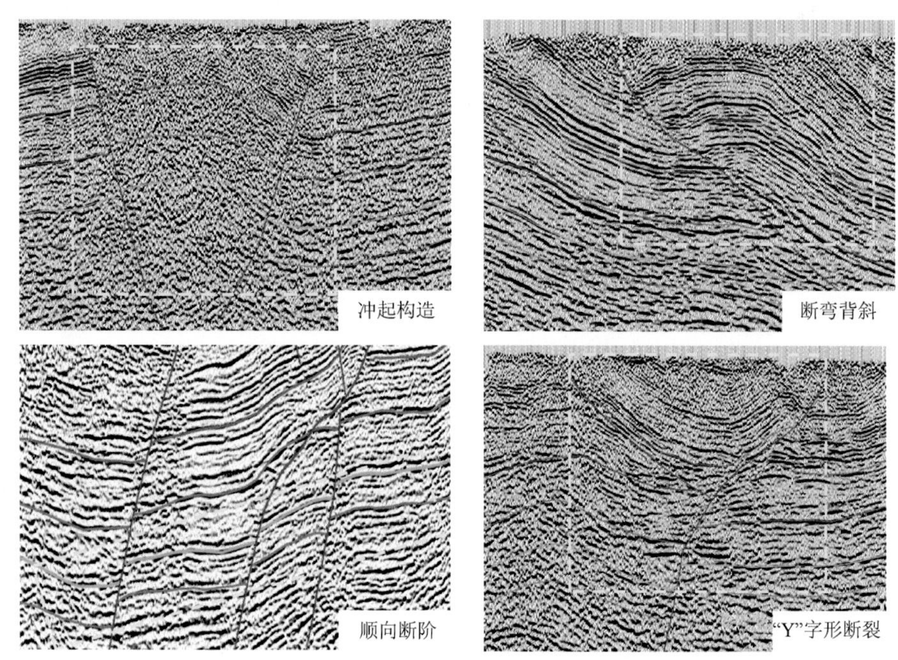

图3-30　羌塘盆地半岛湖工区构造样式图

4. 圈闭构造识别与评价

在精细构造解释及构造图编制的基础上，本书开展了半岛湖地区构造圈闭识别工作。半岛湖区块范围内，可见到局部构造共计9个，以断块、断鼻、断背斜和背斜构造为主，面积为532.49 km^2（图3-31，表3-7）。

表3-7　羌塘盆地半岛湖工区构造圈闭要素简表

构造单元	圈闭名称	层位		构造形态	最低圈闭线/m	构造高点/m	闭合幅度/m	圈闭面积/km^2
		地震	地质					
万安湖凹陷	半岛湖6号	TJ	三叠系顶界	断块	−2800	−1700	1100	101.95
	半岛湖1号	TJ	三叠系顶界	断块	−3000	−2200	800	62.87

续表

构造单元	圈闭名称	层位		构造形态	最低圈闭线/m	构造高点/m	闭合幅度/m	圈闭面积/km^2
		地震	地质					
玛尔果茶卡-半岛湖凸起	半岛湖 2 号	TJ	三叠系顶界	断块	−4400	−3300	1100	36.49
	半岛湖 4 号	TJ	三叠系顶界	断鼻	−3000	−1500	1500	85.60
玛尔果茶卡-半岛湖凸起	半岛湖 5 号	TJ	三叠系顶界	断块	−2000	−800	1200	16.89
	半岛湖 3 号	TJ	三叠系顶界	背斜	−2100	−1600	500	107.96
	半岛湖 7 号	TJ	三叠系顶界	断鼻	−2900	−1100	1800	43.69
	半岛湖 8 号	TJ	三叠系顶界	断背斜	−2900	−1900	1000	69.28
	半岛湖 9 号	TJ	三叠系顶界	断块	−1700	−1500	200	7.76

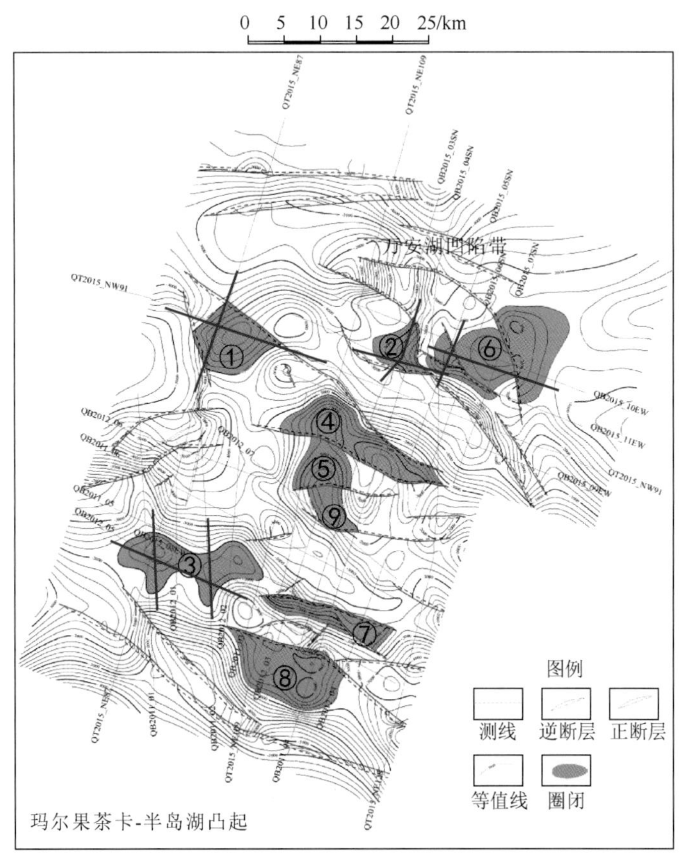

图 3-31　羌塘盆地半岛湖区块圈闭分布示意图（三叠系顶界等 t_0 图）

由于测线较稀疏，控制程度很低，部分局部构造的详细结构无法落实。在地震资料品质评价的基础上，按照局部构造识别为“井”字或“丰”字控制要求，对形成 3 km×4 km 的控制测网的部分平面和剖面结合开展局部构造刻画。

1）半岛湖 6 号构造

半岛湖 6 号构造为多个北西走向断层分隔的圈闭，圈闭轮廓基本上被–2800 等值线所包围，内部被次一级断裂进一步复杂化，南边缘为陡变的等值线梯度带，总体看背斜内部平缓变化，面积为 101.95 km^2（表 3-8），闭合幅度为 1100 m。东西方向上，QB2015-10EW 线背斜形态较为完整，内部被断层复杂化。南北方向上，QB2015-05SN 线总体表现为断层转折后褶皱形成的背斜构造，背斜内部被断层切割复杂化（图 3-32）。地层埋藏较浅，地表出露康托组、索瓦组；地震资料品质较好，测线控制程度高，断块构造落实；圈闭面积较大，达 101.95 km^2。

表 3-8　半岛湖 6 号构造圈闭要素简表

圈闭名称	层位		构造形态	最低圈闭线/m	构造高点/m	闭合幅度/m	圈闭面积/km^2
	地震	地质					
半岛湖 6-1 号	TJ	三叠系顶界	断块	–2800	–1700	1100	29.13
半岛湖 6-2 号	TJ	三叠系顶界	断块	–2800	–2300	450	45.15
半岛湖 6-3 号	TJ	三叠系顶界	断块	–2800	–2100	700	13.98
半岛湖 6-4 号	TJ	三叠系顶界	断鼻	–2800	–2200	600	13.69

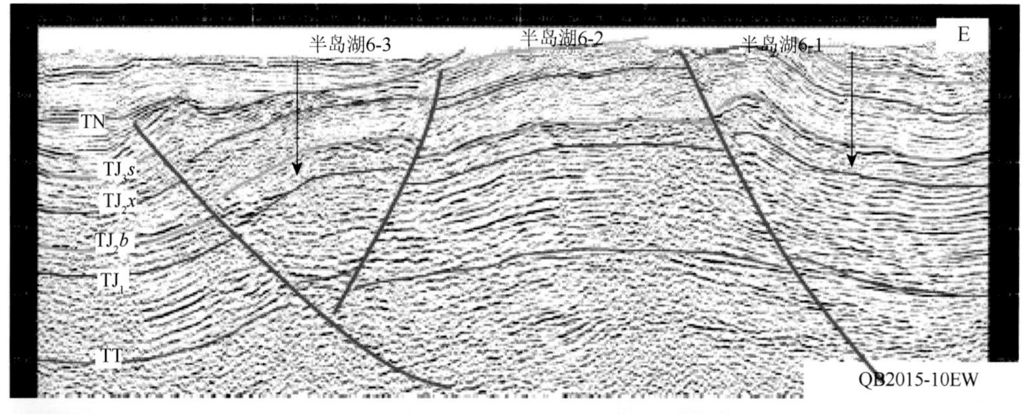

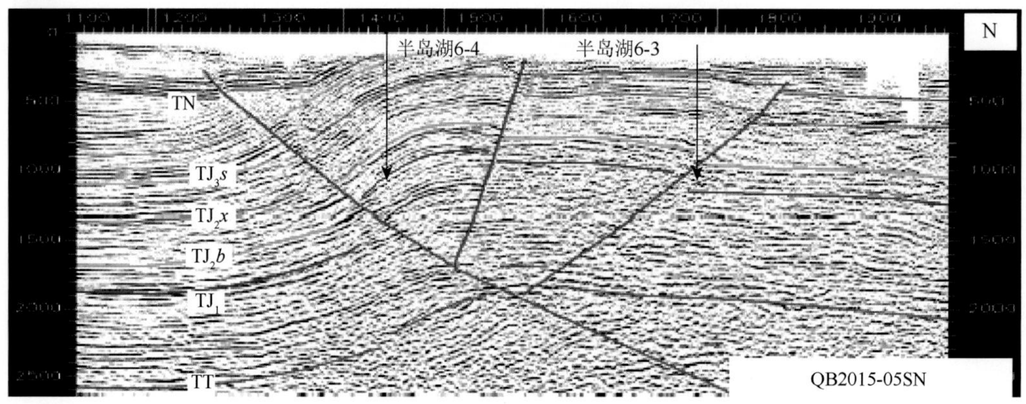

图 3-32　半岛湖 6 号构造剖面特征示意图

2）半岛湖 1 号构造

半岛湖 1 号构造，总体上为两条断层夹持的背斜构造，圈闭面积为 62.87 km^2，闭合幅度为 800 m，构造高点为–2200 m。东西方向上，QT2015-NW91 线背斜形态完整，东西两侧被断层夹持。南北方向上，QT2015-NE87 线亦表现为完整的背斜构造，只是背斜构造幅度较东西方向宽缓（图 3-33）。地层埋藏适中，地表出露索瓦组和康托组；背斜构造相对落实，地震资料反射较好；圈闭面积较大，达 62.87 km^2。

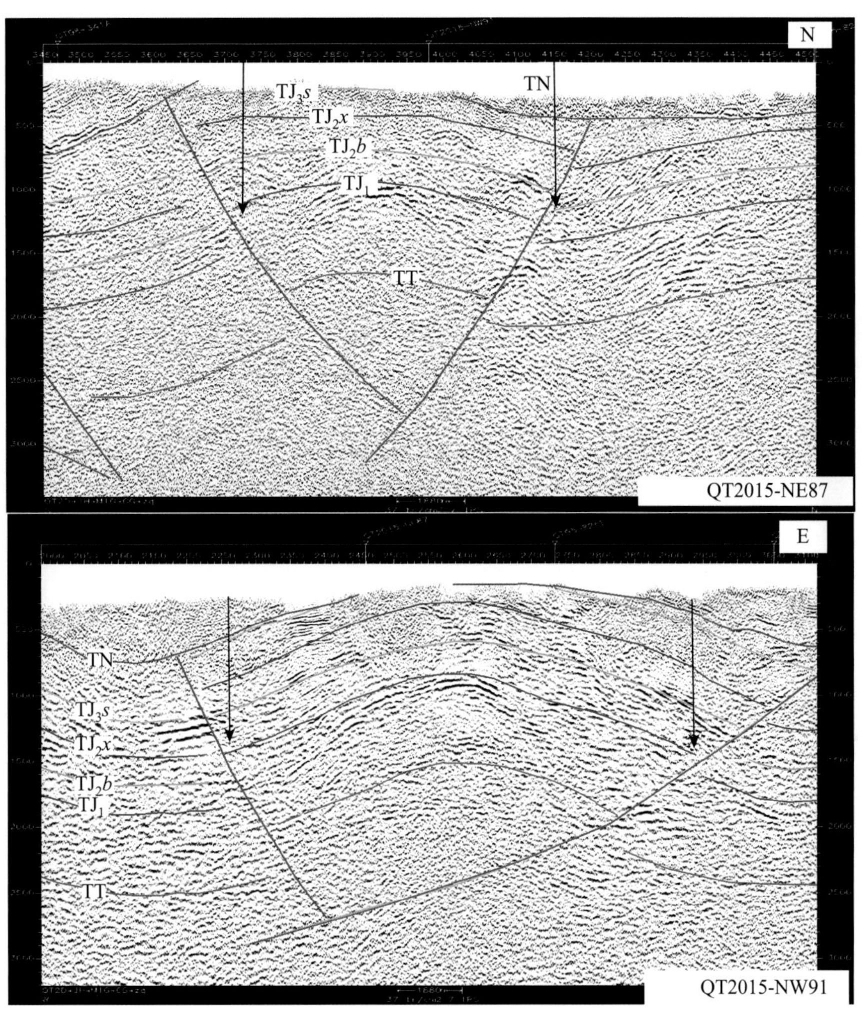

图 3-33　过半岛湖 1 号构造剖面特征示意图

3）半岛湖 2 号构造

半岛湖 2 号构造，总体上为两条断层夹持的断鼻构造，圈闭面积为 36.49 km^2，闭合幅度为 1100 m，构造高点为–3300 m。东西方向上，QB2015-11EW 线表现为向东抬升的单斜构造，构造高点被断层遮挡。南北方向上，QB2015-03SN 线亦表现为两条断层夹持的背斜构造（图 3-34）。地层埋藏较浅，地表出露康托组、索瓦组；地震资料品质较好，测线控制程度高，断块构造落实；圈闭面积较大，达 36.49 km^2。

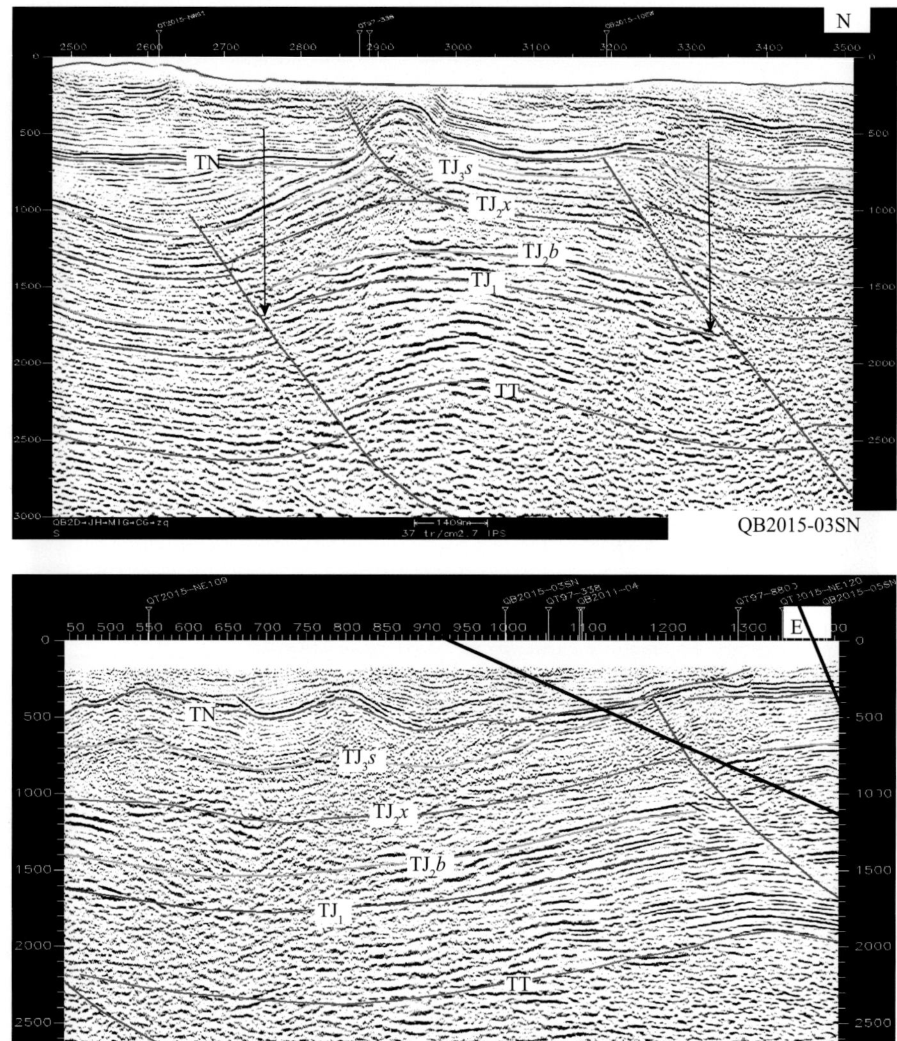

图 3-34　过半岛湖 2 号构造剖面特征示意图

4）半岛湖 3 号构造

半岛湖 3 号构造为一完整的背斜构造，圈闭面积为 107.96 km^2，闭合幅度为 500 m，构造高点为–1600 m。东西方向和南北方向上均表现为复背斜的形态，其中东西方向存在两个构造高点（图 3-35）。地层埋藏较浅，地表出露康托组、索瓦组；地震资料品质较好，测线控制程度高，背斜构造基本落实；圈闭面积较大，达 107.96 m^2。

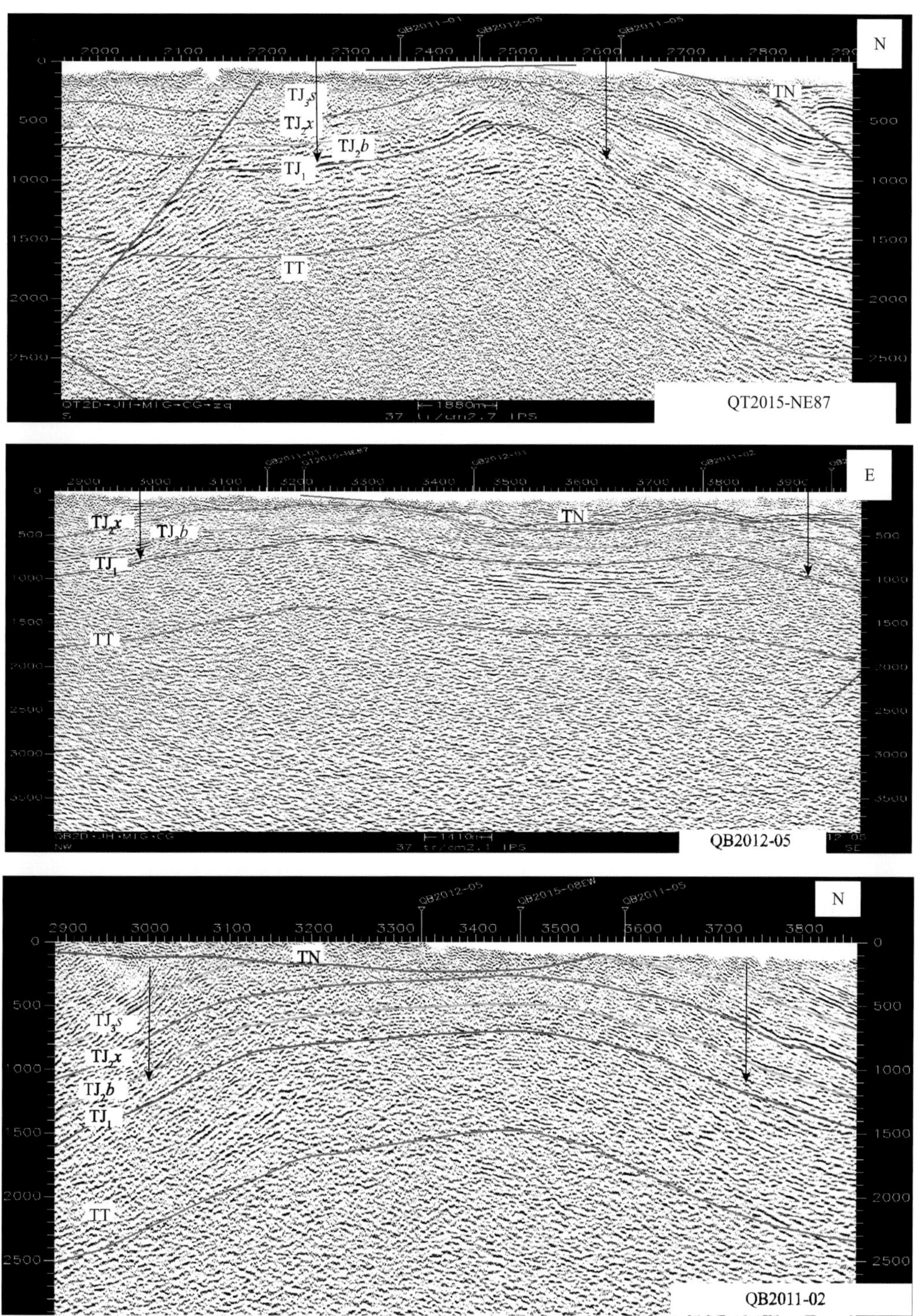

图 3-35　过半岛湖 3 号构造剖面特征（示意图）

第六节 油气成藏与保存

一、成藏条件

半岛湖区块的圈闭主要为背斜构造。地表地质调查显示，区块内存在万安湖南背斜、小牧马山背斜、圆顶山背斜、五节梁背斜和虹霞梁背斜等 5 个较大背斜组成背斜群，这些背斜的核部地层主要由夏里组、索瓦组组成，两翼由白龙冰河组地层组成；地震解释显示，区块存在 9 个规模较大的地腹背斜构造。通过地层接触关系及构造特征等研究，这些背斜构造主要定型于燕山中晚期。

根据王剑等（2004，2009）对埋藏史、热史等的研究，本书对北羌塘拗陷中部的烃源岩有机质演化过程进行分析认为：

（1）肖茶卡组在早中侏罗世初期（$J_{1-2}q$ 早期，约 175 Ma）开始生油，在中侏罗世巴通期晚期（J_2b 末期，约 164 Ma）进入生油高峰，晚侏罗世中期（J_3s 末期，约 157 Ma）进入湿气期，在 148 Ma 进入干气期，此后一直处于干气阶段。

（2）雀莫错组在中侏罗世中期（J_2b 晚期，约 166 Ma）开始生油，并于晚侏罗世中期（J_3s 末期，约 148 Ma）达到生油高峰期，144 Ma 开始进入湿气期，此后一直为生油高峰-湿气阶段，在 20 Ma 进入干气期，此后处于湿气-干气阶段。

（3）布曲组在中侏罗世末期（J_3s 早期，148 Ma）开始生油，并于早白垩世（约 143 Ma 左右）达到生油的高峰期，此后一直处于生油低熟-生油高峰阶段，到了新近系，在 15 Ma 前后，布曲组烃源岩结束生油高峰时期，进入湿气阶段，并在 7 Ma 进入干气阶段，1.81 Ma 后由于喜马拉雅运动构造抬升生气停滞。

（4）夏里组在早白垩世（约 145 Ma）开始生油，到 142.9 Ma 仍为低熟阶段，此后构造抬升进入停滞阶段，到了新近系早期，由于康托组的沉积在 17 Ma 进入生油高峰，此后构造抬升进入停滞阶段。

（5）索瓦组在晚白垩世（约 140 Ma）沉积埋藏深度未到门限深度而未进入生油门限，新近纪早期（约 23.83 Ma），由于构造抬升作用，索瓦组一直未成熟，到了新近纪中新世中期康托组的沉积在 13 Ma 进入生油阶段，6 Ma 进入生油高峰期，由于唢呐湖组的沉积使埋深加大，在 1.81 Ma 埋深达到最大，这个时期索瓦组一直处于低熟-生油高峰期，1.81 Ma 后由于喜马拉雅运动构造抬升生油停滞。

从上看出，研究区各组烃源岩的生烃高峰期在燕山期或之后，与背斜圈闭的形成时限配套良好，利于油气成藏。

此外，区块内可能存在岩性圈闭、地层不整合遮挡圈闭和生物礁圈闭等，这些岩性圈闭、生物礁圈闭发生于生烃之前，对油气成藏极为有利。

二、保存条件

羌塘盆地在沉积了中生代海相地层后受板块碰撞影响而发生了反转，并使盆地遭受挤压褶皱和隆升剥蚀。本次强烈的碰撞作用不仅形成一系列规模不等的褶皱和断裂构造，还使沉积充填体普遍遭受不同程度的抬升-剥蚀作用，这对油气藏保存产生了很大的影响。新生代时期，随着喜马拉雅运动的多次叠加，使早期断裂复活和形成新的断裂，并伴随火山活动和岩浆侵入，同时导致中生代油气藏遭受不同程度的改造。但是，上述各期构造运动于不同地区在变形强度、剥蚀程度、断裂发育状况、侵入活动、火山作用等方面存在一定差异，因而油气保存条件差异较大。

从区块出露地层来看，本区广泛出露上侏罗统索瓦组和下白垩统白龙冰河组地层，少量出露中侏罗统夏里组地层，表明该区剥蚀程度较小。从区块内断层、岩浆分布和区域断层、岩浆活动来看，本区断层规模很小，多为次级断层，切穿地层深度较小；本区岩浆活动较弱，仅在区块东部见少量新生代火山岩分布；因此断裂、岩浆活动对油气藏破坏较小。从地表泉水和油气显示点分布来看，本区泉水和油气显示点少，且泉水都为来自地下浅部的冷泉，说明区内的破坏较弱。盆地构造改造强度显示该区处于盆地改造最弱地区。综上看出，该区块的油气保存较好，是寻找大中型油气藏的有利地区。

第七节　综合评价与目标优选

一、含油气地质综合评价

1. 烃源岩条件较好，为油气成藏奠定了有利的物质基础

半岛湖区内发育上侏罗统索瓦组、中侏罗统夏里组和中侏罗统布曲组暗色泥晶灰岩、泥灰岩及泥页岩烃源岩，可能分布有上三叠统肖茶卡组（或藏夏河组）暗色泥页岩夹含煤岩系烃源岩。烃源岩厚度大，有机质丰度高，具有形成大中型气田的能力。这些生油岩均可与相应的储集岩构成下生上储或自生自储组合。

2. 储集条件较有利，储层厚度大

依据区域石油地质剖面及沉积相带分析，研究区发育有上侏罗统索瓦组、中侏罗统夏里组、中侏罗统布曲组颗粒灰岩、白云质灰岩、礁灰岩等储层。此外可能还存在中下侏罗统雀莫错组砂砾岩、上三叠统肖茶卡组砂岩及古风化壳等储层。

3. 盖层条件较好，有较厚的直接盖层

中侏罗统布曲组颗粒灰岩及以下地层的储层之上均有较厚的直接盖层，且夏里组、索瓦组中还发育有膏岩层盖层。此外出露于研究区中部大面积的新近系康托组的砂砾岩，由于其厚度大，具有一定的封盖能力。

4. 圈闭构造发育

根据地球物理特征测量，半岛湖区块内存在多个地覆构造，多为北东方向、北西方向和南西方向三个方向挤压作用形成的背斜构造。背斜型构造圈闭面积及闭合幅度较大，且主要勘探层位——侏罗系、三叠系地层发育齐全，生储盖配置良好，有利于油气聚集成藏。

此外，区块内可能存在生物礁圈闭，这些生物礁圈闭发生于生烃之前，对油气成藏极为有利。区块及周围见地下隐伏断裂，这些断裂可能成为油气运移通道，有利于油气成藏。

5. 地球化学异常，与构造特征具有一致性

区块油气微生物值异常带分布与区域构造特征和地震勘探初步确定的圈闭构造具有较好的一致性。油气化探环状异常和顶部异常配置关系良好，显示了良好的油气远景。

6. 成藏条件优越，油气保存条件较好

区内背斜构造主要形成于燕山中晚期，而各组合生油岩的生油高峰期多在燕山期或之后，油气生成与背斜圈闭的形成时限配套良好，利于油气成藏。

区内断层规模小，火山岩不发育，泉水和油气显示点少，且泉水都为来自地下浅部的冷泉，说明区内的破坏较弱。盆地改造强度显示该区处于盆地改造最弱地区。因此该区块的油气保存较好。此外，区块及周围见地下隐伏断裂，这些断裂可能成为油气运移通道，有利于油气成藏。

综上所述，半岛湖区块生储盖地质特征良好，圈闭构造发育，微生物地球化学分析显示为有利油气聚集区带，成藏条件优越，后期构造、岩浆等破坏作用较弱，因此认为该区块为盆地最有利油气资源勘探远景区块。

二、目标优选

通过区块基础地质特征、生储盖地质特征、油气成藏及保存条件等分析，结合地覆构造的落实，认为半岛湖区块第一目的层为中侏罗统布曲组颗粒灰岩及礁灰岩层，第二目的层为中下侏罗统雀莫错组砂砾岩层和上三叠统肖茶卡组砂岩层；通过地腹构造落实程度及圈闭可靠程度评价、圈闭综合排队等，确定第一目标构造为半岛湖 6 号构造，第二目标构造为半岛湖 1 号构造。

1. 圈闭可靠程度评价

影响构造成果可靠性的因素很多，如测网控制程度及密度、地震资料品质、层位标定以及速度模型的合理性等。下面将从以上几方面对构造成果的可靠性进行分析和阐述。

（1）测网控制程度及密度方面，半岛湖 6 号构造控制测线控制为“井”字形，测线控制密度为 2 km×3 km；半岛湖 1 号构造控制测线控制为“十”字形；半岛湖 2 号构造控制测线控制为“井”字形，测线控制密度为 2 km×2 km；半岛湖 4 号构造控制测线控制为八条平行线；半岛湖 5 号构造控制测线控制为三条平行线；半岛湖 3 号构造控制测线控制为“井”字形，测线控制密度为 2.5 km×5 km；半岛湖 7 号构造控制测线控制为“井”字形，测线控制密度为 1.5 km×5 km；半岛湖 8 号构造控制测线控制为六条平行线；半岛湖 9 号构造控制测线控制为三条平行线。

（2）地震资料品质方面，半岛湖 6 号构造地震资料品质以一、二类为主；半岛湖 1 号构造地震资料品质以一、三类为主；半岛湖 2 号构造地震资料品质以一类为主；半岛湖 4 号构造地震资料品质以二、三类为主；半岛湖 5 号构造地震资料品质以二、三类为

主；半岛湖 3 号构造地震资料品质以一、二类为主；半岛湖 7 号构造地震资料品质以一、三类为主；半岛湖 8 号构造地震资料品质以二、三类为主；半岛湖 9 号构造地震资料品质以一、三类为主。

（3）本书研究中层位标定是在地表标定、地震相标定和速度反演等多种方法应用的基础上进行的，保证了在现有资料的情况下层位标定的最大准确性。

（4）速度模型方面，通过对盆地内实钻井上层速度统计以及各条测线叠加速度的分析，结合层位解释成果，制作了合理的时深转换层速度模型。通过对比偏移剖面与深度剖面，无论构造平缓区还是断层发育部分均无畸变，证明本次时深转换的层速度模型符合研究区的地质构造实际情况，证明本次所使用的时深转换层速度模型是合理的，地质成果可靠性较高。

按照圈闭地震资料品质、测网控制程度进行圈闭可靠程度评价，半岛湖区块 9 个构造圈闭中，1 个为可靠圈闭，3 个为较可靠圈闭（表 3-9，图 3-36）。

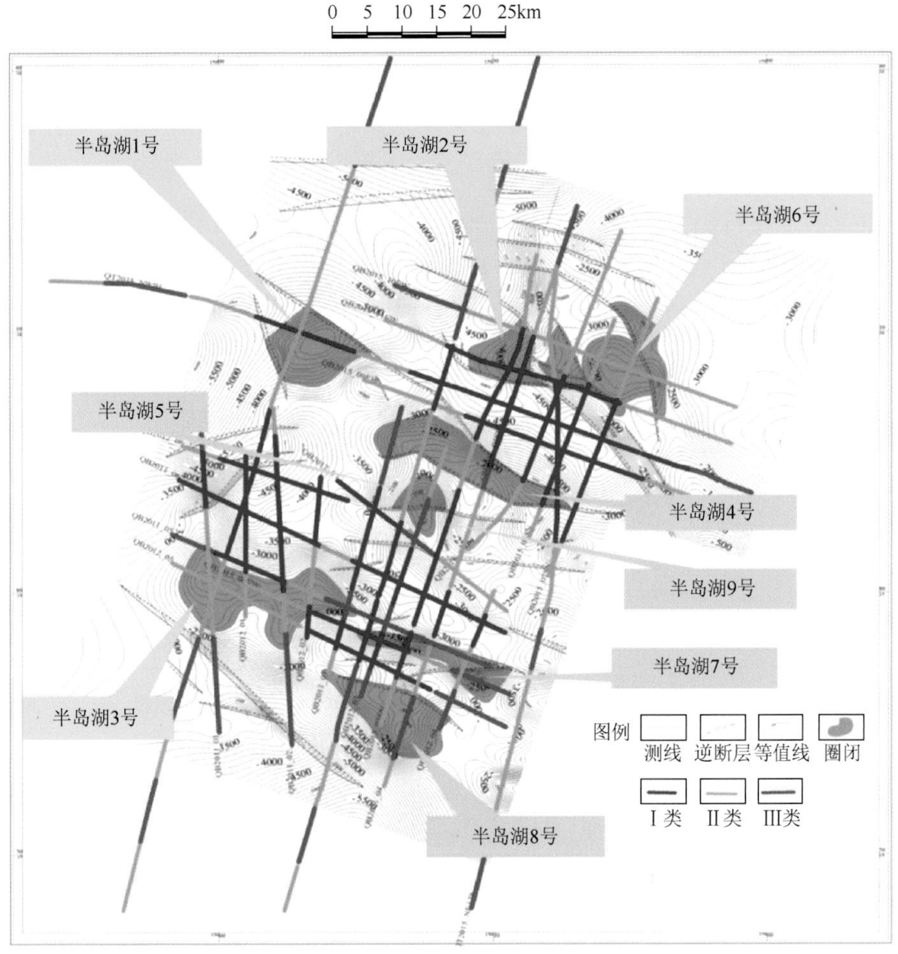

图 3-36　羌塘盆地半岛湖区块圈闭可靠评价示意图（三叠系顶界等 T0 图）

表 3-9　羌塘盆地半岛湖工区圈闭可靠程度评价表

构造名称	圈闭名称	构造形态	闭合幅度/m	圈闭面积/km²	可靠程度评价			
					测网控制程度	测网密度/（km×km）	地震品质	可靠程度
万安湖凹陷	半岛湖 6 号	断块	1100	101.95	“井”字形	2×3	一类、二类	可靠
	半岛湖 1 号	断块	800	62.87	“十”字形	—	一类、三类	较可靠
	半岛湖 2 号	断块	1100	36.49	“井”字形	2×2	一类	较可靠
半岛湖凸起	半岛湖 4 号	断鼻	1500	85.6	八条平行线	—	二类、三类	不可靠
	半岛湖 5 号	断块	1200	16.89	三条平行线	—	二类、三类	不可靠
	半岛湖 3 号	背斜	500	107.96	“井”字形	2.5×5	一类、二类	较可靠
	半岛湖 7 号	断鼻	1800	43.69	“井”字形	1.5×5	一类、三类	不可靠
	半岛湖 8 号	断背斜	1000	69.28	六条平行线	—	二类、三类	不可靠
	半岛湖 9 号	断块	200	7.76	三条平行线	—	一类、三类	不可靠

2. 目标优选排序

在同一个区块里面，油气生、储地质条件相差不大，油气的圈闭条件是目标优选的主要因素。圈闭评价主要按照地震资料和保存情况分为一、二、三类，其中一类指落实的有利圈闭，二类指落实或较落实的较有利圈闭，三类指不落实或较落实的不利圈闭。

根据构造形态、圈闭面积、闭合幅度、圈闭可靠程度等，综合评价排序为半岛湖 6 号为第一，半岛湖 1 号、2 号、3 号构造为第二（表 3-10）。

表 3-10　羌塘盆地半岛湖工区圈闭综合排队表

构造名称	圈闭名称	构造形态	闭合幅度/m	圈闭面积/km²	可靠程度评价	圈闭地质条件			资料品质	综合排队
						生	储	保存		
万安湖凹陷	半岛湖 6 号	断块	1100	101.95	可靠	上三叠统肖茶卡组厚层泥页岩有利烃源岩和布曲组碳酸盐岩次要烃源岩	发育肖茶卡组、雀莫错组三角洲相碎屑岩储层和布曲组礁滩相碳酸盐岩	夏里组出露	二类	I
	半岛湖 1 号	断块	800	62.87	较可靠			夏里组出露	二类	II
万安湖凹陷	半岛湖 2 号	断块	1100	36.49	较可靠			高点索瓦组出露	一类、二类	II
半岛湖凸起	半岛湖 3 号	背斜	500	107.96	较可靠			高点夏里组出露	二类、三类	II

3. 科探井位部署建议

通过地震资料精细解译和圈闭综合评价，以优选的构造圈闭为对象，建议部署 2 口科探井，分别位于 6 号构造的羌科 1 井和 1 号构造的羌科 2 井。

1）部署的目的

（1）建立北羌塘拗陷半岛湖地区地层岩性（岩相）、电性、物性、地层压力及含油气性剖面。

（2）探索北羌塘拗陷埋藏区中生界油气地质条件，取得羌塘盆地中生界的烃源岩发育情况及其生烃潜力、储盖条件及其组合特征资料，为羌塘盆地油气勘探提供依据。

（3）获取地球物理相关参数，准确标定地震层位，验证地球物理资料的准确性、地腹构造的可靠性。

（4）探索藏北高原冻土条件下的钻井、测井、完井及测试工艺技术，形成独特的石油钻井工程工艺技术。

（5）力争取得重大油气发现，实现羌塘盆地油气勘探的历史性突破。

2）部署依据

（1）地震资料品质良好，相位稳定、清晰：以一类或二类为主；地震圈闭构造规模较大，落实程度高，地震资料反射较好，测网具有一定的控制能力。

（2）地层发育齐全：处于万安湖凹陷有利区带，包含中生界各主要生油层、储集层的地层发育完整，目的层埋藏适中。

（3）构造保存条件较好：断裂不发育，地表出露索瓦组，剥蚀程度不大，夏里组保存完整，具有一定的封盖能力。

3）科探井井位简介

（1）6 号构造的羌科 1 井。

井位位置：位于万安湖凹陷的半岛湖 6 号构造上，坐标为 *X*（15643545.51）、*Y*（3806175.88）。

地震测线：过井测线有 QB2015-10EW（CDP：1740）（图 3-37），过井东投影测线 QB2015-07SN（图 3-38）。

目的层：布曲组、肖茶卡组、波里拉组。

完钻井深：5500 m。

（2）1 号构造的羌科 2 井。

井位位置：位于万安湖凹陷内的半岛湖 1 号构造上，坐标为 *X*（15611704）、*Y*（3808901）；

二维测线：过井测线有 QT2015-NW91（CDP：2600）（图 3-39）；过井西投影测线 QT2015-NE87（图 3-40）。

目的层：布曲组、肖茶卡组。

完钻井深：5500 m。

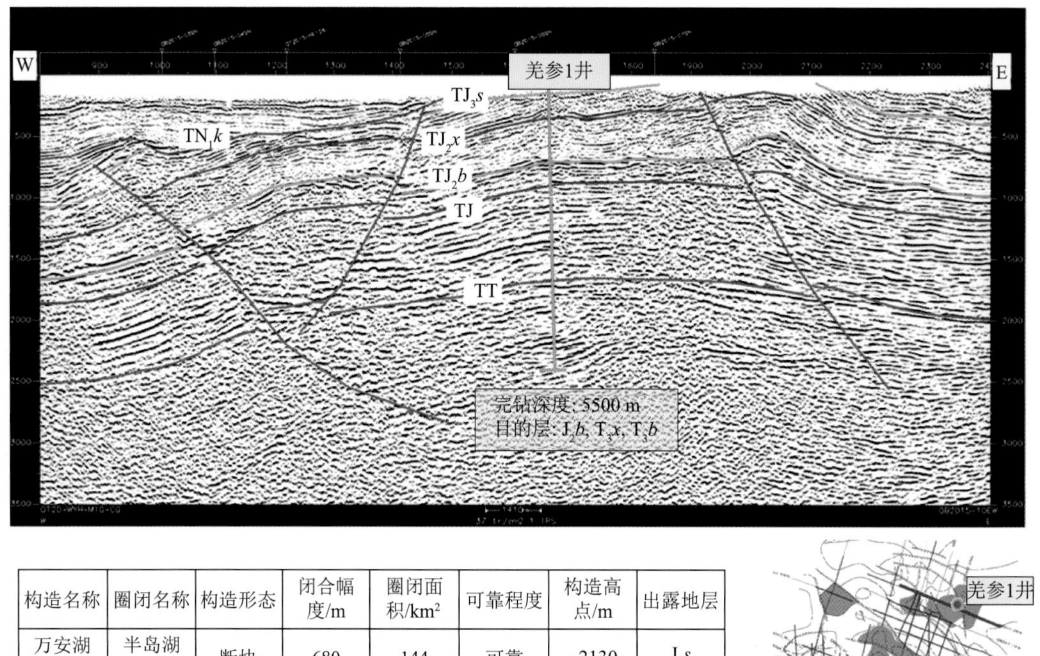

构造名称	圈闭名称	构造形态	闭合幅度/m	圈闭面积/km²	可靠程度	构造高点/m	出露地层
万安湖凹陷	半岛湖6号	断块	680	144	可靠	–2130	J_3s

图 3-37　羌科 1 井东西向地震剖面示意图（QB2015-10EW）

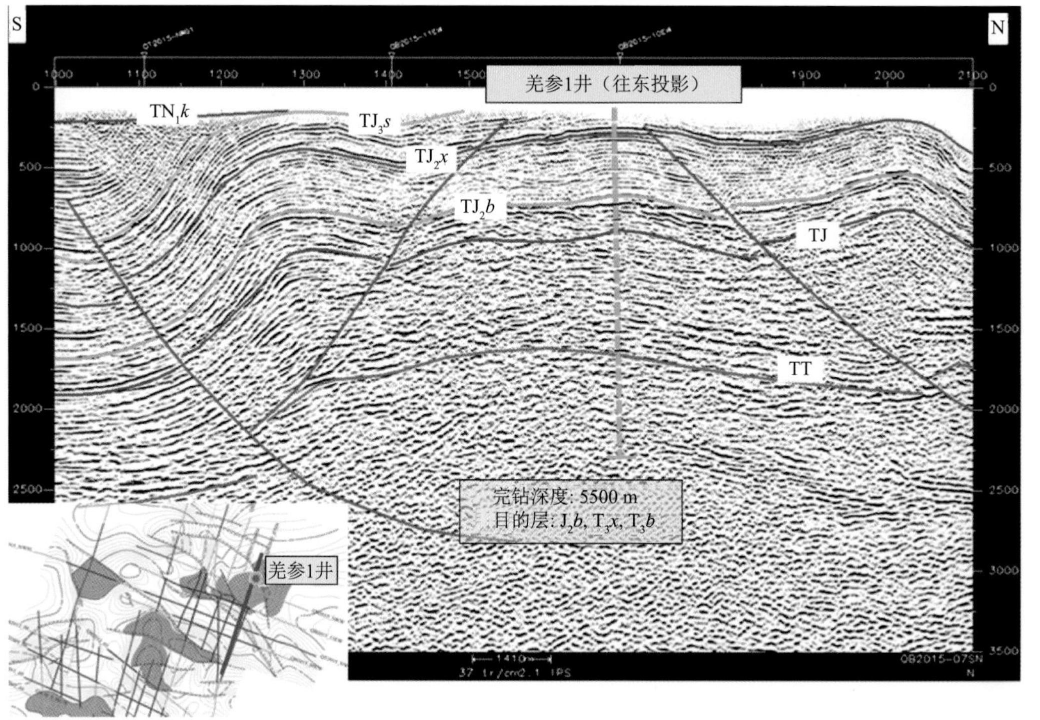

图 3-38　羌科 1 井（往东投影）QB2015-07SN 测线叠后偏移地震剖面示意图

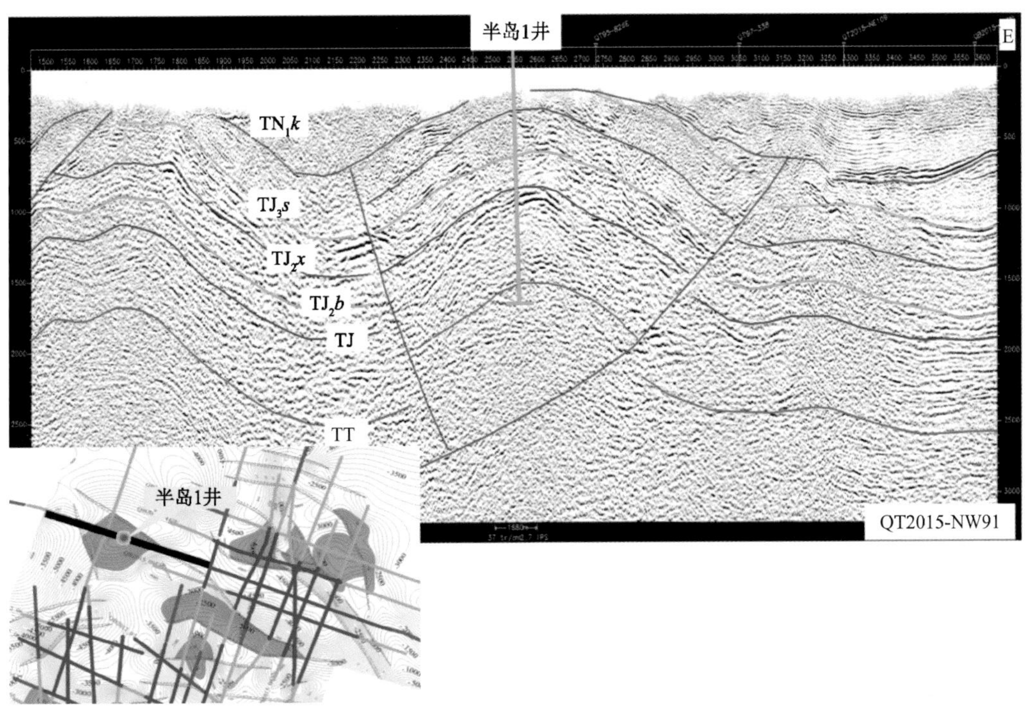

图 3-39　羌科 2 井（半岛 1 井）东西向地震剖面示意图（QT2015-NW91）

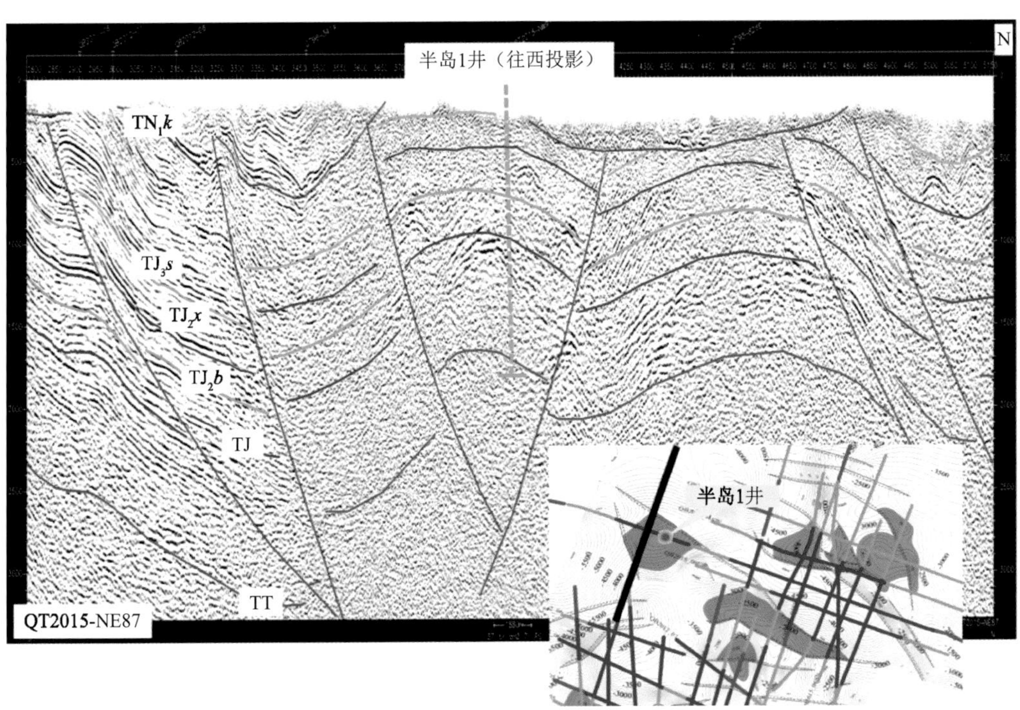

图 3-40　羌科 2 井（半岛 1 井）南北向地震剖面示意图（QT2015-NE87）

第四章 托纳木区块调查与评价

赵政璋等（2001d）通过对生储盖组合面积叠加法、多种信息叠合法、含油气系统分析、油气保存单元划分以及非震早期综合评价等进行分析，将北羌塘拗陷的金星湖—东湖—托纳木地区优选为 2 个有利地区之一。王剑等（2004，2009）通过盆地性质、生储盖特征、构造圈闭及保存条件、油气显示、盆地资源量的估算等综合研究，将托纳木—笙根区块优选为近期勘探目标之一。刘家铎等（2007）通过资源量计算及综合评价，结合羌塘盆地的基本地质情况，提出北羌塘拗陷的托纳木藏布区块为近期 2 个主攻勘探目标之一。

第一节 概 述

托纳木区块位于西藏自治区那曲市双湖县北东约 90 km 的托纳木藏布一带，地理坐标为 N88°59′～89°39′、E32°52′～33°46′，面积约为 6000 km^2；大地构造上位于中央潜伏隆起带北侧的北羌塘拗陷中南部（图 4-1）。

地质矿产部（1986 年）及中国地质调查局（2006 年）先后组织完成的 1∶100 万和 1∶25 万地质填图覆盖了本区，从而获得了本区地层系统。中石油（1994～1997 年）组织开展的羌塘盆地油气地质综合调查覆盖了本区，并将该区块评价为有利地区之一。

近年来，中国地质调查局成都地质调查中心承担的“青藏高原重点沉积盆地油气资源潜力分析”（2001～2004 年）、“青藏高原油气资源战略选区调查与评价”（2004～2008 年）和“青藏地区油气调查评价”（2009～2014 年）项目在该区块完成了 1∶5 万石油地质填图 2500 km^2、低密度油气化探 623 km^2、音频大地电磁（magnetotelluric，MT）测量 100 km、复电阻率（complex resistivity，CR）测量 130 km、二维地震测量 18 条线共计 542 km、地质浅钻 1 口进尺 885 m（QZ-3 井）等工作，并将该区块优选为羌塘盆地油气勘探有利区块之一。

在上述工作基础上，本书研究团队于 2015 年对区块有利构造部位加密了 12 条测线共计 420 km 的二维地震测量、1 口地质浅钻进尺 600 m（QZ-15 井）（图 4-1）和路线调查。基于此，本书研究团队对托纳木区块进行了综合研究与目标优选，并提出第一目的层为中侏罗统布曲组颗粒灰岩，第二目的层为上三叠统土门格拉组砂岩；目标构造为托纳木 2 号构造和 4 号构造。

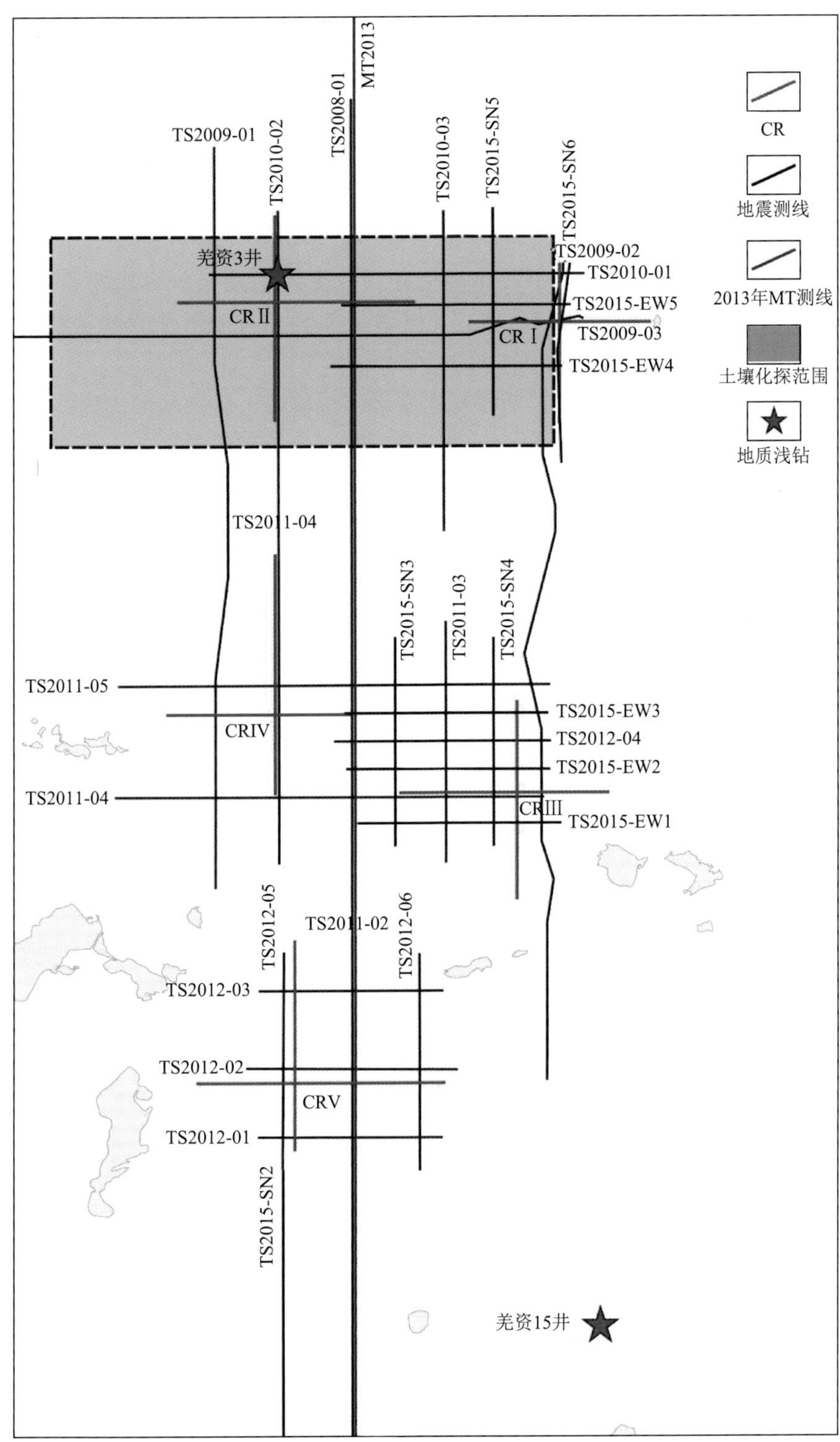

图 4-1　托纳木区块近年来开展完成的二维地震、CR 法及钻井分布示意图

第二节　基础地质特征

一、地层特征

托纳木区块出露的主要地层有中-下二叠统鲁谷组，上三叠统肖茶卡组，中侏罗统布曲组及夏里组，上侏罗统索瓦组，下白垩统白龙冰河组及新生界康托组、鱼鳞山组等（图 4-2）。从地震解释和沉积演化推测，区块覆盖区应有中下侏罗统雀莫错组地层。其地层特征如下。

中-下二叠统鲁谷组（$P_{1-2}l$）：呈断块状出露于区块南部，属西南侧中央隆起带向东的断续延伸。岩性分为上下两段：下段为浅变质的蓝灰、灰绿色变质砂岩、千枚岩、气孔杏仁状变质玄武岩、硅质岩、硅化灰岩的沉积组合；上段为灰、黄灰色泥晶生物碎屑灰岩、生物碎屑泥晶灰岩、泥灰岩夹浅灰、浅灰白色石英岩屑砂岩，岩石普遍硅化。未见顶、底，地层出露厚度大于 1201 m。

上三叠统肖茶卡组（T_3x）：出露于区块南部，呈东西向展布。岩性下部以深灰色、灰色泥岩为主，夹灰色薄层状岩屑石英砂岩，泥岩中含铁质结核，由北向南砂岩含量逐渐增加；上部为一套含煤碎屑岩沉积，以灰色中薄层状岩屑石英砂岩为主夹泥岩和劣质煤线。未见顶底，厚度大于 792 m。

中—下侏罗统雀莫错组（$J_{1-2}q$）：在该区块未见出露，但从地震解释（图 4-3）和沉积演化角度推测，该区应有雀莫错组地层。从东部雀莫错组地层推测，其岩性从下到上为黄褐色、黄红色砾岩、砂岩为主过渡到以灰色粉砂岩、泥页岩夹泥晶灰岩及膏岩为主。与下伏二叠系、三叠系地层呈角度不整合接触，顶部与中侏罗统布曲组整合接触，厚度大于 700 m。

中侏罗统布曲组（J_2b）：少量出露于区块南部，岩性为一套灰色、深灰色泥晶灰岩、介屑鲕粒灰岩、生物碎屑泥晶灰岩、泥灰岩、泥岩。剖面多未见底，厚度大于 1245 m。

中侏罗统夏里组（J_2x）：零星出露于区块中南部，呈东西向展布。岩性底部为灰绿色粉砂质黏土岩，向上见大套紫红色长石岩屑砂岩、石英砂岩与粉砂岩韵律互层，夹砾岩及含砾粗砂岩透镜体和膏岩层，顶部见少量角砾状灰岩、泥晶灰岩、泥页岩韵律。与下伏布曲组整合接触，根据地震解释推测厚度为 800～1000 m。

上侏罗统索瓦组（J_3s）：主要出露于区块北部。岩性为灰色中层状亮晶鲕粒生物碎屑灰岩、灰黄色薄层状含生物碎屑泥灰岩、生物介壳灰岩、亮晶介壳灰岩、泥晶球粒灰岩、中薄层状泥灰岩及厚层状石膏。与下伏夏里组整合接触，厚度为 600～1170 m。

下白垩统白龙冰河组（K_1b）：主要出露于测区北部。岩性为灰色、灰绿色（上部夹紫红色）薄—中层状粉砂质泥岩、泥质钙质粉砂岩等细碎屑岩夹泥灰岩、泥晶灰岩、生物碎屑灰岩及少量的砂屑灰岩、微晶介壳灰岩、泥晶鲕粒灰岩、白云石化砾状粒屑灰岩等碳酸盐岩，由东向西灰岩逐渐增多，碎屑岩相对减少。与下伏索瓦组整合接触，地层厚度为 750～1000 m。

图 4-2　托纳木区块地层、构造分布示意图

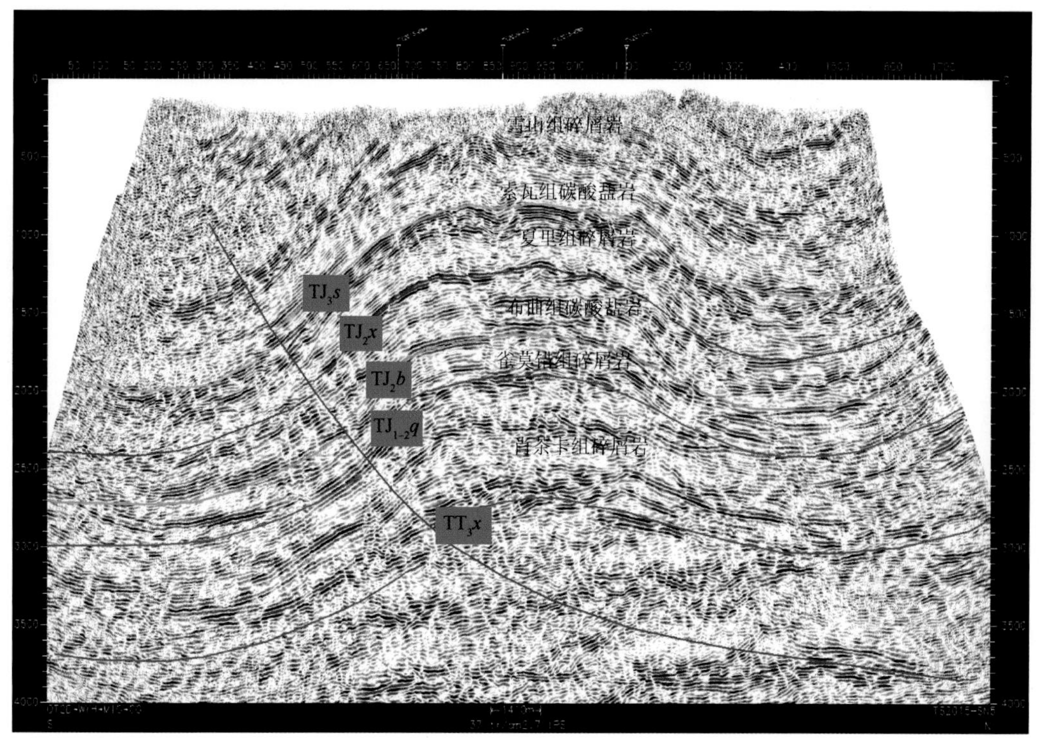

图 4-3　托纳木-笙根区块 TS2015-SN5 地震解释成果图

下白垩统雪山组（K_1x）：为白龙冰河组同期异相产物，出露于测区的北部及中东部区域，分布广泛。岩性两分：下部为灰绿、灰紫、灰黄色泥岩夹灰绿色钙质粉砂岩、粉砂岩及细粒长石砂岩；上部为紫红色、紫灰色中—薄层状中—细粒岩屑石英砂岩、长石岩屑砂岩夹紫红色中层状粗砂岩、含砾粗砂岩及细砾岩。与下伏索瓦组整合接触，地层厚度为1628～2660 m。

古近系康托组（E_2k）：广布测区，岩性组合可分为两种沉积相类型。冲积扇-河流沉积相：从下至上为紫红色、砖红色厚层块状粗砾岩、中砾岩、厚层状含砾粗砂岩、中粗粒岩屑砂岩，局部见薄—中层状粉砂岩及泥岩；湖泊沉积相可见零星的灰白色块状泥晶灰岩残积露头。对于该组地层时代有古近系与新近系之争，与下伏地层呈角度不整合接触，出露厚度大于 1581 m。

新近系鱼鳞山组（N_2y）：鱼鳞山组仅见于测区东北侧。岩性较为复杂，有玻基安山岩、英安岩、辉石安山岩、角闪安山岩、浅灰—灰紫色气孔杏仁状辉石粗面安山岩、气孔状辉石粗面岩、气孔杏仁状辉石玄武岩、黑—灰黑色气孔杏仁状玄武岩，中下部夹有紫灰色中层状含砾凝灰质粗砂岩、透镜体细砾岩，流纹质碎斑熔岩等。与下伏地层呈角度不整合接触，出露厚度为 522～1748 m。

该区出露较老的地层主要是二叠系鲁谷组、三叠系肖茶卡组，但这些地层都分布在区块南缘的中央潜伏隆起带区域，而北部地区 70%以上的区域都被新生界沉积物所覆盖，在构造核心区域出露的大部分是白垩系地层和少数的上侏罗统索瓦组地层，从侧面反映该区受构造改造较弱，整体来说保存条件较好。

二、沉积相特征

晚三叠世肖茶卡期：羌塘盆地处于前陆盆地至被动大陆边缘盆地转换期。托纳木区块位于中央潜伏隆起带的北缘，水体具有从南到北变深的特点，沉积体从南到北为滨岸-三角洲相砂岩、粉砂岩、泥页岩及含煤泥页岩过渡到陆棚相深灰色泥岩、粉砂岩夹泥晶灰岩。该套深色泥页岩及含煤碎屑岩可作为生油岩，砂岩可作为储集岩。

早—中侏罗世雀莫错期（巴柔期）：羌塘侏罗纪被动大陆边缘盆地打开初期，北羌塘拗陷为陆源近海湖填平补齐沉积阶段。区块位于河流-湖泊相带，沉积了一套砂砾岩、泥页岩夹膏岩、泥灰岩组合，从下到上，碎屑岩粒度变细、灰岩含量增加，并发育膏岩沉积。其中下部的砂砾岩、砂岩可作为储层，中上部泥灰岩、膏岩可作为盖层。

中侏罗世布曲期（巴通期）：羌塘盆地处于碳酸盐岩台地沉积期，区块位于礁滩相后的开阔台地相带，沉积了一套灰色—深灰色泥晶灰岩、核形石灰岩、生物灰岩及台内浅滩介屑鲕粒灰岩、生物碎屑灰岩等。其中，深灰色泥晶灰岩可作为生油岩，颗粒灰岩可作为储层。

中侏罗世夏里期（卡洛期）：羌塘盆地发生了一次海退过程，沉积了一套以碎屑岩为主的岩石组合。区块位于滨岸、三角洲到潮坪、潟湖相环境，沉积了一套滨岸、三角洲相的岩屑长石砂岩、长石石英砂岩、石英砂岩夹泥页岩与潮坪-潟湖相泥页岩、粉砂岩、膏岩夹泥晶灰岩、泥灰岩组合，发育交错层理、平行层理、波痕、沙纹层理等沉积构造。其中砂岩可作为储层，泥页岩、膏岩可作为盖层。

晚侏罗世索瓦期（牛津期—基末里期）：羌塘盆地再次发生海侵，沉积了一套以碳酸盐岩为主的台地相组合。区块主要位于局限潮坪-潟湖相带，沉积了一套深灰色生物碎屑微晶灰岩、泥灰岩夹泥页岩及浅灰色生物碎屑灰岩、砂屑灰岩、鲕粒灰岩等组合。其中，深灰色微泥晶灰岩可作为生油层，颗粒灰岩可作为储集层。

早白垩世白龙冰河期（白龙冰河组、雪山组）（贝里阿斯期）：羌塘盆地逐渐消亡，海水逐渐从北拗陷西北方向退出，托纳木区块位于河流-三角洲至潮坪相带，纵向上从下到上沉积了由下部（白龙冰河组）灰色—深灰色薄层粉砂岩、粉砂质泥岩、泥晶灰岩、泥灰岩过渡到上部（雪山组）紫红色、紫灰色中—薄层状中—细粒岩屑石英砂岩、长石岩屑砂岩夹紫红色中层状粗砂岩、含砾粗砂岩及细砾岩的沉积组合；横向上从东南向西北（海退方向）由雪山组过渡到白龙冰河组沉积。发育交错层理、正粒序层理、水平层理、底冲刷构造等。其中，河流-三角洲相粗碎屑岩可作为储层。

新生代：羌塘地区已隆升为陆，托纳木区块局部地区有大陆河湖相碎屑岩夹膏岩沉积。

三、构造特征

托纳木地区位于羌塘盆地中部，跨中央潜伏隆起带及北部拗陷内褶皱冲断带，区内构造复杂，褶皱、断裂较多。

1. 褶皱构造特征

据不完全统计，区块内褶皱共计 76 个，其中背斜 38 个，向斜 38 个。在区块南部，褶皱核部地层多由上三叠统肖茶卡组或中侏罗统夏里组构成，区块北部的褶皱核部地层多由上侏罗统索瓦组或下白垩统白龙冰河组构成（图 4-2）；区块南部褶皱轴线多呈东西向展布，区块北部受南北逆冲推覆、走滑旋转等断裂构造作用而形成一些复式褶皱和穹窿构造，典型的有托纳木复式褶皱和托纳木勒玛穹窿构造。

托纳木复式褶皱：顺托纳木勒玛天包河一带分布，该褶皱由南向北又由两个大型向斜夹一个大型背斜组成，“北侧向斜”主轴迹由 Z6、Z29 褶皱组成；南侧向斜轴迹显示不清楚，主轴迹由 Z33 构成；两向斜之间所夹大型背斜——托纳木背斜受后期构造作用，枢纽波状起伏，而中部呈构造穹窿状产出，主轴迹由 Z13、Z42 褶皱组成（图 4-4），该复式褶皱分布面积约为 206 km^2。

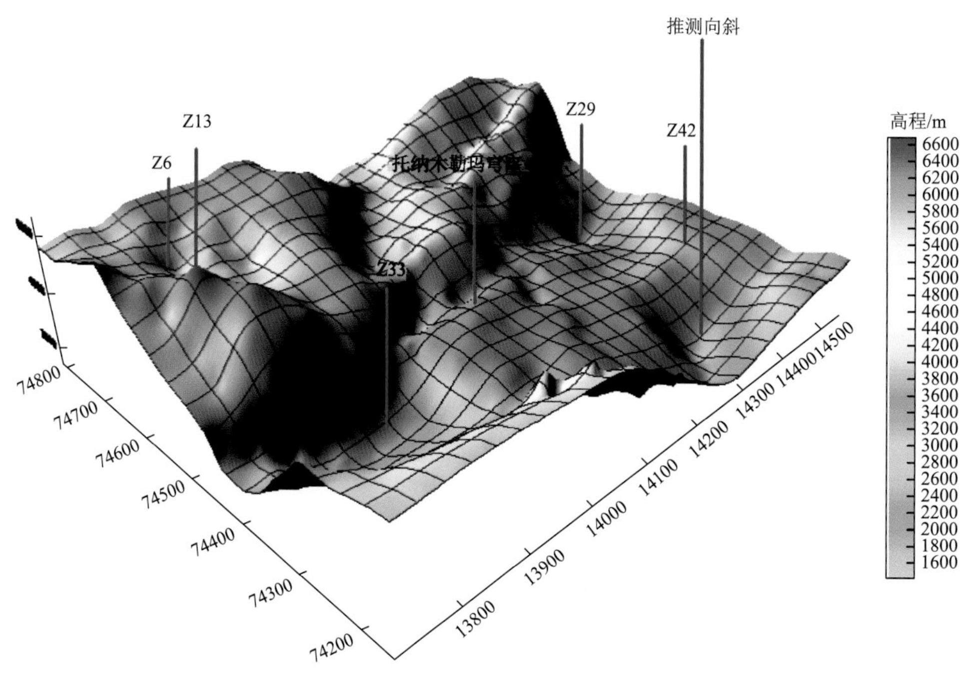

图 4-4　托纳木背斜空间展布图

托纳木勒玛穹窿构造：“托纳木勒玛天包复式褶皱”中部向南西方向凸起的弧形地段，发育一大型构造穹窿——托纳木勒玛穹窿，穹窿面积达 105 km^2。穹窿西侧边缘较规则，东侧边缘极不规则，于北东方向见有一明显的构造鼻；穹窿表面凹凸不平，其内产状凌乱，该穹窿构造是区内所发现的最好的圈闭构造（图 4-5）。

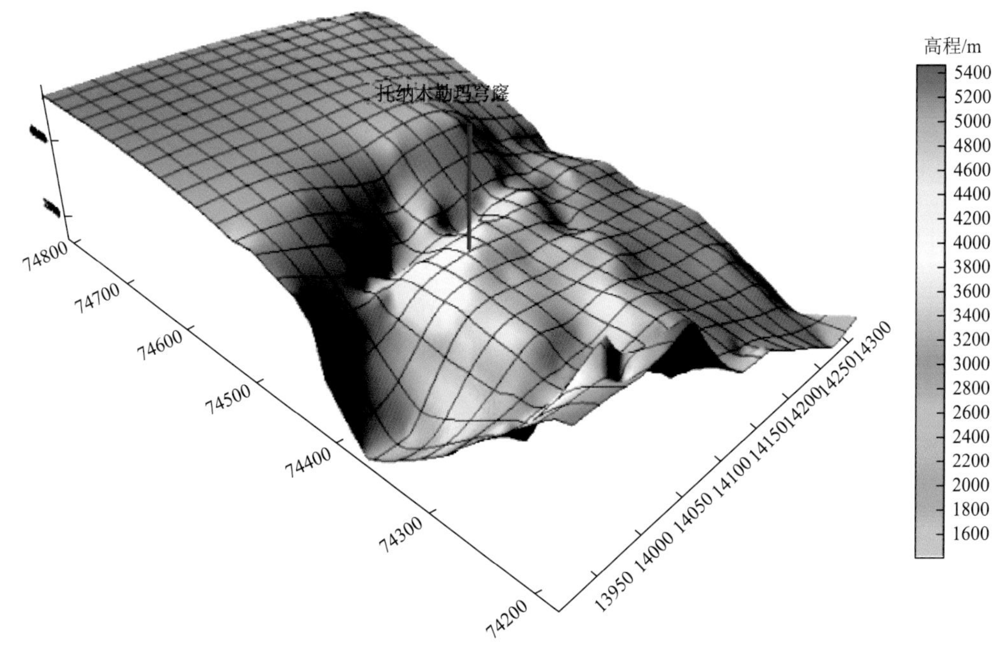

图 4-5 托纳木勒玛穹窿空间展布示意图

2. 断层构造特征

托纳木区块断裂构造发育，据不完全统计，共计有 56 条，其中逆断层 26 条，走滑断层 22 条，正断层 1 条，其他断层 7 条。这些断裂中规模较大的为 F2、F23，从西向东贯穿于整个区块，结合大地电磁和二维地震解释，F23 断裂为深大断裂，已断至基底，可以该断裂为界将该区块分为托纳木构造单元和笙根构造单元（图 4-6）。

第三节 石油地质特征

一、烃源岩分析

1. 烃源岩特征

托纳木区块烃源岩层位包括上三叠统肖茶卡组（T_3x）、中侏罗统布曲组（J_2b）、上侏罗统索瓦组（J_3s），其中肖茶卡组以泥质岩烃源岩为主，布曲组和索瓦组以碳酸盐岩烃源岩为主。

1）上侏罗统索瓦组

该组烃源岩出露较为广泛，主要分布于区块中北部，岩石类型包括泥质岩和碳酸盐岩两种烃源岩类型，以碳酸盐岩为主。碳酸盐岩厚度为 99.9～439 m，岩石类型以灰色至深灰色泥晶灰岩、含生物碎屑泥晶灰岩、泥灰岩为主。泥质烃源岩仅分布于局部地区，岩性主要为碳质页岩、泥岩和煤层（表 4-1）。

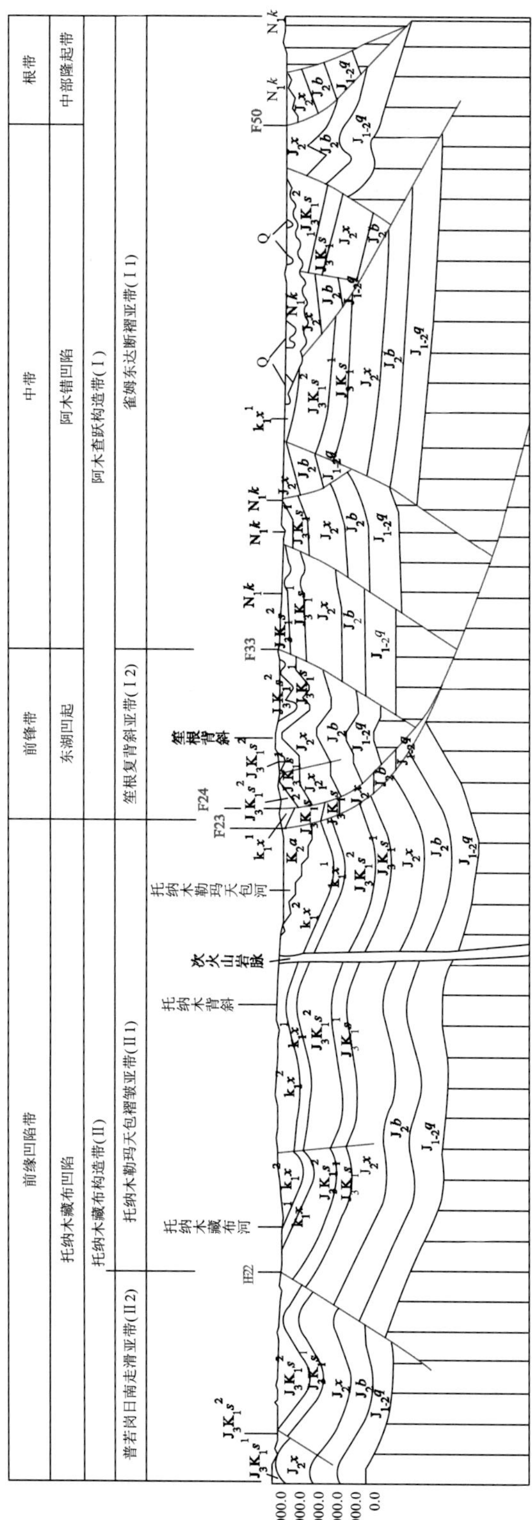

图 4-6　托纳木区块南北向构造剖面示意图

表 4-1　托纳木—笙根区块上侏罗统索瓦组烃源岩厚度及有机质丰度统计表

剖面名称	岩性	厚度/m	有机碳/% 均值（个数）	(S_1+S_2) /(mg/g) 均值（个数）	T_{max}/℃ 均值（个数）	R_o/%
毛毛山*	灰岩	＞120.6	0.12～0.27 0.16（4）	0.047～0.10 0.0635（4）	—	—
	灰岩	＞153.33	0.10～0.21 0.138（6）	0.036～0.07 0.053（6）	—	—
	泥岩	＞9	0.45	0.18	—	—
阿木查跃*	灰岩	＞123.12	0.10～0.12 0.11（3）	0.059～0.11 0.0875（2）	—	—
托纳木藏布*	泥岩	47.38	0.99～25.68 9.32（4）	—	—	—
PM1	灰岩	439	0.15～0.25 0.20（8）	1.52～1.98 1.76（8）	445～566 510（8）	2.23～3.12 2.69（8）
PM2	灰岩	382.5	0.14～0.20 0.17（8）	1.63～2.22 1.87（8）	444～589 524（8）	2.35～3.72 2.94（8）
PM4	灰岩	99.9	0.20～1.15 0.48（8）	1.12～1.48 1.28（8）	497～570 540（9）	2.48～3.19 2.84（9）
PM4	煤	0.08	12.08	3.73	439～573 521（3）	—
PM6	灰岩	99.2	0.16～0.18 0.17（2）	1.64～1.66 1.65（2）	407	2.72～2.82 2.77（2）
PM7	碳质页岩	1.44	2.03	2.4	448	2.55

注：*资料数据来自王剑等（2009），PM1 为双湖县托纳木北索瓦组一段剖面，PM2 为双湖县托纳木西索瓦组二段剖面，PM4 为双湖县托纳木北索瓦组二段顶含煤层剖面，PM6 为双湖县托纳木南索瓦组二段膏岩层剖面，PM7 为双湖县托纳木北东下白垩统雪山组剖面。

46 样品(碳酸盐岩 39 件、泥质岩 7 件)分析结果表明，碳酸盐岩的有机碳含量为 0.10%～1.15%，平均值为 0.23%，生烃潜力（S_1+S_2）为 0.036～2.22 mg/g，平均值为 1.14 mg/g。碳酸盐岩有机碳含量为 0.10%～0.15%的较差生油岩样品数为 11 件，占 28%，有机碳含量为 0.15%～0.25%的中等省油岩样品数为 20 件，占 51%，有机碳含量大于 0.25%的好生油岩样品数为 8 件，占 21%（图 4-7）。泥质岩有机碳含量为 0.45%～25.68%，平均值为 6.63%，大部分泥岩类样品为好烃源岩。因此，从总体上看，上侏罗统索瓦组的烃源岩以中等生油岩为主，也存在一定厚度的好生油岩。有机质类型以Ⅱ$_1$ 型和Ⅱ$_2$ 型为主，T_{max} 为 439～589℃，R_o 平均值为 2.55%～2.94%，处于过成熟阶段。

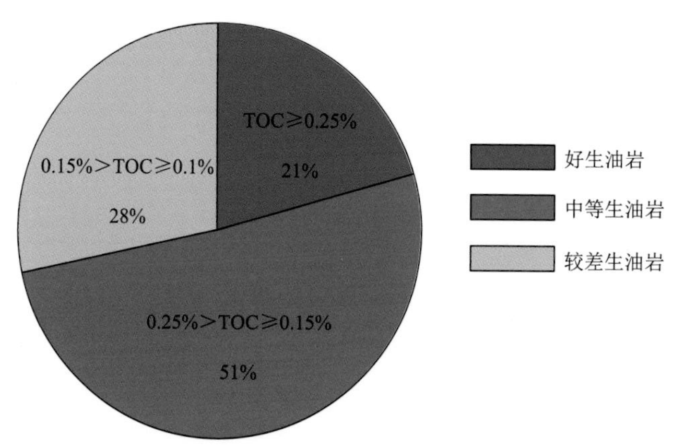

图 4-7　羌塘托纳木地区索瓦组碳酸盐岩有机碳（TOC，以质量分数计）品质特征图

2）中侏罗统布曲组

布曲组在本区地表露头较少，且未见烃源岩厚度及有机地球化学分析数据，但从沉积相展布与区域地层分布来看，本区块内应有布曲组烃源岩分布。从处于同一相带（开阔台地相）的区块西部那底岗日剖面来看，烃源岩厚度约为 230 m，岩石类型为深灰色薄—中层状泥晶灰岩，核形石灰岩、泥灰岩。对 16 件碳酸盐岩样品进行分析，有机碳质量分数为 0～0.29%，平均达到 0.10%；其中 2 件为好生油岩，占比为 12.5%，1 件为中等生油岩，占比为 6.2%，3 件为差生油岩，占比为 18.7%，10 件为非生油岩，占比为 62.6%，可以看出，布曲组总体属于差生油岩类。生烃潜量 S_1+S_2 为 0～50.02 mg/g，平均为 0.003 mg/g；有机质类型主要为Ⅰ-Ⅱ$_1$型，以Ⅱ$_1$型为主；R_o为 1.01%～2.52%，平均为 1.83%，T_{max}为 277～593℃，平均为 416℃，表明布曲组烃源岩处于成熟—过成熟阶段。

3）上三叠统肖茶卡组

该组地层出露于区块南部，呈东西向展布。沉积体为滨岸-三角洲相砂岩、粉砂岩、泥页岩过渡到陆棚相深灰色泥岩。烃源岩主要为暗色泥页岩，根据剖面与浅钻的不完全统计，地层中泥岩累计厚度为 345.7～500.7 m，单层泥岩累计最大厚度约为 58 m。

通过对区块及外围地表及井下样品有机质丰度、有机质类型及热演化程度等进行研究，结果显示，烃源岩有机碳质量分数为 0.3%～3.56%，大部分样品达到泥岩烃源岩指标（图 4-8）。其中，大于 0.6%的样品占 72%，大于 1%的样品占 32%，说明研究区烃源岩品质较好，40%的样品为中等生油岩，32%的样品为较好生油岩。烃源岩有机质类型大部分为Ⅱ$_2$型，只有在研究区东部外围（QZ-7、QZ-8）见到Ⅲ型，有机质类型较好，R_o和 T_{max}的结果表明，烃源岩均已成熟，为高—过成熟（表 4-2）。

表 4-2　肖茶卡组烃源岩有机指标一览表

资料点	有机碳					R_o或 T_{max}				厚度/m	干酪根类型	备注
	最小值/%	最大值/%	平均值/%	样品数	TOC >0.4	最小值	最大值	平均值	样品数			
沃若山	0.63	1.50	1.02	11	100%	1.46%	1.78%	1.62%	11	576	Ⅱ$_2$	区外西部
扎那陇巴	0.40	1.57	0.84	6	100%	1.42%	1.52%	1.47%	6	227	Ⅱ$_1$、Ⅱ$_2$	区内南部

续表

资料点	有机碳					R_o或T_{max}				厚度/m	干酪根类型	备注
	最小值/%	最大值/%	平均值/%	样品数	TOC＞0.4	最小值	最大值	平均值	样品数			
QZ-15 井	0.56	0.85	0.68	16	100%	2.01%	2.34%	2.15%	5	300	—	区内南部
QZ-7 井	0.38	3.56	1.06	22	91%	455℃	469℃	463℃	9	170	$Ⅱ_2$、Ⅲ	区外东部
QZ-8 井	0.30	3.37	1.10	27	89%	—	—	—	—	85	—	区外东部
麦多	0.57	1.31	0.70	18	100%	—	—	—	—	506	—	区外东部

注：QZ 是羌资的代号。

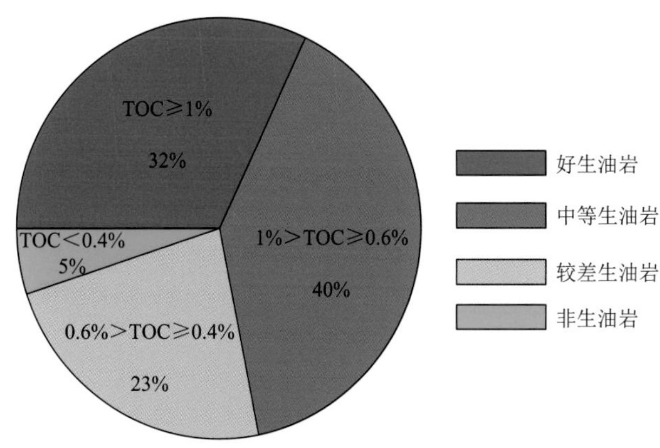

图 4-8　羌塘托纳木地区肖茶卡组泥岩有机碳（TOC，以质量分数计）品质特征图

2. 烃源岩综合评价

通过对索瓦组、布曲组和肖茶卡组烃源岩进行综合对比分析（表 4-3），本书认为研究区最有效的烃源岩为上三叠统肖茶卡组的泥岩，为中等—好生油岩，其次为索瓦组的灰岩，为中等生油岩，布曲组为差的生油岩。

表 4-3　托纳木区块烃源岩综合评价表

层位	岩性	有机质丰度/% 均值（个数）	有机质类型	厚度/m	非生油岩/%	较差生油岩/%	中等生油岩/%	好生油岩/%	成熟度		烃源岩评价
									R_o/% 均值(个数)	T_{max}/℃ 均值(个数)	
索瓦组	灰岩	0.10～1.15 0.23（39）	$Ⅱ_1$、$Ⅱ_2$	99～439	0	28	51	21	2.23～3.72 2.81（27）	407～589 495（26）	中等烃源岩
布曲组	灰岩	0～0.29 0.1（16）	$Ⅱ_1$	232	62.6	18.7	6.2	12.5	1.01~2.52 1.83（16）	277～593 416（16）	差—中等烃源岩
肖茶卡组	泥岩	0.30～3.56 0.93（100）	$Ⅱ_2$、Ⅲ	85～576	5	23	40	32	1.42~2.34 1.75（22）	455~469 463（9）	中等-好烃源岩

二、储集层分析

1. 储集层特征

托纳木区块储层主要发育层位有：上三叠统肖茶卡组、中-下侏罗统雀莫错组、中侏罗统布曲组和夏里组及上侏罗统索瓦组；储层岩性包括碎屑岩和碳酸盐岩。其中，碎屑岩储层主要发育在肖茶卡组、雀莫错组和夏里组地层中，碳酸盐岩储层主要发育在布曲组和索瓦组地层中。

1）上侏罗统索瓦组

上侏罗统索瓦组沉积期，羌塘盆地发生侏罗纪第二次大规模海侵，整个盆地再次演化为以碳酸盐岩台地相沉积为主。该期区块位于台地边缘浅滩-开阔台地相之后，主要发育局限台地潮坪-潟湖相碳酸盐岩沉积，其中潮坪相生物碎屑灰岩、鲕粒灰岩等可作为储层。

该组储层厚度变化较大，一般为 104～463 m。储层孔隙度为 1.03%～1.97%，平均孔隙度为 1.49%；渗透率为 0.0066～7.3480 mD，平均渗透率为 1.443 mD，整体来说储层致密，物性较差。通过铸体薄片鉴定，索瓦组碳酸岩储层储集空间包括溶蚀孔隙、微裂隙。从上看出，该组储层物性总体较差，但局部颗粒灰岩中受溶蚀改造作用，其储集性能大为提高。

根据毛管压力曲线的形态，区块内有 I 型（孔喉分选较好）、II 型（孔喉分选性较差）、III型（孔喉分选差）三种类型，其中III型占大多数，II 型其次，I 型最少。但有些碎屑岩的孔隙结构相对较好，如样品 PM7-17C 的毛管压力曲线进汞曲线略向左凹右凸（图 4-9），曲线平坦段位置比较低，平坦段较长，排驱压力 P_d 为 0.0488 MPa，排驱压力较小，孔喉

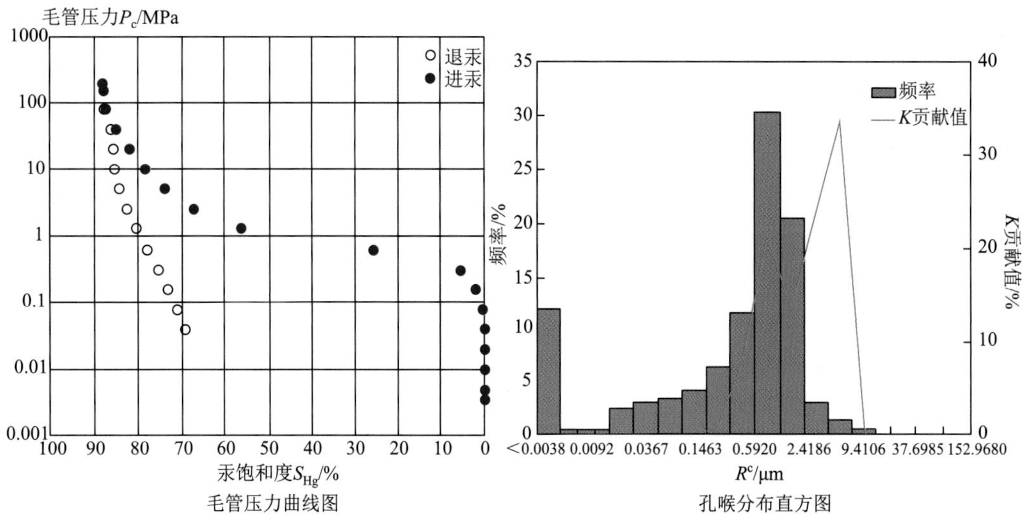

图 4-9　样品 PM7-17C 毛细管压力曲线及孔喉等效半径

直径均值为 0.68 μm，分选系数为 2.87，孔隙结构以细孔小喉型及细孔中喉型为主，部分为细孔微喉型。孔喉半径的 30%集中在 0.592～2.418 μm，孔喉半径在 0.0092～37.69 μm 基本属于正态分布。该组储层物性总体较差，但局部碎屑岩中受后期压实改造作用，其储集性能有所提高。

2）中侏罗统夏里组

夏里组沉积期，羌塘盆地出现了一次海退，中央隆起带西侧和盆地北侧再次出露成剥蚀区，中央隆起带东段成为水下隆起区，使得北羌塘拗陷成为一个半封闭型海湾环境。区块位于北羌塘拗陷东南边缘至东段隆起带之间，主要发育滨岸-三角洲沉积体系及潮坪-潟湖沉积体系，普遍发育蒸发岩，这种沉积体系中的砂体可为油气提供良好的储存空间。

储集岩性为中细粒石英砂岩、长石石英砂岩、岩屑石英砂岩。由于该区块内露头较少，没有剖面控制，从区域推测区块夏里组砂岩储层厚度大于 100 m。露头砂岩样品（仅 1 件）的孔隙度和渗透率分别为 5.61%和 48.7567 mD，物性相对较好，可作为有利储层。分析原因认为，一方面该储层砂岩为滨岸沉积，滨岸高能带能够形成分选好、磨圆度高、杂基含量低、成分成熟度和结构成熟度都较高的砂体，能够很好地抵抗上覆地层的压实，从而保存更多的连通性好的孔隙系统；另一方面，经过埋藏-隆升过程中多期次成岩流体改造，在半封闭-封闭的埋藏环境中，砂体中各种矿物在水-岩反应过程中发生溶蚀-沉淀，造成孔隙的再分配，形成异常高孔渗带。

3）中侏罗统布曲组

中侏罗统布曲组沉积期，羌塘盆地发生大规模海侵，陆源碎屑物质供给急剧减少，主要发育一套稳定碳酸盐岩台地相沉积。托纳木区块主要位于开阔台地相区，发育有鲕粒灰岩、生物碎屑灰岩等储层。

储层岩性为鲕粒灰岩、砂屑灰岩、生物碎屑灰岩；由于区块内没有剖面厚度控制，从区块附近的该相带阿木岗剖面推测其储层厚度大于 100 m。通过区块样品分析，颗粒灰岩的孔隙度为 0.40%～8.46%，平均孔隙度为 1.97%；渗透率为 0.0051～0.8557 mD，平均渗透率为 0.207 mD，整体来说储层致密，物性较差。样品铸体薄片鉴定表明，储集空间包括溶蚀孔隙及微裂隙。

4）中-下侏罗统雀莫错组

中-下侏罗统雀莫错组沉积期，羌塘侏罗纪被动大陆边缘盆地打开初期，北羌塘拗陷为陆源近海湖填平补齐沉积阶段。区块位于河流-湖泊相带，沉积了一套砂砾岩、泥页岩夹膏岩、泥灰岩组合，从下到上，碎屑岩粒度变细、灰岩含量增加，并发育膏岩沉积。其中，下部的砂砾岩、砂岩可作为储层。

由于区块没有雀莫错组地层出露，从邻区同一相带的阿木岗剖面推测，储层岩性主要为岩屑砂岩、长石岩屑砂岩，厚度大于 200 m；孔隙度为 0.80%～5.63%，平均孔隙度为 2.32%；渗透率为 0.0007～17.2223 mD，平均渗透率为 1.223 mD，整体来说储层致密，物性较差。

铸体薄片鉴定表明，雀莫错组碎屑岩储层储集空间以次生溶蚀孔隙为主，残余原生粒间孔隙较少；此外，发育少量微裂隙；溶蚀孔隙多为长石粒内溶孔、岩屑粒内溶孔，偶见粒间溶孔，孔隙连通性差；微裂隙缝宽一般为 0.01～0.25 mm，未充填。面孔率普遍较低，长石岩屑砂岩面孔率为 2%左右，岩屑砂岩面孔率一般小于 2%，局部层段溶蚀强烈部位面孔率可达 6%。

5）上三叠统肖茶卡组

该期水体具有从南到北变深的特点，沉积体从南到北为滨岸-三角洲相砂岩、粉砂岩、泥页岩及含煤泥页岩过渡到陆棚相深灰色泥岩、粉砂岩夹泥晶灰岩。其中，滨岸-三角洲砂岩可作为储集岩。

区块储层主要出露于南部，岩石类型主要为中细粒长石石英砂岩、石英砂岩、岩屑长石砂岩等，厚度大于 100 m，如扎那陇巴剖面肖茶卡组地层总厚大于 426.4 m，储集层厚约 118.03 m，占地层的 27.68%。其中细粒砂岩厚约 59.64 m，占地层的 13.99%、中粒砂岩厚约 52.09 m，占地层的 12.22%，粗砂岩厚约 6.3 m，占地层的 1.48%。储层孔隙度为 0.23%～2.34%，平均孔隙度为 1.09%；渗透率为 0.0007～0.1044 mD，平均渗透率为 0.098 mD，整体致密，物性较差。

铸体薄片鉴定表明，研究区储集空间残余原生粒间孔隙较少，以次生溶蚀孔隙为主，发育少量微裂隙。溶蚀孔隙多为长石粒内溶孔、岩屑粒内溶孔，偶见粒间溶孔，溶蚀强烈的可以形成铸模孔，但铸模孔极为少见，部分层段发育有微裂隙，微裂隙被铁泥质或白云石充填，也有未充填的微裂隙保存，可作为油气运移的良好通道。受沉积及成岩作用共同控制，研究区野外剖面上三叠统碎屑岩储层中储集空间极不发育，面孔率极低，大多小于 2%。

2. 储集综合评价

1）碎屑岩储层评价

区块碎屑岩储层主要有肖茶卡组、雀莫错组、夏里组，3 套储层的岩石类型主要为海陆过渡相砂岩，储层厚度大于 100 m。

3 套储层的物性如下：肖茶卡组储层孔隙度分布为 0.23%～2.34%，平均为 1.112%，渗透率分布为 0.001～0.104 mD，平均为 0.009 mD；雀莫错组储层孔隙度为 0.80%～5.63%，平均为 2.317%，渗透率为 0.003～17.222 mD，平均为 1.223 mD，这里最高渗透率达 17.222 mD 的样品发育有微裂隙；夏里组储层（仅 1 件样品）孔隙度为 5.61%，渗透率为 48.757 mD，对测试样品进行检测，显示该样品发育有微裂隙，为其渗透率提供主要的贡献。按照分类标准，以孔隙度为主体进行储层性质类型划分，肖茶卡组均为Ⅶ类储层，雀莫错组碎屑岩中有 6.7%的样品为Ⅴ类、13.3%的样品为Ⅵ类、80%的样品为Ⅶ类储层，夏里组为Ⅴ类储层，但因仅有 1 件样品，不具代表性与统计学意义。对 3 套储层进行储层质量对比分析，结果表明在碎屑岩储层中以夏里组砂岩储层物性最好，但因其仅有 1 件样品，且发育微裂隙，故难以定性判断研究区夏里组储层一定优于肖茶卡组和雀莫错组，而雀莫错组碎屑岩储层物性要好于肖茶卡组，虽然雀莫错组仍表现出低孔低渗特征，但其局部发育有“甜点”（图 4-10），在其渗透率分布频率直方图上，虽然结果显示肖茶卡组和雀莫错组碎屑岩储层均为致密低渗透储层，渗透率均以小于 0.01 mD 为主，但雀莫错组砂岩储层中仍有约 28.6%的样品渗透率分布在 0.05～0.5 mD，而肖茶卡组砂岩中仅有 5%的样品渗透率分布在这一区间，即整体来说，雀莫错组储层物性要优于肖茶卡组储层（图 4-11）。

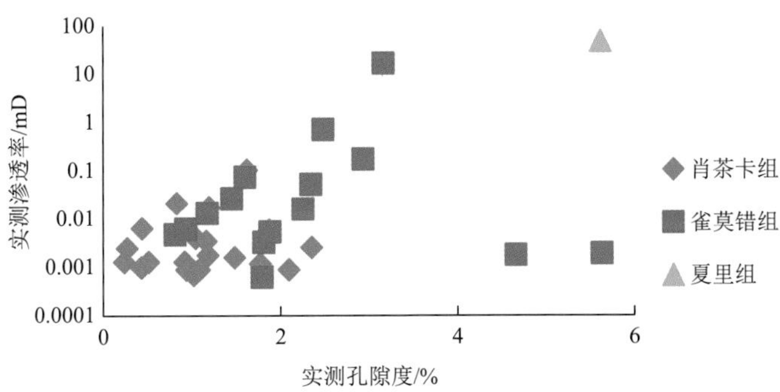

图 4-10　托纳木区块碎屑岩储层实测孔隙度与渗透率交会图

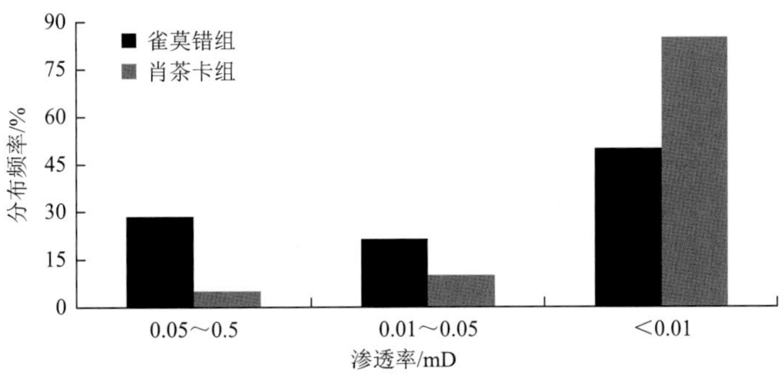

图 4-11　托纳木区块碎屑岩致密储层渗透率分布频率直方图

2）碳酸盐岩储层评价

区块碳酸盐岩储层主要分布于布曲组和索瓦组地层中，其储层厚度均大于 100 m。二者的物性特征上：布曲组灰岩孔隙度为 0.40%～8.46%，平均为 1.967%，渗透率为 0.005～0.856 mD，平均渗透率为 0.207 mD；上侏罗统索瓦组灰岩储层孔隙度为 1.03%～2.35%，平均为 1.592%，渗透率为 0.003～7.348 mD，平均为 1.145 mD。按照碳酸盐岩储层分类评价标准，布曲组样品有 14.3%的样品可达到Ⅱ类储层，85.7%的样品为Ⅳ类储层；索瓦组有 11.1%的样品为Ⅲ类储层，88.9%的样品为Ⅳ类储层（表 4-4），综上看出，布曲组好于索瓦组。

表 4-4　托纳木区块碳酸盐岩储层物性分类评价

样品位置	实测 φ 范围值/% 均值（个数）	实测 k 范围值/mD 均值（个数）	储层厚度/m	青藏高原碳酸盐岩储层分类评价标准（φ，k）		
				Ⅱ类	Ⅲ类	Ⅳ类
				12～6	<6～2	<2
				0.25～10	0.002～<0.25	<0.002
索瓦组	1.03～2.35 1.592（9）	0.003～7.348 1.145（9）	104～463	—	11.1%	88.9%
布曲组	0.40～8.46 1.967（7）	0.005～0.856 0.207（7）	>100	14.3%	—	85.7%

三、盖层条件分析

1. 盖层发育特征

托纳木区块内盖层分布层位多，从上三叠统肖茶卡组至下白垩统白龙冰河组（包括雪山组）均有分布，盖层岩性主要为泥页岩、泥晶灰岩、膏岩。多个层位盖层条件较好，特别是白龙冰河组（雪山组）盖层在区块北部（主要背斜构造带）大面积分布，对区内中生界油气目的层的封盖十分有利。

1）下白垩统白龙冰河组（雪山组）

该组地层出露于区块北部的托纳木复式构造一带，由三角洲至潮坪相碎屑岩、灰岩组成。其中的粉砂岩、粉砂质泥岩、泥晶灰岩、泥灰岩等可作为盖层。该组盖层较厚，如PM7 剖面雪山组地层厚 1838.54 m，盖层厚 1071 m，占地层总厚的 58.25%。由于该套盖层位于区块油气目的层的最高层位，对下伏油气勘探目的层的封盖十分有利。

2）上侏罗统索瓦组

该组地层主要出露于区块北部，由潮坪-潟湖相微泥晶灰岩、泥灰岩夹泥页岩、膏岩组成，盖层厚度为 600～840 m，如 PM1 剖面所测索瓦组地层厚 2245.81 m，盖层累计厚 601 m（其中灰岩盖层厚为 402 m，泥岩盖层厚为 199 m），占地层总厚的 26.76%；PM2 剖面索瓦组地层厚 1785.42 m，盖层累计厚 742 m（其中，灰岩盖层厚 447 m，泥页岩盖层厚 295 m），占地层总厚的 41.56%；PM6 剖面索瓦组地层厚 858 m，盖层累计厚 843 m（其中灰岩盖层厚 476 m，膏岩盖层厚 367 m），占地层总厚的 98%。兄弟泉剖面索瓦组底部见三层石膏，总厚度约 90cm，大多以板状、纤维状出现（图 4-12），膏岩层横向延伸稳定，常产于页岩之中，该剖面的页岩结构致密，封闭性较好，与石膏一起，成为较良好的封盖层。该层位于区块油气勘探目的层之上，具备形成良好的封盖条件。

(a) 石膏层野外产出特征

(b) 石膏层产出板状特征较致密

图 4-12　兄弟泉剖面石膏野外特征

3）中侏罗统夏里组

该组地层零星出露于区块中部，由滨岸-三角洲到潮坪-潟湖相砂岩、粉砂岩、泥页岩、泥晶灰岩夹膏岩组成，其中的细碎屑岩、泥晶灰岩、膏岩可作为盖层。根据地震解释推测其地层厚度为 800～1000 m，根据剖面与浅钻的不完全统计，地层中深灰色泥页岩盖层累积厚度为113～174 m，连续泥页岩最大厚度为68 m，具备形成盖层的条件。

4）中侏罗统布曲组

该组地层少量出露于区块南部，由开阔台地相微泥晶灰岩、颗粒灰岩组成，其中的微泥晶灰岩、泥灰岩可作为盖层，由于出露剖面较少，根据地震解释及少量剖面推测其地层厚度为800～1200 m，其中盖层厚度为700～1100 m，具备形成盖层的条件。

5）中-下侏罗统雀莫错组

区块内未见该组地层出露，从沉积演化及地震解释推测，该区应有雀莫错组地层。该区块雀莫错组由河流-湖泊相碎屑岩、灰岩夹膏岩组成，其中细碎屑岩、微泥晶灰岩、泥灰岩、膏岩可作为盖层，从地震及区域地层推测，该组地层厚度大于700 m，其盖层厚度大于400 m，具备形成盖层的条件。

6）上三叠统肖茶卡组

该组地层出露于区块南部，由滨岸-三角洲相砂岩、粉砂岩、泥页岩及含煤泥页岩过渡到陆棚相深灰色泥岩、粉砂岩夹泥晶灰岩组成，其中的泥页岩、泥晶灰岩等可作为盖层，根据露头剖面、地质浅钻及地震解释推测，雀莫错组地层厚度为792～2000 m，其盖层厚345～500 m，泥岩单层厚度为58 m。

2. 盖层封盖性能

托纳木区块内盖层岩性主要有泥质岩类、碳酸盐岩及膏岩类。根据《西藏羌塘盆地双湖地区笙根幅区域地质调查报告》（1998）所测试的索瓦组灰岩样品（表4-5），显示索瓦组碳酸盐岩盖层具明显的低孔、低渗特点，并具有较高的突破压力。

表4-5　盖层分析数据表

样品号	岩性	层位	φ/%	k/mD	突破压力/MPa	突破喉道半径/μm	突破饱和度/%	最大进汞量/%	进入压力/MPa	最大喉道半径/μm
AP0220ch1	泥晶灰岩	J_3s^2	1.30	0.238	61.7	0.012	32.08	61.38	43.9	0.017
AP0114ch1	介壳灰岩	J_3s^1	1.20	7.41×10^{-4}	82.3	0.009	33.17	59.75	71.5	0.010
AP0110G1	泥灰岩	J_3s^1	2.36	$<1\times10^{-4}$	42.5	0.018	40.01	66.81	33.6	0.0222

根据近年调查，区块内见多个盐丘构造，主要分布于区块笙根南侧与阿木查跃南侧，总体呈北西—南东向展布。例如，笙根南盐丘（N33°25.733′，E89°8.878′）出露面积约为1 km^2，地表出露外形呈丘状。膏岩类型以灰质石膏、颗粒状石膏为主，少量为板状石膏。在盐丘292°方向上，总体构成一轴面呈南北向且向南扬起的向斜，层间膏岩塑性滑动形成的次级褶皱发育，由东向西，变形程度减弱。在39°方向上，总体呈

单斜构造，膏岩厚大于 182.6 m，膏盐塑性滑动形成的褶皱相对不发育，但上覆于膏岩的灰岩明显受到挤压而形成变形构造。再如阿木查跃南盐丘（N33°18.657′，E83°24.900′）出露面积约为 1 km^2。盐丘以白色颗粒状石膏为主，盐丘上部覆盖的上侏罗统索瓦组灰岩，地层产状受到盐丘上拱的影响。

盐丘的发现说明托纳木—笙根区块内存在优质的盖层，膏岩在流动上拱形成盐丘的过程中，改变了上覆地层的产状，可以形成各种各样的构造圈闭。

3. 盖层综合评价

综上所述，研究区内盖层发育，纵向上各个层位均互相叠置，横向上广泛分布，具有较强的微观油气封闭能力。特别是索瓦组和白龙冰河组盖层的厚度大，突破压力高，属好的区域盖层。此外，区块内盐丘的出现，表明在研究区内存在一套良好的优质盖层，但是我们目前没有获得有效的厚度数据，但是膏岩的封闭性能良好，可以为油气的保存提供良好的条件。

四、生储盖组合

通过对研究区及邻区剖面的研究，区块中生界可以划分为三套完整的生储盖组合，即上三叠统肖茶卡组-中下侏罗统雀莫错组组合（Ⅰ）、中侏罗统布曲组-中侏罗统夏里组组合（Ⅱ）、上侏罗统索瓦组-下白垩统雪山组组合（Ⅲ）。研究区大面积出露下白垩统雪山组地层，局部出露上侏罗统索瓦组地层，因此，从整体分析结果来看，应以Ⅰ、Ⅱ套组合为主要勘探目标（图 4-13）。

上三叠统肖茶卡组-中下侏罗统雀莫错组组合（Ⅰ）：该生储盖组合以上三叠统肖茶卡组的暗色泥岩和煤岩等为主要生油岩，上三叠统肖茶卡组岩屑石英砂岩及其与中下侏罗统雀莫错组之间的古风化壳，雀莫错组的砂砾岩和砂岩为主要储集层，雀莫错组上部的膏岩和泥岩为盖层，构成生储盖组合。其中，烃源岩以测区东部的 QZ-7 井、QZ-8 井以及区内南部 QZ-15 井和扎那陇巴剖面测试的样品为代表，95%的泥岩（TOC＞0.5%）为烃源岩，其中 73%的为中等—好的烃源岩，厚度为 85～500 m，说明该套烃源岩具有较大的厚度和较好的生烃能力。储集层有肖茶卡组上部砂岩及雀莫错组下部的砂砾岩层，虽然该套储集层具有低孔低渗的特点，但古风化壳存在可有效增加其储集空间。雀莫错组上部的膏岩和泥岩为盖层，该套盖层发育的泥岩和膏岩，具有较好的封闭能力，并且从区域上具有普遍分布特征。

中侏罗统布曲组-中侏罗统夏里组组合（Ⅱ）：该生储盖组合以中侏罗统布曲组的泥晶灰岩和局部夏里组的泥岩为主，但经过前面的综合评定，其主要为差—中等的烃源岩，但是其优势是厚度大（布曲组在局部，泥晶灰岩占地层总厚度的 50%以上）；而布曲组的颗粒灰岩和夏里组滨岸-三角洲相的砂体则为主要的储集空间；夏里组的泥岩和布曲组局部发育的膏岩则组成了重要的盖层。总体来看，该组合烃源岩厚度大、储集层和盖层物性条件相对较好，尽管生油岩有机碳含量相对较低，但该组合生储层配置较好，是较为有利的生储盖组合。

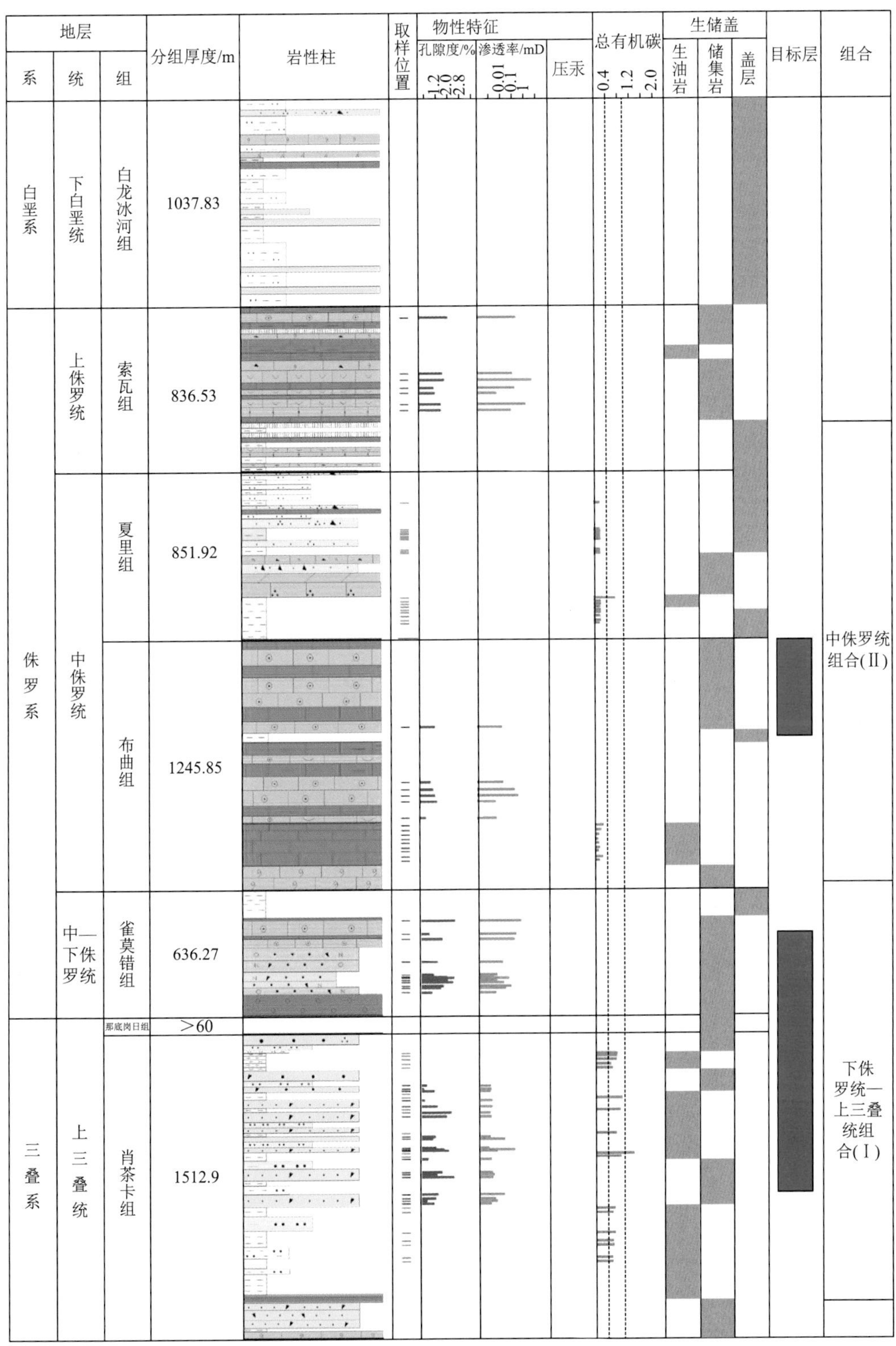

图 4-13　羌塘盆地托纳木区块生储盖组合划分图

第四节　地球化学

油气地球化学勘探是一种基于油气微渗漏原理的直接找油技术，经过半个世纪的发展，微渗漏理论从定性发展到定量，方法技术从试验研究走向实际应用，已成为油气勘查领域行之有效的一种技术。托纳木区块进行的油气地球化学勘探，主要为低密度油气化探与油气微生物地球化学勘探。

2004 年，中国地质调查局成都地质调查中心承担的“青藏高原油气资源战略选区调查”项目在托纳木区块北部部署了 623 km^2 的低密度地球化学调查，通过调查取样分析，显示该地区具有油气勘探前景。

一、油气化探异常特征

1）甲烷异常特征

区域异常主要分布于托纳木背斜带和第四系覆盖区［图 4-14（a）］；局部异常主要呈顶部异常模式分布于托纳木背斜的中西部两个圈闭构造上方，且出现面积大、强度高的特征。上述甲烷地球化学异常空间分布特征和制约因素揭示托纳木区块可能存在油气运移和聚集。

2）相态汞异常特征

托纳木区块土壤中汞的存在形式主要是硫化汞（300～400℃）和氯化汞（200～300℃）。硫化汞的区域异常［图 4-14（b）］受到油苗点、托纳木背斜和区域逆冲断层的约束，而且托纳木背斜上的区域异常连续性和趋势性非常明显；局部异常主要约束因素是油苗点和背斜圈闭，具有强度大、分片集中的特征。氯化汞异常与硫化汞异常比较相似，表现在区域异常和局部异常的分布方面，所不同的是异常面积的差别。上述汞的区域异常和局部异常与甲烷相似，说明二者都与油气运移和聚集有关。

3）乙烷、丙烷和重烃异常特征

乙烷、丙烷和重烃具有非常高的相关性。乙烷、丙烷地球化学异常图与甲烷不同，乙烷区域异常面积非常大［图 4-14（c）］，主要呈现大面积片状和长条状分布于中西部，片状异常区主要位于第四系覆盖区和托纳木区块中部背斜圈闭上，长条状区域异常主要沿托纳木背斜西北部逆冲断层分布；乙烷局部异常主要位于第四系覆盖区，浓集程度较高，托纳木背斜带和断层上分布有强度低的零星异常。丙烷地球化学异常分布特征与乙烷类似，都呈现大面积的区域异常特征和局部异常的集中分布特征。重烃的区域异常［图 4-14（d）］由于重烃中乙烷和丙烷所占的比例较大，因而重烃异常与它们具有非常明显的相似性。重烃异常揭示出托纳木背斜带上的油气可能源于第四系覆盖区深部的烃源岩，也就是说，油气是由第四系覆盖区深部向托纳木背斜运移。

4）异丁烷和戊烷异常特征

异丁烷的区域异常分布很有特点：第四系覆盖区，油气圈闭保存条件较好，异丁烷的区域异常呈大面积片状分布［图 4-14（e）］；托纳木背斜油气圈闭保存条件较好的是托纳木背斜中部，其异丁烷区域异常指示背斜翼部保存条件良好；托纳木背斜西部构造由于构造抬升，处于剥蚀强烈区，异丁烷异常几乎没有；托纳木背斜西北部的逆冲断层是一个油气运移的区域构造，化探指标异常仅出现区域性的异常强度，局部异常不发育，说明该逆冲断层具有很强的遮挡作用，与异丁烷异常的指示意义相符。异丁烷的局部异常主要出现在第四系覆盖区，也呈现大面积的片状异常，说明该区油气运移强度较大。异戊烷的地球化学异常特征与异丁烷类似，也可以反映油气圈闭保存条件。

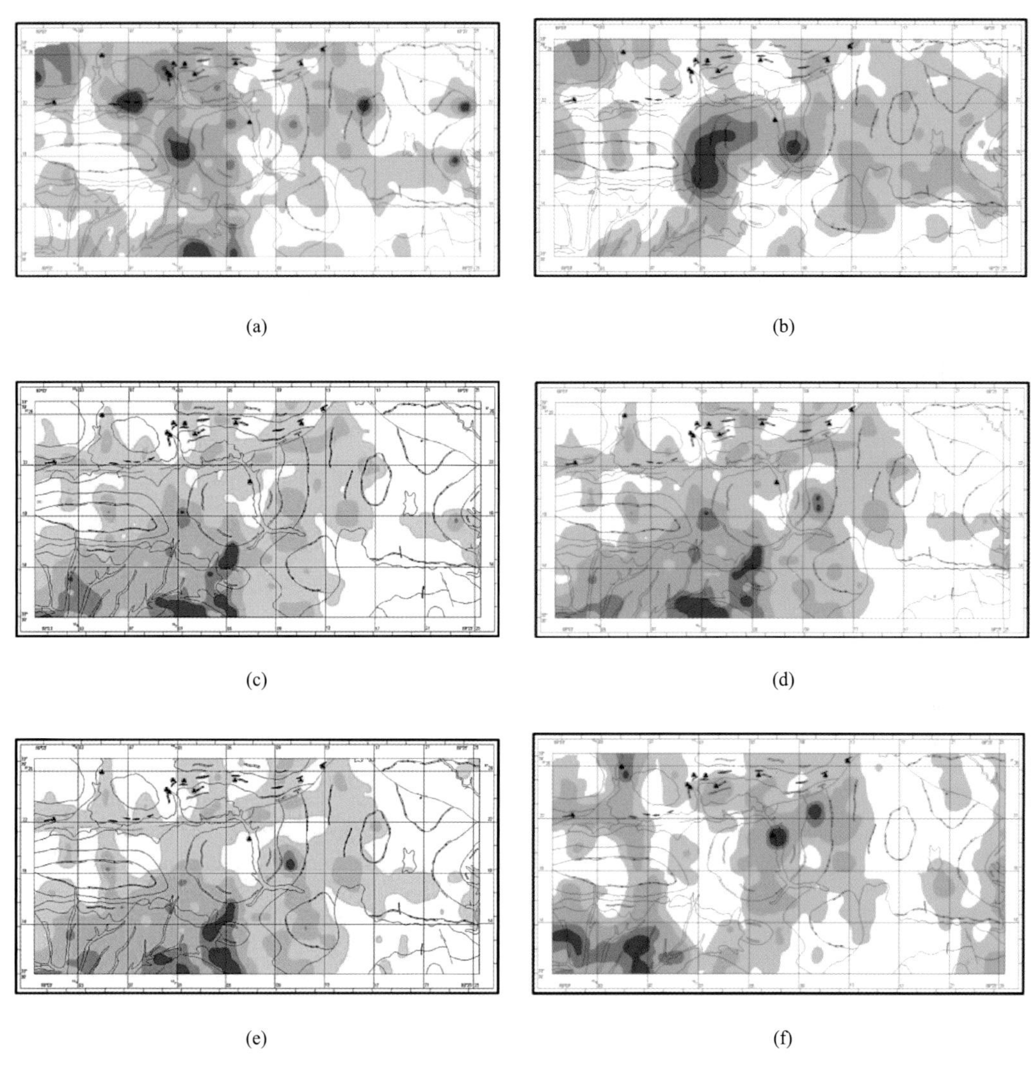

(a) (b) (c) (d) (e) (f)

图 4-14 托纳木区块油气化探异常示意图

5）芳烃异常特征

芳烃的区域异常［图 4-14（f）］主要分布于区块中、西部的背斜区域和西南部第四系覆盖区域；局部异常主要集中于区块西南角和中部背斜高点的东南翼。芳烃异常与甲烷等异常的分布特征不同，可能揭示区块油气在运移、聚集过程中存在空间分异。总之，托纳木区块区域异常一般成片分布，主要背斜带和区域断层的控制，局部异常位于区域异常之上，受局部圈闭的控制，这种异常谱系反映了油气运移和聚集特征。

二、油气资源潜力多元信息预测

上述各种异常特征表明托纳木区块发生过油气运移和聚集过程，且局部异常反映圈闭构造的含油气特征。为了进一步预测油气聚集的有利部位，项目在油气运移聚集地球化学效应研究的基础上，结合石油地质和遥感信息，采用油气资源潜力多元信息综合预测，结果显示托纳木中部背斜构造和托纳木背斜西南部的第四系覆盖区为区块较好的油气远景区（图 4-15）：①托纳木背斜西南部的第四系覆盖区是该区最有前景的靶区，其规格化面金属量（normalized areal productivity，NAP）高达 107.28（NAP 为靶区的平均衬值与靶区面积之积），属有利区；②托纳木背斜中部构造也是较好的油气远景区，该背斜圈闭保存条件较好，NAP 仅次于托纳木背斜西南部靶区，属于较有利区；③托纳木背斜西北部构造保存条件相对较差，而且 NAP 数值较小，属于较差区。但第四系覆盖区附近托纳木与笙根之间的断裂带，其异常可能有断裂作用影响，因此托纳木区块中部背斜构造可能为较好油气聚集区。

化探结果显示的综合有利区，与我们基础石油地质调查在地表发现的托纳木背斜发育的位置完全一致，从以上来讲，此区域发生过油气运聚，并且托纳木背斜是良好的储存和封闭空间。

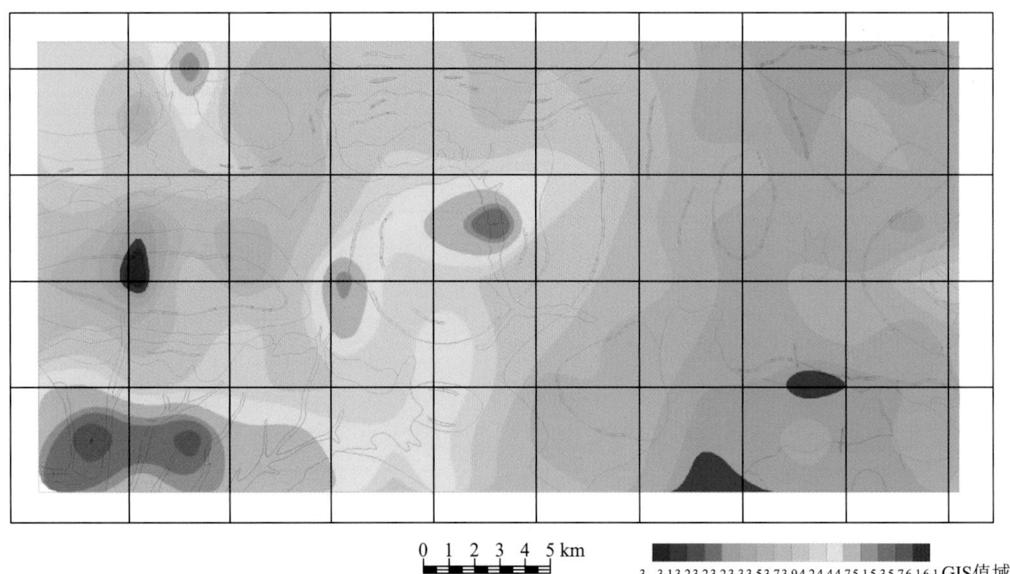

图 4-15　羌塘盆地托纳木区块油气资源潜力多元信息预测图

第五节　地 球 物 理

近年来，中国地质调查局成都地质调查中心在托纳木区块部署了大地电磁测量、复电阻率测量和二维地震测量，通过这些地球物理解释，获得了区块的深部构造信息。

一、电法特征

1. 大地电磁综合解释

根据大地电磁（magnetotelluric, MT）剖面综合解释，托纳木区块的断裂多为逆断层，但这些断层多集中于区块南部的中央隆起带附近区域，在区块中北部地区并不发育，表明研究区的重点勘探区的保存条件相对较好。

区块内部可划出南部凹陷区（龙尾湖凹陷东延部分）、中部凸起区和北部托纳木藏布凹陷三个次级构造单元。

南部凹陷区：总体低阻盖层较发育，推测三叠系埋深从南往北有变深趋势，呈低阻。其下的相对低阻可能为二叠系鲁谷组火山岩，电性界限不明显。

中部凸起区：中浅层电阻率均高于南部凹陷区。地表出露地层为新生界，根据钻孔和物性资料分析，该区浅部一套较厚的中低阻地层应为侏罗系索瓦组与夏里组地层。

托纳木藏布凹陷：在一维连续介质反演剖面上处于电阻高值区域，纵向上电性值经过了相对低—高—相对低—高的变化过程，表层低阻推测为新生界地层，中浅层高阻推测为侏罗系高阻层，其下可能发育有一套夏里组较薄的低阻层系，厚度约为 0.5 km。

综合解释结果表明，区块整体上显示从中央隆起向北，水体是逐渐增深。在羌中隆起向北依次为浅水区（隆起北坡）、深水区（羌北拗陷），中间由于局部凸起的存在，部分沉积物相对较薄，与沉积相分布较吻合。研究区的北部地表具有较好的背斜圈闭构造，化探勘探的有利区位于北部凹陷范围内。

地震解释确定的5个圈闭分布在北羌塘拗陷，其中5号圈闭构造位于南部凹陷区北缘，1～4 号圈闭背斜位于北部托纳木藏布凹陷的南缘。

2. 复电阻率法综合解释

复电阻率（complex resistivity, CR）法研究的电性主要包括两个方面：一是导电性，即岩石、地层等对电流的导通特性；二是电极化性，即岩石、地层等在电流激发下产生的次生极化能力。分析研究目标体所产生的导电性、电极化性差异是 CR 法探测含油气圈闭的基础。

多年的勘探结果证明，在油气生成、运移、储集、逸散整个活动过程中，烃类物质对围岩的长期蚀变作用产生了高于背景的极化异常。其强度与烃类物质的含量、作用时间长短相关；其形态与地质构造、烃源岩与储层盖层的空间位置等相关（徐传建等，2004）。

通过对扎仁区块试验剖面已知油气显示与 CR 法各参数的对比，表明视充电率 m_S 异常与油气关系密切，电阻率低值异常范围较大，异常界线明显。综合考虑各种参数，在托纳木区块的 CR 法剖面上解释出 7 个有利油气异常，其中 I 类异常 2 个（Ⅴ号、Ⅳ号构造）（图 4-16），为好油气聚集区，可获得低产以上级油气；Ⅱ类异常 5 个，为较好油气聚集区，可获较好显示级油气。

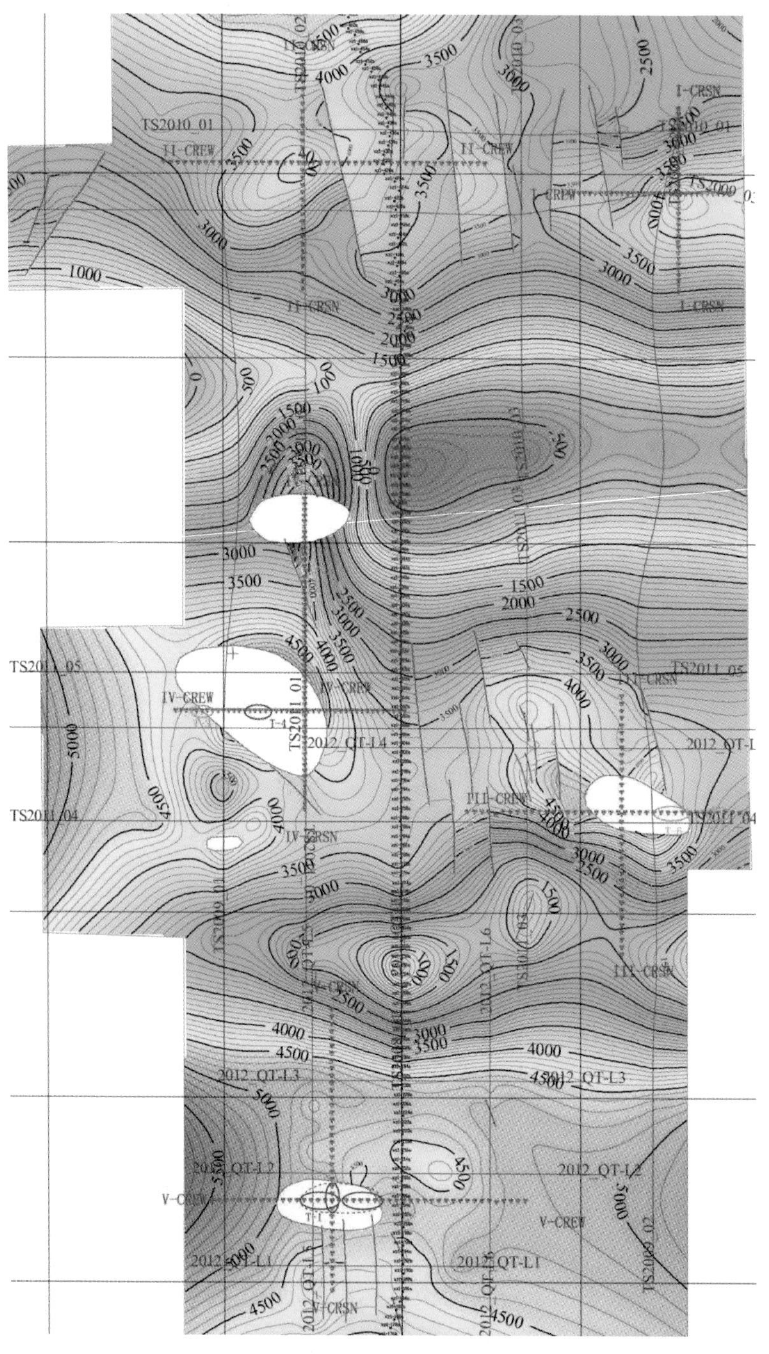

图 4-16　羌塘盆地托纳木区块 CR 法异常分布示意图

根据 CR 法异常的各参数响应，以及已总结的研究区 CR 法异常组合模式，参考钻井资料对划分的 7 个异常进行评价（表 4-6）。

表 4-6　托纳木区块复电阻率（CR）法异常综合评价表

异常编号	测线编号	异常位置/点号	异常深度/m	电阻率 $\rho_\omega/(\Omega\cdot m)$	视充电率 m_S/%	时间常数 τ/s	频率相关系数 c_s	异常评价	备注
T-1	Ⅴ-CRSN	218～234	−1000～−1900	<25	>4	1.9～2.5	0.5～0.6	Ⅰ类异常	m_s局部>6%
	Ⅴ-CREW	250～272							
	Ⅴ-CREW	274～296							
T-2	Ⅳ-CRSN	210～222	−1100～−1400	<12.5	>4	1.3～1.9	0.4～0.55	Ⅱ类异常	
T-3	Ⅳ-CREW	198～210	−600～−1500	15～75	>4	1.5～2.0	0.5～0.6	Ⅱ类异常	
T-4	Ⅳ-CREW	228～243	−1300～−2200	<15	>5	1.5～2.3	0.5～0.7	Ⅰ类异常	m_s局部>6%
T-5	Ⅲ-CRSN	210～220	−1300～−2000	<22.5	>3.5	1.7～2.1	0.45～0.55	Ⅱ类异常	m_s局部>4%
T-6	Ⅲ-CREW	368～386	−1100～−2000	<25	>3.5	1.7～2.3	0.5～0.65	Ⅱ类异常	m_s局部>4%
T-7	Ⅲ-CREW	398～410	−2500～−3000	<25	>3.5	1.5～2.1	0.5～0.65	Ⅱ类异常	m_s局部>4%

1）T-1 异常

T-1 异常位于 V-CRSN 线的 218～234 号点及 V-CREW 线 250～272 号点、274～296 号点之间，为两条测线控制的异常。m_S断面上存在 m_S大于 4%，局部大于 6%的异常，其上部有一小部分异常，是该异常向上逸散的反映。

ρ_ω等电阻率断面上，其处于低阻区；c_S参数断面上，对应 m_s 异常 $c_S = 0.5～0.6$；$\tau_S = 1.9～2.5$ s。

CR 法组合异常特征为：ρ_ω较低、m_S中等（4%）以上、τ_S中等（1～3s）、c_S中等（0.5 左右）的“一低，三中”综合特征。推断其为Ⅰ类异常，异常埋深为−1000～−1900 m。

2）T-2 异常

T-2 异常位于Ⅳ-CRSN 线 210～222 号点间。m_S断面上存在 m_S>4%的异常。

ρ_ω等电阻率断面上，对应 m_S异常处有低阻异常；c_S参数断面上，与 m_S异常对应处，$c_S = 0.4～0.55$；$\tau_S = 1.3～1.9$s。

CR 法组合异常特征为：ρ_ω较低、m_S中等（4%）以上、τ_S中等（1～3s）、c_S中等（0.5 左右）的“一低，三中”综合特征。推断其为Ⅱ类异常，异常埋深为−1100～−1400 m。

3）T-3 异常

T-3 异常位于Ⅳ-CREW 线的 198～210 号点间。m_S断面上存在 m_S>4%的异常。

ρ_ω等电阻率断面上，m_S异常处在低阻到高阻的过渡区；c_S参数断面上，与 m_S异常对应处，$c_S = 0.5～0.6$；$\tau_S = 1.5～2$s。

CR 法组合异常特征为：ρ_ω较低、m_S中等（4%）以上、τ_S中等（1-3s）、c_S中等（0.5 左右）。推断其为Ⅱ类异常，异常埋深为−600～−1500 m。

4）T-4

T-4 异常位于Ⅳ-CREW 线的 228～243 号点间。m_s 断面存在 m_s＞4%、局部大于 6%的异常。

ρ_ω 等电阻率断面上，对应 m_s 异常处有低阻异常；c_s 参数断面上，与 m_s 异常对应处，$c_s = 0.5$～0.7；$\tau_s = 1.5$～2.3 s。

CR 法组合异常特征为：τ_s 较低、m_s 较高（＞6%）、τ_s 中等（1～3s）、c_s 中等（0.5 左右）。推断其为Ⅰ类异常，异常埋深为–1300～–2200 m。

5）T-5

T-5 异常位于Ⅲ-CRSN 线的 210～220 号点间。m_s 断面上存在 m_s＞3.5%、局部大于 4%的异常。

ρ_ω 等电阻率断面上，对应 m_s 异常处有低阻异常；c_s 参数断面上，与 m_s 异常对应处，$c_s = 0.45$～0.55；$\tau_s = 1.7$～2.1 s。

CR 法组合异常特征为：ρ_ω 较低、m_s 中等（4%）以上、τ_s 中等（1～3s）、c_s 中等（0.5 左右）的“一低，三中”综合特征。推断其为Ⅱ类异常，异常埋深为–1300～–2000 m。

6）T-6

T-6 异常位于Ⅲ-CREW 线的 368～386 号点间。m_s 断面上存在 m_s＞3.5%、局部大于 4%的异常。

ρ_ω 等电阻率断面上，对应 m_s 异常处有低阻异常；c_s 参数断面上，与 m_s 异常对应处，$c_s = 0.5$～0.65；$\tau_s = 1.7$～2.3 s。

CR 法组合异常特征为：ρ_ω 较低、m_s 中等（4%）以上、τ_s 中等（1～3s）、c_s 中等（0.5 左右）的“一低，三中”综合特征。推断其为Ⅱ类异常，异常埋深为–1100～–2000 m。

7）T-7

T-7 异常位于Ⅲ-CREW 线的 398～410 号点间。m_s 断面上存在 m_s＞3.5%、局部大于 4%的异常。

ρ_ω 等电阻率断面上，对应 m_s 异常处有低阻异常；c_s 参数断面上，与 m_s 异常对应处，$c_s = 0.5$～0.65；$\tau_s = 1.5$～2.1 s。

CR 法组合异常特征为：ρ_ω 较低、m_s 中等（4%）以上、τ_s 中等（1～3s）、c_s 中等（0.5 左右）的“一低，三中”综合特征。推断其为Ⅱ类异常，异常埋深为–2500～–3000 m。

综上所述，在 CR 法勘探深度范围内，区块的油气分布及含量不均匀；发现的 7 个 CR 法异常中，Ⅰ类异常 2 个，为好油气聚集区，可获低产以上级油气；Ⅱ类异常 5 个，为较好油气聚集区，可获较好显示级油气，其他未提及区为无油气显示区。

二、二维地震特征

通过地震解释，获取了区块的地腹构造特征。

1. 断裂构造

托纳木区块地层皱褶破碎严重，断裂发育。本次共解释断裂 60 余条，其中平面组合 12 条（图 4-17），主要断裂要素统计 12 条（表 4-7）。

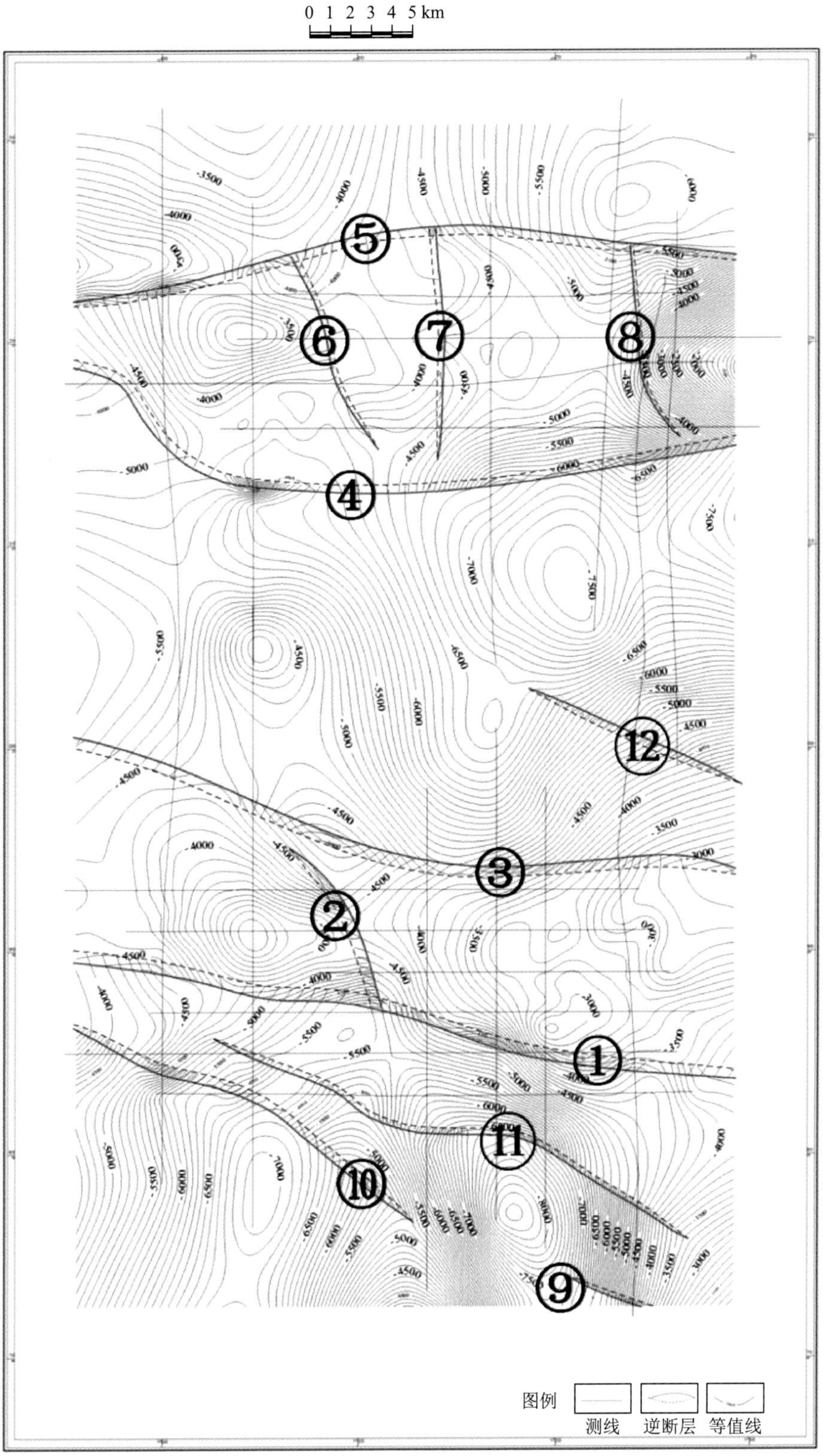

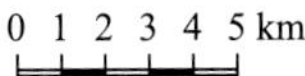

图例　测线　逆断层　等值线

图 4-17　托纳木区块三叠系顶界断裂平面组合示意图

表 4-7　羌塘盆地托纳木区块断裂要素统计表

序号	名称	断层性质	长度/km	平均断距/m	倾角/(°)	断面倾向	断层走向
①	Fr1	逆断层	34.30	400	40°	NNE	NWW
②	Fr2	逆断层	9.47	150	45°	SW	NW
③	Fr3	逆断层	34.86	350	35°	SW	NWW
④	Fr4	逆断层	36.08	600	35°	NE 转 N	NW 转 EW
⑤	Fr5	逆断层	34.10	450	30°	S	EW
⑥	Fr6	逆断层	10.64	80	40°	NE	NNW
⑦	Fr7	逆断层	11.45	150	30°	W	SN
⑧	Fr8	逆断层	10.18	250	45°	E	SN
⑨	Fr9	逆断层	2.34	150	35°	NE	NW
⑩	Fr10	逆断层	19.91	300	25°	NE	NW
⑪	Fr11	逆断层	26.53	350	25°	NE	NW
⑫	Fr12	逆断层	34.30	150	30°	SW	NW

托纳木区块断裂均为逆断层，延伸方向主要为北西、北西西、近东西、南北向。断层断距普遍不大，断层平面延伸距离以北西西及东西向较长，研究区内平面延伸 20 km 以上，为区域性断裂，控制了研究区“两隆夹一凹”形态和部分局部构造；近南北向断层平面延伸较短，多数为层间断层，断层断距普遍较小，为 350～600 m，剖面上断开白垩系至二叠系层位，表明断裂形成时期较晚。

Fr1、Fr3、Fr4、Fr5 为控制研究区“两隆夹一凹”格局的局控断裂（图 4-17），研究区南部、北部均有发育，走向基本平行，北西西或近东西走向，平面延伸距离较长，已超过本次测线范围，本次统计延伸距离均超过 30 km。

Fr6、Fr7、Fr8 为研究区北部三条近南北走向逆断层（图 4-17），断层平面延伸距离较短，在 10 km 左右，断距较小，为 80～250 m。三条断层均发育在研究区北部隆起带之上，推断是由于受到东西向的挤压应力形成，挤压作用使研究区层位发生褶皱，与此三条断层共同形成了微幅断背斜构造。

依据地震剖面特征，北部总体上表现为由东北向西南逆冲的构造面貌，南部主要表现为近东西向对冲的构造样式，逆冲断层和水平收缩构造是其主要变形形式（图 4-18～图 4-22）。

通过近年二维地震资料的解释，托纳木区块整体上由两个局部凸起（南部凸起、北部凸起）和一个局部凹陷（中央凹陷）组成凸凹相间的构造格局。这些凸起和凹陷构造受应力场作用和构造位置的差异，表现出不同的特征：北部凸起为中间低东西两侧高、北西西向的哑铃型构造（推测凸起的最高部位位于西部，二维测线未能完全显示），南部凸起为向西南倾斜的鼻状构造（凸起的最高部位位于东北部，二维测线未能完全显示），北部哑铃状构造南部与南部鼻状构造的北部相夹形成中央凹陷（图 4-23）。

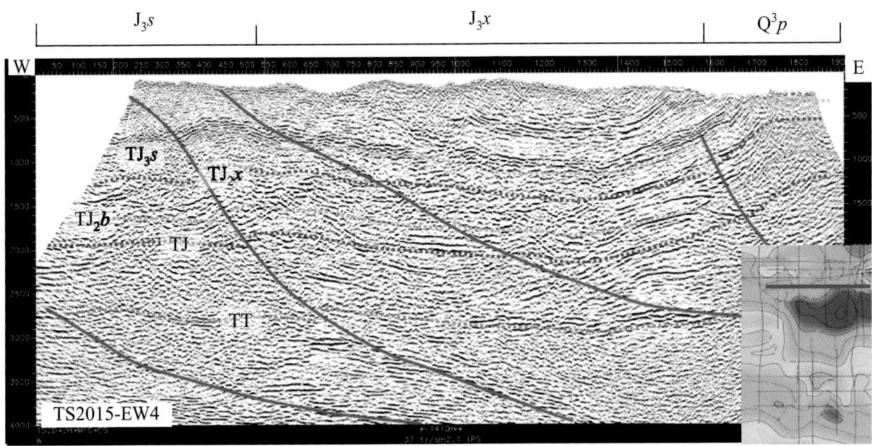

图 4-18　托纳木区块 TS2015-EW4 线剖面

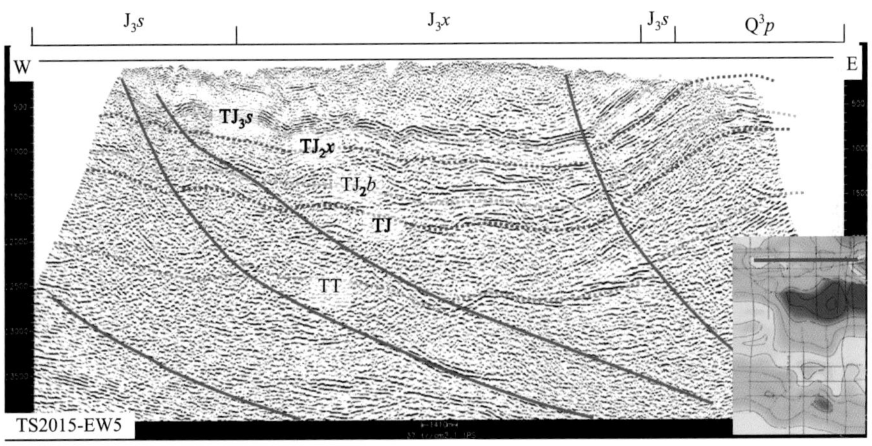

图 4-19　托纳木区块 TS2015-EW5 线剖面

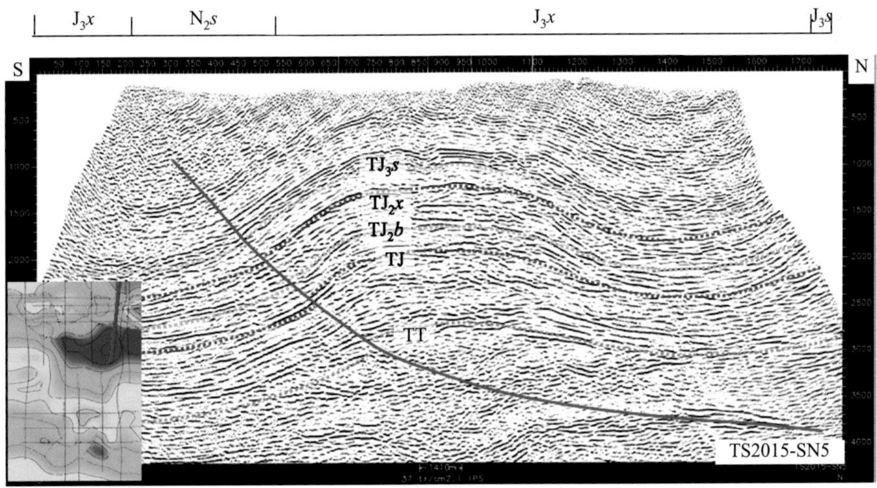

图 4-20　托纳木区块 TS2015-SN5 线剖面

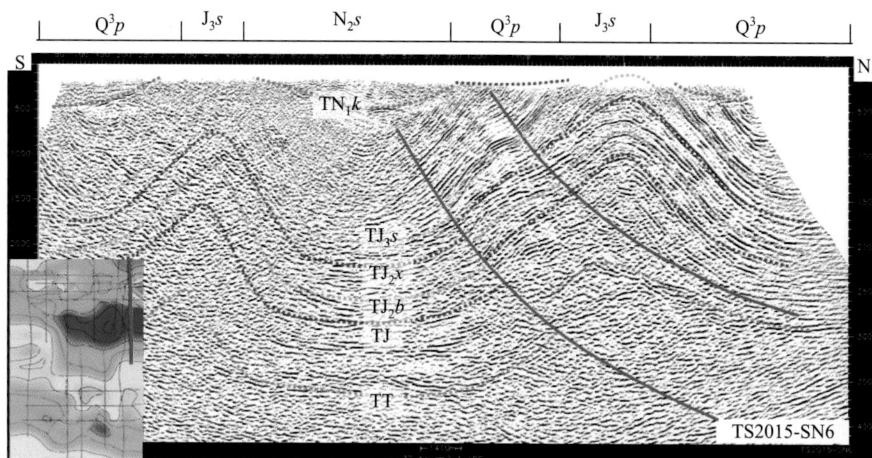

图 4-21　托纳木区块 TS2015-SN6 线剖面

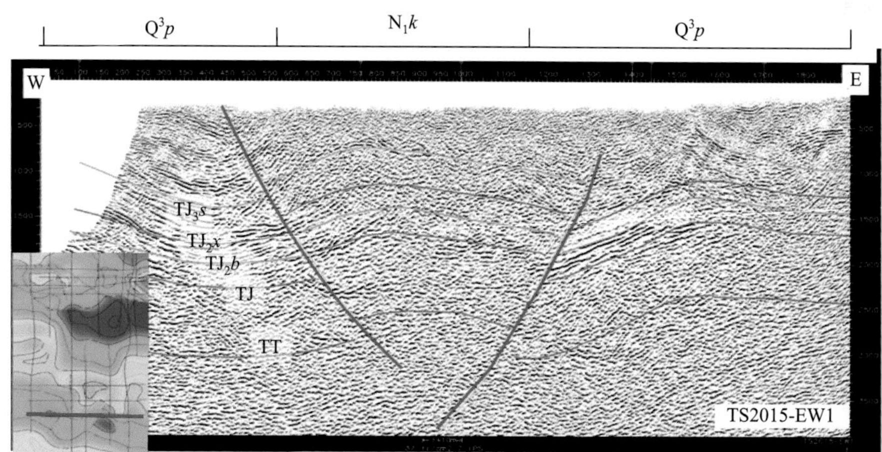

图 4-22　托纳木区块 TS2015-EW1 线剖面

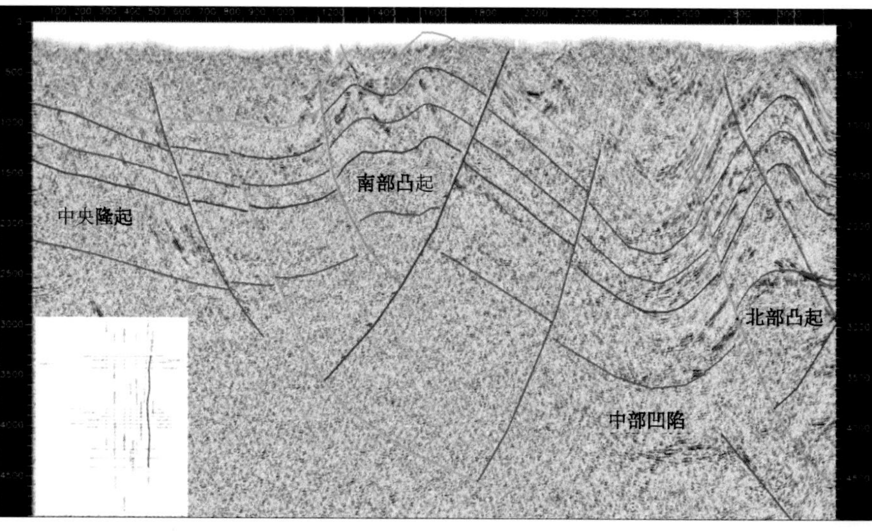

图 4-23　托纳木区块的南北向测线 TS2009-02 剖面

2. 地腹构造圈闭识别

根据 2008～2012 年、2015 年地震资料的连片处理与解释，在托纳木区块共发现了 6 个圈闭构造（表 4-8、图 4-24），这些局部构造圈闭分别发育于托纳木区块的北部凸起带与南部凸起带之上。其中，规模较大、落实程度相对较高的为 2 号和 4 号构造，其具体情况如下。

表 4-8　圈闭要素统计表

构造名称	构造形态	最低圈闭线/m	构造高点/m	闭合幅度/m	圈闭面积/km^2	落实程度
托纳木 1 号	断鼻	–4600	–3880	720	4.85	较可靠
托纳木 2 号	断背斜	–4300	–3000	1300	80.40	可靠
托纳木 3 号	背斜	–3200	–2880	320	16.56	较可靠
托纳木 4 号	断背斜	–4200	–3100	1100	54.39	可靠
托纳木 5 号	断鼻	–3900	–3730	170	14.31	不可靠
托纳木 6 号	断鼻	–4590	–4000	590	14.01	较可靠

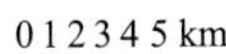

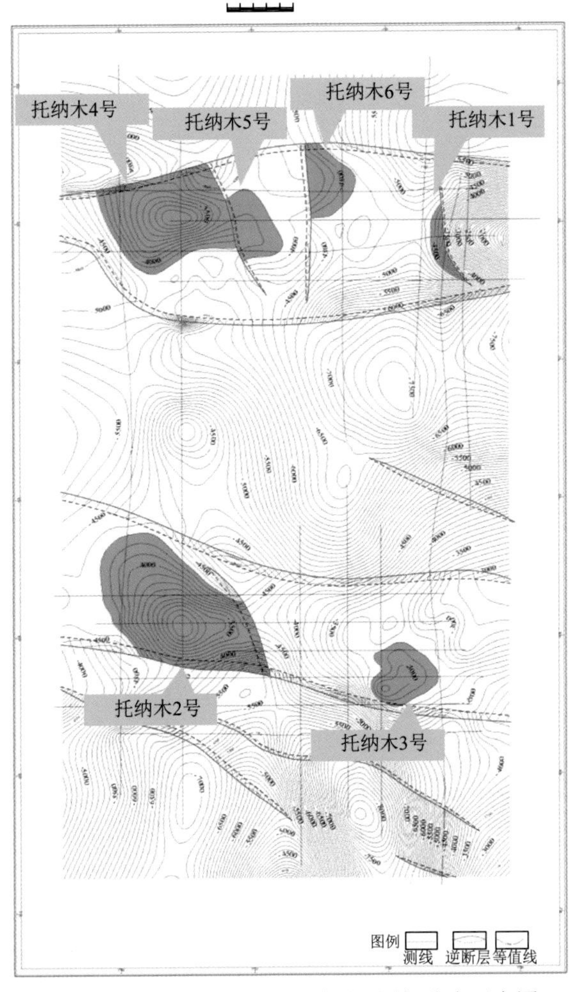

图 4-24　托纳木区块三叠系顶界圈闭分布示意图

1）托纳木 2 号构造

托纳木 2 号构造为两条近东西向断层挤压形成的断背斜，圈闭面积为 80.40 km^2，闭合幅度为 1300 m，构造高点为–3000 m。东西方向和南北方向剖面上均表现为较为完整的背斜构造（图 4-25）。地震资料品质以二、三级，测线控制程度高，断块构造落实。

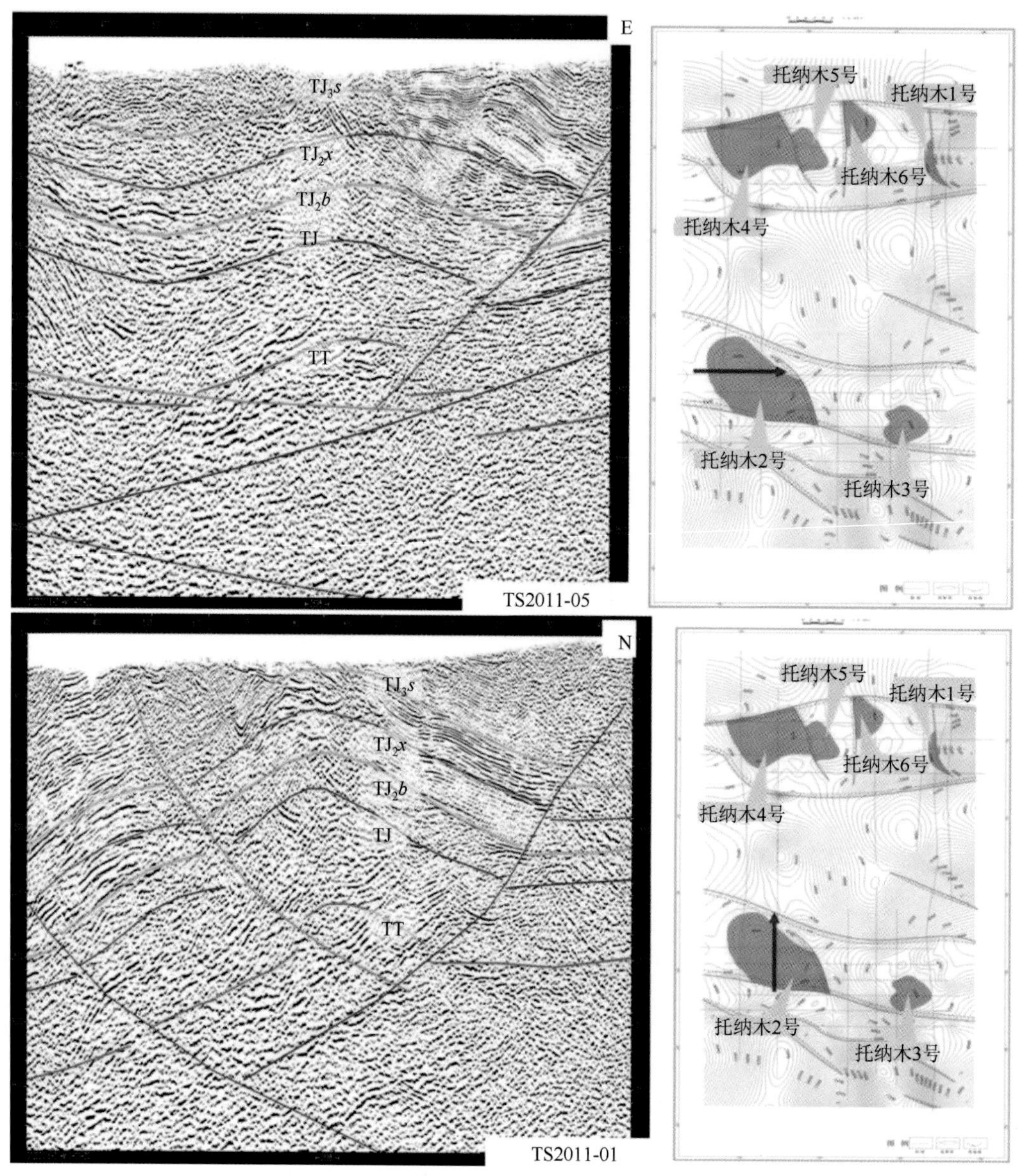

图 4-25　过托纳木 2 号构造剖面特征

2）托纳木 4 号

托纳木 4 号构造总体上为由多条逆断层控制的逆冲背斜，圈闭面积为 54.39 km^2，闭合幅度为 1100 m，构造高点为–2880 m。东西方向上，TS2009-03 线和 TS2010-01 线表现为两条断层夹持的背斜构造；南北方向上，TS2010-02 线亦表现为断背斜构造（图 4-26）。地震资料品质较好，测线控制程度高，断块构造落实。

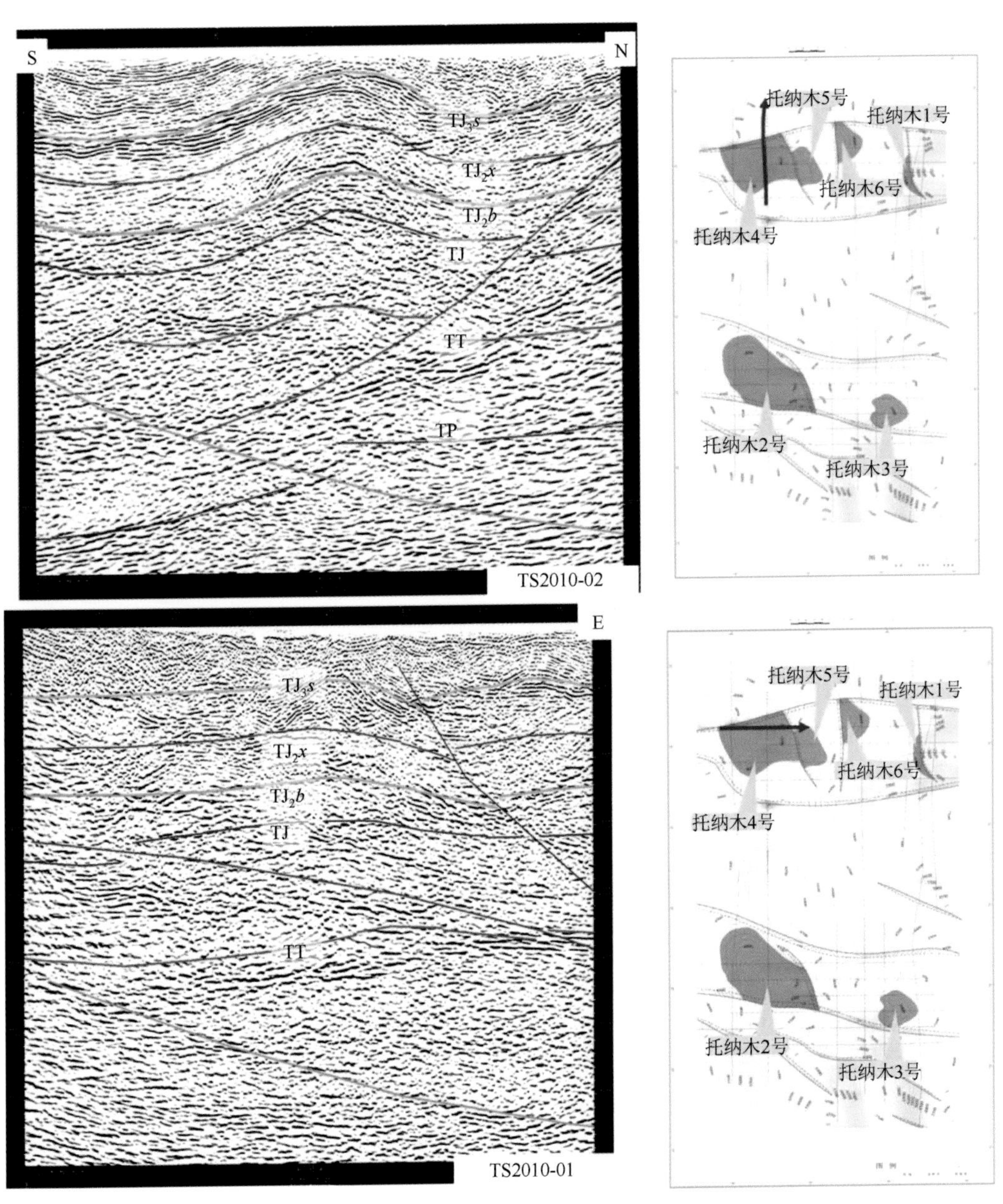

图 4-26　过托纳木 4 号构造剖面特征

第六节　油气成藏与保存

一、成藏条件

1. 油气的圈闭

托纳木区块的圈闭主要为背斜构造。地表地质调查显示，区块内存在 38 个背斜构造，典型构造是托纳木复式褶皱和托纳木勒玛穹窿构造，其背斜的核部地层主要由索瓦组组成，两翼由白龙冰河组及雪山组地层组成。地震解释显示，区块存在 6 个规模较大的地腹背斜构造，这些局部构造圈闭分别发育于托纳木区块的北部凸起带与南部凸起带之上，其中以 2 号构造、4 号构造的规模较大；区块北部的 4、5、6 号构造与地表调查的托纳木复式褶皱分布一致。通过地层接触关系及构造特征等研究，这些背斜构造主要定型于燕山中晚期。喜马拉雅期对其进行了一定的改造。

此外，区块内还存在岩性圈闭、地层不整合圈闭，这些圈闭的形成时代与地层时代一致，为中生代。

2. 油气的生烃史

从前述第二章、第三章关于北羌塘坳陷各组烃源岩的生烃史可看出，上三叠统烃源岩在中侏罗世进入生油高峰期，晚侏罗世末期进入湿气阶段，早白垩世进入干气阶段。中侏罗统布曲组烃源岩在早白垩世达到生油高峰期，在新近纪进入生气阶段。中侏罗统夏里组烃源岩在早白垩世开始生油，到新近纪早期进入生油高峰，此后构造抬升进入停滞阶段。上侏罗统索瓦组烃源岩在新近纪进入生油高峰期，此后由于喜马拉雅运动构造抬升导致生油停滞。

3. 圈闭与生烃成藏的时间匹配

综上所述，区块的构造圈闭主要定型于燕山中晚期，而该时期除肖茶卡组烃源岩处于生气阶段和布曲组烃源岩处于生油高峰期之外，夏里组和索瓦组烃源岩处于低成熟或未成熟阶段。因此区块各组烃源岩的生烃成藏期与构造定型为同一时期或晚于主构造定型期，有利于油气的成藏。区块的岩性圈闭和地层不整合圈闭发生于生烃之前，对油气成藏也极为有利。

二、保存条件

在晚侏罗世末至早白垩世，羌塘盆地受拉萨地块与羌塘地块碰撞作用而遭受了强烈的变形。本次碰撞作用不仅形成一系列规模不等的褶皱和断裂构造，还使沉积充填体普遍遭受不同程度的抬升和剥蚀，这对油气藏保存产生了很大的影响。新生代时期，喜马拉雅运动的多次叠加使早期断裂复活和形成新的断裂，并伴随火山活动和岩浆侵入，同时导致中生代油气藏遭受不同程度的改造。但是，上述各期构造运动于不同地区在变形强度、剥蚀程度、断裂发育状况、侵入活动、火山作用等方面存在一定差异，因而油气保存条件差异较大。

从区块出露地层来看，研究区中、北部广泛出露上侏罗统索瓦组、下白垩统白龙冰河组（雪山组）和新生界，少量出露中侏罗统夏里组，表明该区剥蚀程度较小；区块南部大面积出露上三叠统肖茶卡组地层，说明其剥蚀程度较强。

从区块内断层、岩浆分布来看，研究区断层较多，但是除少数次级构造单元边界断裂规模较大外，其他多为次级断层，切穿地层深度较小，并且多为逆冲断层，而本区块落实的地腹构造多为断背斜，断层对背斜的破坏作用较小；研究区岩浆活动较弱，仅在区块东部见少量新生代火山岩分布；因此断裂、岩浆活动对油气藏破坏不大。

从盆地构造改造强度上看，该区北部处于盆地弱改造区内，南部处于中等改造区内，而区块的主要背斜构造位于北部，因此油气藏相对保存较好；

综上看出，该区块的油气保存较好，特别是区块北部地区保存较佳，是寻找大中型油气藏的有利地区。

第七节　综合评价与目标优选

一、含油气地质综合评价

1. 烃源岩条件较好，为油气成藏奠定了有利的物质基础

托纳木区块内发育上侏罗统索瓦组、中侏罗统夏里组、中侏罗统布曲组和上三叠统肖茶卡组等多套烃源层，烃源岩累计厚度大，泥页岩的有机质丰度较高，具有形成大中型气田的能力。

2. 储集条件较有利，储层厚度大

研究区发育有上侏罗统索瓦组和中侏罗统布曲组颗粒灰岩储层及中侏罗统夏里组、中下侏罗统雀莫错组和上三叠统肖茶卡组砂岩储层，还发育有古风化壳储层，储层累计厚度大，具备大中型油气田的储集空间。

3. 盖层条件较好，有较厚的直接盖层

主要目的层（上三叠统肖茶卡组、中侏罗统布曲组）之上均有较厚的直接盖层，且夏里组、索瓦组中还发育有膏岩层盖层。此外研究区内分布有大面积新生界地层，由于其厚度大，具有一定的封盖能力。

4. 圈闭构造发育

根据地表调查与地球物理综合解释，区块内存在多个地腹构造，背斜型构造圈闭面积及闭合幅度较大，且主要勘探层位——侏罗系、三叠系地层发育齐全，生储盖配置良好，有利于油气聚集成藏。

5. 成藏条件优越，油气保存条件相对较好

研究区内背斜构造主要定型于燕山中晚期，而各组合生油岩的生油高峰期多在燕山期或之后，油气生成与背斜圈闭的形成时限配套良好，利于油气成藏。

区内断层规模小，火山岩不发育，构造改造较弱。因此该区块的油气保存相对较好。

综上所述，托纳木区块生储盖地质特征良好，圈闭构造发育，成藏条件优越，后期构造、岩浆等破坏作用较弱，因此认为该区块为羌塘盆地最有利油气资源勘探远景区块。

二、目标优选

通过对托纳木区块基础地质特征、生储盖地质特征、油气成藏及保存条件等分析，结合地腹构造的落实，认为区块第一目的层为中侏罗统布曲组颗粒灰岩层，第二目的层为中下侏罗统雀莫错组砂砾岩层和上三叠统肖茶卡组砂岩层；通过地腹构造落实程度及圈闭可靠程度评价、圈闭综合排队等，确定第一目标构造为托纳木 4 号构造，第二目标构造为托纳木 2 号构造。

1. 圈闭可靠程度评价

按照圈闭地震资料品质、测网控制程度进行圈闭可靠程度评价，托纳木区块 6 个构造圈闭中，其中 2 个为较可靠圈闭（表 4-9）。

表 4-9　侏罗系布曲组底界局部构造可靠程度评价表

构造名称	构造形态	最低圈闭线/m	构造高点/m	圈闭面积/km^2	可靠程度评价			
					测网控制程度	测网密度	地震资料品质	可靠程度
托纳木 1 号	断鼻	–4600	–3880	4.85	“十”字形测线	—	二级	不可靠
托纳木 2 号	断背斜	–4300	–3000	80.40	“井”字形测线	2×3	二级	较可靠
托纳木 3 号	背斜	–3200	–2880	16.56	“十”字形测线	—	二级/三级	不可靠
托纳木 4 号	断背斜	–4200	–3100	54.39	“井”字形测线	2×3	二级	较可靠
托纳木 5 号	断鼻	–3900	–3730	14.31	两条平行线	—	二级/三级	不可靠
托纳木 6 号	断鼻	–4590	–4000	14.01	“十”字形测线	—	二级/三级	不可靠

2. 目标优选排序

按照圈闭的可靠程度、圈闭面积和可提供风险钻探的情况将圈闭构造分为 I 、II 、III 类，其中 I 类为落实的有利圈闭，II 类为落实或较落实的较有利圈闭，III类为不落实或较落实的不利圈闭（表 4-10、图 4-27）。

表 4-10 托纳木区块圈闭综合排队表

<table>
<tr><th rowspan="2">构造名称</th><th rowspan="2">圈闭名称</th><th rowspan="2">构造形态</th><th rowspan="2">闭合幅度/m</th><th rowspan="2">圈闭面积/km²</th><th rowspan="2">可靠程度评价</th><th colspan="4">圈闭地质条件</th><th rowspan="2">资料品质</th><th rowspan="2">综合排队</th></tr>
<tr><th>生</th><th>储</th><th colspan="2">保存</th></tr>
<tr><td rowspan="2">托纳木凹陷</td><td>托纳木 2 号</td><td>断背斜</td><td>1300</td><td>80.40</td><td>较可靠</td><td rowspan="2">上三叠统肖茶卡组厚层泥页岩有利烃源岩和布曲组碳酸盐岩次要烃源岩</td><td rowspan="2">发育肖茶卡组、雀莫错组三角洲相碎屑岩储层和布曲组礁滩相碳酸盐岩</td><td rowspan="2">索瓦组出露</td><td>断背斜，资料复杂</td><td>二类</td><td>III</td></tr>
<tr><td>托纳木 4 号</td><td>断背斜</td><td>1100</td><td>54.39</td><td>较可靠</td><td>断弯背斜、资料复杂</td><td>二类</td><td>II</td></tr>
</table>

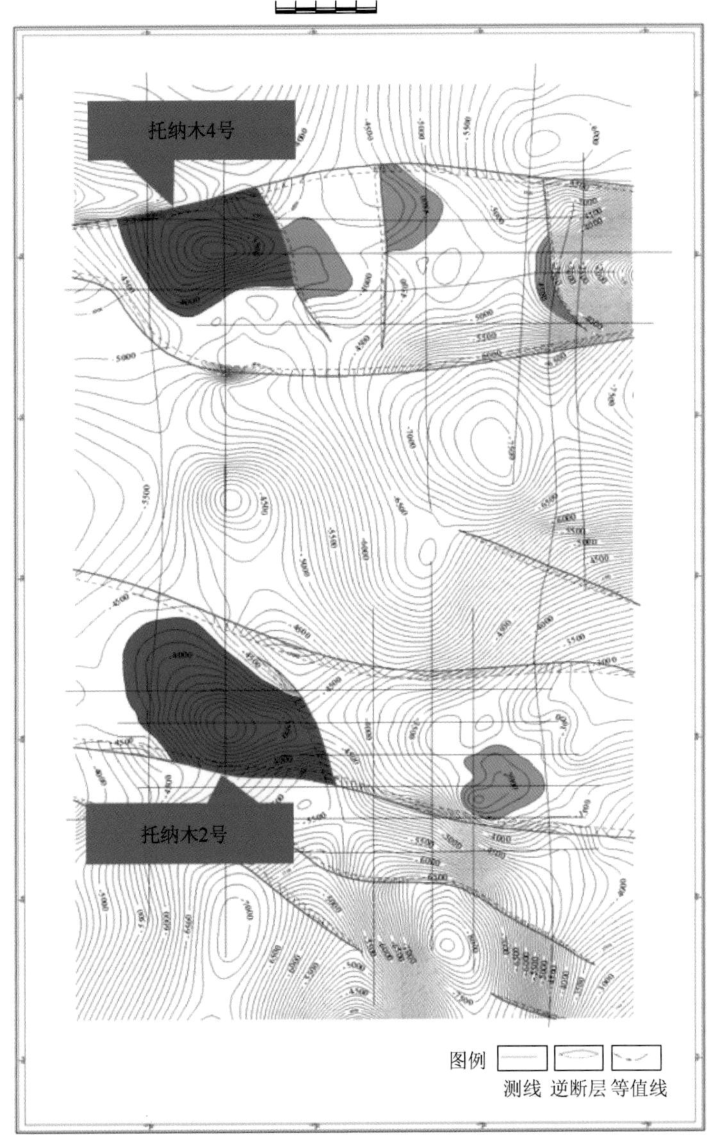

图 4-27 托纳木地区布曲组底界圈闭排队示意图

3. 科探井位部署建议

通过地震资料精细解译和圈闭综合评价，以优选的构造圈闭为对象，建议在 4 号构造上部署 1 口科探井。

1）部署的目的

（1）建立中央隆起带北缘托纳木地区地层岩性（岩相）、电性、物性、地层压力及含油气性剖面。

（2）探索中央隆起带北缘藏区中生界油气地质条件，取得羌塘盆地中生界的烃源岩发育情况及其生烃潜力、储盖条件及其组合特征资料，为羌塘盆地油气勘探提供依据。

（3）获取地球物理相关参数，准确标定地震层位，验证地球物理资料的准确性、地腹构造的可靠性。

（4）力争取得重大油气发现，实现羌塘盆地油气勘探的历史性突破。

2）部署依据

（1）处于龙尾湖深凹东延线有利区带，地层埋藏适中，肖茶卡组底界埋深为 5000 m。

（2）索瓦组保存完整，具有一定的封盖能力。

（3）背斜构造完成，地震资料反射较好，测网具有一定的控制能力。

3）科探井井位简介（4 号构造托笙 1 井）

井位位置：托纳木北部凸起的 4 号构造上，坐标：X（15704595）、Y（3720200）。

地震测线：二维 TS2010-02（CDP：927）（图 4-28、图 4-29）。

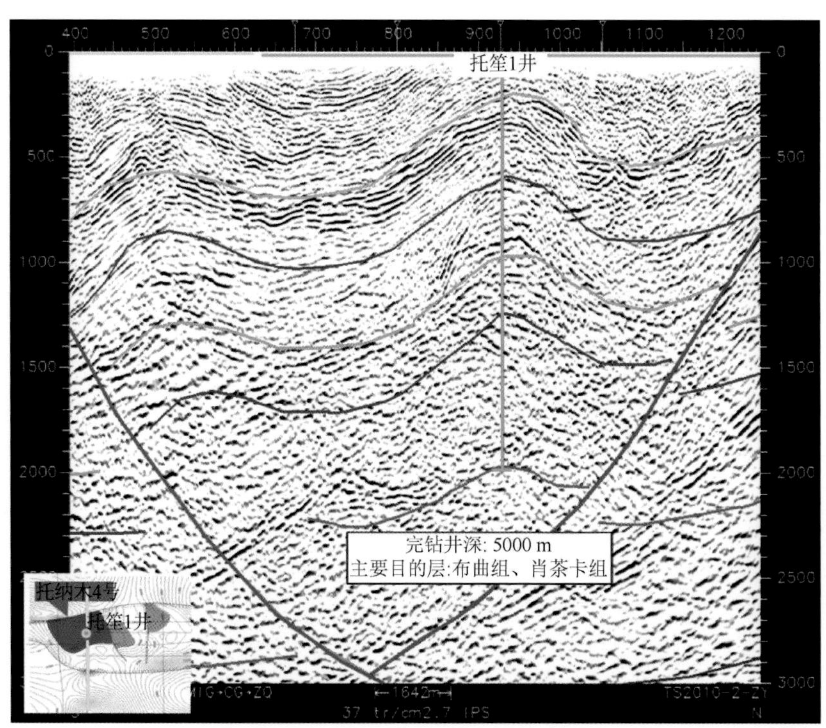

图 4-28　过托笙 1 井南北向地震剖面

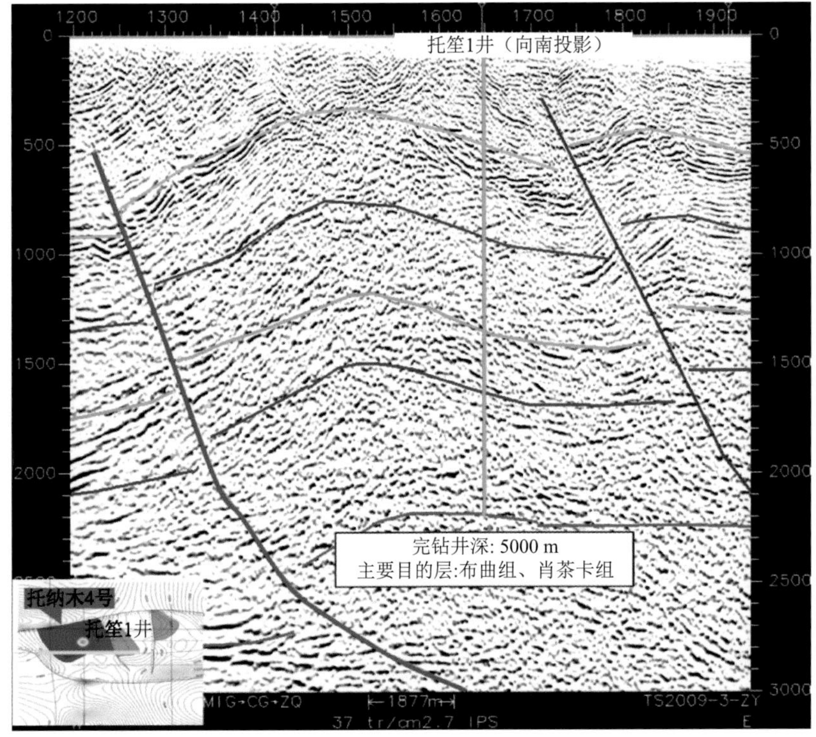

图 4-29　过托笙 1 井东西向地震剖面

目的层：布曲组、肖茶卡组。

完钻井深：5000 m（表 4-11）。

表 4-11　托笙 1 井预测钻遇地层位置参数表

层位	底界时间/ms	底界深度/m
J_3s	220	660
J_2x	600	1380
J_2b	980	2580
TJ	1250	3200
TT	1972	5000

第五章　隆鄂尼-昂达尔错区块调查与评价

隆鄂尼-昂达尔错区块是羌塘盆地迄今发现的规模最大的古油藏带。虽然该油藏带已出露地表，但现今该油藏带仍有浓烈的油味，是否预示着地下深部还有油气供给？该出露油藏带附近的其他覆盖区是否还残留有油气资源？前人（赵政璋等，2001d、e；王成善等，2001；王剑等，2004，2009；刘家铎等，2007）在开展羌塘盆地油气资源调查研究时，优选出该区带为有利含油气远景区。

第一节　概　　述

隆鄂尼-昂达尔错区块位于西藏自治区双湖县东南毕洛错至昂达尔错一带，地理坐标为 N32°25′～33°00′、E88°30′～90°10′，其东西长约 140 km，南北宽近 50 km，面积约为 7000 km^2。大地构造上位于羌塘盆地中央潜伏隆起带南侧的南羌塘拗陷内。

原地质矿产部（1986）和原国土资源部（2006）组织完成的 1∶100 万和 1∶25 万区域地质填图覆盖了该研究区，并建立了区块地层系统和圈定了含油白云岩的平面分布。中石油（1994～1998 年）组织完成的青藏油气调查在区块完成了部分区块的 1∶10 万石油地质填图和路线地质调查，并发现了隆鄂尼古油藏。

近年来，中国地质调查局成都地质调查中心承担的“青藏高原重点沉积盆地油气资源潜力分析”项目（2001～2004 年）、“青藏高原油气资源战略选区调查与评价”项目（2004～2008 年）、“羌塘盆地天然气水合物调查” 项目（2010～2012 年）、“青藏地区油气调查评价” 项目（2009～2014 年）在该区开展了扎仁区块及昂达尔错区块 1∶5 万石油地质构造详查、毕洛错区块 1∶5 万天然气水合物调查、昂达尔错地区油气微生物调查、一条横穿该区的重磁电震及地质大剖面调查、150 km 的复电阻率测量（图 5-1）、4 口地质浅钻工程及古油藏综合研究，并从沉积、油气、构造及保存条件等方面开展研究，将该区块划为羌塘盆地有利油气远景区之一。

在上述工作基础上，“羌塘盆地金星湖—隆鄂尼地区油气资源战略调查” 项目于 2015～2016 年在该区完成了 5 条测线共计 133 km 的二维地震测量（图 5-1）、1 口地质浅钻工程及路线地质调查研究。基于此，本章对隆鄂尼—昂达尔错区块进行了综合研究与目标优选，并提出第一目的层为中侏罗统布曲组含油白云岩，第二目的层为中侏罗统沙巧木组石英砂岩；此外，可能还存在上三叠统土门格拉组砂岩目的层。有利地区为区块北部的逆冲断层下盘和玛日巴晓萨低凸起地区。

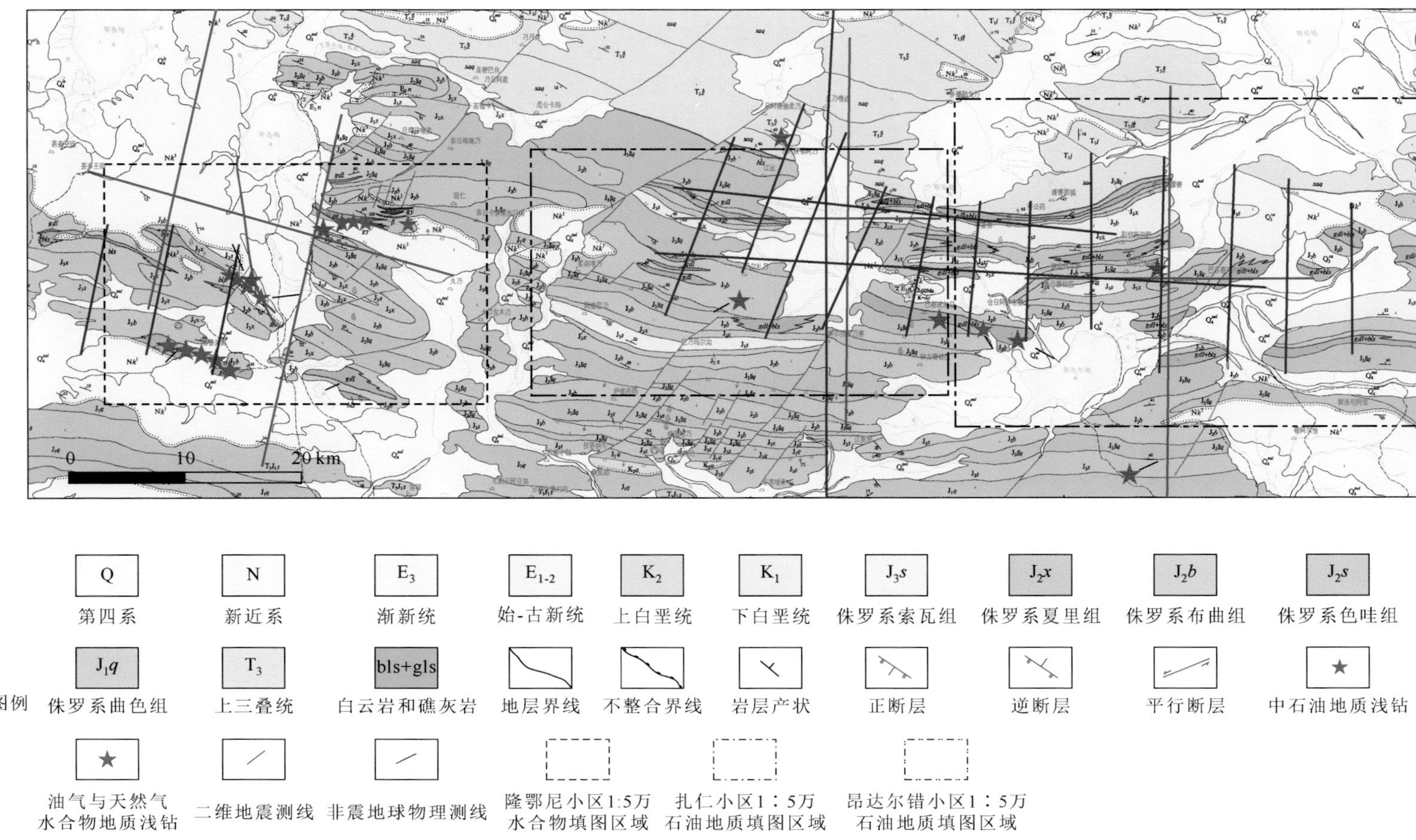

图 5-1 隆鄂尼-昂达尔错古油藏带工作程度图

第二节　基础地质特征

一、地层特征

1. 地层概况

隆鄂尼-昂达尔错区块地层总体呈近东西向延伸，局部受构造变形而改变方向，出露地层以侏罗系和上三叠统为主（图 5-1），见少量点状分布的上白垩统阿布山组和新生界地层。其中，侏罗系和上三叠统地层为海相沉积，上白垩统阿布山组和新生界地层为陆相沉积。由于该区块的油气评价为海相地层，下面仅简要介绍上三叠统和侏罗系地层。

侏罗系：从上到下由上侏罗统索瓦组、中侏罗统夏里组、中侏罗统布曲组、中侏罗统沙巧木组、中侏罗统色哇组和下侏罗统曲色组组成。与上覆新生界地层不整合接触，与下伏上三叠统土门格拉组为断层接触，与上三叠统索布查组为整合接触，侏罗系内部各组为整合接触。

索瓦组：岩性主要为灰色、灰紫色中薄层状微晶灰岩、鲕粒灰岩、含生物碎屑灰岩；产十分丰富的牛津期—基末里期双壳及腕足化石组合；厚度大于 860 m。

夏里组：岩性主要为灰绿色、黄绿色细粒长石石英砂岩、粉砂质泥岩夹灰色含生物碎屑灰岩，在毕洛错一带见膏岩；含丰富的卡洛期双壳及腕足化石组合；厚约 386 m。

布曲组：为该区块古油藏分布层位，岩性总体为深色微泥晶灰岩及生物灰岩类组合、浅色颗粒灰岩及藻灰岩类组合、白云岩及灰质白云岩类组合；含丰富的巴通期双壳和腕足类化石组合，并产珊瑚、腹足类、海绵、海百合茎等化石；厚度大于 1000 m。

各岩石组合特征如下。

（1）深色微泥晶灰岩及生物灰岩类：该类岩石组合见于毕洛错、曲瑞恰乃等地区，岩石组合的颜色较深、粒度较细、生物化石保存完整，主要有深灰色、灰黑色微泥晶灰岩、微晶生物灰岩、泥质灰岩及泥灰岩等；见少量水平层理，为低能环境的产物。

（2）浅色颗粒灰岩及藻灰岩类：在隆鄂尼—昂达尔错地区有呈东西向展布的 2 个或 3 个带，该类岩石组合的颜色较浅、粒度较粗、生物化石破碎，主要有灰色、灰白色、乳白色藻灰岩、生物碎屑灰岩、鲕粒灰岩、砂屑灰岩、藻团粒及团块灰岩、藻纹层灰岩等。发育鸟眼构造、窗孔构造等，显示为高能的潮坪滩环境。

（3）白云岩及灰质白云岩类：该类岩石组合的平面分布与浅色颗粒灰岩及藻灰岩类组合的分布一致，且二者在纵向上呈旋回性共生。单个旋回具有下部为颗粒灰岩段、上部为藻纹层发育的白云岩段的特征。该类岩石组合由于油浸而使颜色变暗、粒度较粗、生物化石破碎、藻纹层发育，主要有灰黑色、暗褐色藻纹层白云岩、砂砾屑白云岩、细到粗晶白云岩、灰质白云岩等。发育鸟眼构造、窗孔构造、藻纹层构造、示底构造，显示为浅滩及滩间潮坪环境产物。

沙巧木组：岩性为灰色中层状细粒石英砂岩、灰黑色薄层状泥页岩；产珊瑚、腕足类、双壳类等化石，时代为中侏罗世早期；厚约 1082 m。

色哇组：岩性为灰、灰绿色、深灰色薄-极薄层状泥岩、页岩夹生物碎屑灰岩、微泥晶灰岩、粉砂岩；产丰富的菊石、双壳类、腕足类、腹足类、海百合茎、珊瑚等化石，时代为中侏罗世早期；厚约 959 m。

曲色组：岩性为灰绿色、深灰色泥质粉砂岩、泥岩夹深灰色微泥晶灰岩，在毕洛错一带见油页岩及膏岩；产丰富的菊石、腕足类、双壳类等化石，时代为早侏罗世；厚约 1732 m。

三叠系：包括上三叠统土门格拉组和上三叠统索布查组（日干配错组）。

上三叠统土门格拉组：出露于区块北部逆冲断层以北，上部为浅灰色中层状长石石英砂岩、粉砂岩；下部为灰黑色薄层泥岩、粉砂质泥岩夹灰褐色细粒长石石英砂岩；产双壳、植物及孢粉等化石，时代为晚三叠世晚期；厚度大于 1352 m。

上三叠统索布查组：出露于区块南缘，岩性为灰色中薄层状生物碎屑灰岩、泥质灰岩、灰黑色泥页岩；产双壳类、腹足类、珊瑚等化石，时代为晚三叠世晚期；厚度为 461 m。

二、沉积相特征

晚三叠世诺利晚期-瑞替期（土门格拉组、索布查组沉积期），羌塘盆地处于班公错-怒江洋盆打开早期，海水从南向北逐渐超覆，南羌塘从南到北形成了由陆棚-盆地到滨岸（局部为沼泽）的沉积环境。区块位于滨岸-陆棚相带，沉积体南部索布查组为陆棚相微泥晶灰岩、含生物碎屑灰岩、泥页岩，北部土门格拉组为滨岸相砂岩、含煤碎屑岩组合。该套泥页岩及含煤碎屑岩可作为生油岩，砂岩可作为储集岩。

早-中侏罗世巴柔期（曲色、色哇、沙巧木组沉积期），班公错-怒江洋盆进一步拉开，南羌塘位于班公错-怒江洋与中央隆起带过渡的地区，沉积环境为陆棚-盆地到滨岸相环境，局部为潟湖相环境（毕洛错地区）。区块位于陆棚至滨岸相带，沉积体主要为曲色组-色哇组陆棚相暗色泥页岩夹薄层灰岩和沙巧木组滨岸相石英砂岩夹暗色泥页岩，毕洛错地区沉积了曲色组潟湖相油页岩、粉砂质泥页岩及石膏组合。该套泥页岩颜色深、厚度大，为该区的主要生油岩之一，石英砂岩可作为储集岩。

中侏罗世巴通期（布曲组沉积期），羌塘盆地演化为碳酸盐岩台地沉积期，整个盆地以碳酸盐岩沉积为主。区块则位于台地边缘礁滩相沉积环境，沉积体主要为浅滩亚相、滩间潮坪-潟湖亚相（图 5-2）砂屑灰岩（白云岩）、鲕粒灰岩（白云岩）、藻纹层灰岩（白云岩）、白云质灰岩、生物碎屑灰岩（白云岩）、礁灰岩（白云岩）、微泥晶灰岩（白云岩）等，同时见滩下角砾状灰岩（白云岩）、微晶灰岩等，发育藻纹层构造、鸟眼构造、溶蚀孔洞等。该套白云岩规模大，储集孔、渗性好，是该区块的主要储集层之一，同时布曲组深灰色微晶灰岩可作为生油岩。

中侏罗世卡洛期（夏里组沉积期），羌塘盆地发生了一次海退过程，沉积了一套以碎屑岩为主的组合，区块位于南羌塘潟湖相及障壁滩下陆棚区，沉积了一套深色泥页岩夹砂岩组合，局部见石膏沉积。该组泥页岩及膏岩可作为油气盖层。

上侏罗统牛津期-基末里期（索瓦组沉积期），羌塘盆地再次发生海侵，沉积了一套以碳酸盐岩为主的台地相组合。区块位于南羌塘开阔台地及台地边缘地区，沉积了一套颗粒灰岩及微泥晶灰岩组合。该套灰岩可作为区块的油气盖层。

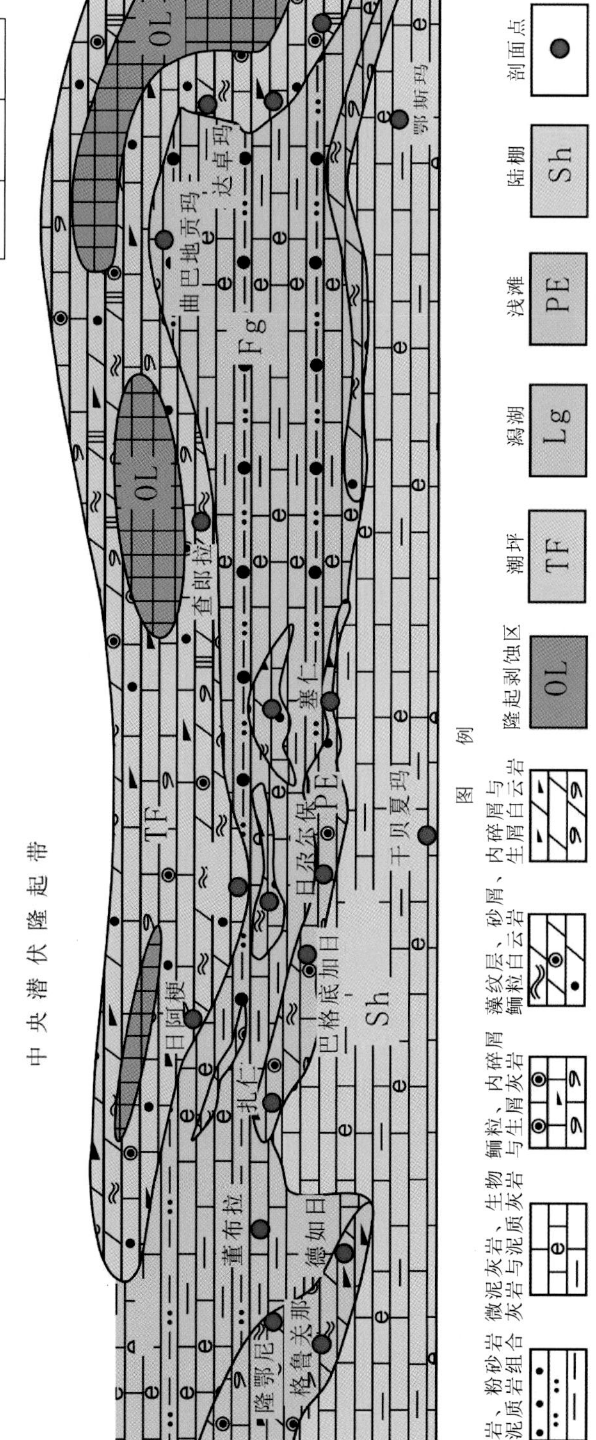

图 5-2　隆鄂尼-鄂斯玛地区布曲组岩相古地理图

三、构造特征

隆鄂尼-昂达尔错区块构造作用强烈，褶皱和断裂发育，地层多被断层破碎。

1. 褶皱构造特征

通过遥感解译和地质走廊域野外调查，落实地表背斜构造 12 个，其中西段的隆鄂尼—鲁雄错地区有 7 个：①多帕查角背斜；②隆鄂尼背斜；③格鲁关那背斜；④苏鄂多雄曲背斜；⑤毕洛错东背斜；⑥加塞扫莎背斜；⑦董布拉背斜。东段的昂达尔错—索日卡地区有 5 个：①日朶尔保背斜；②卜路邦玛尔背斜；③鄂纵错背斜；④扎辖罗马背斜；⑤巴尔根背斜。

1）隆鄂尼—鲁雄错地区

该区范围大致位于董布拉到多帕查角一带，北至鄂雅错，南到米多查隆，双湖公路穿过这一地区中部。该区褶皱构造相对发育，多为直立褶皱，亦有倾斜褶皱。向斜构造较背斜完整，背斜呈紧闭的线状褶皱形态，且多被断裂破坏。褶皱轴向及断裂走向呈北西西—北西向，褶断带内出露的地层主要为中侏罗统布曲组和夏里组，三叠系及新生界仅零星分布于背斜核部和断裂带附近。隆鄂尼和格鲁关那两个含油层见于背斜顶部，因此这一地区的背斜可能是油气聚积的重要圈闭构造。

2）昂达尔错—索日卡地区

该区位于毕洛错-昂达尔错区块东段。根据遥感图像解译和地质走廊域调查的结果来看，该区变形较隆鄂尼—鲁雄错地区要弱，断裂构造少见，褶皱构造非常发育，形态多样，多为直立褶皱，亦有倾斜褶皱，褶皱轴向呈北西西—东西向，表现为线状背斜与向斜相间的组合样式。此带内西段出露地层较新，地表夏里组大面积覆盖，东段出露布曲组，表明褶皱总体向西倾伏。由于受后期构造的影响，褶皱沿枢纽方向产状和形态有明显的变化。从构造线的总体走向来看，褶皱枢纽走向为北西西—东西向，在昂达尔错以北转向北东东向，受北东向左行走滑断层的作用，被裁切为三段。

综合遥感解译和地质走廊域野外调查，并结合前人 1∶5 万石油地质填图资料，初步认为昂达尔错—索日卡地区总的构造轮廓为三个复式背斜带夹两个向斜的格架，剖面上具有背斜紧闭、向斜开阔的隔挡式组合特点。按照褶皱卷入的地层来看，北部老、南部新，北部出露三叠系、侏罗系下部层位的雀莫错组、布曲组地层，南部则以侏罗系上部的夏里组和索瓦组为主，据此推测该区变形强度有从南向北递进的趋势。

2. 断层构造特征

研究区发育三组断裂，北西西向、北东向断裂为早期构造，南北向断裂为高原隆升晚期构造，主要断裂如下所述。

1）鄂雅错-鄂纵错逆冲断裂

该断裂为南羌塘中生代被动大陆边缘的北界，断裂以北为朋彦错-雅根错晚三叠世断隆，位于工作区北部边缘，呈东西向展布，横贯全区。主断裂面北倾，倾角一般为 35°～40°，宽度为几十米到百余米。断裂带由断层破碎带和劈理化带复合而成，断裂上盘为晚三叠世土门格拉组灰色砂岩夹泥岩，下盘为中侏罗世布曲组灰黑色中—厚层状生物灰岩夹灰色泥岩及夏里组灰绿色、砖红色粉—细砂岩、泥岩，主断裂带内多为断层碎裂岩、断层泥等，上盘岩层劈理化较发育，靠近断裂带附近层理被劈理置换，下盘岩层发育有牵引褶皱，依据透镜体及擦痕构造的运动指向，判定断层性质为逆冲断裂，切割的最新岩层为白垩系阿布山组及古近系-新近系康托组，说明该断裂新近纪以后仍在活动，具有长期活动的性质，早期伸展拉张，晚期逆冲推覆。

2）玛瓦陇塔-吉给普错逆冲断裂

该断裂为毕洛错-昂达尔错凹陷盆地南部边界断裂，自玛瓦陇塔向南东东经 5216 高山北，至吉给普错延伸出图幅，长近 56 km，总体呈北西西—南东东向展布，走向为 110°～290°，主断裂面倾向北西，产状为 20°～30°∠60°～80°，走向上呈舒缓波状，分枝复合。断裂上盘为中侏罗统布曲组、夏里组，布曲组灰岩中发育有拖曳褶皱，表现为脆性浅表部构造层次形变特征，断裂带内见有灰岩构造裂隙、劈理化带、透镜体及断层角砾岩等。

3）晓嘎晓那逆冲断裂

该断裂为毕洛错-昂达尔错凹陷盆地内部断裂，从毕洛错南东向东经由晓嘎晓那南，可能被昂达尔错北东向断裂切错，长近 30 km。

4）以昂达尔错为代表的北东向断裂组

毕洛错-昂达尔错区段共发育以昂达尔错为主的北东向断裂组 6 条。遥感解译表明，该断裂组错断了北西西向线形纹形，这种纹形是侏罗纪地层的岩性，其性质为左行平移，地面地质观测为地貌负地形，并发育断层角砾岩。

四、岩浆活动与岩浆岩

岩浆岩分布面积较小，在区块内零星出露，主要发育于上白垩统阿布山组（面积约为 5 km^2）和古近系纳丁错组（面积约为 1.5 km^2）。阿布山组岩石类型主要有含角砾黑云母英安岩、角闪黑云母杏仁状英安岩、英安岩和杏仁状玄武岩，为陆相中性裂隙式喷发而成，与下伏中侏罗统色哇组、布曲组、夏里组地层呈角度不整合接触，与上覆新近系康托组地层呈角度不整合接触。纳丁错组岩石类型为灰色安粗岩、深灰色安粗岩，二者交替出现，为陆相中心式喷发而成，北部与下伏中侏罗统布曲组地层呈角度不整合接触，南部与上覆新近系康托组呈角度不整合接触。

总体来说，区块岩浆活动较弱，是整个青藏高原区域性隆升背景下的局部陆内熔融的产物。此外，区块内变质作用亦非常微弱，只是沿区块以南嘎尔敖包断裂见局部的低级动力变质，对盆地油气破坏作用甚微。

第三节　石油地质特征

一、烃源岩分析

1. 烃源岩特征

隆鄂尼-昂达尔错区块烃源岩有泥质岩和碳酸盐岩两大类，泥质岩烃源岩主要分布于上三叠统土门格拉组（T_3t）、下侏罗统曲色组（J_1q）、中侏罗统色哇组地层（J_2s）中；碳酸盐岩烃源岩主要分布于中侏罗统布曲组（J_2b）地层中，曲色组、色哇组和上三叠统索布查组（T_3s）地层中有少量分布。此外，区块的中侏罗统夏里组（J_2x）和上侏罗统索瓦组（J_3s）也分布有烃源岩，但由于暴露严重，本书仅将其作为盖层处理。

1）中侏罗统布曲组烃源岩

该组烃源岩岩石类型以泥灰岩、含泥灰岩、泥晶灰岩等碳酸盐岩烃源岩为主，沉积环境以潟湖及滩下陆棚相为主，烃源岩厚度为281.36～739.80 m。

灰岩烃源岩有机碳含量为0.10%～0.26%，平均为0.14%，属于较差烃源岩；生烃潜量为0.01～0.21 mg/g，平均为0.08 mg/g；氯仿沥青“A”为3×10^{-6}～57×10^{-6}，平均为26.6×10^{-6}。有机质类型以Ⅱ$_1$-Ⅱ$_2$为主，R_o为1.54%，属于高成熟。

2）中侏罗统色哇组烃源岩

该组烃源岩岩石类型以暗色泥页岩为主，夹少量深灰色泥灰岩、泥晶灰岩。沉积环境为潟湖及陆棚相。泥质烃源岩厚度为49.33～1012.60 m（表5-1），一般为240～300 m。

表5-1　羌塘盆地中侏罗统色哇组烃源岩厚度及有机地球化学分析数据统计表

剖面名称	岩性	厚度/m	有机碳/% 均值（个数）	(S_1+S_2)/(mg/g) 均值（个数）	氯仿沥青“A”/($\times10^{-6}$) 均值（个数）	有机质类型	R_o/%
卓普	泥岩	49.33	0.47～0.8 0.64（2）	0.047～0.06 0.054（2）	36（1）	—	1.46
扎目纳	泥岩	1012.60	0.47～0.77 0.62（7）	0.047～0.06 0.054（7）	—	—	—
松可尔	泥页岩	298.69	0.407～0.66 0.48（14）	0.02～0.18 0.09（11）	57～110 91.1（11）	—	—
嘎尔敖包	泥岩	263.13	0.5～0.57 0.54（3）	0.07～0.11 0.93（3）	39～65 54.7（3）	Ⅱ$_1$-Ⅲ	—
均值	—	—	0.54	0.198	80.15	—	—

泥质烃源岩有机碳含量为0.407%～0.8%，平均为0.54%，属于差烃源岩（表5-1）；生烃潜量为0.02～0.18 mg/g，平均为0.198 mg/g；氯仿沥青“A”为36×10^{-6}～110×10^{-6}，平均为80.15×10^{-6}。有机质类型以Ⅱ为主，少量为Ⅲ型。R_o为1.46%，属于高成熟。

3）下侏罗统曲色组烃源岩

岩石类型为黑色泥页岩、粉砂质泥岩，局部夹少量深灰色微泥晶灰岩、泥灰岩，沉积环境为潟湖和陆棚相。泥质烃源岩厚度为35～625 m（表5-2），如毕洛错剖面有厚达171.89 m的泥页岩烃源岩，其中含有35.3 m的灰黑色薄层状含油气味页岩，一般被称为毕洛错油页岩。同时，该剖面的灰黑色、深灰色碳酸盐岩烃源岩厚度为26.83 m；木苟日王—扎加藏布地区，泥质烃源岩厚549.34 m，可见该区泥质烃源岩的厚度较大。

表 5-2　羌塘盆地下侏罗统曲色组烃源岩厚度及有机地球化学分析数据统计表

剖面名称	岩性	厚度/m	有机碳/% 均值（个数）	(S_1+S_2)/(mg/g) 均值（个数）	氯仿沥青“A”/($\times10^{-6}$) 均值（个数）	有机质类型	R_o/%
木苟日王	页岩	549.34	0.44～0.88 0.63（6）	0.03～0.44 0.09（9）	74～117 101.9（9）	Ⅱ$_1$、Ⅱ$_2$	2.91（2）
买马乡	钙质泥岩	112.64	0.39（10）	0.068	0.004（2）	—	—
毕洛错	油页岩、泥岩	171.89	0.64～26.12 7.67（20）	1.787～91.446 30.47（18）	608～18707 6614（8）	—	—
	灰岩	26.83	0.28～0.41 0.35（2）	0.122～0.195 0.158（2）	218（1）	—	—
嘎尔敖包	泥岩	34.38	0.41～0.73 0.61（4）	0.01～0.20 0.17（12）	37～119 81.3（12）	Ⅱ$_2$、Ⅲ	—
	灰岩	4.67	0.1（1）	0.19（1）	25（1）	—	—
松可尔	泥页岩	625.28	0.401～7.44 0.71（32）	0.02～0.07 0.04（32）	6.4～39.8 14.5（6）	Ⅱ$_2$	2.3～2.38 2.33（3）

曲色组烃源岩有机质含量变化大（表 5-2）。毕洛错剖面泥页岩 20 件达标样品的有机碳含量为 0.64%～26.12%，平均值为 7.67%；生烃潜量为 1.787～91.446 mg/g，平均值为 30.47 mg/g；氯仿沥青“A”含量为 608×10^{-6}～18707×10^{-6}，均值为 6614×10^{-6}；总烃为 311×10^{-6}～5272×10^{-6}，均值为 2280×10^{-6}；属典型的很好烃源岩；该剖面灰黑色、深灰色碳酸盐岩烃源岩有机碳含量均值为 0.35%，生烃潜量为 0.122～0.195 mg/g，平均值为 0.158 mg/g。木苟日王-扎加藏布地区泥页岩有机碳含量为 0.44%～0.88%，属较差烃源岩。松可尔剖面黑色泥页岩 32 件达标样品的有机碳含量为 0.4%～7.44%，平均为 0.71%；生烃潜量为 0.02～0.07 mg/g，平均值为 0.04 mg/g；氯仿沥青“A”含量为 6.4×10^{-6}～39.8×10^{-6}，均值为 14.5×10^{-6}；但是该剖面以差烃源岩为主，极少数为中到好烃源岩，且较好烃源岩主要分布于曲色组顶部。曲色组有机质类型以Ⅱ$_2$为主，少量为Ⅱ$_1$、Ⅲ型。R_o平均值分别为 2.91%和 2.33%，均处于过成熟阶段，显示该组的烃源岩成熟度高。

4）上三叠统土门格拉组烃源岩

该组烃源岩的岩石类型以暗色泥页岩及含煤泥页岩等为主，沉积环境为滨岸沼泽相，烃源岩厚度为 38.70～446.70 m。

该组烃源岩有机碳含量较高，各剖面含量均值为 0.18%～0.69%，属于中等—较差烃源岩（表 5-3）。如扎那拢巴剖面有机碳含量最高，含量为 0.65%～0.73%，平均为 0.69%；生烃潜量为 0.25～0.32 mg/g，平均为 0.285 mg/g；氯仿沥青“A”为 67×10^{-6}～79×10^{-6}，平均为 73×10^{-6}；有机质类型以Ⅱ$_1$-Ⅱ$_2$为主。索布查剖面泥岩有机碳含量为 0.41%～0.48%，平均为 0.45%；生烃潜量为 0.03～0.07 mg/g，平均为 0.04 mg/g；氯仿沥青“A”为 12×10^{-6}～16×10^{-6}，平均为 13.9×10^{-6}，R_o为 3.05%，属于过成熟；有机质类型以Ⅱ$_2$为主。索布查剖面灰岩有机碳含量为 0.1%～0.31%，平均为 0.18%。才多茶卡剖面有机碳含量为 0.59%，氯仿沥青“A”为 71×10^{-6}，R_o为 0.94%，属于成熟，有机质类型以Ⅲ为主。

表 5-3　羌塘盆地上三叠统土门格拉组烃源岩厚度及有机地球化学分析数据统计表

剖面名称	岩性	厚度/m	有机碳/% 均值（个数）	(S_1+S_2)/(mg/g) 均值（个数）	氯仿沥青"A"/($\times10^{-6}$) 均值（个数）	有机质类型	R_o/%
扎那拢巴	泥岩	＞38.7	0.65～0.73 0.69（2）	0.25～0.32 0.285（2）	67～79 73（2）	Ⅱ$_1$-Ⅱ$_2$	—
索布查	泥岩	＞273.4	0.41～0.48 0.45（11）	0.03～0.07 0.04（9）	12～16 13.9（40）	Ⅱ$_2$	3.05
	灰岩	＞173.3	0.1～0.31 0.18（7）	—	—	—	—
才多茶卡	泥岩	152.36	0.59	—	71	Ⅲ	0.94

2. 烃源岩综合评价

在前述分别对区块各组烃源岩分布及厚度、有机质丰度、有机质类型、热演化程度等特征进行对比分析基础上，以各组烃源岩厚度和有机质丰度为主要评价指标，有机质类型和热演化程度为辅助指标，综合评价盆地各层位生烃条件（表 5-4）。从表 5-4 看出，区块内以下侏罗统曲色组泥页岩、油页岩生油岩最好，次为上三叠统泥质岩烃源岩。

表 5-4　隆鄂尼-昂达尔错区块主要烃源岩综合评价表

地层代号	岩性	厚度/m	有机质丰度	有机质类型	成熟度	综合评价
J_2b	以灰岩为主	250～700	以差等为主	Ⅱ$_1$-Ⅱ$_2$	高成熟	较差
J_2s	泥岩、泥页岩	50～1000	以差为主	Ⅱ$_1$、Ⅲ	高成熟	较差
J_1q	泥页岩、油页岩	30～600	以中—高为主	Ⅱ$_1$-Ⅱ$_2$、Ⅲ	成熟—过成熟	好
T_3	以泥岩为主夹灰岩	100～500	以差—中为主	Ⅱ$_1$-Ⅱ$_2$、Ⅲ	成熟—过成熟	中等

二、储集层特征

区块储层层位有上三叠统土门格拉组、中侏罗统沙巧木组、中侏罗统布曲组、中侏罗统夏里组和上侏罗统索瓦组，但中侏罗统夏里组和上侏罗统索瓦组储层多暴露地表，仅少量地区还埋藏于地下，因此这两套储层多为无效储层。中侏罗统布曲组和沙巧木组储层在主背斜高点多暴露地表，但在向斜凹陷处多埋藏于地下，因此布曲组和沙巧木组储层在向斜覆盖区为有效储层。土门格拉组储层在区块北部逆冲断层以北多暴露地表，逆冲断层以南未见出露。鉴于上述情况，区块主要储层为中侏罗统沙巧木组、中侏罗统布曲组，可能存在上三叠统土门格拉组储层。上述储层中，以中侏罗统布曲组白云岩为主要储层。

（一）中侏罗统布曲组储集层

1. 储层岩性及厚度

布曲组储层岩性为颗粒灰岩和白云岩，但主要储层岩性为砂糖状白云岩。白云岩储层厚度为 20～270 m，如扎仁剖面未见顶底，地层厚度为 338.32 m，白云岩储层厚度为 112.75 m；巴格底加日剖面未见顶底，地层厚度为 701.39 m，储层厚度为 74.24 m。

2. 物性特征

通过对毕洛错-昂达尔错区块白云岩的露头剖面和井下钻井的系统取样分析，其物性特征总体较好，具体如下。

1）地表露头剖面

（1）隆鄂尼小区。在隆鄂尼小区实测了五条沉积岩剖面，分别是隆鄂尼、格鲁关那、德如日、亚宁日加跃和格鲁关那-塘尕，选取的碳酸盐岩储层物性样品共 46 件，现将分析结果数据进行整理统计（表 5-5），并据此对隆鄂尼小区储层物性简述如下。

表 5-5 隆鄂尼小区地表碳酸盐岩储层物性分析统计表

剖面名称	样品数/个	孔隙度/%			渗透率/mD		
		平均值	最大值	最小值	平均值	最大值	最小值
隆鄂尼	21	7.12	15.1	0.6	39.88	271	0.01
格鲁关那	6	5.93	12.9	1.2	13.32	68.1	0.04
德如日	6	6.13	14.61	1.64	10.32	45.12	0.08
隆鄂尼	6	6.13	8.6	3.7	14.37	50.7	1.43
格鲁关那	7	7.62	11.21	3.6	5.41	18.2	0.04

总体上，该小区储层孔隙度为 0.6%～15.1%，平均为 6.78%，集中分布在 6%～12%，以中等孔隙度为主；渗透率为 0.01～271 mD，平均为 24.29 mD，样品数据基本上都大于 1.00 mD，渗透性好。

该小区选取的典型剖面为德如日剖面（图 5-3），其碳酸盐岩储层样品物性分析结果表明：孔隙度为 1.64%～14.61%，平均为 6.13%，其中砂糖状白云岩孔隙度明显优于灰岩，前者平均为 8.54%，分布范围伟 6%～12%，为中等孔隙度，后者平均为 3.72%，分布范围为 2%～6%，为低孔隙度。渗透率为 0.081～45.119 mD，平均为 10.316 mD，5 个数据中有 4 个大于 1.00 mD，渗透性好，砂糖状白云岩渗透率同样优于灰岩，前者平均为 23.441 mD，后者平均为 1.526 mD。

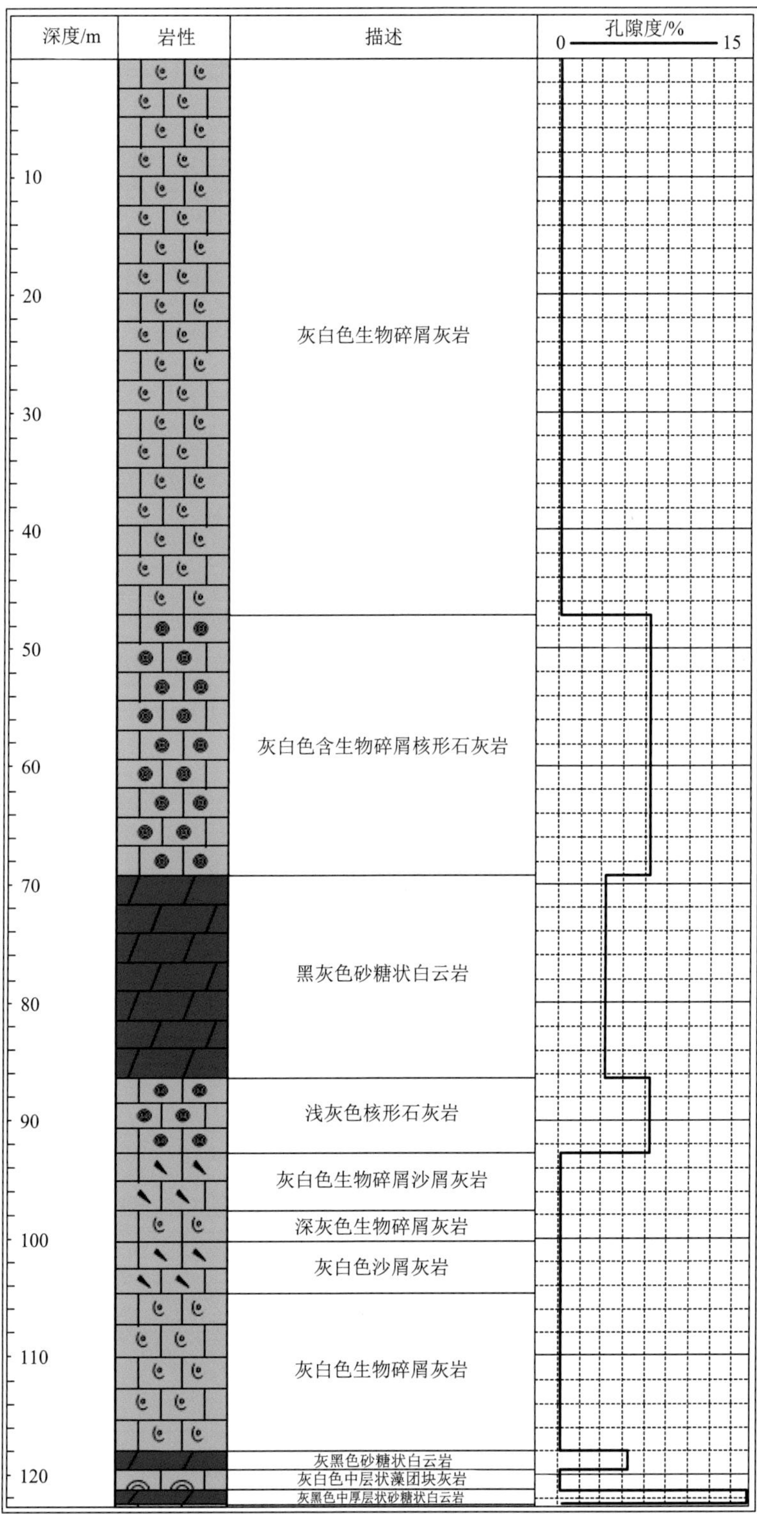

图 5-3　隆鄂尼小区典型剖面孔隙度垂向分布图

按碳酸盐岩储层评价标准，隆鄂尼小区总体属于低孔中渗储层，介于Ⅰ、Ⅱ类储层标准之间，其中典型剖面分析结果表明砂糖状白云岩储层物性明显优于灰岩储层。

（2）昂达尔错小区。昂达尔错小区实测了四条沉积岩剖面，分别是碾砸、扎仁东、日朶尔保和巴格底加日，选取的碳酸盐岩储层物性样品共 19 件，现将分析结果数据进行整理统计（表 5-6），并据此对昂达尔错小区储层物性简述如下。

表 5-6　昂达尔错小区地表碳酸盐岩储层物性分析统计表

剖面名称	样品数/个	孔隙度/%			渗透率/mD		
		平均值	最大值	最小值	平均值	最大值	最小值
碾砸	2	5.16	6.51	3.81	5.260678	10.303811	0.217544
扎仁东	7	3.73	5.00	2.31	1.226361	5.535861	0.085675
巴格底加日	6	4.14	12.53	1.14	14.477401	56.768749	0.141576
日朶尔保	4	5.68	10.4	3.6	3.21	6.46	1.1

总体上，该小区储层孔隙度为 1.14%～12.53%，平均为 4.42%，集中分布在 2%～6%，以低孔隙度为主；渗透率为 0.085675～56.768749 mD，平均为 6.253173 mD，集中分布在 0.25～1.00 mD，为中等渗透率。

该小区选取的典型剖面为扎仁东剖面（图 5-4），其储层碳酸盐岩样品物性分析结果表明，孔隙度为 2.31%～5.00%，平均 3.73%，集中分布在 2%～6%，为低等孔隙度，渗透率为 0.086～5.536 mD，平均 1.226 mD，集中分布在 0.25～1.00 mD，为中等渗透率。

按碳酸盐岩储层评价标准，昂达尔错小区总体属于低孔低渗、特低孔特低储层，介于Ⅱ、Ⅲ类储层标准之间，典型剖面分析结果表明砂糖状白云岩储层物性明显优于灰岩储层。

（3）赛仁小区。赛仁小区实测了两条沉积岩剖面，分别是昂罢存咚和赛仁，分析了 9 块碳酸盐岩储层样品，其中昂罢存咚剖面有 4 件，赛仁剖面有 5 件。现将孔隙度、渗透率分析数据进行整理统计（表 5-7），并据此对赛仁小区储层物性简述如下。

表 5-7　赛仁小区地表碳酸盐岩储层物性分析统计表

剖面名称	样品数/个	孔隙度/%			渗透率/mD		
		平均值	最大值	最小值	平均值	最大值	最小值
昂罢存咚	4	10.42	21.1	4.21	27.520812	78.394358	1.315068
赛仁	5	6.27	9.13	1.75	4.309344	10.176821	0.437693

总体上，该小区储层孔隙度为 1.75%～21.1%，平均为 8.11%，集中分布在 6%～12%，以中等孔隙度为主；渗透率为 0.438～78.394 mD，平均为 14.626 mD，几乎所有样品都大于 1.00 mD，渗透性好。

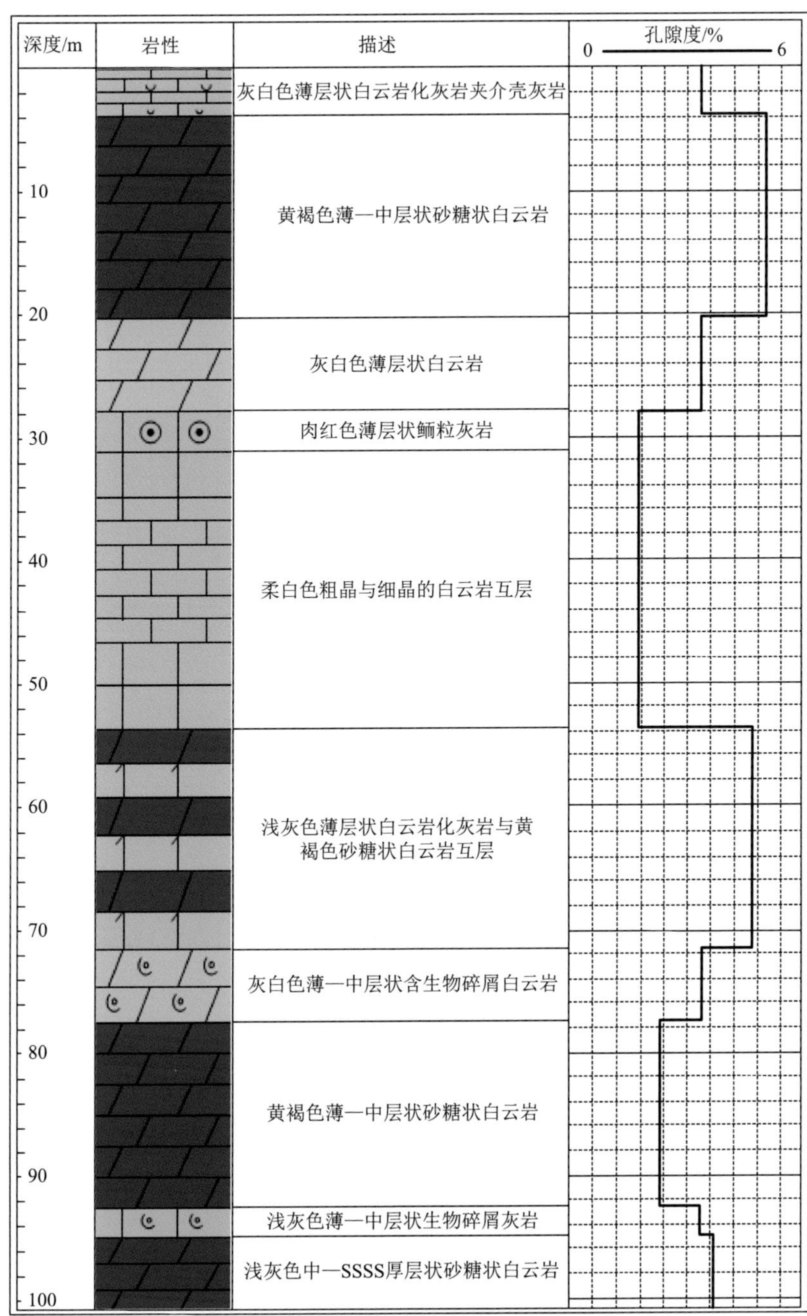

图 5-4　昂达尔错小区典型剖面孔隙度垂向分布图

该小区选取的典型剖面为赛仁剖面（图 5-5），其储层碳酸盐岩样品物性分析结果表明，孔隙度为 1.75%～9.13%，平均为 6.27%，集中分布在 6%～12%，为中等孔隙度，渗透率为 0.438～10.177 mD，平均为 4.309 mD，几乎所有样品渗透率数据均大于 1.00 mD，渗透性好。

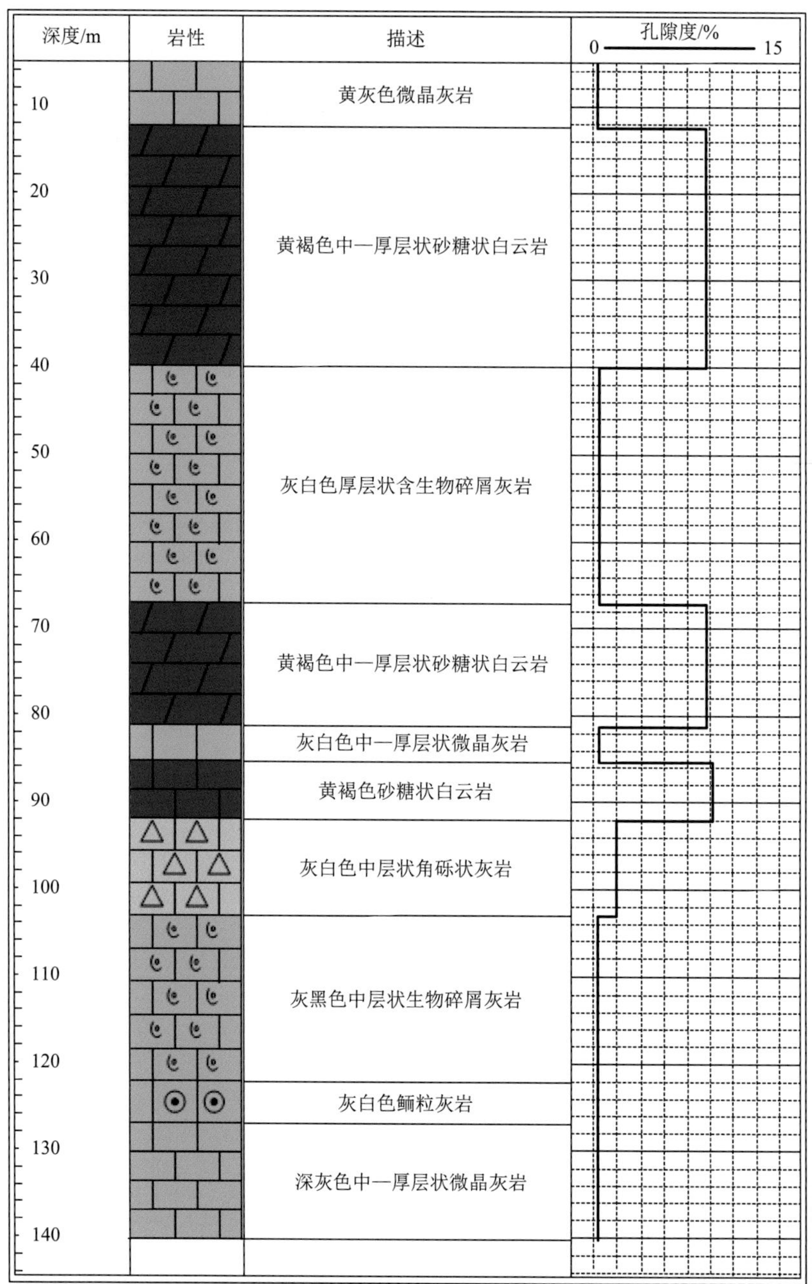

图 5-5　赛仁小区典型剖面孔隙度垂向分布图

按碳酸盐岩储层评价标准，赛仁小区总体属于低孔中渗储层，介于Ⅰ、Ⅱ类储层标准之间，典型剖面分析结果表明砂糖状白云岩储层物性明显优于灰岩储层。

2）井下钻孔

通过伊海生等（2005、2014，内部资料）对隆鄂尼小区和昂达尔错小区钻井岩心物性研究，其特征如下。

（1）隆鄂尼小区。总体上，该小区井下储层孔隙度为0.72%～38.3%，平均为16.9%，大部分样品孔隙度值大于12%（表5-8）。取得的分析数据表明（图5-6）：钻孔LK03在2%～<6%的数据占4%，在6%～12%的数据占21%，大于12%的数据占75%；钻孔LK04在2%～<6%的数据占2%，在6%～12%的数据占25%，大于12%的数据占73%；钻孔LK05小于2%的数据占2%，在2%～<6%的数据占12%，在6%～12%的数据占19%，大于12%的数据占67%。每个钻孔储层均属高孔隙度类型。据三个钻孔孔隙度垂向变化（图5-7～图5-9），明显的规律就是白云岩储层孔隙度远高于灰岩储层。

表5-8 隆鄂尼小区井下碳酸盐岩储层孔隙度分析统计表

钻孔	样品数/个	平均值/%	最大值/%	最小值/%
LK03	120	17.8	38.3	3
LK04	51	16.9	26.4	4
LK05	58	14.9	29.7	0.72

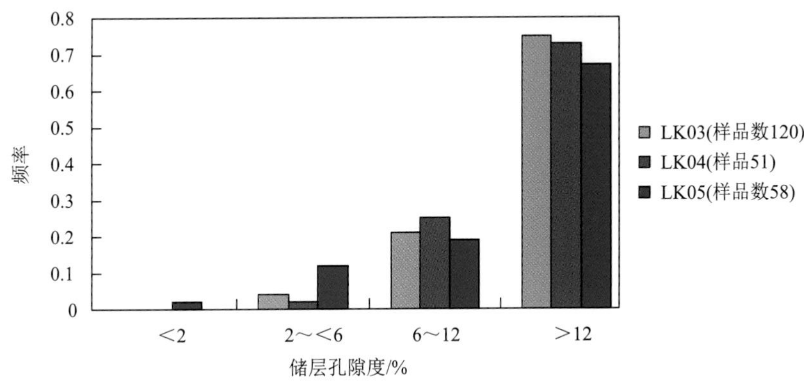

图5-6 隆鄂尼小区井下碳酸盐岩储层孔隙度分布频率直方图

按碳酸盐岩储层评价标准，隆鄂尼小区井下储层孔隙度属于高孔隙度类型，且白云岩储层孔隙度优于灰岩储层。

（2）昂达尔错小区。总体上（表5-9、图5-10、图5-11），该小区储层孔隙度为0.92%～17.48%，平均为5.25%，集中分布在2%～<6%，占分析样品总数的61%，其次分布在6%～12%，占分析样品总数的28%，以中、低等孔隙度为主；渗透率为0.002～1.77 mD，平均为0.243 mD，主要分布在0.002～<0.25 mD，约占分析样品总数的76%，其次分布在0.25～1.00 mD，约占分析样品总数的11%，大于1.00 mD的约占分析样品总数的11%，以低-特低渗透性为主。

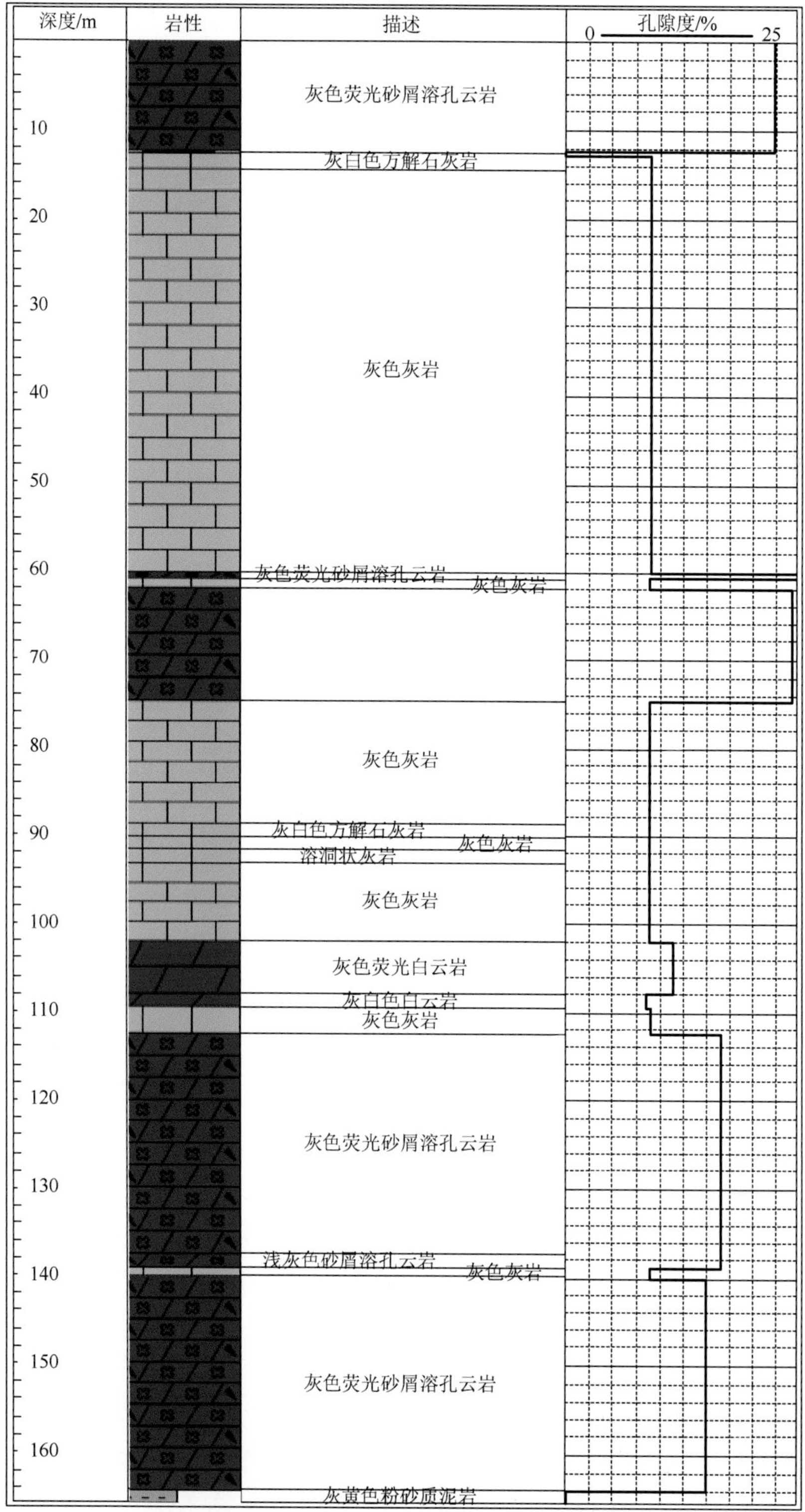

图 5-7　钻孔 LK03 孔隙度垂向分布图

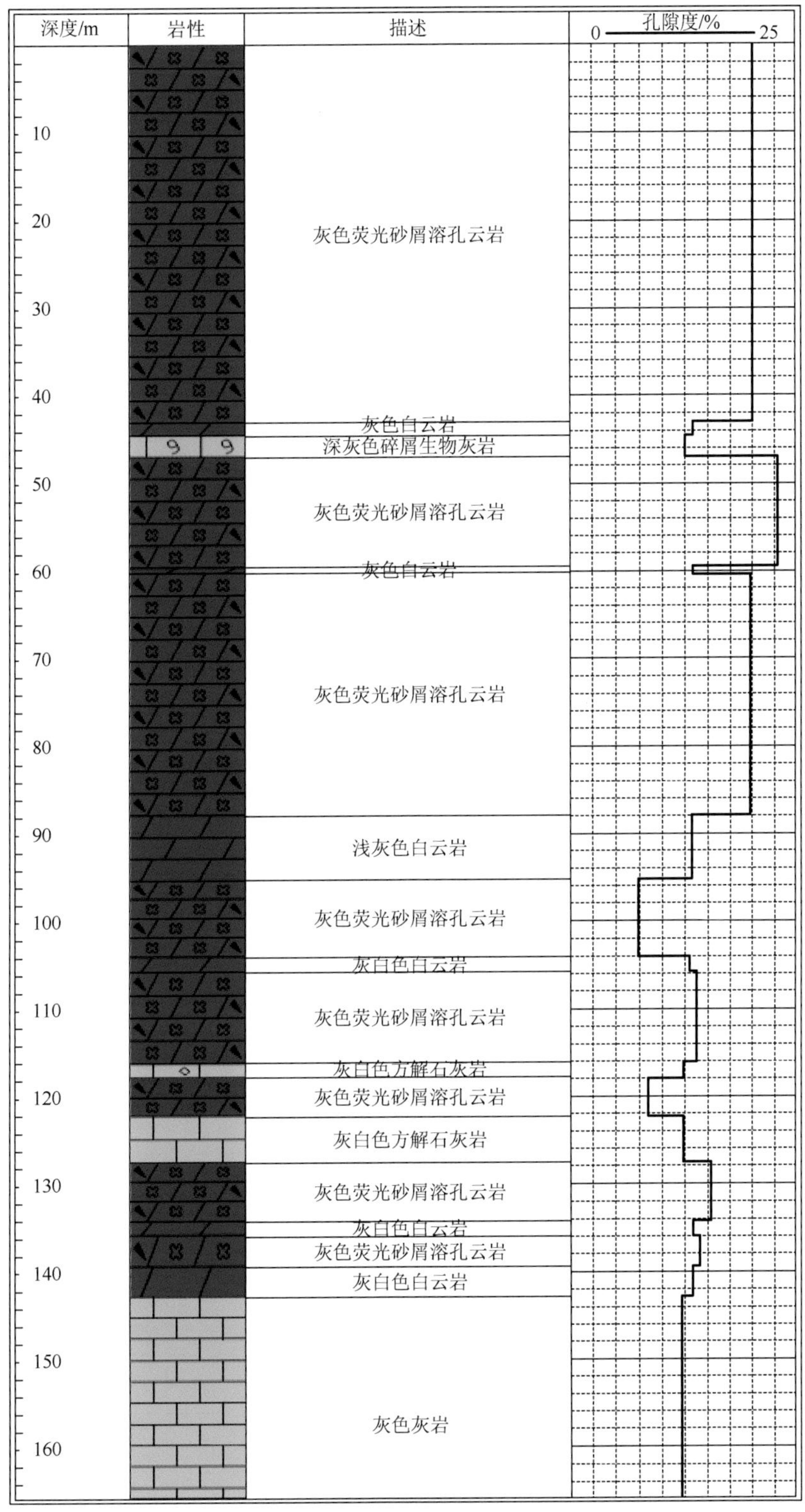

图 5-8 钻孔 LK04 孔隙度垂向分布图

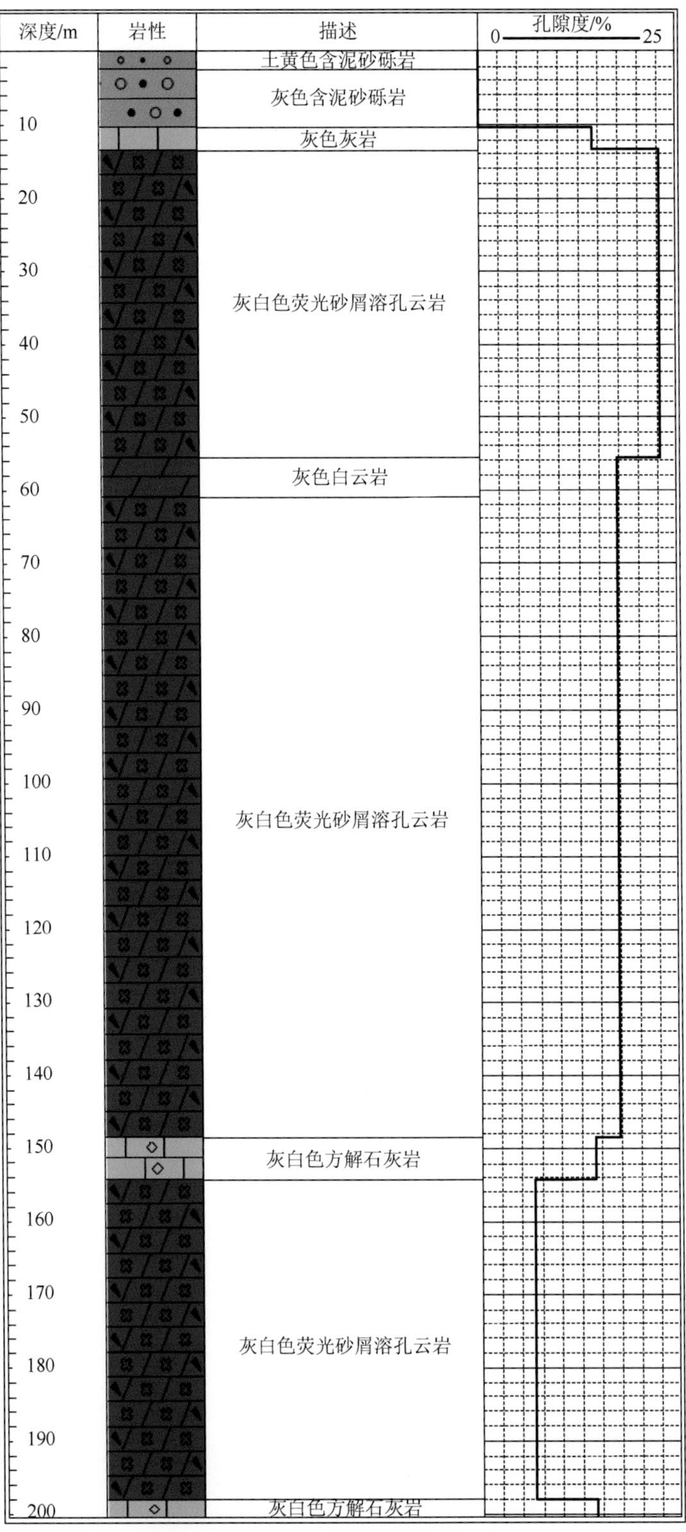

图 5-9　钻孔 LK05 孔隙度垂向分布图

表 5-9　昂达尔错小区井下碳酸盐岩储层孔隙度分析统计表

岩类	样品数/个	孔隙度/%			样品数/个	渗透率/mD		
		平均值	最大值	最小值		平均值	最大值	最小值
白云岩	26	6.53	17.48	2.06	22	0.2886	1.77	0.0029
灰岩	32	4.56	12.53	0.92	23	0.199	1.13	0.0017
碳酸盐岩	58	5.25	17.48	0.92	45	0.2432	1.77	0.0017

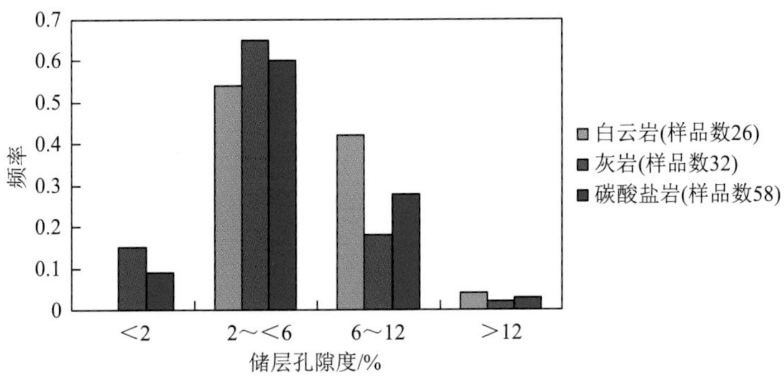

图 5-10　昂达尔错小区井下碳酸盐岩储层孔隙度分布频率直方图

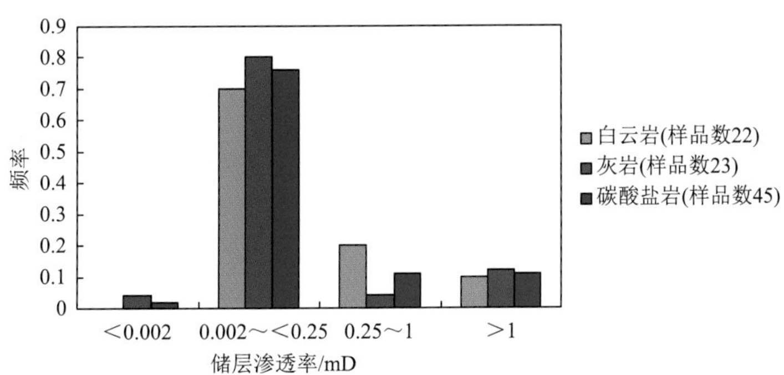

图 5-11　昂达尔错小区井下碳酸盐岩储层渗透率分布频率直方图

另外，白云岩孔隙度和渗透率的最大值、最小值和平均值均高于灰岩的值，同时白云岩孔隙度相较于灰岩相对集中分布在较高孔隙度区域，孔隙度分布亦有类似的规律。因此，白云岩储层各项参数均优于灰岩，亦说明白云岩储层物性比灰岩储层要好。

按碳酸盐岩储层评价标准，总体属于低孔低渗、特低孔特低渗储层，其中Ⅱ类（较好）储层占 31%、Ⅲ类（中等—较差）储层占 64%、Ⅳ类（差）储层占 5%，相比之下，白云岩储层优于灰岩储层。

3. 白云岩储层孔隙类型及孔隙结构

1）孔隙类型

该区白云岩均表现为晶粒结构，孔隙类型主要为晶间孔、晶间溶孔（包括溶蚀扩大孔）、晶内溶孔及裂缝等。

晶间孔：晶间孔是指白云石晶体生长过程中在晶体之间形成的孔隙。在粉晶、细晶、中晶白云岩中均发育，一般呈三角形或多边形，形状相对规则，连通性好。面孔率一般为 1%～3%，最高达 5%，孔隙大小分布较均匀，是研究区比较发育的孔隙类型之一［图 5-12（a）］。

晶间溶孔：白云石晶间孔后期受到溶蚀改造形成的孔隙，由多个白云石晶体部分或全部溶解而形成［图 5-12（b）］，形态不规则，扫描电镜下晶间溶孔呈不规则的多面体形，并可见白云石晶面被溶蚀成凹凸不平状，为 0.1～0.5 mm。晶间溶孔未被方解石胶结物充填的部分可成为有效的油气储集空间，面孔率一般为 3%～6%，最高达 15%，是该区白云岩最主要的储集空间类型。

(a) QD2-272布曲组细晶白云岩中的晶间孔

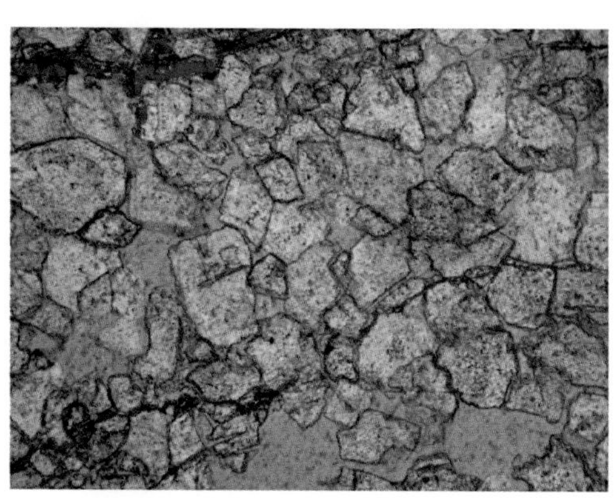
(b) QD2-282布曲组中晶白云岩中的晶间溶孔

图 5-12　布曲组白云岩中晶间孔和晶间溶孔特征

溶蚀孔洞：白云岩中的溶蚀孔洞是由强烈的溶解作用形成的大小和形状都不规则的孔洞（图 5-13），边缘多呈港湾状，在岩心上常常表现为小的针孔和大的溶洞伴生。

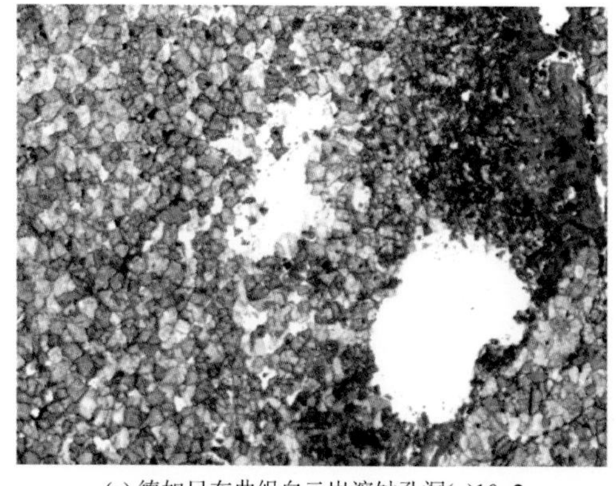
(a) 德如日布曲组白云岩溶蚀孔洞(–)10×2

(b) 牙尔根布曲组白云岩溶蚀孔洞(–)10×10

图 5-13　布曲组白云岩中溶蚀孔洞特征

裂缝：储层中裂缝的存在同时起着储集空间和渗滤通道两种作用，后者更为重要。羌塘盆地布曲组含油白云岩储层中发育构造裂缝、压溶缝和溶蚀缝三种裂缝类型，其中以构造裂缝和溶蚀缝为主。

构造裂缝是指在构造应力作用下形成的裂缝，镜下所见多为微裂缝，羌塘盆地白云岩储层中构造裂缝相对较发育，一般缝宽、形状较规则，组系分明、缝壁平直、延伸较远，多期裂缝相互交叉呈树枝状、网状分布［图 5-14（a）］。

压溶缝多为锯齿状、波状和不规则状，大部分被泥质、有机质、沥青和氧化铁等充填，在溶蚀作用强烈的样品中可见沿缝合线形成许多断续或连续的串珠状溶孔。

溶蚀缝一般是沿构造微裂缝溶蚀扩大形成的弯曲状裂缝，形状不规则，粗细长短不一，常常和白云石晶间溶孔伴生，形成溶蚀孔洞发育的优质储层［图 5-14（b）］。

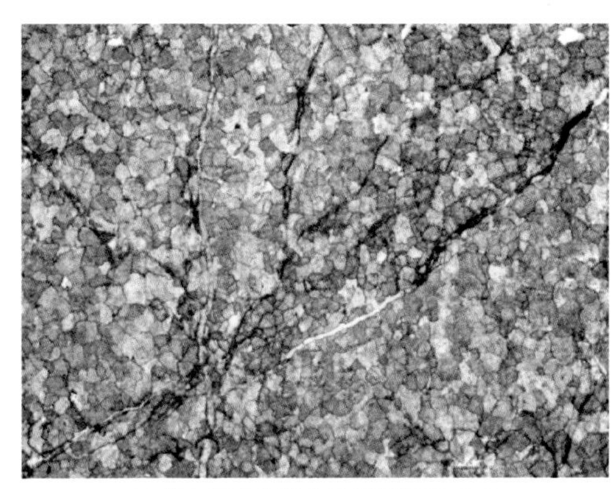
(a) 德如日布曲组白云岩裂缝(-)10×2

(b) 德如日公路旁布曲组白云岩裂缝(-)10×4

图 5-14　布曲组白云岩中裂缝特征

2）喉道类型及特征

储集岩中连接孔隙的狭窄部分称为喉道或孔喉。中侏罗统布曲组白云岩储层中主要喉道类型为片状、缩颈喉道，约占 75%，次要的为弯片状和点状喉道，约占 25%。其中，片状和缩颈状喉道的渗滤能力大于弯片状和点状喉道。

片状喉道：发育于晶粒白云岩中，连接白云石菱形晶粒间多面体孔或四面体孔的狭窄直线形通道，由于白云石晶体的生长使片状喉道较狭窄，一般为几微米到十几微米。

缩颈喉道：多个白云石组成的延长形晶间孔隙中，由于其中的白云石晶体突出生长而使孔隙在该处收缩变窄。

点状喉道：为缩颈喉道的特殊情况，指多个白云石组成的延长形晶间孔隙中，由于其中的白云石晶体突出生长而使孔隙在该处收缩变窄几乎成点接触。

弯片状喉道：为片状喉道的特殊情况，指连接白云石菱面体两晶面间的孔隙或溶蚀扩大孔隙间的狭窄弯曲形通道。

3）孔隙结构

（1）地表储层孔隙结构。在羌塘盆地隆鄂尼-昂达尔错区块共选取了 14 件地表碳酸盐岩储层样品进行压汞法毛细管压力测试分析，其中德如日剖面（LP03）2 件，扎仁东剖面

（ZP03）4 件，碾砸剖面（ZP02）2 件，昂罢存咚剖面（SP01）2 件，赛仁剖面（SP02）3 件，巴格底加日剖面（AP01）1 件。

测试分析结果（表 5-10）表明，排驱压力 P_d 低，最小值为 0.055 MPa，最大值为 0.471 MPa，平均值为 0.162 MPa；中值压力 P_{c50} 亦低，为 0.246～3.919 MPa，平均值为 1.264 MPa，排驱压力和中值压力越小，意味着储层最大孔喉连通半径越大，油气进入储层比较容易，其中最大孔喉半径 R_{max} 较高，最小值为 1.562 μm，最大值为 13.356 μm，平均值为 5.799 μm。分选系数偏高，为 2.427～4.543，歪度均属正值，但都较小，为 0.256～0.700，分选系数越高，歪度正值越小，说明孔隙分选越差，偏略微粗孔。中值半径 R_{50} 较大，最小值为 0.194 μm，最大值则为 3.218 μm，平均为 0.938 μm，这表示大部分喉道属中喉，其次为粗喉。未饱和汞饱和度 S_{min} 较高，为 5.414%～38.122%。

孔隙结构类型以中孔中喉或细孔中喉型为主，其次为中孔粗喉或细孔粗喉型，属于低孔低渗、低孔中渗类储层，介于Ⅰ、Ⅱ类储层标准之间。

表 5-10　羌塘盆地隆鄂尼-昂达尔错地区地表碳酸盐岩储层压汞特征参数

样品号	产地	岩性	分选系数	歪度系数	排驱压力 P_d/MPa	R_{max}/μm	P_{c50}/MPa	R_{50}/μm	未饱和汞饱和度 S_{min}/%
LP03-10CH1	德如日	砂糖状白云岩	2.763	0.566	0.196	3.755	0.952	0.797	10.987
LP03-09CH1	德如日	核形石灰岩	3.082	0.604	0.138	5.329	0.620	1.219	11.817
ZP03-08CH1	扎仁东	白云岩	3.541	0.256	0.193	3.814	3.919	0.194	23.443
ZP03-04CH1	扎仁东	生屑白云岩	3.245	0.487	0.471	1.562	2.813	0.265	16.272
ZP03-05CH1	扎仁东	砂糖状白云岩	3.603	0.560	0.193	3.801	1.356	0.536	18.836
ZP03-09CH1	扎仁东	砂糖状白云岩	4.128	0.366	0.083	8.908	1.385	0.541	23.853
ZP02-13CH1	碾砸	砂糖状白云岩	3.724	0.421	0.138	5.331	1.360	0.560	15.721
ZP02-05CH1	碾砸	砂糖状白云岩	4.127	0.480	0.083	8.904	0.942	0.816	19.624
SP01-08CH1	昂罢存咚	白云岩	2.427	0.454	0.196	3.745	0.906	0.851	5.414
SP01-05CH1	昂罢存咚	灰岩	4.021	0.447	0.110	6.681	1.191	0.630	38.122
SP02-05CH1	赛仁	白云岩	3.962	0.698	0.138	5.331	0.555	1.366	19.151
SP02-07CH1	赛仁	白云岩	3.925	0.603	0.138	5.331	0.818	0.940	25.455
SP02-09CH1	赛仁	白云岩	4.006	0.641	0.138	5.331	0.635	1.193	28.429
AP01-10CH1	巴格底加日	砂糖状白云岩	4.543	0.700	0.055	13.356	0.246	3.218	16.904

压汞曲线形态主要受孔隙分布的歪度及分选性两个因素控制，纵观全部压汞资料，14 件羌塘盆地隆鄂尼—昂达尔错地区碳酸盐岩储层压汞曲线，孔喉分选均属中等，都轻微偏粗歪度。中值半径 R_{50} 可视为岩石的平均喉道半径，遂以中值半径 R_{50} 为基本参数分类，主要分为两类：一类是中值半径 R_{50} 为 0.2～1 μm，占所有测试样品的 64%，这类曲线代表的岩石孔隙度相对较小，曲线的排驱压力 P_d 和中值压力 P_{c50} 相对较大，孔隙以中孔为主，其次为细孔，喉道为中喉道（图 5-15）；一类是中值半径 R_{50} 大于 1 μm，占所有测试样品的 29%，这类曲线代表的岩石孔隙度相对较大，曲线的排驱压力 P_d 和中值压力 P_{c50}

相对较小，孔隙以大、中孔为主，其次为细孔，喉道为粗喉道（图 5-16）。

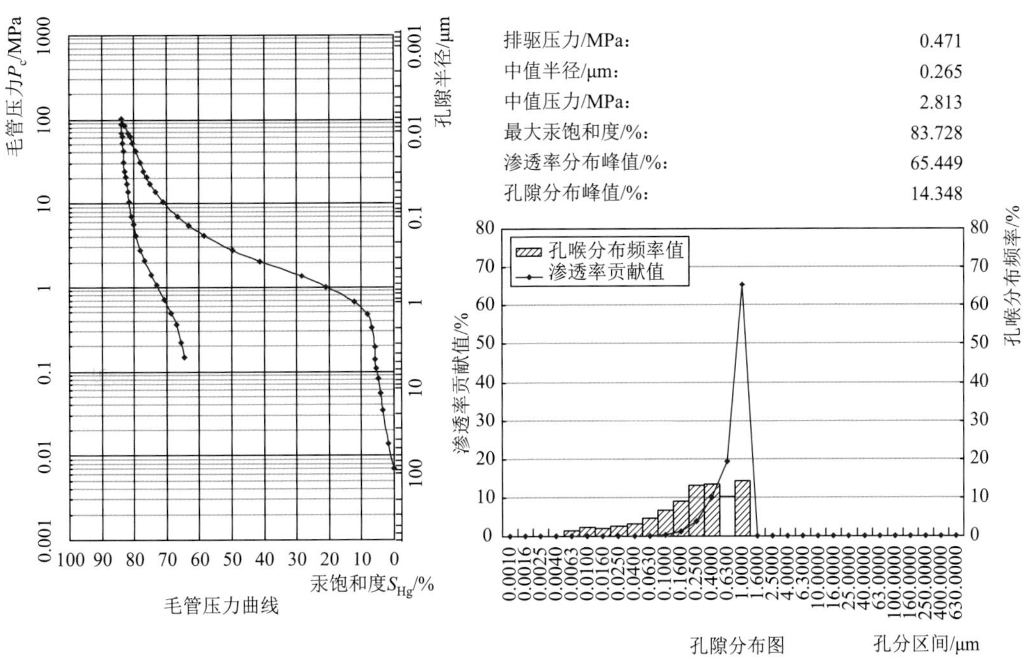

图 5-15　样品 ZP03-04CH1 毛细管压力曲线和岩石孔喉分布频率及渗透率贡献值图

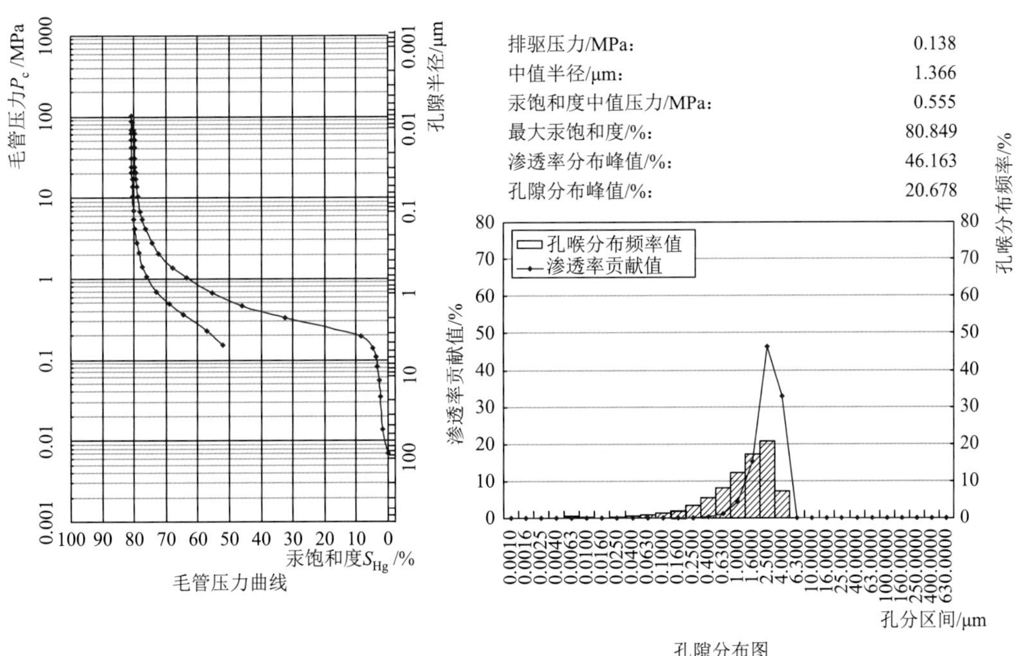

图 5-16　样品 SP02-05CH1 毛细管压力曲线和岩石孔喉分布频率及渗透率贡献值图

（2）井下储层孔隙结构。伊海生等（内部资料）在昂达尔错 QD-2 井采取了 55 件碳酸盐岩储层样品做了压汞法毛细管压力测试分析。测试分析结果（表 5-11）表明，排驱压力 P_d 较低，一般为 0.0073～4.4980 MPa；最大孔喉半径 R_{max} 较高，为 0.1634～100.7639 μm；中值压力 P_{c50} 和中值半径 R_{50} 变化较大，分别为 0.2594～97.7634 MPa 和 0.0075-2.8331 μm；未饱和汞饱和度 S_{min} 较高，为 5.8619%～62.3961%。孔隙结构类型以中孔细喉或细孔小喉型为主，其次为中孔中喉或细孔中喉型，属低孔低渗、特低孔特低渗类储层，达到Ⅱ类储层标准。

表 5-11　羌塘盆地隆鄂尼—昂达尔错地区井下碳酸盐岩储层压汞特征参数

压汞特征参数	排驱压力 P_d/MPa	最大孔喉半径 R_{max}/μm	中值压力 P_{c50}/MPa	中值半径 R_{50}/μm	未饱和汞饱和度 S_{min}/%
最大值	4.4980	100.7639	97.7634	2.8331	62.3961
最小值	0.0073	0.1634	0.2594	0.0075	5.8619
平均值	0.4189	14.0066	14.4047	0.4745	20.2599

纵观全部压汞资料，QD-2 井 55 件碳酸盐岩储层压汞曲线大致可分为以下三种类型：A 类是中值半径 R_{50} 大于 1.0 μm，孔隙以中孔为主，喉道以中喉道为主，孔喉分布偏向大喉道一侧的样品占 18%，这类曲线所代表的岩石孔隙度相对较高，曲线的排驱压力 P_d 和饱和度中值压力 P_{c50} 较小，孔隙以中孔为主，喉道以中喉道为主（图 5-17）；B 类是中值半径 R_{50} 大于 0.05 μm，孔隙以细孔-微孔为主，喉道以小-微喉道为主的样品占 27%，这类曲线所代表的岩

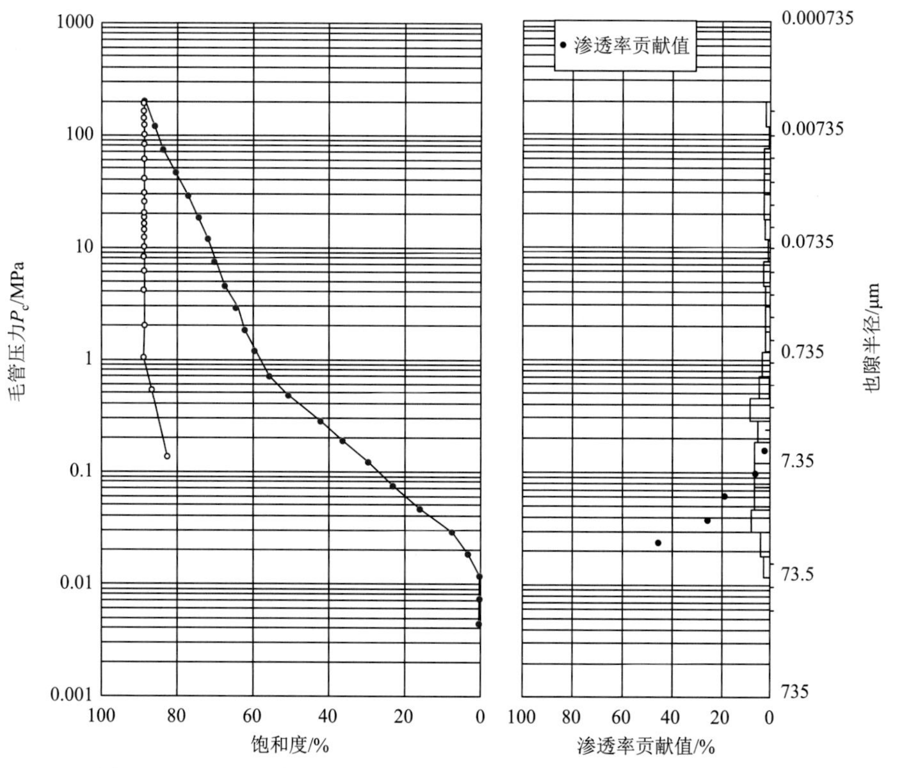

图 5-17　A 类毛细管压力曲线和岩石孔喉分布频率及渗透率贡献值图

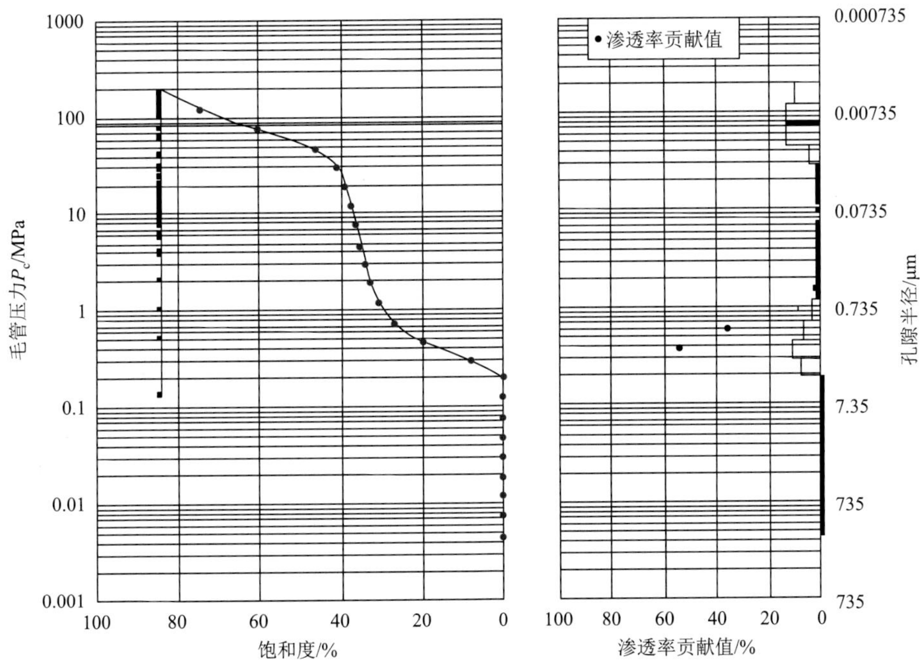

图 5-18　B 类毛细管压力曲线和岩石孔喉分布频率及渗透率贡献值图

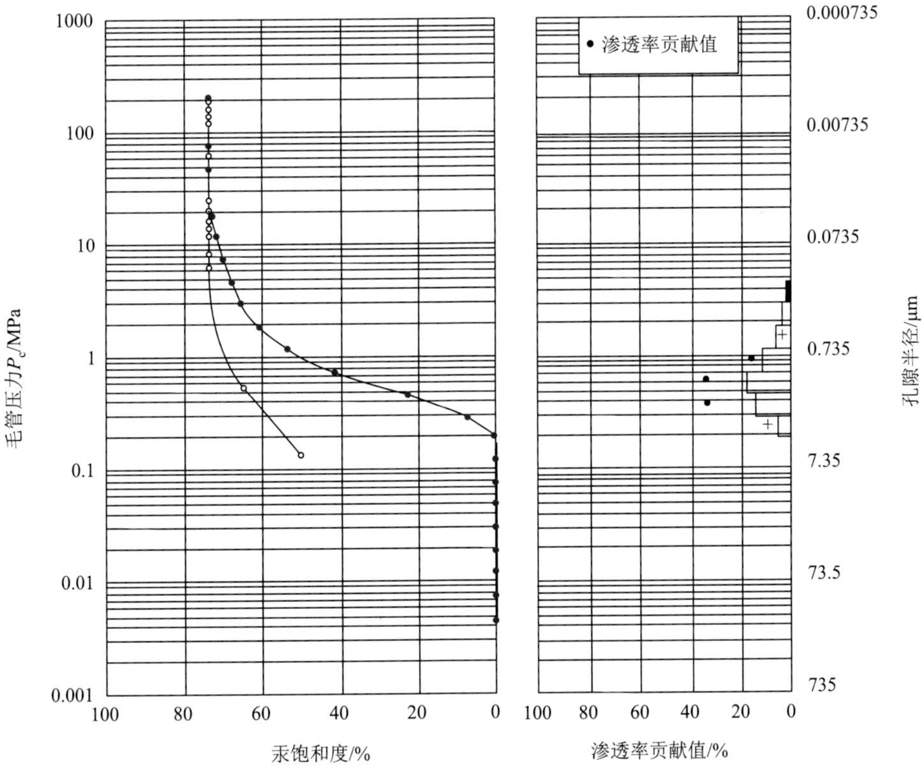

图 5-19　C 类毛细管压力曲线和岩石孔喉分布频率及渗透率贡献值图

石孔隙度中等-较高，曲线的排驱压力 P_d 较小，而饱和度中值压力 P_{c50} 较高，孔隙以细孔-微孔为主，喉道以小-微喉道为主（图 5-18）；C 类是中值半径 R_{50}，为 0.1～0.7 μm，孔隙以中孔-细孔为主，喉道以中-小喉道为主的样品占 55%，这类曲线所代表的岩石孔隙度中等，曲线的排驱压力 P_d 和饱和度中值压力 P_{c50} 介于 A 类和 B 类压汞曲线之间，孔隙以中孔-细孔为主，喉道以中-小喉道为主（图 5-19）。

4. 储层总体评价

1）地表储层物性特征

本书只分析了羌塘盆地隆鄂尼-昂达尔错区块地表碳酸盐岩储层物性样品 74 件，其中隆鄂尼小区 46 件，昂达尔错小区 19 件，赛仁小区 9 件。另外，每个小区均选有一个典型剖面，分别是德如日剖面、扎仁东剖面和赛仁剖面。

根据样品物性数据分析表明，该地区三个小区中，储层物性最好的是赛仁小区，其次是隆鄂尼小区，最后是昂达尔错小区。隆鄂尼小区和赛仁小区总体属于低孔中渗储层，介于 I 类和 II 类储层标准之间，但是后者的孔隙度较前者要好。昂达尔错小区总体属于低孔低渗、特低孔特低储层，介于 II 类和III类储层标准之间。

但据孔隙度等值分布情况（图 5-20），赛仁小区地表具有较高孔隙度（孔隙度大于 7.5%），区域横向展布最小，昂达尔错小区最大，隆鄂尼小区居中。综合考虑，认为隆鄂尼小区储层物性最好，其次是昂达尔错小区，最后是赛仁小区。不过赛仁小区由于是新发现的，其储层物性有待进一步证实。另外，隆鄂尼小区南带优于北带；昂达尔错小区南带亦优于北带，南带东部优于西部；赛仁小区西部优于东部，两部分相差较大。三个典型剖面的孔隙度垂向分布图均能证实白云岩储层物性优于灰岩储层，因此白云岩应作为该地区主要目标储层对待。

2）井下储层物性特征

羌塘盆地隆鄂尼-昂达尔错区块井下储层物性资料较少，目前已有资料集中在昂达尔错小区和隆鄂尼小区，赛仁小区尚无井下储层物性资料。昂达尔错小区参考的是大庆油田在日尕尔保实施的 QD-2 井数据，隆鄂尼小区参考的是 2010 年青海油田在隆鄂尼的钻孔资料。

我们以孔隙度作为评价核心参数，认为隆鄂尼小区远优于昂达尔错小区，与地表物性资料分析结果相一致。全地区储层主要分为灰岩和白云岩两大类，地表和井下储层物性资料一致表明白云岩储层物性明显比灰岩储层要好。白云岩应作为本地区主要目标储层对待。

3）储层孔隙结构特征

羌塘盆地隆鄂尼-昂达尔错区块碳酸盐岩储层孔隙结构特征分析分为地表和井下两部分。

地表部分共选取了 14 件碳酸盐岩储层样品进行压汞法毛细管压力测试分析。分析结果表明：排驱压力 P_d 和中值压力 P_{c50} 低，最大孔喉半径 R_{max} 较高，分选系数偏高，歪度均属正值，但都较小，中值半径 R_{50} 较大，未饱和汞饱和度 S_{min} 较高。孔隙结构类型以中孔中喉或细孔中喉型为主，其次为中孔粗喉或细孔粗喉型，属于低孔低渗、低孔中渗类储层，介于 I 类和 II 类储层标准之间，压汞曲线主要分为两种类型。

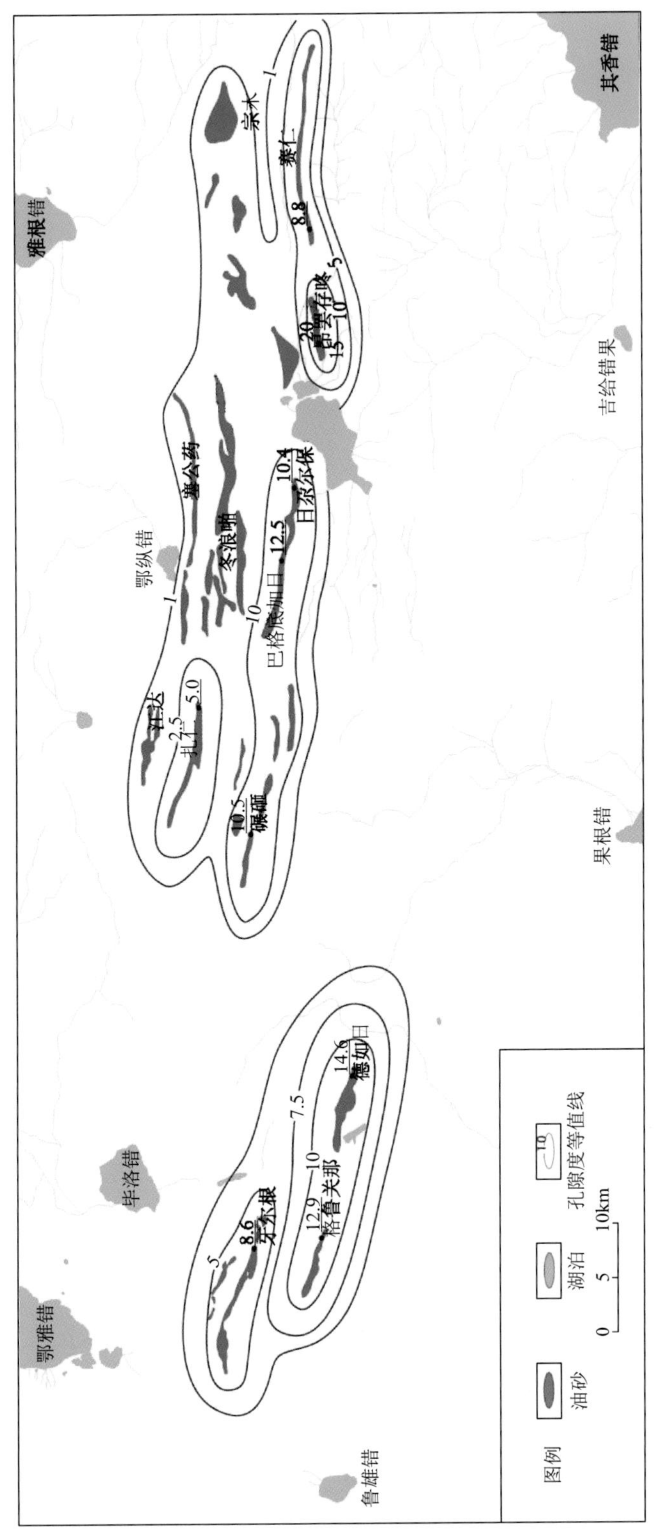

图 5-20　羌塘盆地隆鄂尼-昂达尔错区块孔隙度等值线图（单位：%）

井下部分，参考的是 QD-2 井资料，共有 55 件碳酸盐岩储层样品做了压汞法毛细管压力测试分析。分析结果表明：排驱压力 P_d 较低，最大孔喉半径 R_{max} 较高，中值压力 P_{c50} 和中值半径 R_{50} 变化较大，分别在 0.2594～97.7634 MPa 和 0.0075～2.8331 μm；未饱和汞饱和度 S_{min} 较高。孔隙结构类型以中孔细喉或细孔小喉型为主，其次为中孔中喉或细孔中喉型，属低孔低渗、特低孔特低渗类储层，达到Ⅱ类储层标准，压汞曲线主要分为三种类型。

综合地表和井下碳酸盐岩储层孔隙结构特征，羌塘盆地隆鄂尼-昂达尔错区块地表储层孔隙结构要比井下储层孔隙结构好，但大部分样品数据表明均已达到Ⅱ类储层标准，压汞曲线类型较为单一，大部分都为偏粗歪度，孔喉分选中等。这表明该地区碳酸盐岩储层较好，由于大部分样品为白云岩，少量为灰岩，进一步说明白云岩储层应作为该地区主要目标储层。同时，三个小区中，隆鄂尼小区储层物性最好，其次是昂达尔错小区，最后是赛仁小区。

（二）中侏罗统沙巧木组

沙巧木组储层主要为石英砂岩，在区块改拉剖面、扎仁羌资 2 井、沙巧木山等地均可见一套石英砂岩，储层厚度在 20～285 m。例如改拉剖面储层厚 77 m，买马乡雅斗搭坎储层厚 285 m。沙巧木组砂岩储层的物性分析数据较少，仅见买马乡雅斗搭坎剖面的孔隙度为 1.6%～7.6%，平均为 4.6%；渗透率为 0.024～111 mD，平均为 6.45 mD。

（三）上三叠统土门格拉组储集层

土门格拉组储层岩性为中—细粒岩屑石英砂岩及粉砂岩等。例如扎那陇巴剖面未见顶底，厚度为 465.1 m 地层中，储层厚度为 171.8 m，储层占地层总厚的 36.9%。储集岩孔隙度为 3.15%～4.83%，渗透率为 0.0004～0.32 mD，孔隙类型为粒间、粒内溶孔和裂隙，排驱压力为 1.8045～7.3914 MPa，中值压力为 19.3640～103.0653 MPa，属于裂缝-孔隙型储层。

综合上述特征，区块储层以布曲组白云岩最好，布曲组颗粒灰岩、沙巧木组砂岩、上三叠统土门格拉组砂岩孔渗性较差，为致密储层。

三、盖层条件分析

受班公错-怒江洋盆打开的控制，南羌塘拗陷在晚三叠世末期到侏罗纪时期，从南到北形成了从盆地-陆棚相到滨岸相的古地理格局，位于南羌塘拗陷中北部的隆鄂尼-昂达尔错区块则沉积了多套泥页岩及微泥晶灰岩夹膏岩组合，这些泥页岩、灰岩及膏岩可作为区块油气盖层。

从层位上看，区块盖层主要有上三叠统土门格拉组、下侏罗统曲色组、中侏罗统色哇组、布曲组、夏里组和上侏罗统索瓦组地层；从岩性上看，有泥质岩、页岩、硅质岩、膏岩、致密灰岩、致密砂岩等。

1. 上三叠统土门格拉组

土门格拉组分布于南北羌塘拗陷的大部分地区，盖层岩性为泥质岩、致密灰岩。盖层厚度一般大于 400 m，最厚可达 600 m 以上，如索布查地区累计盖层厚度大于 683 m，最大单层厚度达 103 m。

2. 下侏罗统曲色组

曲色组在区块内广泛分布，地层多被覆盖。岩性有泥质岩、页岩、泥灰岩、泥晶灰岩等，在毕洛错地区见膏岩。盖层厚度多在 500 m 以上，且从北向南，盖层厚度增加，如色哇松可尔、改拉地区的累计盖层厚度大于 900 m，最大单层厚度为 133.8 m；木苟日王地区累计盖层厚度达 1683 m，最大单层厚度达 94 m。

3. 中侏罗统色哇组

色哇组分布广泛，在背斜地区多出露地表。岩性有泥页岩、微泥晶灰岩、泥灰岩等。盖层厚度一般大于 200 m，最厚达 658 m（扎目纳剖面），盖层厚度分布具两个中心区：①毕洛错—昂达尔错一带，盖层厚度在 400 m 以上，最大单层厚度达 14 m；②果根错-卓普一带，厚度大于 600 m。

4. 中侏罗统布曲组

布曲组分布于毕洛错—昂达尔错和果根错—其香错一带，盖层岩性在北部以致密灰岩为主，中部和南部主要为泥页岩和致密灰岩。盖层在北部的毕洛错—昂达尔错一带厚度大于 200 m，最厚可达 905 m（曲瑞恰乃剖面）；在中南部厚度多大于 400 m，如懂杯桑地区的泥质岩盖层和灰岩盖层累计厚度大于 427 m，最大泥岩单层厚度达 76.3 m，最大灰岩单层厚度达 45.7 m。

5. 中侏罗统夏里组

南羌塘拗陷由于后期隆升，大部分地区被剥蚀，夏里组仅在南部的果根错—其香错—兹格塘错一带尚被保存。盖层岩性以泥页岩为主，次为膏岩和致密灰岩。南羌塘地区夏里组多呈残块分布，盖层厚度变化亦大，且无剖面厚度控制。膏岩盖层单层厚度为 0.02～6 m，累计厚度一般为 10～20 m，局部厚度增加，如毕洛错膏岩层厚 175 m（王剑等，2009）。

6. 上侏罗统索瓦组

南羌塘拗陷盖层分布于果根错、其香错一带，盖层岩性以泥页岩和致密灰岩为主；盖层厚度多大于 500 m，局部大于 1000 m，如鲁雄错盖层厚度大于 1431 m。

综合上述，南羌塘拗陷仅有上三叠统和下侏罗统曲色组盖层广泛分布，其他层位分布局限。优质膏岩盖层在毕洛错一带大面积分布，且在多个层位出现，显示该区封盖条件良好。

四、生储盖组合

根据区块生储盖配置，可划分出三个生储盖组合，即上三叠统土门格拉组-下侏罗统曲色组组合、下侏罗统曲色组-中侏罗统沙巧木组-中侏罗统布曲组组合、中侏罗统色哇组-中侏罗统布曲组-中侏罗统夏里组组合，其中上三叠统土门格拉组-下侏罗统曲色组组合可能在区块存在。

1. 上三叠统土门格拉组-下侏罗统曲色组组合

该生储盖组合以土门格拉组碳质泥岩、泥岩夹煤线为主要生油岩，土门格拉组上部中粒砂岩、细粒砂岩为主要储集层，下侏罗统曲色组泥岩、页岩为盖层，构成连续的生储盖组合方式。

2. 下侏罗统曲色组-中侏罗统沙巧木组-中侏罗统布曲组组合

下侏罗统曲色组泥页岩、油页岩和中侏罗统沙巧木组（色哇组）泥岩为主要生油岩，中侏罗统沙巧木组石英砂岩为主要储集层，盖层则是中侏罗统沙巧木组（色哇组）上部泥页岩、中侏罗统布曲组灰岩为盖层构成下生上储或自生自储组合。

3. 中侏罗统色哇组-中侏罗统布曲组-中侏罗统夏里组组合

该套组合的生油岩为中侏罗统色哇组（沙巧木组）泥页岩、中侏罗统布曲组泥灰岩、泥质灰岩、泥晶灰岩，储集层为中侏罗统布曲组粒屑灰岩、白云质灰岩和白云岩，盖层为中侏罗统布曲组上部泥灰岩、泥质灰岩、泥晶灰岩和中侏罗统夏里组的泥岩。

第四节　古油藏解剖及成藏模式

一、古油藏分布

隆鄂尼-昂达尔错古油藏带在平面上沿隆鄂尼—扎仁—昂达尔错—赛仁一线呈东西向展布，长度大于 100 km，宽度大于 20 km，面积大于 2000 km^2。含油白云岩带在东西向可划分为隆鄂尼、昂达尔错、赛仁三个小区（图 5-21）；南北向可以细分为北、中、南三个带，呈大致平行的东西向延伸。纵向上含油白云岩主要呈多个夹层式夹于布曲组灰岩中，一般有 2 个或 3 个夹层，多则 4 个或 5 个夹层；单个层段厚度变化较大，为 1.19～212 m，各剖面累计厚度为 20～276 m。如巴格底加日剖面白云岩可见两层，厚度分别为 18.37 m 和 61.11 m；隆鄂尼剖面可见 4 层，厚度分别为 15.24 m、29.27 m、7.07 m、9.78 m。在不同地段的剖面中，其白云岩夹层出现的部位有所变化，总体来看，从南东到北西，白云岩夹层的层位逐渐增高，即在东南部的昂罢存咚—赛仁一带位于布曲组的下部层位，在中部的巴格底加日剖面、扎仁剖面、日尕尔保一带位于布曲组的中部层位，在西北部的隆鄂尼一带则位于布曲组的上部层位（图 5-22）。

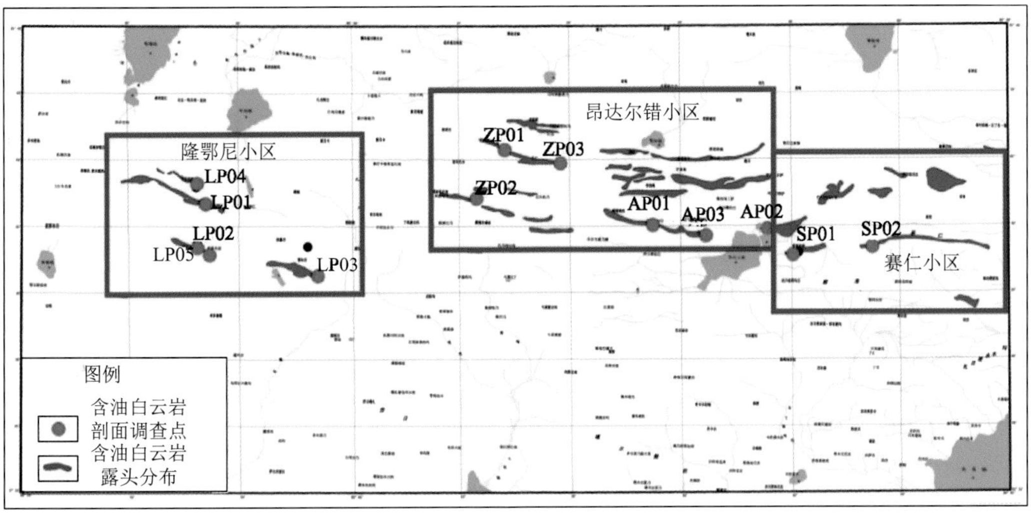

图 5-21　隆鄂尼-昂达尔错油藏带含油白云岩的平面分布

二、含油白云岩的结构构造及沉积环境

白云岩风化后多呈砂糖状，具有晶粒结构，晶粒大小不等，从粉晶到粗晶均有，以中到细晶为主。镜下显示多为自形-半自形粒状，常具有雾心亮边结构、环带状结构和世代生长结构，局部可见具有波状消光的鞍状白云石。

白云岩中见较多残余结构，主要有残余粒屑结构（包括鲕粒、砂屑、砾屑、生物碎屑等）、藻纹层构造、叠层构造、生物礁构造等。白云岩中发育溶蚀孔洞、鸟眼、窗孔等构造。

根据沉积结构构造及岩石组合特征，结合白云岩的碳-氧同位素、流体包裹体特征等成果，确定其沉积环境为浅滩及滩间潮坪-潟湖环境，并存在暴露溶蚀。

三、白云岩成因

刘建清等（2008，2010）从白云岩成分及含量、结构、构造、沉积环境、岩石共生组合以及 X 射线衍射分析、镜下结构和阴极发光、稀土元素特征等方面进行综合分析，认为隆鄂尼-昂达尔错古油藏白云岩为低温混合水白云石化。

陈浩等（2016）、万友利等（2018）通过大量野外调查和白云岩包裹体及碳氧同位素测试分析后，再结合前人资料分析，认为该带白云岩成因复杂，至少有三期成因的复合，即早期低温准同生白云石化、中期高温埋藏白云石化、晚期燕山和喜马拉雅期构造白云石化。

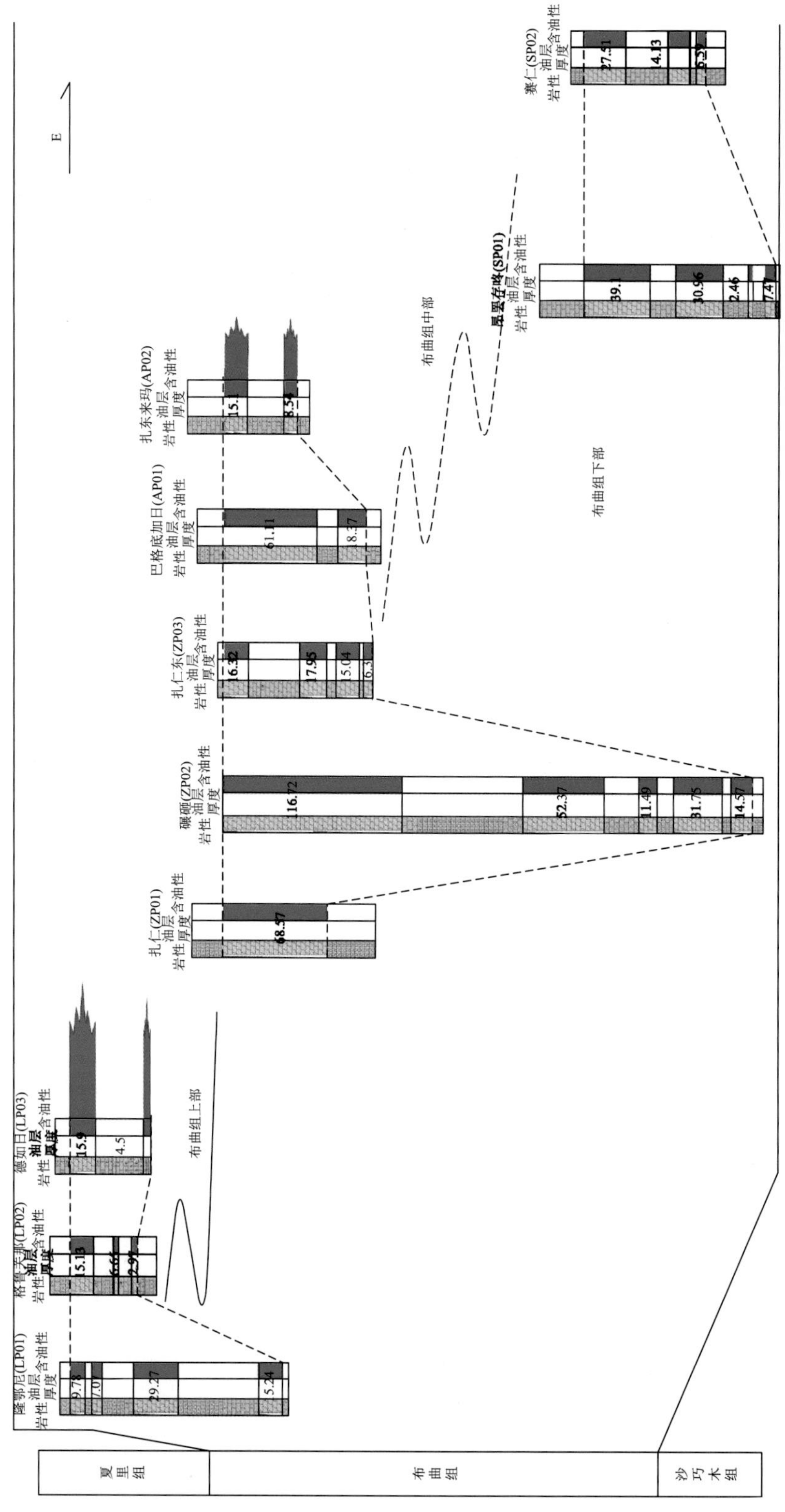

图 5-22　羌塘盆地隆鄂尼-昂达尔错区块油藏带含油层东西向横向对比图（单位：m）

早期，研究区白云石具有自形-半自形结构、残余鲕粒结构及藻纹层构造等，并出现大量鸟眼、窗孔等暴露标志，同时在达卓玛地区伴生有膏岩及膏溶角砾岩，说明白云石化与潮间潮上暴露有关，这为低温准同生白云石化提供了形成环境。白云岩 $\delta^{18}O_{PDB}$ 变化范围大，其投影图显示存在高温与低温重叠的白云岩。因此认为早期为低温准同生白云石化，形成一些泥晶白云石晶核。至于是咸水白云石化或混合水白云石化，从包裹体盐度高于正常海水，同时在达卓玛地区见膏岩和膏溶角砾岩，说明存在咸水白云石化的条件，但不排除局部地区由于暴露和淡水的注入形成混合水白云石化的可能。

中期，流体包裹体分析显示，白云石次生加大边中均一温度、盐度均较高，存在高温埋藏白云石化作用的特征；白云岩 $\delta^{18}O_{PDB}$ 均小于零且变化范围较大，并向较高负值偏移，投影图显示存在高温区白云岩。据伊海生等（2014）分别对雾心亮边白云石采用激光同位素微区取样技术分析，白云石单矿物的 $\delta^{18}O_{PDB}$ 明显偏负（−11.29‰～−14.59‰），且白云石亮边与暗色核心相比 $\delta^{18}O_{PDB}$ 明显亏损，二者相差最大可达 2.11‰，最小为 0.42‰，可能说明亮边白云石较暗色核心白云石形成的温度更高。鉴于此，本书认为该区白云石环带形成于高温埋藏期，即白云石围绕早期泥晶白云石晶核沉淀，形成较为粗大的粒状、叶片状晶体。

晚期，白云岩裂缝中方解石包裹体具有高温（240～250℃）、低盐度特点，与白云石包裹体的温度、盐度有差异，为不同地质作用形成。结合该区存在少量波状消光的马鞍状白云石、少量白云石晶体解理面发生弯曲等，说明白云岩主体形成之后受到了应力的挤压作用，从而形成少量构造白云岩。

上述三期白云岩成因中，以早期和中期白云石化为主，即白云岩主要在沉积成岩过程中形成，而晚期的构造白云石化很少。

四、油-源对比

1. 生物标志化合物特征对比

生物标志化合物，特别是甾烷、萜烷的碳数变化、丰度、分子结构在很大程度上反映了有机质中不同母源的贡献。因此，生物标志化合物的指纹特征及其分布规律是一种有效的油岩对比方法。

通过表 5-12 中甾烷、萜烷有关参数对比可以看出，羌塘盆地中侏罗统布曲组砂糖状白云岩储层含油样品中甾烷、萜烷分布与曲色组油页岩极其相似，体现出两者具有亲缘关系。主要表现在如下方面。

（1）含油样品中萜烷含量较低，尤其是萜烷类的三环萜烷含量低，这一点跟曲色组油页岩具有很好一致性，通过表 5-12 可以看出，含油样品中萜烷与甾烷比值为 0.71～2.56，平均值为 1.44，油页岩萜烷与甾烷比值为 0.28～1.28，平均值为 0.78，油页岩样品中该比值略低，这种现象可能是在运移过程中，三环萜烷运移较快，随运移距离会相对富集而造成的。相对于含油样品和油页岩，南羌塘盆地侏罗系其他地层单元中萜烷含量较高，体现在萜烷与甾烷比值较大，通过 C_{23}/藿烷和萜烷/甾烷比值作图，可以很好地区分原油与夏里组、布曲组、沙巧木组、色哇组、曲色组之间缺少亲缘关系，而与索瓦组与油页岩之间具有亲缘性，如图 5-23 所示。

表 5-12　南羌塘盆地布曲组砂糖状白云岩储层含油样品与羌塘盆地地层萜烷、甾烷参数对比表

		$T_s/(T_m+T_s)$	$22S^-C_{31}/(22S+22R)^-C_{31}$	萜烷/甾烷	2*伽马蜡烷/C_{31}	C_{27}/C_{29}	C_{21}/aaaC_{29}	重排甾烷/规则甾烷	规则甾烷/藿烷	$\beta\beta^-C_{29}/\sum C_{29}$	$20S^-C_{29}/(20R+20S)^-C_{29}$
原油	最大值	0.63	0.60	2.56	1.01	1.97	0.95	0.22	1.91	0.50	0.43
	平均值	0.57	0.56	1.44	0.73	1.08	0.46	0.15	1.01	0.40	0.35
	最小值	0.46	0.53	0.71	0.41	0.52	0.12	0.09	0.67	0.28	0.21
索瓦组	最大值	0.45	0.59	2.54	0.27	0.91	1.99	0.28	0.81	0.41	0.48
	平均值	0.43	0.59	2.05	0.25	0.82	1.31	0.26	0.63	0.40	0.46
	最小值	0.41	0.59	1.55	0.24	0.76	0.64	0.25	0.50	0.38	0.44
夏里组	最大值	0.49	0.60	6.21	0.76	1.10	4.93	0.35	1.41	0.44	0.44
	平均值	0.32	0.58	4.55	0.43	1.01	3.45	0.30	1.07	0.41	0.43
	最小值	0.17	0.57	3.24	0.22	0.90	2.28	0.26	0.81	0.38	0.41
布曲组	最大值	0.71	0.61	3.95	0.72	1.05	2.80	0.38	1.69	0.43	0.47
	平均值	0.63	0.59	2.37	0.53	0.92	1.58	0.32	1.31	0.42	0.46
	最小值	0.53	0.58	0.93	0.33	0.78	0.32	0.21	0.93	0.41	0.43
莎巧木组	最大值	0.54	0.58	4.66	0.81	1.08	4.06	0.29	1.73	0.41	0.46
	平均值	0.50	0.58	4.37	0.80	1.04	3.78	0.27	1.57	0.41	0.44
	最小值	0.48	0.58	4.18	0.79	0.98	3.44	0.26	1.27	0.40	0.43
色哇组	最大值	0.50	0.59	6.07	1.26	1.08	5.50	0.31	2.20	0.42	0.48
	平均值	0.48	0.57	3.35	0.84	0.95	2.80	0.24	1.74	0.38	0.42
	最小值	0.43	0.56	2.27	0.64	0.82	1.20	0.16	1.53	0.30	0.31
曲色组	最大值	0.52	0.58	3.75	1.23	1.11	3.55	0.32	2.01	0.41	0.46
	平均值	0.50	0.58	3.17	0.96	1.01	2.63	0.26	1.63	0.39	0.44
	最小值	0.46	0.57	2.27	0.73	0.88	1.53	0.20	1.43	0.37	0.41
油页岩	最大值	0.65	0.59	1.28	0.88	1.20	1.14	0.33	1.68	0.53	0.59
	平均值	0.57	0.59	0.78	0.84	0.90	0.60	0.28	1.32	0.50	0.53
	最小值	0.51	0.58	0.28	0.79	0.68	0.30	0.21	1.01	0.45	0.48

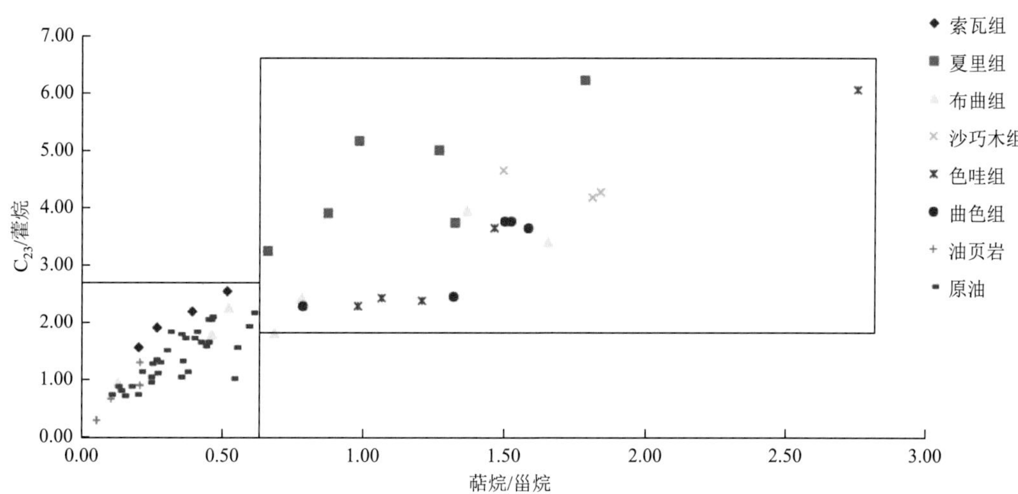

图 5-23 含油样品与地层中萜烷/甾烷和 C_{23}/藿烷比值分布图

（2）含油样品中具有极低的孕甾烷和升孕甾烷含量，这一点跟曲色组油页岩具有很好的一致性，通过表 5-12 可以看到，含油样品中 C_{21}/aaaC_{29} 规则甾烷平均值为 0.46，变化范围为 0.12～0.95，油页岩中 C_{21}/aaaC_{29} 规则甾烷比值平均值为 0.60，变化范围为 0.30～1.14，而其他地层单元该比值比较大，绝大多数大于 1，甚至最高达到 4.93。通过图 5-24 很好地将孕甾烷在样品中的相对含量表达出来，并且可以看到油页岩中孕甾烷含量与含油样品含量极其相似，反映出两者的亲缘性。

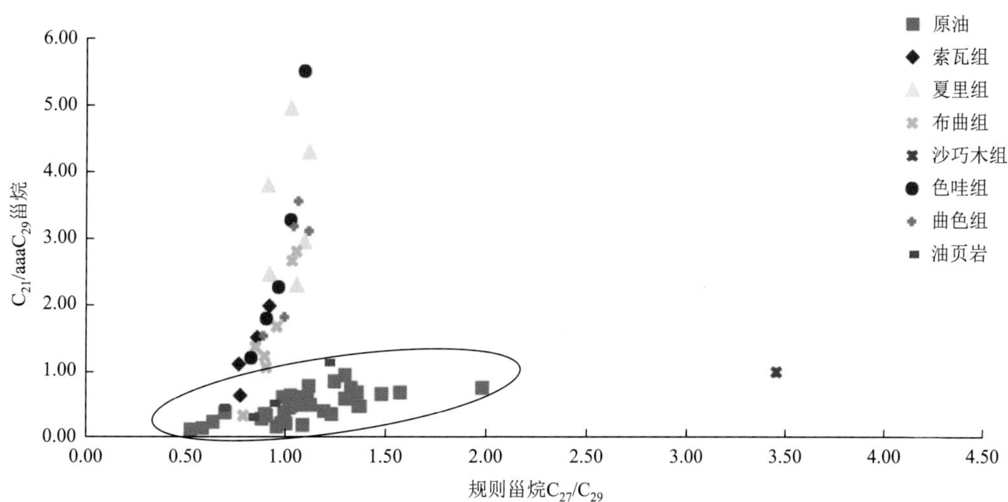

图 5-24 含油样品与地层中规则甾烷 C_{27}/C_{29} 和 C_{21}/aaaC_{29} 甾烷比值分布图

（3）较低的重排甾烷，相对较高的伽马蜡烷含量与油页岩相似，而与索瓦组、夏里组和布曲组差异性加大，如图 5-25 所示。

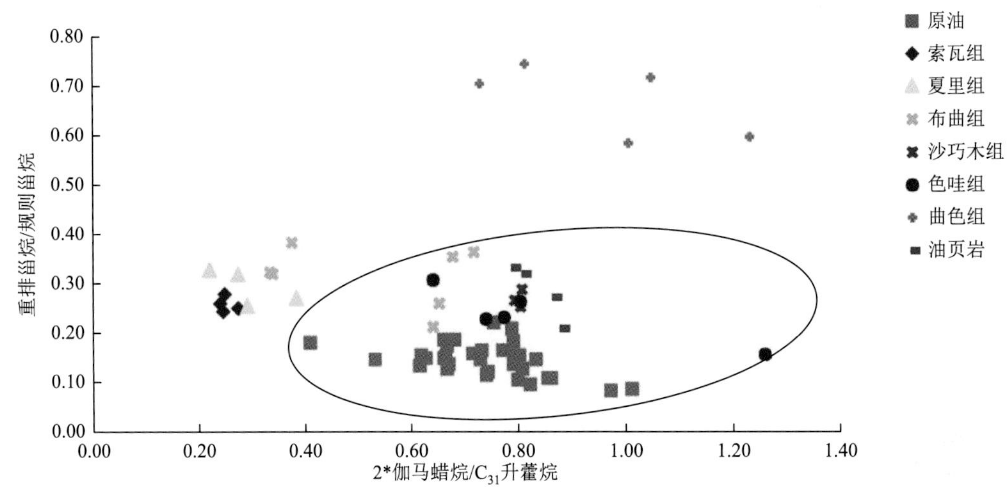

图 5-25　含油样品与地层中伽马蜡烷/C_{31}和重排甾烷/规则甾烷比值分布图

（4）较高的规则甾烷和伽马蜡烷含量与油页岩相似，与索瓦组、夏里组曲色组差异性较大，如图 5-26 所示。

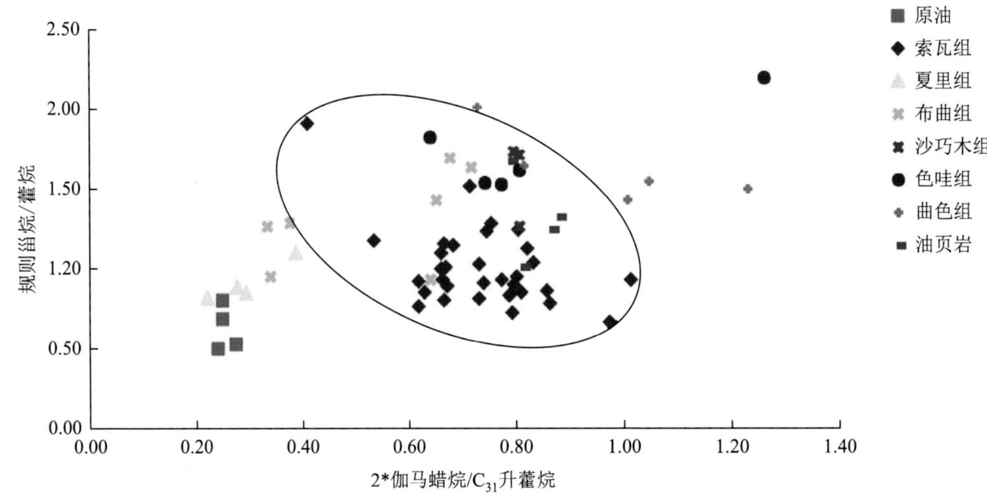

图 5-26　含油样品与地层中伽马蜡烷/C_{31}和规则甾烷/藿烷比值分布图

2. 单烃碳同位素特征对比

为了进一步明确含油白云岩原油的油气来源，选取夏里组、布曲组和油页岩样品，开展单烃同位素分析。布曲组烃源岩单烃碳同位素分布在−28.5～−25.3，并随单体烃碳数由低到高变化，单体烃碳同位素具有由高到低分布的趋势；夏里组烃源岩单体烃同位素分布在−31.85～−27.43，同时也具有向布曲组烃源岩单体烃碳同位素的变化趋势，即随单体烃碳数由低到高变化，单体烃碳同位素具有由高到低分布的趋势，且该趋势相对更为明显。油页岩单体烃碳同位素不但与含油白云岩原油一样在 C_{18} 处具有碳同位素偏重的特征，同时其单体烃碳同位素与含油白云岩原油具有相似的变化趋势，体现出两者具有亲缘性（图 5-27）。总之，通过碳同位素特征分析，南羌塘盆地中侏罗统布曲组含油白云岩原油与下侏罗统曲色组油页岩具有类似特征，而与侏罗纪其他地层烃源岩差异性较大。因此，初步认为布曲组砂糖状白云岩储层中原油可能来自曲色组油页岩。

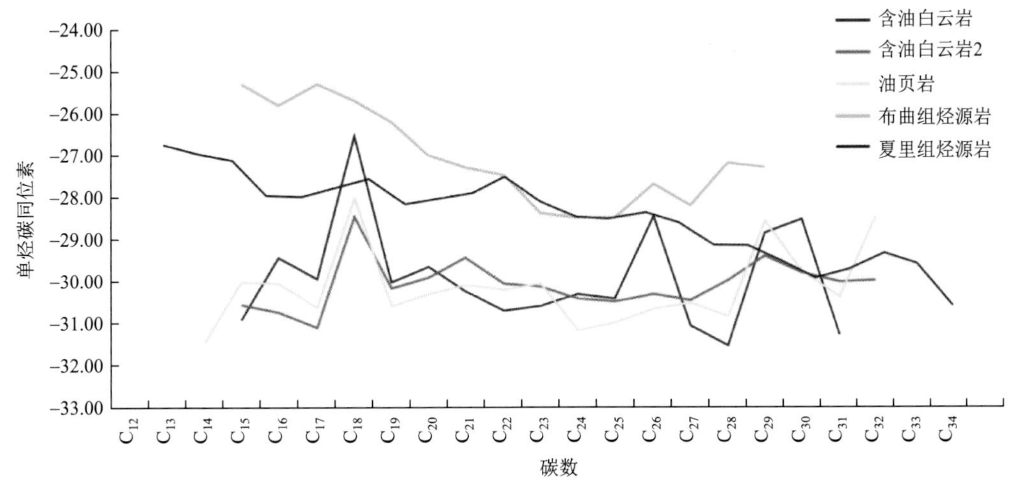

图 5-27　南羌塘盆地烃源岩和原油单体烃同位素分布特征

五、油气成藏模式

1. 生储盖组合的时空格架

在侏罗纪沉积时期，羌塘盆地的构造运动以稳定沉降为主，沉积了巨厚的海相地层，且存在两个沉积体系（图 5-28），北侧临近中央隆起带为以中上侏罗统地层为代表的碳酸盐台地相相区，南侧毗连班公错-怒江大洋为深水碎屑岩相区。由北向南，水体逐渐加深，碎屑岩粒度逐渐变细，浅水相颗粒灰岩逐渐过渡为深水相泥晶灰岩，大致在色哇—兹格塘错—安多一线，沉积一套灰黑色、泥质岩、泥灰岩深水沉积，代表一个狭窄急剧变陡的

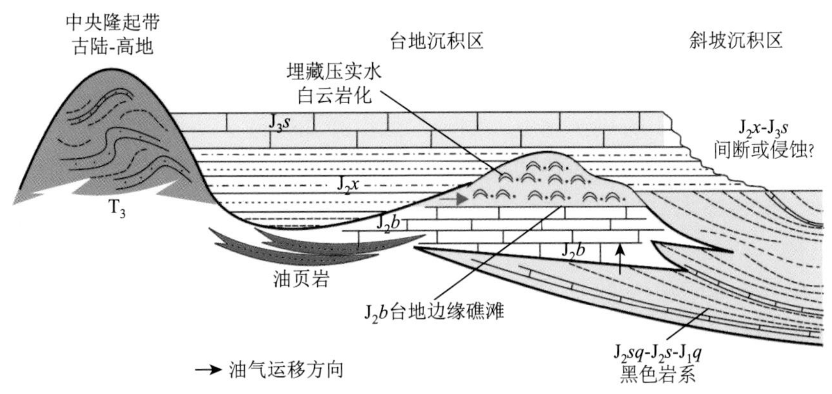

图 5-28　南羌塘盆地生储盖层的时空格架

大陆斜坡相-深水盆地沉积环境，在毕洛错地区发育富含海洋超微化石的黑色岩系，超微浮游生物的高生产率和局部富集出现了油页岩（陈兰等，2003；伊海生等，2005）。目前发现的地表油藏带的含油层均赋存于北侧碳酸盐台地相礁滩相区，含油层顶底板或夹层常见介壳灰岩、核形石灰岩、生物碎屑灰岩、藻灰岩和角砾状灰岩，这些岩相类型反映典型的台地边缘礁滩相和边缘斜坡相沉积环境。

（1）南羌塘拗陷南部边缘地表分布有巨厚黑色泥页岩地层，它们可能在拗陷腹地形成一个巨大的生烃凹陷。

中国的油气勘探实践证明，原生及次生油气藏的分布主要受生烃凹陷邻近的古隆起及古斜坡控制，有效生油区大致控制油气田的分布范围。而南羌塘盆地存在优质黑色泥页岩生烃凹陷，应该是这一地区油气成藏的基本条件。

根据野外调查及前人资料分析，南羌塘拗陷南部边缘广泛分布一套曲色组、色哇组含菊石化石的深水黑色岩系，西至帕度错，中部过巴林乡，东至安多唐嘎乡，东西长达230余公里。同时在毕洛错南东方向发育一套厚度近200 m的海相油页岩。据此推断，南羌塘盆地中侏罗统布曲组之下应该存在一套黑色生油岩系，而这一条件在北羌塘拗陷和东部雁石坪地区并不存在。

（2）南羌塘拗陷地表含油白云岩广泛发育，预示着布曲组白云岩储层是主要的勘探目标。

国内外大量勘探实践已经证实，白云岩是海相碳酸盐岩油气藏的重要储层。我国古生界油气藏大多数储层都是白云岩，而灰岩储层一般都与裂缝、溶蚀洞缝配套才能形成良好的储层。例如鄂尔多斯盆地奥陶系风化壳储层是油气赋存的主要类型，但储存性能好的储层都是白云岩，四川盆地的二叠系主要是灰岩储层，但裂缝是主要的储存空间。四川盆地下古生界尽管尚未获得大的突破，但钻遇工业油气流的储层也主要是白云岩。渤海湾盆地区下古生界和前寒武系的碳酸盐岩储层，普遍具有较好的储集性能，但最有利的储层也是白云岩储层。

羌塘盆地南部的隆鄂尼-昂达尔错区块，是目前地质调查工作中发现白云岩最发育的地区，根据地面调查和遥感解译，这一白云岩带东西长约100 km，南北宽约20 km，总面积约2000 km^2，内部可见32个露头体，东西向可划分为三个小区，南北向可划分3个油藏带。从该套白云岩的规模、岩石组成、沉积环境和储层物性特征来看，该区布曲组白云岩带应为主要勘探目的层。

2. 残存型油气藏的成藏勘探模式

燕山晚期构造运动结束了隆鄂尼-昂达尔错地区大规模沉降沉积史，也在整体上结束了该区下、中侏罗统有机质的热演化史。同时，燕山晚期构造运动使中生界及以下地层发生褶皱和断裂变动，形成了油气的各种类型圈闭。隆鄂尼、昂达尔错等背斜圈闭就是这次构造运动产物。例如隆鄂尼古油藏在构造上是一个以中侏罗统布曲组灰岩和白云岩为核部、以夏里组页岩为两翼、被断层复杂化的背斜构造。根据实测剖面资料，背斜两翼岩层产状近于相等，岩层倾角一般为38°～40°，核部出露宽度约4 km，长度约9 km。据计算，该背斜的原始隆起幅度，其出露地表部分应在800 m以上。在该背斜的轴部及南翼发育两条压扭性断裂。其中，沿背斜轴部发育的断层，控制了隆鄂尼古油藏的南部边界。该断层西南盘为上升盘，由于断层的活动，已使布曲组顶部的含油白云岩层被剥蚀掉，下面的不含油石灰岩层露出地表。断层东北盘为下降盘，由布曲组顶部的含油白云岩组成。据地质资料分析，两条压扭性断层上盘的向上逆冲距离均在 600 m 以上。侏罗系各组地层中的有机质，在燕山晚期已进入成熟及高成熟阶段，这个时期正是曲色组及布曲组中有机质向烃类大量转化的高峰期。因此圈闭形成期与大量排烃期同步进行，从而形成了隆鄂尼-昂达尔错古油藏。

喜马拉雅期青藏高原的全面隆升，对在燕山晚期形成的侏罗系地层圈闭进行不同程度改造及破坏，它造成部分油气藏隆升至地表而发生暴露，在南羌塘盆地地表形成广泛分布的油砂层，原始油藏遭到破坏。因此南羌塘盆地油气勘探应该以寻找残存的油气藏为主要研究方向。

根据有机地球化学特征和油源对比结果，所含原油具有与所处层位烃源层近似的有机地球化学特征，表现出了亲缘关系，所以油气藏可能以下生上储或自生自储型为主。此外，隆鄂尼古油藏具有背斜的构造背景，布曲组白云岩与夏里组泥质岩构成良好的储盖组合配置，结合盆地石油地质总体特征分析，该套组合具备了形成油气藏的条件，因此应将中侏罗统布曲组作为勘探的主要目的层。

南羌塘的油气勘探可以借鉴柴达木盆地、准噶尔盆地根据地表油砂、油泉寻找地下油气藏的勘探经验和勘探模式。参考国内外油气田的发现历史，可以认为，地表见有油泉、油砂是地下存在油藏的最直接的证据，中国的勘探实践更是证明了这一点，如地表的干油泉的发现为中国第一个油田——玉门油田的勘探提供了重要的线索，通过黑油山油苗点发现了克拉玛依油田。柴达木盆地油砂山的勘探模式也可以提供借鉴，其地表同样出露含油层，在断层下盘出现尕斯库勒油田。

综合最近几年来的野外调查、钻探工程和地球物理勘查的成果，南羌塘盆地存在两类勘查模式。

（1）剥蚀暴露型：如图 5-29 所示，这一类成藏模式可能是南羌塘盆地普遍的一类油藏类型。在这里，布曲组白云岩是主要储油层，但布曲组背斜油气藏的顶界面高度有所不同；在盆地面总体隆升的背景下，高幅背斜的油气藏暴露地表，但在夏里组、索瓦组以及白垩系—第四系覆盖区，同一个背斜系列中的低幅背斜油气藏仍然得以保存。

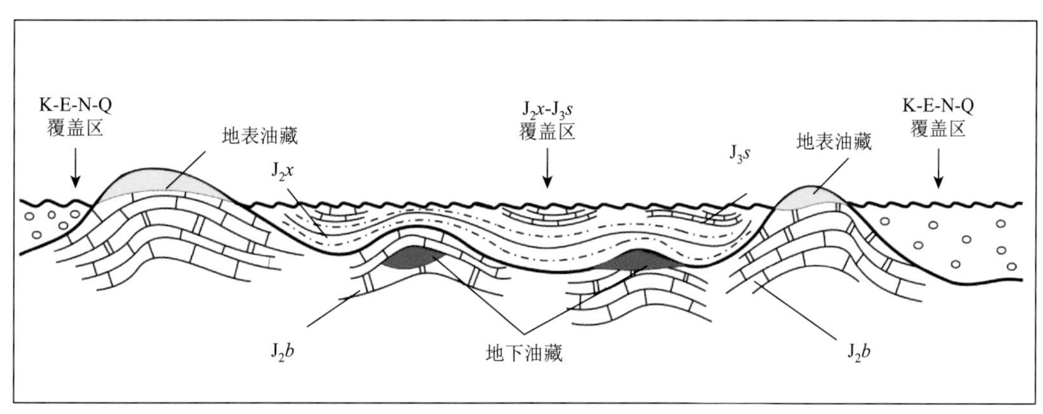

图 5-29　剥蚀暴露型成藏模式

（2）逆冲推覆型：据吴珍汉等（2016）对南羌塘盆地构造的研究，发现了一大批逆冲推覆构造，其中最明显的标志是侏罗系自北向南逆冲推覆于古近系之上，形成了鼓膜大小不等的构造岩片。根据双湖至扎加藏布一线的地质填图，至少识别出了 10 条逆冲断层。另外，钻探工作也发现，毕洛错油页岩分布区南缘之下存在一套康托组红色砂砾岩。这些地质事实说明，南羌塘盆地的构造活动对油气保存有重要影响。参考国内油气田对盆地边缘逆冲推覆带与油气藏成藏关系的研究成果，一般逆冲断层上盘油气藏大多暴露，地表见古油藏，但在断裂下盘往往是油气保存区。其成藏模式如图 5-30 所示。

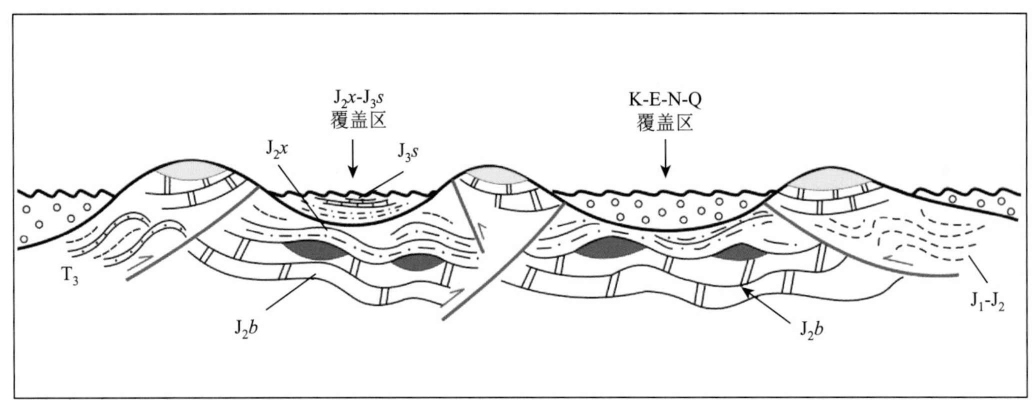

图 5-30　逆冲推覆型成藏模式

综上所述，无论是剥蚀暴露型或是逆冲推覆型古油藏，南羌塘盆地找油的目标应该围绕如下原则展开：①在地表油气藏出露地带，根据夏里组、索瓦组分布圈定油气保存区。②在夏里组、索瓦组分布区，根据地表填图和物化探方法圈定背斜构造，部署钻井进行验证。③南羌塘拗陷大面积古近系和第四系分布区，特别是这里的第四系展布沿南北向地堑和北东向地堑展布。根据在毕洛错地堑钻探的 QD-1 井资料，第四系厚达 180 m。这些古近系和新近系覆盖区能否作为油气保存区应是今后研究工作的一个重点。

第五节　地球物理特征

近年在隆鄂尼-昂达尔错区块主要开展了少量二维地震测量和复电阻率测量。

一、二维地震

2015 年，在隆鄂尼-鄂斯玛区块完成了 5 条共计 133 km 的二维地震测线（图 5-1），通过地震测线的综合解释和构造层图的编制。

1. 区块北部存在推覆构造

由于测线间距离较远，断层组合难度大，按照目前的资料情况，只能依据地表断层类推或相交测线的断点闭合进行组合。通过地震资料解释，区块范围内共解释出 36 条断层，其中区块北部断层（即图 5-31、图 5-32 中①号断层）规模较大，在多条南北向地震测线上均有显示（图 5-33）。它控制了中央隆起带的分布，也是中央隆起带与南羌塘拗陷的分

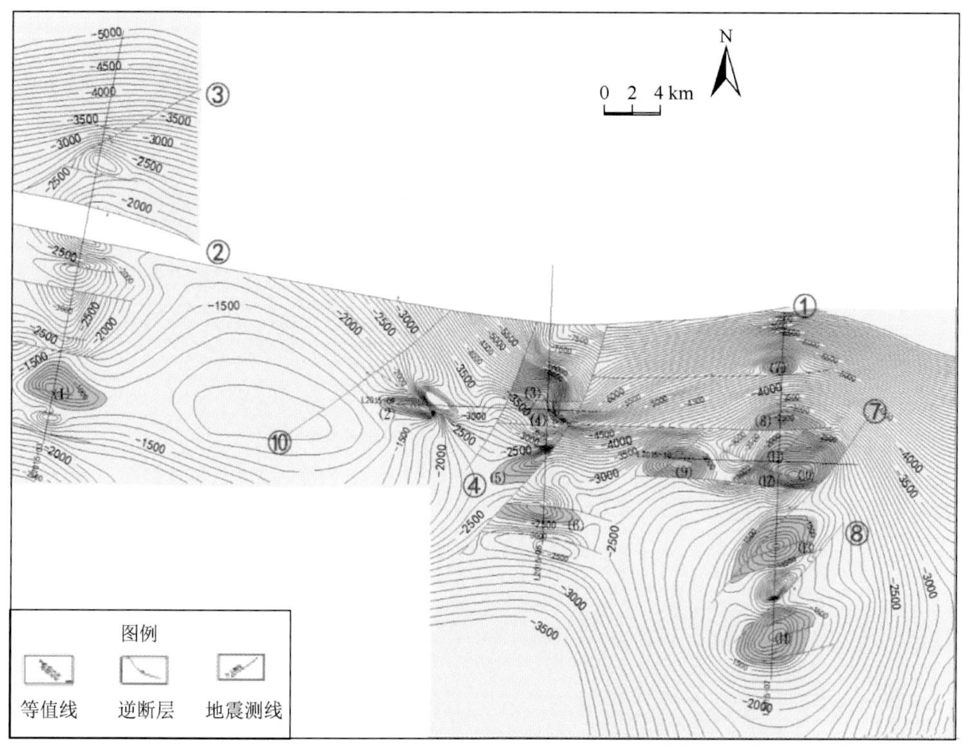

图 5-31　隆鄂尼地区地震 TJ 反射层构造示意图（基准面 5400 m）

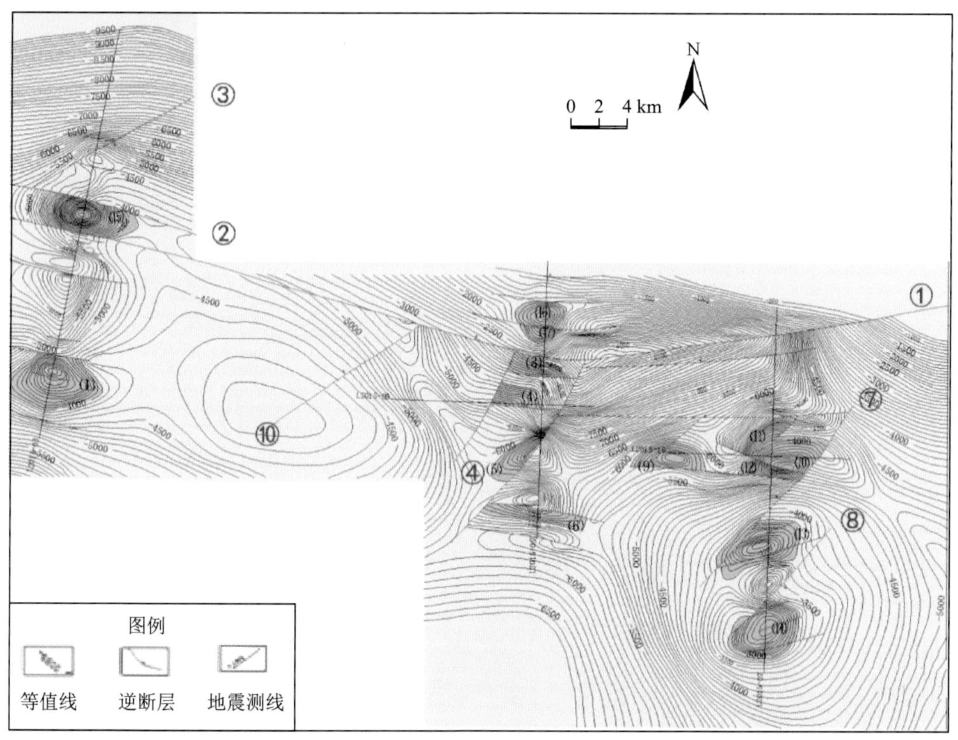

图 5-32　隆鄂尼地区地震 TT_3 反射层构造示意图（基准面 5400 m）

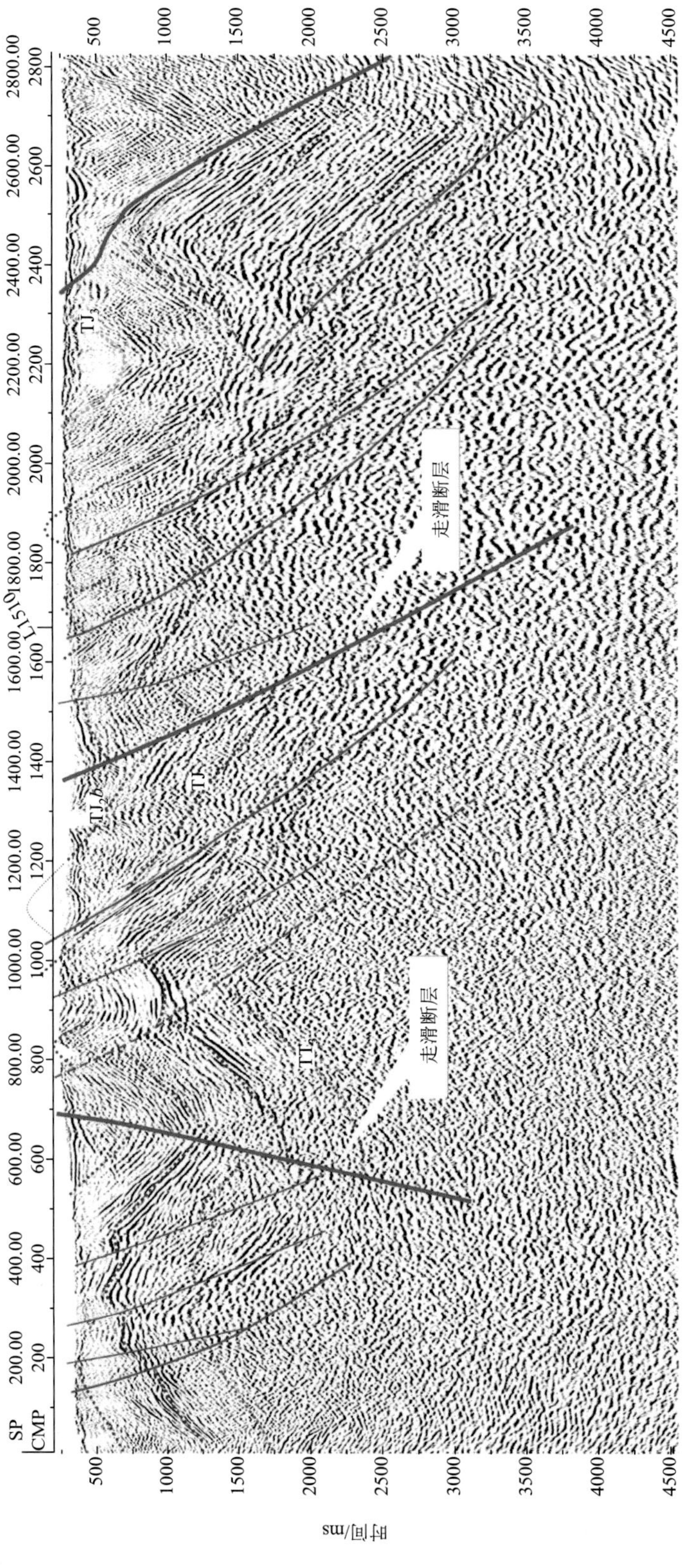

图 5-33　隆鄂尼地区 L2015-07 地震剖面

隔断层。这条断层断至基底，出露至地表，断层上盘出露地层为上三叠统（T_3），而下盘则为较新的中侏罗统布曲组（J_2b）。断层性质为逆断层，最大断距达 3 km，断层走向北西西，倾向北东，延伸长度 92.7 km。

2. 发现多个地腹构造

隆鄂尼-昂达尔错区块共发现 17 个圈闭（表 5-13），其中地震 TJ 反射层构造图上（图 5-31），发现圈闭 14 个，圈闭类型以断背斜、断鼻为主，圈闭总面积为 299.69 km^2；地震 TT_3 反射层构造图上（图 5-32），发现圈闭 14 个，圈闭总面积为 327.13 km^2。主要圈闭描述如下。

表 5-13　隆鄂尼地区圈闭要素表（基准面 5400 m）

序号	圈闭名称	地震层位	圈闭类型	面积/km^2	高点埋深/m	幅度/m	主要测线	圈闭排序	落实程度
1	隆鄂尼 1 号	TJ	背斜	33.74	−600	600	L2015-03	4	较落实
		高点坐标 *X*：15663938			*Y*：3634082				
		TT_3	背斜	53.37	−2800	1200			
		高点坐标 *X*：15664227			*Y*：3635409				
2	隆鄂尼 2 号	TJ	断背斜	10.36	−600	700	L2015-09	7	较落实
		高点坐标 *X*：15707569			*Y*：3634302				
3	隆鄂尼 3 号	TJ	断鼻	22.39	−3400	1900	L2015-05	14	较落实
		高点坐标 *X*：15718896			*Y*：3636270				
		TT_3	断鼻	13.18	−7900	1100			
		高点坐标 *X*：15718311			*Y*：3638749				
4	隆鄂尼 4 号	TJ	断背斜	4.98	−3100	400	L2015-09	12	较落实
		高点坐标 *X*：15720656			*Y*：3634616				
		TT_3	断鼻	12.66	−6500	1000			
		高点坐标 *X*：15716986			*Y*：3634817				
5	隆鄂尼 5 号	TJ	断背斜	15.4	−1700	600	L2015-09	13	显示
		高点坐标 *X*：15722005			*Y*：3629519				
		TT_3	断鼻	14.42	−5000	900			
		高点坐标 *X*：15721274			*Y*：3629289				
6	隆鄂尼 6 号	TJ	断鼻	17.23	−2000	500	L2015-05	9	较落实
		高点坐标 *X*：15721917			*Y*：3623479				
		TT_3	断鼻	18.4	−4800	600			
		高点坐标 *X*：15722189			*Y*：3622956				
7	隆鄂尼 7 号	TJ	断背斜	7.68	−4100	500	L2015-07	10	较落实
		高点坐标 *X*：15749609			*Y*：3641792				
8	隆鄂尼 8 号	TJ	断鼻	14.98	−1700	1100	L2015-07	11	较落实
		高点坐标 *X*：15749915			*Y*：3634492				
9	隆鄂尼 9 号	TJ	断背斜	20.12	−1900	800	L2015-10	5	显示
		高点坐标 *X*：15738220			*Y*：3629777		—	—	—
		TT_3	断背斜	20.85	−5200	600	—	—	—

续表

<table>
<tr><th>序号</th><th>圈闭名称</th><th>地震层位</th><th>圈闭类型</th><th>面积/km^2</th><th>高点埋深/m</th><th>幅度/m</th><th>主要测线</th><th>圈闭排序</th><th>落实程度</th></tr>
<tr><td>9</td><td>隆鄂尼9号</td><td colspan="3">高点坐标 X：15738343</td><td colspan="2">Y：3629790</td><td>—</td><td>—</td><td>—</td></tr>
<tr><td rowspan="4">10</td><td rowspan="4">隆鄂尼 10</td><td>TJ</td><td>断鼻</td><td>34.64</td><td>−600</td><td>1900</td><td rowspan="4">L2015-07、10</td><td rowspan="4">1</td><td rowspan="4">落实</td></tr>
<tr><td colspan="3">高点坐标 X：15751717</td><td colspan="2">Y：3629374</td></tr>
<tr><td>TT_3</td><td>断鼻</td><td>26.22</td><td>−2900</td><td>1200</td></tr>
<tr><td colspan="3">高点坐标 X：15751814</td><td colspan="2">Y：3629634</td></tr>
<tr><td rowspan="4">11</td><td rowspan="4">隆鄂尼 11</td><td>TJ</td><td>断鼻</td><td>9.84</td><td>−1200</td><td>800</td><td rowspan="4">L2015-07</td><td rowspan="4">6</td><td rowspan="4">较落实</td></tr>
<tr><td colspan="3">高点坐标 X：15748760</td><td colspan="2">Y：3630729</td></tr>
<tr><td>TT_3</td><td>断鼻</td><td>11.88</td><td>−3700</td><td>1000</td></tr>
<tr><td colspan="3">高点坐标 X：15749208</td><td colspan="2">Y：3632015</td></tr>
<tr><td rowspan="4">12</td><td rowspan="4">隆鄂尼 12</td><td>TJ</td><td>断鼻</td><td>14.92</td><td>−800</td><td>2200</td><td rowspan="4">L2015-10</td><td rowspan="4">8</td><td rowspan="4">显示</td></tr>
<tr><td colspan="3">高点坐标 X：15751554</td><td colspan="2">Y：3628934</td></tr>
<tr><td>TT_3</td><td>断鼻</td><td>10.16</td><td>−3900</td><td>1800</td></tr>
<tr><td colspan="3">高点坐标 X：15750225</td><td colspan="2">Y：3629544</td></tr>
<tr><td rowspan="4">13</td><td rowspan="4">隆鄂尼 13</td><td>TJ</td><td>断背斜</td><td>46.79</td><td>−700</td><td>800</td><td rowspan="4">L2015-07</td><td rowspan="4">2</td><td rowspan="4">较落实</td></tr>
<tr><td colspan="3">高点坐标 X：15750168</td><td colspan="2">Y：3621075</td></tr>
<tr><td>TT_3</td><td>断鼻</td><td>46</td><td>−2800</td><td>900</td></tr>
<tr><td colspan="3">高点坐标 X：15749097</td><td colspan="2">Y：3620301</td></tr>
<tr><td rowspan="4">14</td><td rowspan="4">隆鄂尼 14</td><td>TJ</td><td>断背斜</td><td>46.62</td><td>−600</td><td>700</td><td rowspan="4">L2015-07</td><td rowspan="4">3</td><td rowspan="4">较落实</td></tr>
<tr><td colspan="3">高点坐标 X：15750919</td><td colspan="2">Y：3611118</td></tr>
<tr><td>TT_3</td><td>断背斜</td><td>42.56</td><td>−2200</td><td>900</td></tr>
<tr><td colspan="3">高点坐标 X：15750588</td><td colspan="2">Y：3611264</td></tr>
<tr><td rowspan="2">15</td><td rowspan="2">隆鄂尼 15</td><td>TT_3</td><td>背斜</td><td>35.9</td><td>−1400</td><td>2200</td><td rowspan="2">L2015-03</td><td rowspan="2">15</td><td rowspan="2">较落实</td></tr>
<tr><td colspan="3">高点坐标 X：15666578</td><td colspan="2">Y：3653837</td></tr>
<tr><td rowspan="2">16</td><td rowspan="2">隆鄂尼 16</td><td>TT_3</td><td>背斜</td><td>15.27</td><td>−1000</td><td>600</td><td rowspan="2">L2015-05</td><td rowspan="2">16</td><td rowspan="2">较落实</td></tr>
<tr><td colspan="3">高点坐标 X：15721898</td><td colspan="2">Y：3645295</td></tr>
<tr><td rowspan="2">17</td><td rowspan="2">隆鄂尼 17</td><td>TT_3</td><td>断鼻</td><td>6.26</td><td>−1500</td><td>600</td><td rowspan="2">L2015-05</td><td rowspan="2">17</td><td rowspan="2">显示</td></tr>
<tr><td colspan="3">高点坐标 X：15721676</td><td colspan="2">Y：3643792</td></tr>
<tr><td></td><td>总面积</td><td>TJ</td><td>—</td><td>299.69</td><td>—</td><td>—</td><td>—</td><td>—</td><td>—</td></tr>
<tr><td></td><td>总面积</td><td>TT_3</td><td>—</td><td>327.13</td><td>—</td><td>—</td><td>—</td><td>—</td><td>—</td></tr>
</table>

3 号构造：位于研究区中北部，L2015-05 测线中段及断裂①的下盘，为一断鼻构造，在 TJ 构造层圈闭面积为 22.39 km^2，在 TT_3 构造层圈闭面积为 13.18 km^2。

7 号构造：位于研究区东北部，L2015-07 测线北段楔状体部位，被中央隆起带逆掩，地震 TJ 反射层圈闭面积为 7.68 km^2，但其上的 TJ_2b 反射层表现为明显的背斜形态，圈闭面积、闭合幅度较大。

10 号构造：位于研究区东部，有 L2015-07、L2015-10 测线通过，在 L2015-10 线上（图 5-34），表现为大型宽缓的背斜形态，而 L2015-07 为逆冲断层下的小背斜，受断层控制，构造落实程度较高。

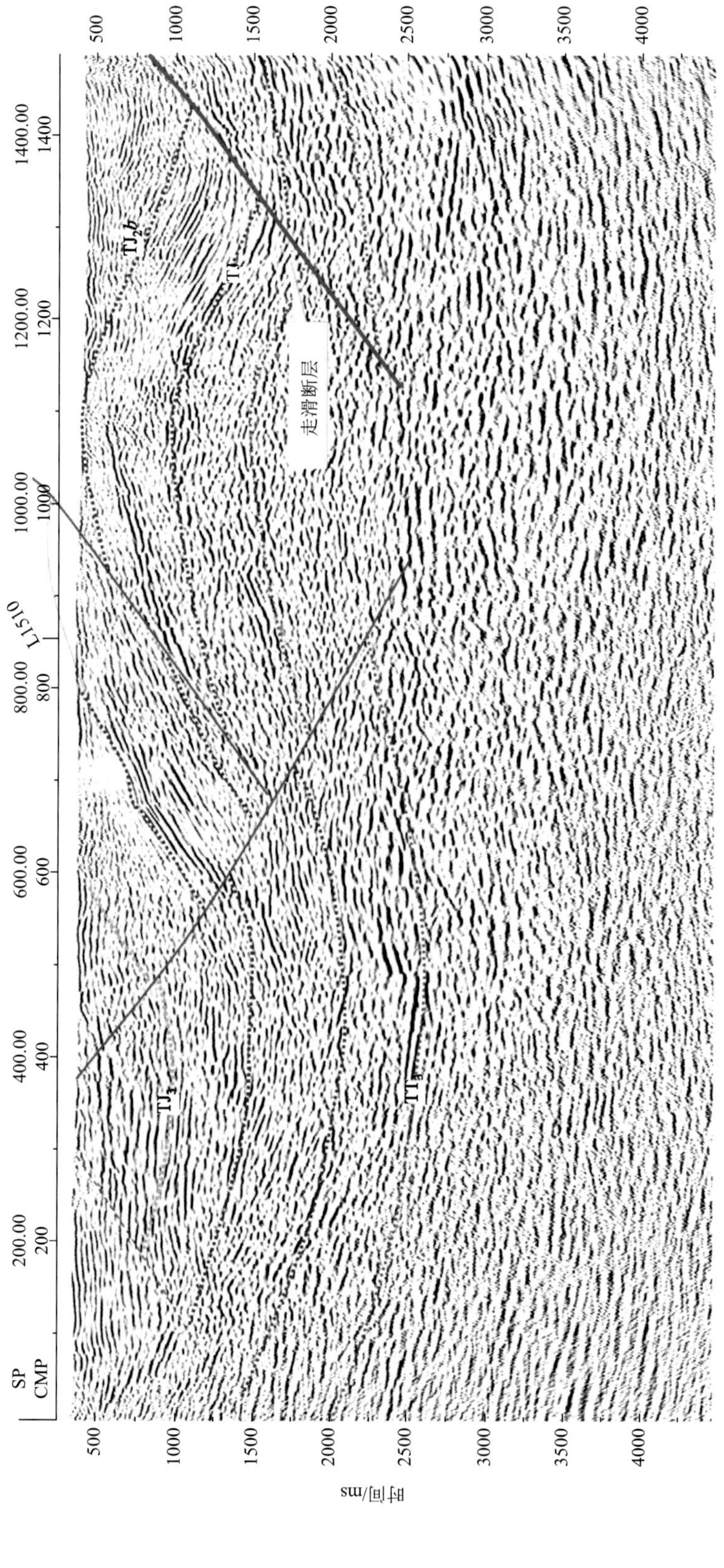

图 5-34　隆鄂尼地区 L2015-10 地震剖面

14 号构造：位于研究区东南部，L2015-07 测线南端，构造走向北东，整体表现为断背斜形态，受控于隆 8 号断层，又被一组北倾逆断层复杂化。

3. 目标优选

由于地震测线较稀，断层多，构造比较破碎，虽然圈闭显示较多，但落实程度较低，经过对比筛选，认为该区最为有利的是隆鄂尼 10 号构造，该构造在 L2015-07、L2015-10 测线上有构造显示。在过该构造的 L2015-07 测线上，地层向东西倾没比较清楚；在过该构造的 L2015-10 测线上，地层向南、北两个方向倾没，回倾明显，构造形态可靠，层位、断层解释比较合理，圈闭较落实。该构造侏罗系残余厚度较大，地表出露上侏罗统索瓦组和中侏罗统夏里组；该区断层复杂，断裂发育，有利于油气运移。此外，隆鄂尼 3 号构造有一定的潜力，该构造位于北部推覆构造下盘，地表见古油藏出露，推覆构造以下是否还保存有油气藏，有待钻井验证。

二、复电阻率特征

本书于 2014 年在古油藏带开展了 9 条共计 150 km 的复电阻率测线，同时，中国地质调查局油气中心组织的青藏地区多能源调查项目在该区也完成了 6 条共计 150 km 的复电阻率测线，此外，2013 年在古油藏带上还开展了两条复电阻率测线（图 5-35）。结果显示，在油藏带北部逆冲断层下盘和油藏带内部存在地-电异常，即烃类物质（油气）聚集区。

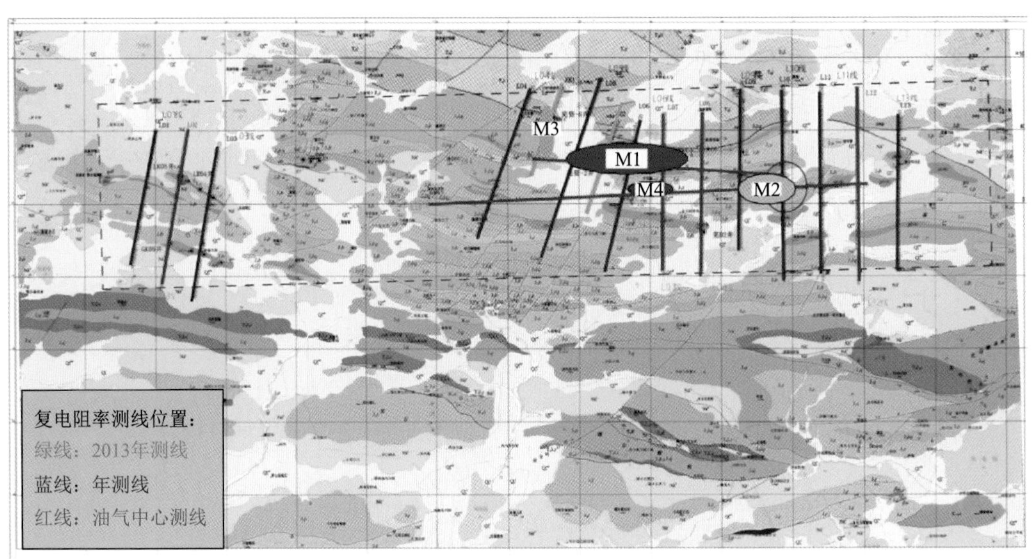

图 5-35　隆鄂尼-昂达尔错油藏带复电阻率测线分布及异常区示意图

1. 复电阻率特征

1）隆鄂尼地区

隆鄂尼区块开展了 3 条测线，其中两条剖面均存在 2 个“背斜”状高阻异常，但是勘探窗口内的极化异常明显弱于昂达尔错区块。初步推断两高阻体为中侏罗统布曲组灰岩、白云岩，而该“背斜”状高阻核部的低阻体推断为中侏罗统色哇组、上三叠统土门格拉组碎屑岩及以下地层。

两条剖面下部存在的部分凌乱的视充电率异常无论从强度上，还是从规模、形态上都不是太好，初步推断在 CR 法勘探窗口无有利 CR 法油气或油砂异常。

2）昂达尔错地区

（1）ZR-CR1、ZR-CR2 和 L06 线。从 ZR-CR1（图 5-36）、ZR-CR2（图 5-37）以及 L06 线可以看出，三条剖面电性结构一致，均存在一“背斜”状高阻体，高阻核部均为大面积的低阻区，而低阻区发育有似层状的连续或断续的高视充电率（m_s）异常。

结合地质图，初步推断高阻体为中侏罗统布曲组灰岩、白云岩，而“背斜”状高阻核部的低阻体推断为中侏罗统色哇组、上三叠统土门格拉组及以下地层。

剖面上存在激电异常，勘探窗口顶部的零星异常初步认为是地表古油藏带或深部油气向地表运移逸散过程引起的；在剖面中、下部，对应低阻异常发育的高视充电率异常，初步推断为三叠系及以下的一套生烃层系或油气富集区。

（2）L10 线。在 L10 线剖面存在一高阻异常，该高阻在 L15 线上亦有所反映，只是电阻率较 L10 线较低，对比地质图，初步推测该高阻体是地质上低凸起的反映，并且沿凸起的顶部，发育一层高 m_s 异常。异常属性暂时不好确定，建议对该高阻凸起做进一步研究工作，进而判断凸起顶部高 m_s 异常的属性。

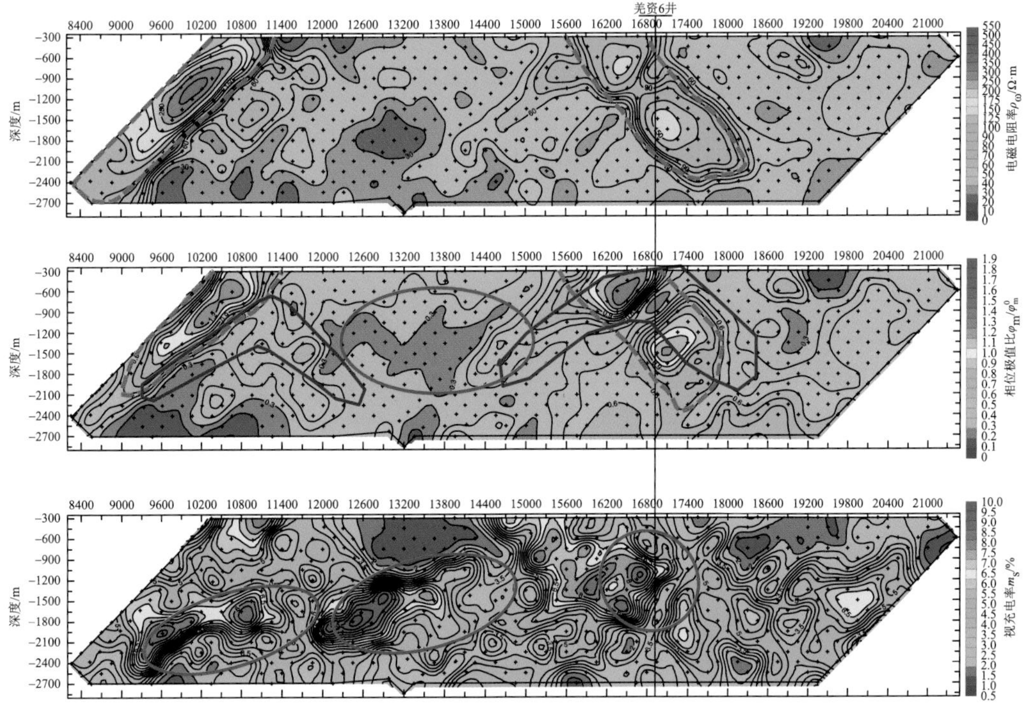

图 5-36　羌塘地区扎仁古油藏带复电阻率（CR）法试验 ZR-CR1 线剖面图

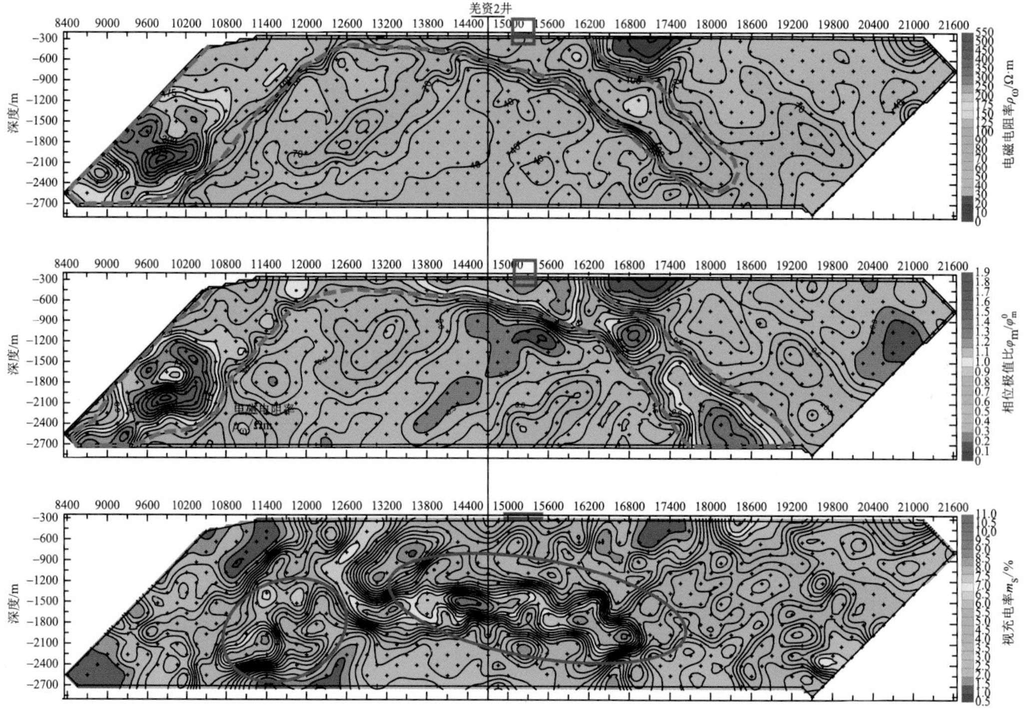

图 5-37　羌塘地区扎仁古油藏带复电阻率（CR）法试验 ZR-CR2 线剖面图

（3）L14 线。从 L14 线 CR 法剖面上可以看出，剖面上存在一规模较大的“背斜”状高阻异常，核部为大面积低阻区，低阻区发育一套似层状高 m_s 异常。

结合 ZR-CR2 线可以发现，两条剖面勾绘出以东西向为长轴、南北向为短轴的穹窿状高阻体，该穹窿高阻盖层的核部发育大面积低阻，低阻区又存在一套规模较大、似层状、断续的高 m_s 异常。结合羌资 2 井的地质录井结果，推断该穹窿状高阻为中侏罗统布曲组灰岩、白云岩，在油气藏中其可以为有利盖层，而下伏的大面积低阻区为中侏罗统色哇组、上三叠统土门格拉组碎屑岩及以下地层，为有利的生烃层系或储层。该异常也是研究区最有力的油气远景区。

（4）L15 线。L15 线存在两个背斜状高阻，背斜状高阻的核部低阻区发育有似层状的高 m_s 异常。结合地质图、相邻测线及已知钻井的结果，推测“背斜”高阻体的两翼为中侏罗统布曲组灰岩、白云岩，核部低阻区为中侏罗统色哇组、上三叠统土门格拉组碎屑岩及以下地层，低阻区的高 m_s 异常初步解释为一套生烃层系或油气富集区。

从已有的 9 条 CR 法剖面图的 m_s 断面图看，西部隆鄂尼区块的 m_s 异常明显弱于东部昂达尔错区块。总的来说，m_s 异常对已知古油藏反映较好，但 m_s 异常不一定都是油气活动的反映，要根据各个地区的其他特征来辨别到底是不是深部油气活动较强引起的。

2. 油气藏的复电阻率异常特征

东部昂达尔错区块已知油气显示级别的 CR 法异常特征为：$\rho_{\omega}>100\ \Omega\cdot m$、$m_s>4\%$、

τ_s中等（1～3 s）、c_s中等（0.5 左右）。

西部隆鄂尼区块 LK05 井、GK05 井总结出的油砂 CR 法异常特征：LK05 井钻遇 167.59 m 厚的油砂，其 m_s为 3.5%～4%，电阻率 ρ_ω＞80 Ω·m。GK05 井未钻遇油砂，其 m_s为 2%～2.5%，电阻率 ρ_ω＞150 Ω·m。

综上所述，研究区已知油气显示级别和油砂的 CR 法异常为：ρ_ω中等或中等偏低，为 80～150 Ω·m，m_s中等或低背景下的弱异常，一般大于 3.5%，τ_s中等（1～3 s），c_s中等（0.5 左右）。这与以往油气藏上的 CR 法基本特征基本一致。以往油气藏上的 CR 法基本特征有较强的 m_s异常，电阻率（ρ_ω）处于中低阻异常上，τ_s一般为 1～5 s，c_s一般为 0.5 左右（表 5-14）。

表 5-14 以往已验证过钻井的油藏上 CR 法 τ_s、c_s组合特征表

地区	油藏深度/m	τ_s/s	c_s
东北某地（F4）	2375～3370	1.5～2.5	0.5～0.6
华北探区（N55）	2970～2985、3200～3400、3460～3510	1.5～3.0	0.4～0.5
二连盆地（H1、H7）	1000～1250	—	0.45～0.5
银额盆地	约 2500	1.0～1.5	0.2～0.4
江苏金湖	1660～1810	1.5～3.0	—
西北某地	2700～2800	1.4～2.2	0.7～0.8
中国华北	—	3.0～4.0	0.3～0.4
廊固凹陷	1300～1500	3.0～4.0	0.3～0.5
中国北部某地	—	2.0～3.0	0.4～0.5
新疆克拉玛依井	2900～4900	1.5～2.5	0.5～0.6
高邮凹陷	—	1.5～2.5	0.5～0.7
苏北五口井	—	1.5～2.0	0.4～0.5

3. 复电阻率异常评价

根据 17 条复电阻率测量及处理解释显示，在油藏带北部逆冲断层下盘和油藏带内部存在地-电异常，即烃类物质（油气）聚集区。运用 CR 法异常的各参数响应，参考油藏带钻井资料，划分出 4 个异常区（M）（图 5-35）。

（1）M1 异常区。M1 异常区由 4 条 CR 法测线交叉控制。在 m_s断面上，该区域有 m_s＞4%的异常；在异常区的上部有小部分异常，推测是油气向上逸散的反映，表明该异常应是油气引起的异常。在 ρ_ω电阻率断面上，对应 m_s异常区处的电阻率中等或偏低，反映其含水较多。从断面图上综合推断 M1 异常级别为较好显示或低产级油气，异常埋深为 1100～2600 m。

（2）M2 异常区。M2 异常区由 2 条测线交叉控制。在 m_s断面上，该区域有 m_s＞4%的异常。对应 m_s异常区的电阻率 ρ_ω中等。综合推断 M2 异常为显示级别，异常埋深为 700～1700 m。

（3）M3 异常区。M3 异常区位于 1 条测线上。在 m_s 断面上，该区域有 m_s＞4%的异常。在 ρ_ω 等电阻率断面上，对应 m_s 异常区处有中等偏低的低阻异常；综合推断 M3 异常级别为较好显示或低产级油气，异常埋深为 900～2200 m。

（4）M4 异常区。M4 异常区由 2 条测线交叉控制。在 m_s 断面上，该区域有 m_s＞4%的异常；对应 m_s 异常处也有低阻异常。综合推断 M4 异常为显示级别，异常埋深为 900～2200 m。

综上所述，昂达尔错区块东西段油气发育不均匀，发现的 4 个 CR 法异常均在东段区块，其中 M1 和 M3 异常区为较好油气聚集区，有可能获低产级油气；其他未提及区为无油气显示区。

第六节　地球化学特征

2014～2015 年，研究人员在昂达尔错地区完成了 400 km^2 的油气微生物调查。通过样品测试及综合分析，从微生物异常特征角度指出了区内有利勘探远景区。

一、微生物异常分布特征

1. 微生物平面异常分布特征

通过样品测试与统计分析，编制了研究区微生物分布图，成图时采用了 5 个等级来刻画，分别以红色、橙色、黄色、绿色和蓝色代表超高异常、高异常、中异常、低异常和无异常（背景区）。从图 5-38、图 5-39 看出，昂达尔错地区甲烷氧化菌和丁烷氧化菌平面异常带分布特征具有较好的一致性，说明识别出的异常带是稳定可靠的。微生物异常带具有北西-南东和近东西向展布的特征，在南部区域出现大片连续异常，在北部出现局部带状异常，二者异常位置整体吻合性较好。

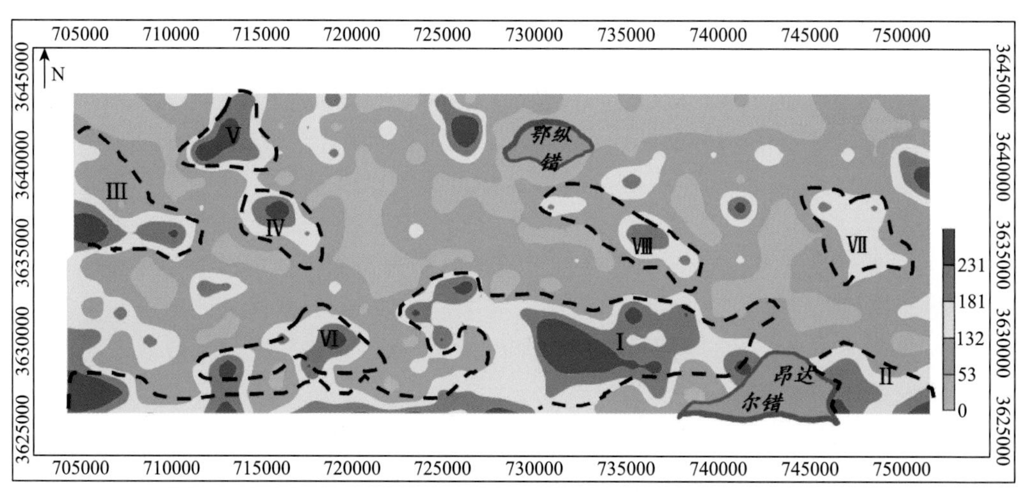

图 5-38　羌塘昂达尔错地区甲烷氧化菌微生物值平面分布图

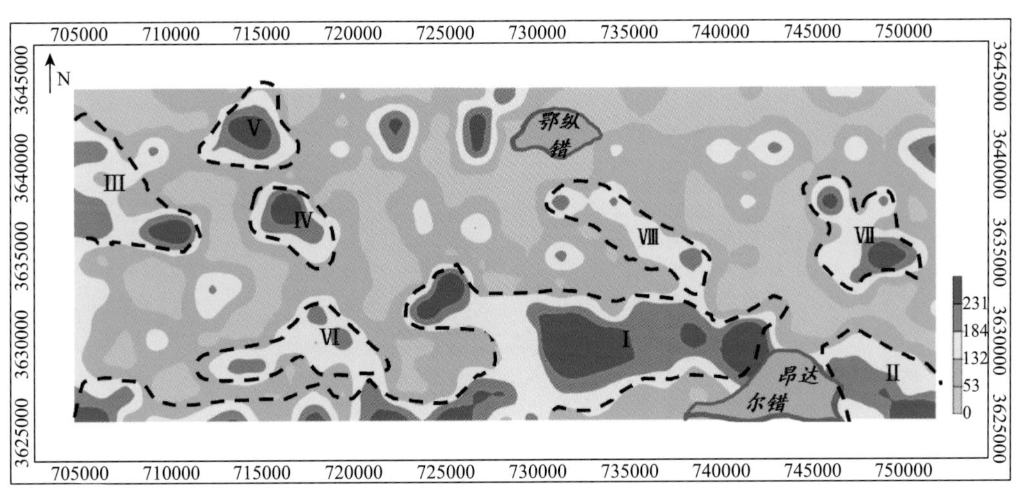

图 5-39　羌塘昂达尔错地区丁烷氧化菌微生物值平面分布图

2. 微生物异常综合分析

通过统计微生物异常带面积、异常值连续性、异常带内中高值异常点的分布(可靠性)、异常带内微生物值平均值（强度）等评价要素，对各个异常带进行了稳定性评价，识别了8个较为稳定的微生物异常带（表 5-15）。从图 5-40 可以看出，区内Ⅰ、Ⅱ号微生物异常带的面积大，带内异常点个数多；而Ⅳ、Ⅴ号异常带分布稳定，连续性好，异常比例高。因此总体来说，结合有利异常面积及可靠性、稳定性的分析，Ⅰ、Ⅱ、Ⅴ为最优势异常带，是下一步优先选择的勘探方向。

表 5-15　羌塘昂达尔错地区微生物异常带统计表

异常带编号	异常带面积/km^2	异常点数量/个	异常比例/%	微生物均值
Ⅰ	135	60	77	50
Ⅱ	27	12	92	50.8
Ⅲ	22.5	10	80	48.1
Ⅳ	13.5	10	100	54.3
Ⅴ	15.75	9	100	53.7
Ⅵ	22.5	6	80	41
Ⅶ	20.25	10	90	45
Ⅷ	22.5	7	90	37

从微生物值与地质图的叠合图（图 5-40）上可见，Ⅰ、Ⅲ、Ⅳ号异常整体上处于古油藏带的上方，其中Ⅰ号异常带在日尕尔保—扎辖罗马之间分布连续，覆盖了古油藏带的出露位置，同时该微生物异常带范围面积又远大于古油藏范围；而Ⅲ、Ⅳ号异常则零星散布于古油藏带的延展范围上。

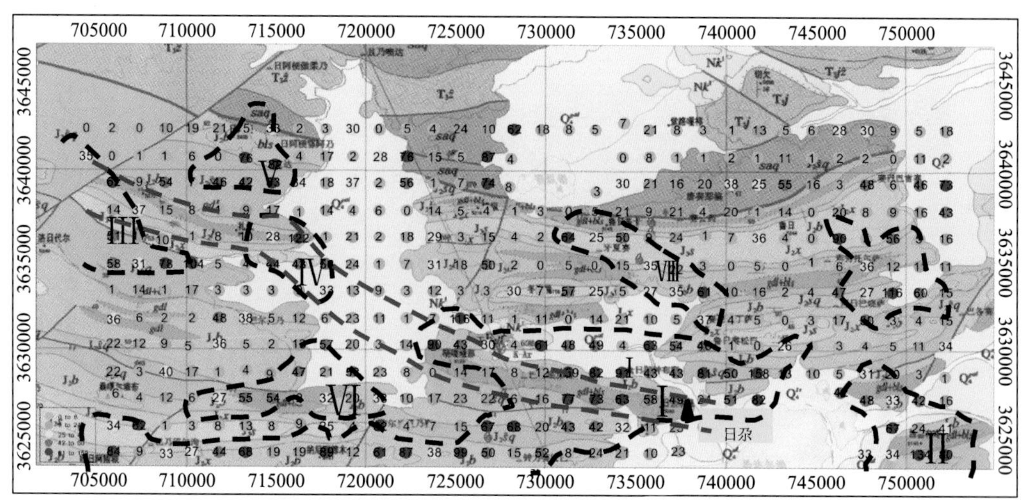

图 5-40　羌塘昂达尔错地区微生物值与地质图叠合示意图

布曲组古油藏在遭受破坏的过程中，生物降解起到了主导作用，该层的轻烃微渗漏作用早已自然消失，因此Ⅰ号微生物异常带虽然整体覆盖了古油藏区域及其周边区域，但与出露的古油藏并无直接联系，而是指示古油藏带及其邻区下伏深层仍存在巨大的原生油气藏。因此，通过以上分析，Ⅰ、Ⅲ、Ⅳ号异常整体位于古油藏带的延展范围上，且微生物异常范围远大于古油藏出露的范围，并且指示了该古油藏带下覆地层可能仍有较好的油气富集特征。在昂达尔错东部昂罢存咚地区的Ⅱ号微生物异常带微生物值整体较高，因此推测油藏范围延伸到了昂达尔错以东的地区；非油藏带地区识别多个异常，表明除现已发现的古油藏带以外，该地区其他位置（Ⅴ～Ⅷ号异常）也有较好的含油气潜力。

二、土壤吸附烃成果分析

油气微生物调查采用的土壤吸附气技术是经菲利普斯石油公司改进的 Horvitz 吸附气技术。该方法测定的是地表 20～25cm 处土壤样品中的酸解吸附烃。因此，其方法的意义在于通过酸解烃中轻烃内组成特征及在美国 GMT 公司的经验模版上的投影，来甄别引起地表微生物异常的轻烃性质，并进而追溯出轻烃来源于油藏、气藏或其他类型烃类矿藏。

通过图 5-41 可知，研究区油气藏类型为油、凝析油、气混合型，具有较大的热演化程度区间。

利用 $C_1/(C_2 + C_3)$与 $C_2/(C_3 + C_4)$可以反映烃源岩热演化程度，比值越高表明热演化程度越高，因此将该比值按照比例分为五等分，用不同颜色表示，从而分析在平面上的热演化的差异性。从分析结果来看，研究区内 $C_1/(C_2 + C_3)$与 $C_2/(C_3 + C_4)$具有明显南高北低的特征（图 5-42、图 5-43），直观表现为区内南部的成熟度高于北部。

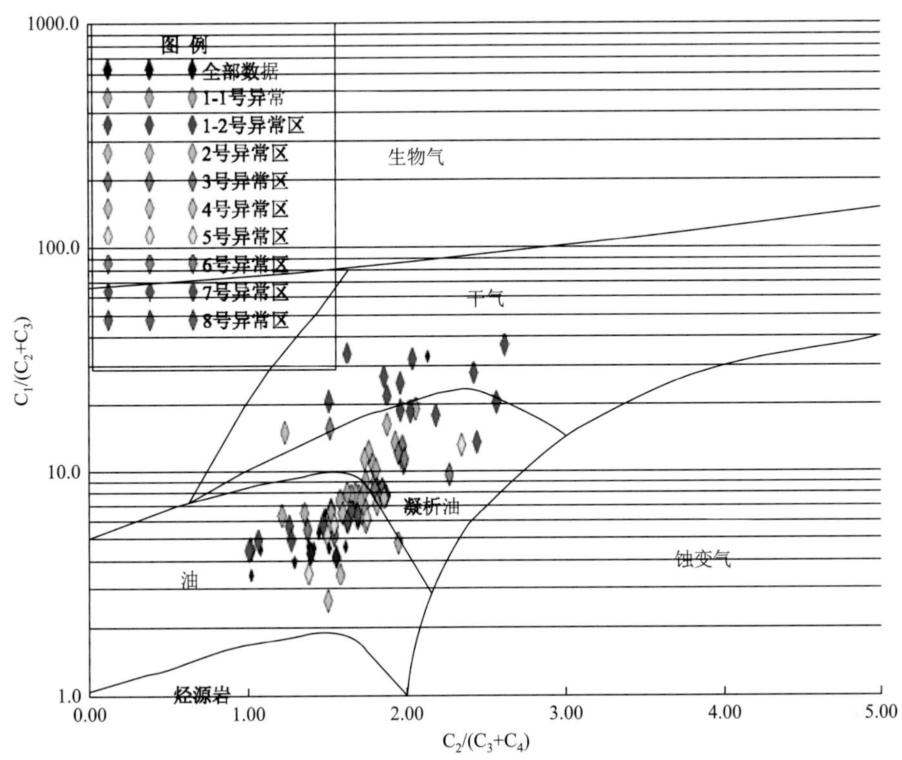

图 5-41　羌塘昂达尔错地区 $C_1/(C_2+C_3)$-$C_2/(C_3+C_4)$交会图

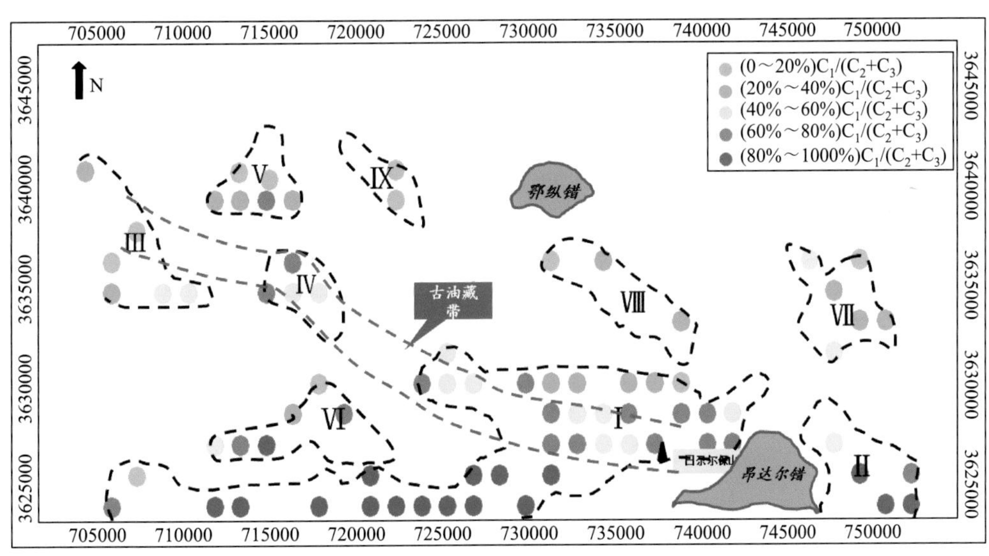

图 5-42　羌塘盆地昂达尔错样品酸解烃指标 $C_1/(C_2+C_3)$值平面分级图

另外，在油气性质平面分布图（图 5-44）可见，油气性质在平面上具有明显分带性，由北向南，演化程度逐渐增高，体现出含油—油气并存—含气的变化趋势；而这种不同的油气组合特征呈现出的规律性，可能为不同层系热演化程度存在差异所产生的结果。

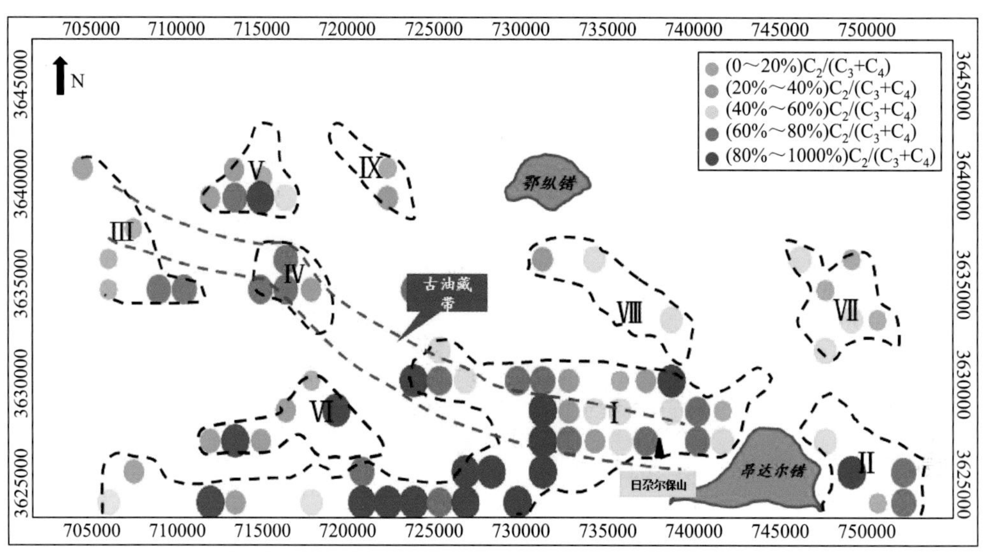

图 5-43 羌塘盆地昂达尔错样品酸解烃指标 $C_2/(C_3+C_4)$值平面分级图

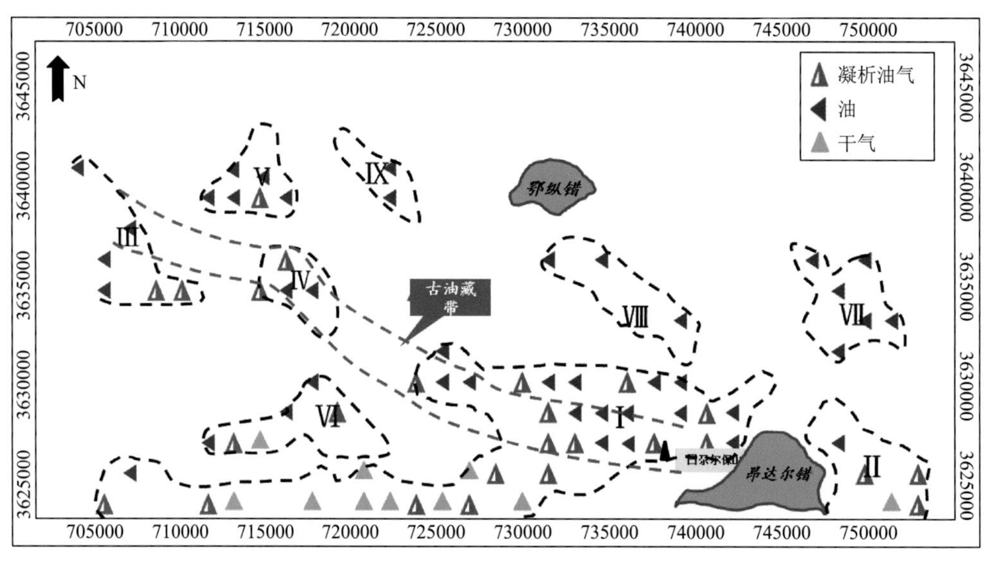

图 5-44 羌塘昂达尔错地区油气性质平面分布图

第七节 油气成藏与保存条件

一、油气成藏条件

1. 生烃史

据王剑等（2004，2009）的研究，南羌塘凹陷上三叠统土门格拉组生油岩在中侏罗世中期（$J_{1-2}q$ 末期）进入生油门限，之后，经历了压实作用-压溶作用和早期胶结作用，在中侏罗世巴通期晚期（J_2b 末期）进入生油高峰，油气充填于残余孔隙中，晚侏罗世中期—末期进入湿气-干气阶段，现今处于湿气-干气阶段。曲色组-色哇组在中侏罗世中期（J_2b 晚期）进入生油门限，经历压实作用—压溶作用—第一世代胶结作用，在晚侏罗世中期（J_3s 末期）进入生油高峰，油气充填于残余孔隙中，在白垩纪早期，开始进入湿气期，此后一直为生油高峰-湿气阶段，在新近纪早期，埋深再次增大，开始进入湿气-干气阶段，现今主要处于湿气-干气阶段。夏里组和布曲组地层具有两次生烃过程，在中侏罗晚期（约 152 Ma）进入生油门限，经历压实作用—压溶作用—第一世代胶结作用，晚侏罗早期（约 144 Ma）进入生油高峰，到晚侏罗晚期进入生油末期。

2. 油气圈闭与成藏

隆鄂尼-昂达尔错区块的油气圈闭主要有岩性圈闭和构造圈闭。岩性圈闭主要为砂岩圈闭、白云岩圈闭，与烃源岩多为同沉积期产物。构造圈闭主要为背斜圈闭，区块背斜较发育，落实地表背斜构造 11 个，背斜定型期主要为燕山晚期。鉴于此，研究区圈闭形成期与主要排烃期同期或圈闭形成在前，两者构成了良好的时间配置，有利于油气聚集。

二、油气保存条件

从构造角度上看，区块断裂构造发育，且呈多组断裂交叉分布，并将区块主要生储盖层肢解成若干小块，因此区块断裂对油气藏破坏较强。区块褶皱多为紧密褶皱也显示挤压较为强烈。据王剑等（2004，2009）编制的构造改造强度图，区块处于中强改造区，表明区块构造改造较强烈。

从地层剥蚀程度上看，区块北部已出露上三叠统地层，区块南部已出露下侏罗统曲色组到上侏罗统索瓦组地层，并且主要背斜高点上已将布曲组油气藏（含油白云岩层）剥蚀露出地表。因此区块剥蚀程度较强。但区块向斜凹陷区和北部逆冲断层下盘出露地层主要为上侏罗统索瓦组或中侏罗统夏里组，可能还保存有布曲组含油白云岩层。

从岩浆活动上看，区块岩浆岩分布很少，仅在巴格底加日西北见有约 1.5 km^2 的纳丁错组岩浆岩和昂达尔错西见有面积约为 5 km^2 的上白垩统阿布山组岩浆岩。因此，区块岩浆活动对油气藏破坏较弱。

综上所述，区块构造破坏较强，地层剥蚀程度较高，保存条件较差。但在区块向斜凹陷区和北部逆冲断层下盘保存相对较好。

第八节　综合评价与目标优选

一、含油气地质综合评价

1. 烃源岩条件好

区内发育侏罗系曲色组、色哇组、沙巧木组黑色泥页岩烃源岩以及布曲组碳酸盐岩烃源岩，并见油页岩出露，这些烃源岩厚度大、有机质丰度高，特别是毕洛错潟湖相带的曲色组油页岩及泥页岩烃源岩的有机质丰度极高。此外可能分布有上三叠统土门格拉组含煤碎屑岩及碳质页岩等烃源岩。因此具有形成大中型气田的能力。

2. 储集条件较有利

依据区域石油地质剖面及沉积相带分析，布曲组砂糖状白云岩、颗粒灰岩、白云质灰岩储层地层厚度大，白云岩孔渗性较好，该层为区块的主要储集层。区块中侏罗统沙巧木组石英砂岩也可作为储集层。此外，上三叠统土门格拉组砂岩储层可能在区块存在。

3. 油气保存条件中等

中侏罗统布曲组含油白云岩在主背斜高点多破坏而暴露，但在向斜凹陷区和北部逆冲断层下盘尚有保存；中侏罗统沙巧木组和上三叠统地层在区块多埋藏于地下，保存相对较好。地表未见大规模岩浆活动，区块周围见高温泉水分布，表明该区构造破坏较强。构造改造强度分析为中强改造区；保存条件分析为中等。

4. 成藏条件优越

区内背斜构造主要定型于燕山晚期，而各组合生油岩的生油高峰期多在燕山期或之后，因此油气生成与背斜圈闭的形成时限配套良好，利于油气成藏。

二、目标优选

通过对区块内生储盖地质特征、油气成藏及保存条件等分析，结合地球物理调查，认为隆鄂尼-昂达尔错区块的北部逆冲断层下盘和凹陷内的玛日巴晓萨低凸起地区为下一步勘探的主要目标区。目标层位为中侏罗统布曲组含油白云岩层、中侏罗统沙巧木组石英砂岩，此外，上三叠统土门格拉组上部砂岩层可能也是区块目的层。第一目的层（中侏罗统布曲组碳酸盐岩）埋深为 1000～2174 m；第二目的层（中侏罗统沙巧木组石英砂岩）埋深大致为 3200 m；第三目的层（上三叠统土门格拉组）埋深大致为 4500 m。

1. 油藏带北侧逆冲断层下盘有利目标区

在隆鄂尼-昂达尔错油藏带与中央潜伏隆起带之间存在中央潜伏隆起带三叠系地层向南逆冲到油藏带侏罗系地层之上的逆冲构造，该逆冲构造下盘存在隐伏构造（图 5-45），这些隐伏构造是寻找油气勘探的有利目标。

2013 年在隆鄂尼-昂达尔错油藏带开展了 2 条复电阻率测量（CR），结果显示在日阿梗鄂阿乃逆冲断层下盘存在低阻，中、高极化异常特征，即烃类物质（油气）聚集区。这个异常区是否为逆冲断层下盘的残留油气藏？鉴于上述分析，初步认为油藏带逆冲断层下盘可能存在油气勘探目标区。目标层位有中侏罗统沙巧木组石英砂岩和布曲组白云岩，可能存在上三叠统砂岩目的层。

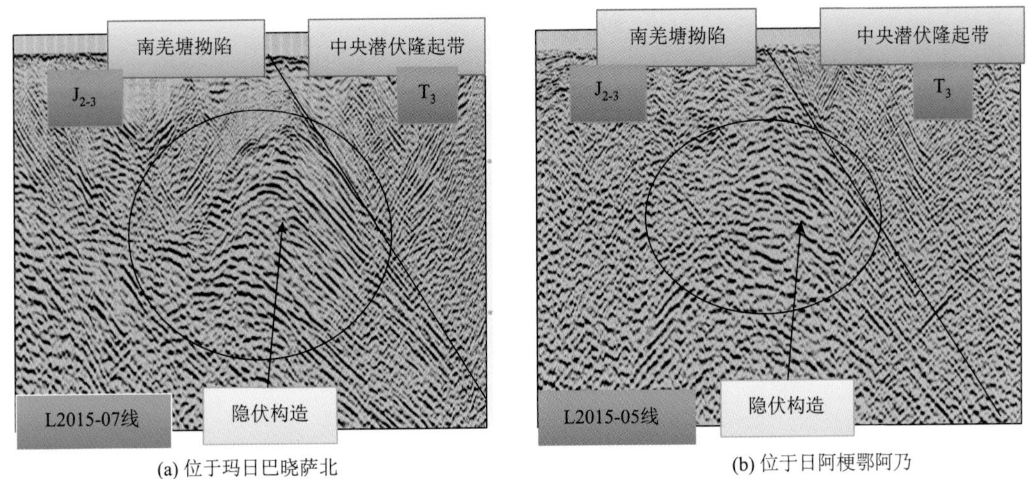

(a) 位于玛日巴晓萨北　(b) 位于日阿梗鄂阿乃

图 5-45　北部逆冲断层下盘隐伏构造

2. 凹陷区玛日巴晓萨低凸起地区

通过调查发现，区内含油白云岩具有残余颗粒结构（砂屑、鲕粒、藻屑、角砾、生物碎屑等）、藻纹层构造、藻黏结构造，白云岩风化后呈砂糖状，常见鸟眼、窗孔等暴露标志，显示其沉积环境为浅滩到滩间潮坪沉积。含油白云岩顶底岩性多为微泥晶灰岩、介壳灰岩及颗粒灰岩组成，但很少见鸟眼、窗孔等暴露标志。结合前人资料分析，认为该带白云岩的成因主要为早期的低温混合水白云石化和中期为高温埋藏白云石化，从而推测该带白云岩及含油白云岩应在该区广泛分布，即该带的覆盖区应有分布。

该带为复式褶皱带，主背斜高点多被剥蚀，从而使油藏暴露，但向斜内的一些小褶皱高点剥蚀较弱，油藏尚未暴露。例如玛日巴晓萨东南高点（图 5-46），出露地层为上侏罗统索瓦组灰岩和夏里组泥页岩，而布曲组白云岩埋藏于地下；地表地质显示该点为凹陷区内的凸起构造；地震调查显示存在地覆构造，在三叠系和侏罗系构造层均有显示（图 5-31、图 5-32），并解释出 10 号、11 号和 12 号三个圈闭构造，构造落实程度较高；复电阻率和油气微生物调查显示该区存在异常特征。这些未暴露油藏可能存在油气勘探目标区。第一目标层为中侏罗统布曲组含油白云岩，第二目标层为中侏罗统沙巧木组砂岩目的层，此外，可能存在第三目的层-上三叠统土门格拉组砂岩目的层。

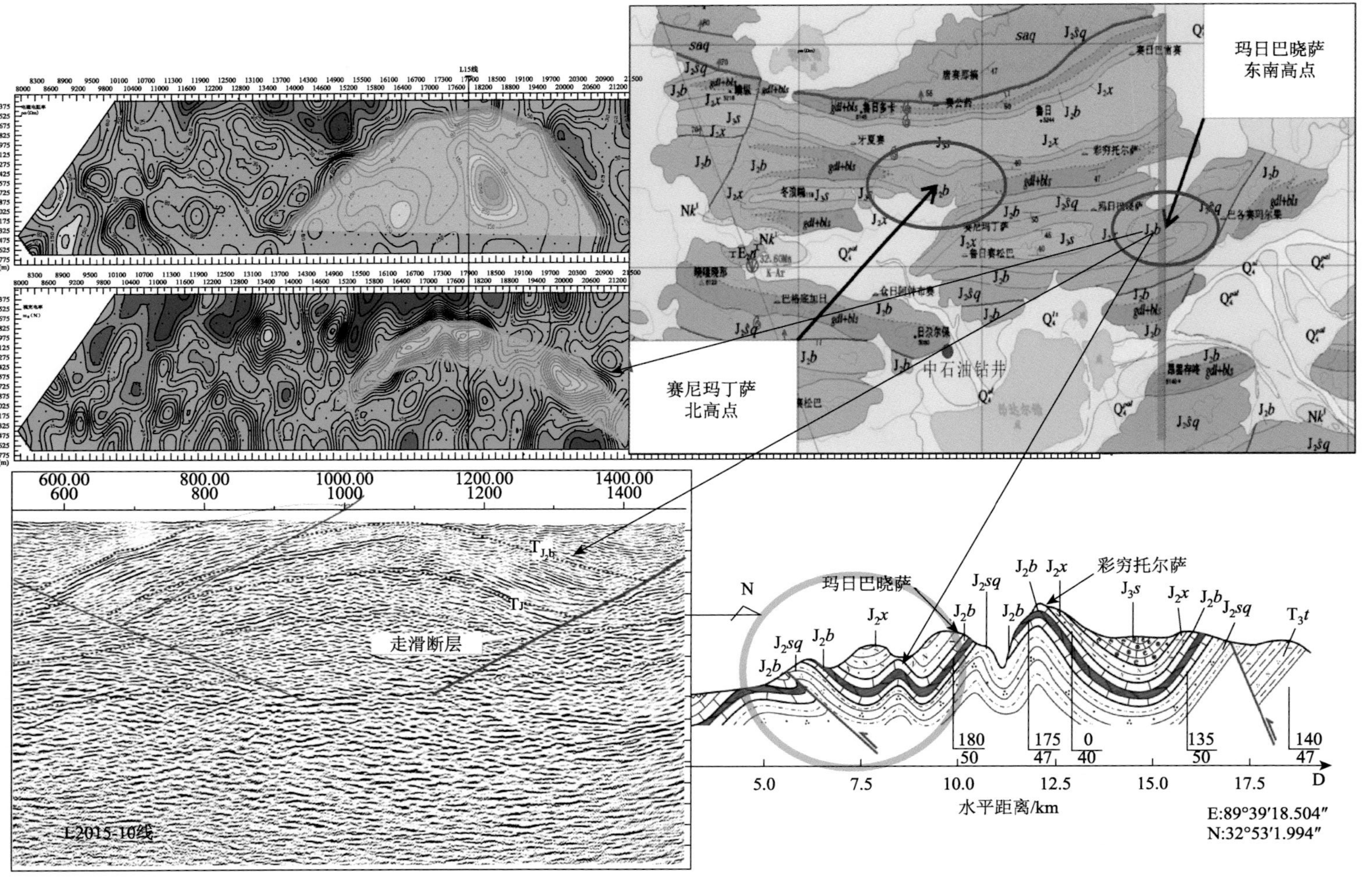

图 5-46　昂达尔错凹陷带构造高点位置示意图

第六章　鄂斯玛区块调查与评价

赵政璋等（2001d）通过石油地质条件、物化探资料、盆地后期改造等综合评价，预测包含鄂斯玛地区在内的毕洛错-土门地区为有利含油气远景区之一；王剑等（2004，2009）通过基础地质、油气地质、油气成藏及保存等多方面综合评价，优选出包含鄂斯玛在内的达卓玛-土门地区为有利远景区带之一。

第一节　概　　述

鄂斯玛区块位于西藏自治区那曲市安多县西北部达卓玛至鄂斯玛一带，地理坐标范围为 N32°25′～33°00′、E90°10′～91°10′，东西长约 80 km，南北宽近 60 km，面积约为 4800 km^2，大地构造上位于羌塘盆地中央潜伏隆起带南侧的南羌塘拗陷内。

原地质矿产部（1986 年）和原国土资源部（2006 年）组织完成的 1∶100 万和 1∶25 万区域地质填图覆盖了该区，比较全面系统地建立了地层分区、地层层序、构造单元划分和构造格架。中石油于 20 世纪 90 年代在青藏高原开展了全面的石油地质调查与评价工作，极大地推动了青藏高原油气地质研究，从 1994 年开始对青藏高原开展了以羌塘盆地为主的多工种、系统、全面的石油地质调查与生产科研工作。其中，涉及该区块的油气地质调查主要有：1995 年，原中国地质调查局成都地质调查中心完成的西金乌兰湖-兹格塘错石油天然气路线地质调查；1996 年，中石油石勘院遥感所完成的 1∶10 万土门地区吉开结成玛幅和查日萨太尔幅区域石油地质调查；1996～1998 年，中石油在土门地区完成了 16 条二维地震测线，共计约 400 km^2。

中国地质调查局成都地质调查中心承担的“青藏高原重点沉积盆地油气资源潜力分析”（2001～2004 年）、“青藏高原油气资源战略选区调查与评价”（2004～2008 年）项目对羌塘盆地油气资源远景进行了评价，认为吐错-土门地区为有利油气远景区，并进一步预测达卓玛区块为近期勘探目标。中国地质调查局成都地质调查中心承担的“青藏地区油气调查评价”（2010～2014 年）于 2011 年在鄂斯玛地区开展了 550 km^2 的 1∶5 万石油地质填图，进一步明确了该区的油气地质条件。

在上述工作基础上，于 2015 年在该地区开展了构造-热年代学填图、7 条测线共计 240 km 的二维地震测量（图 6-1）、一口石油地质浅钻工程及路线地质调查，并在该地区发现了若干个含油白云岩出露点，对该区石油地质条件进行了初步评价。基于此，对鄂斯玛区块进行了综合评价与目标优选，并提出第一目的层为中侏罗统布曲组含油白云岩，第二目的层为上三叠统砂岩目的层。有利地区为鄂斯玛 6 号、鄂斯玛 7 号、鄂斯玛 8 号构造。

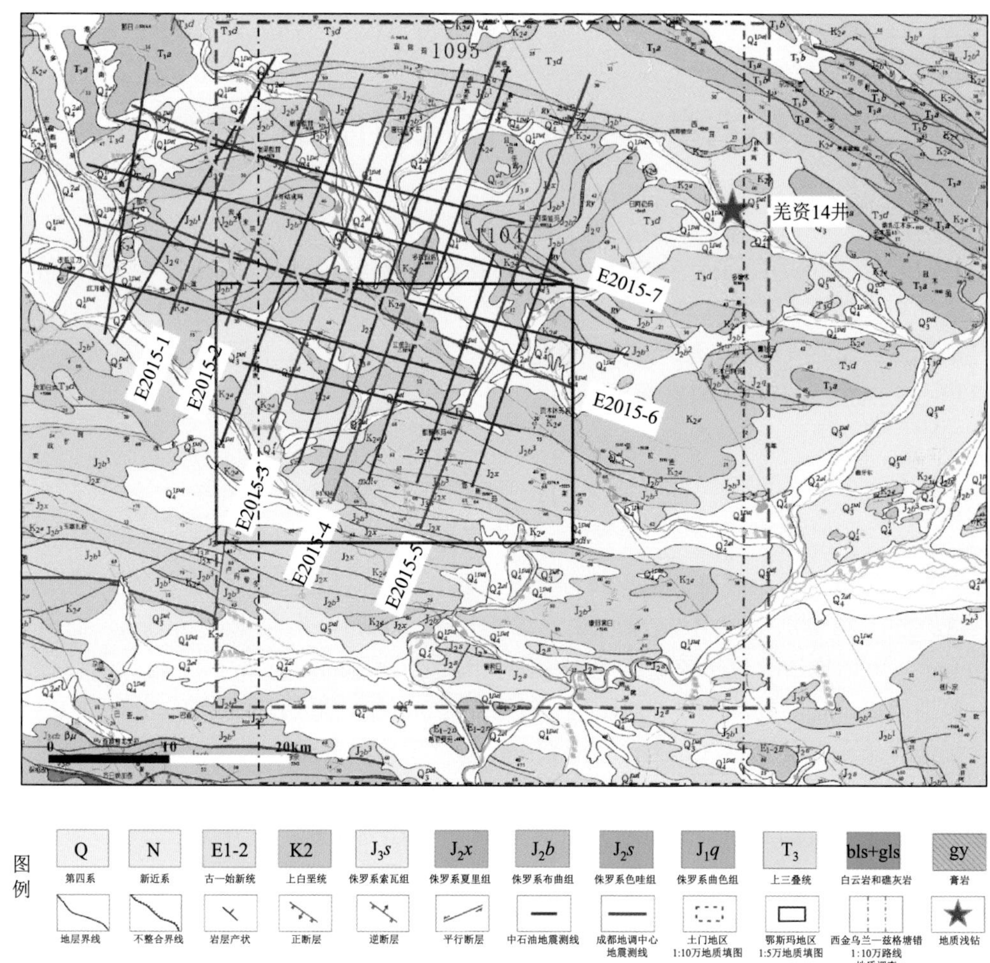

图 6-1　鄂斯玛区块工作程度示意图

第二节　基础地质特征

一、地层特征

区块出露的地层有上三叠统波里拉组（T_3b）、阿堵拉组（T_3a）、夺盖拉组（T_3d），中下侏罗统雀莫错组（$J_{1-2}q$），中侏罗统色哇组（J_2s）、布曲组（J_2b）、夏里组（J_2x），上侏罗统索瓦组（J_3s），上白垩统阿布山组（K_2a）及第四系。

在对区块进行调查时，发现在唐日江木东-托木日阿玛一带布曲组地层中首次发现多个含油白云岩点，说明南羌塘拗陷隆鄂尼-昂达尔错古油藏带可以东延至鄂斯玛区块。在扎曲乡江曲剖面色哇组地层中采集到菊石化石，经鉴定计有 *Emileites callomoni*、*Phylloceras* sp.、*Euhoploceras* sp.、*Emileites callomoni*、*Euhoploceras* sp.、*Emileites callomoni Euhoploceras* sp.，时代归属于巴柔期。鄂斯玛区块地层总体呈近东西向延伸，局部受构造变形而改变方向，出露地层以侏罗系和上三叠统为主，区块内各组地层特征如下。

波里拉组（T_3b）：该组出露面积较小，西起尕尔西姜，向东经美多，延伸至东尕尔曲附近，受断层影响逐渐尖灭，均呈北西-南东展布。岩性单一，为中厚层微晶灰岩、生物碎屑灰岩、含生物微晶灰岩，与左贡一带的波里拉组层位断续相连，并可与肖茶卡组中部灰岩层对比。产珊瑚、层孔海绵和腹足类等化石。未见底，顶部与上覆阿堵拉组地层之间呈断层接触，厚度大于 305 m。

阿堵拉组（T_3a）：该组出露于区块北侧那日—尕尔曲一带，岩性组合为一套含煤碎屑岩、页岩、泥岩及多层煤层或煤线夹泥灰岩，砂屑灰岩，微晶白云岩。产菊石、双壳类、植物及孢粉等化石组合。与下伏灰岩呈断层接触，与上覆夺盖拉组为整合接触，厚度大于 1000 m。

夺盖拉组（T_3d）：该组出露于区块北侧多增木一带。岩性单一，主要为一套浅绿色中-厚层状中-细粒岩屑长石石英砂岩，见有少量黑色薄-极薄层粉砂岩。化石以植物为主，可见有少量双壳。与下伏地层阿堵拉组整合接触，厚度约 528 m。

雀莫错组（$J_{1\text{-}2}q$）：该组地层出露较少，仅在区块北侧达卓玛地区见有分布。岩性为一套灰绿、紫灰、紫红色砾岩、含砾石英砂岩、长石石英砂岩、粉砂岩及少量含铁石英砂岩。沉积序列从下到上具有粒度变细的特点，顶部出现含铁及铁质结核石英砂岩，粉砂岩。与下伏上三叠统夺盖拉组不整合接触，厚度约 928 m。

色哇组（J_2s）：该组仅出露于区块南侧雀若日—江曲一带，呈东西向带状分布，分布面积少。岩性以深灰色、灰色泥页岩、粉砂质泥页岩、粉砂岩为主，夹灰岩的地层。富含双壳、菊石类化石。多未见底，但区域上与下伏下侏罗统曲色组整合接触，厚度大于 600 m。

布曲组（J_2b）：该组出露范围宽，分布面积广。根据岩性组合划分出上、中、下三个岩性段。下段为灰岩、白云岩及膏岩层段，中段为碎屑岩段，上段为泥晶灰岩、生物碎屑灰岩段。各段在区块内发育均较好。产丰富的双壳、腕足、有孔虫、棘皮类、腹足类化石和少量的海绵。底部整合覆于色哇组（沙巧木组）之上，部分地区为断层接触，厚度一般在数百米至 1000 m。

夏里组（J_2x）：该组分布较广，岩性主要为一套灰色、灰黑色、猪肝色、灰绿色、黄绿色粉砂岩、泥质粉砂岩、泥岩、砂岩组成的韵律沉积，夹少量生物碎屑灰岩、鲕粒灰岩、膏岩，厚度稳定。产双壳类、腹足类化石，在达卓玛地区见有陆相植物和昆虫化石。该组整合于布曲组之上，厚度一般为 200～1000 m。

索瓦组（J_3s）：该组岩性主要为浅紫红、浅灰色鲕粒灰岩、生物碎屑灰岩、亮晶颗粒灰岩、灰-深灰色泥晶灰岩，局部可见灰-灰白色石膏夹泥晶灰岩、黏土岩或三者互层，向上出现一套砂泥岩及灰岩的沉积组合。产珊瑚、双壳类化石。该组底部与中侏罗统夏里组整合接触，未见顶。沉积厚度小于 1000 m。

阿布山组（K_2a）：该组岩性主要为紫红、灰紫、土黄色砾岩，向上出现砾岩、砂岩、粗粒杂砂岩、细粒杂砂岩及泥岩层等组合。该组未见顶，底部不整合在侏罗系或三叠系地层之上，厚度为 200～1635 m，变化较大。

二、沉积相特征

晚三叠世诺利晚期-瑞替期（波里拉组、阿堵拉组、夺盖拉组沉积期）：二叠纪末-三叠纪早期是古特提斯洋关闭并开始造山作用的时期。受其影响，羌塘地区发生了强烈的构造挤压作用，在二叠系与三叠系之间普遍形成了一个明显的角度不整合面。羌塘南部经历了较长期的隆升，缺失早、中三叠世沉积（可能还缺失晚三叠世卡尼期沉积）。至晚三叠世诺利晚期-瑞替期，受班公错-怒江洋打开的影响，海水从南向北逐渐超覆，南羌塘从南到北形成了由陆棚-盆地到滨岸（局部为沼泽）的沉积环境。区块位于滨岸-陆棚相带，沉积了波里拉组陆棚相微泥晶灰岩、阿堵拉组和夺盖拉组滨岸-沼泽相泥页岩、粉砂岩、细砂岩及含煤泥页岩，形成多个煤层或煤线，如尕尔曲、土门等地。其中，暗色泥页岩、煤岩可作为生油岩，砂岩可作为储集岩。

早-中侏罗世巴柔期（雀莫错组-色哇组沉积期），班公错-怒江洋盆进一步拉开，南羌塘坳陷位于班公错-怒江洋与中央隆起带过渡的地区，沉积环境为陆棚-盆地到滨岸相环境。鄂斯玛区块位于陆棚-滨岸环境，其北部沉积了雀莫错组滨岸浅色含砾砂岩、石英砂岩、长石石英砂岩及粉砂岩组合，具有从下到上变细的海进序列；区块南部沉积了色哇组陆棚相暗色泥质岩、粉砂质泥岩夹灰岩、介壳灰岩、砂岩组合。其中，暗色泥质岩可作为生油岩，砂砾岩、砂岩可作为储集岩。

中侏罗世巴通期（布曲组沉积期），羌塘盆地演化为碳酸盐岩台地沉积期，整个盆地以碳酸盐岩沉积为主。区块则位于台地边缘礁滩相及滩下陆棚沉积环境，沉积体在区块南部主要为陆棚相深灰、浅灰色微晶灰岩夹薄层泥岩、钙质泥岩、泥灰岩；区块北部为礁滩相及滩间潮坪-潟湖相的生物碎屑微晶灰岩、藻灰岩、鲕粒灰岩、核形石灰岩、白云岩、膏岩及泥灰岩组合。其中，深色微泥晶灰岩、泥灰岩可作为生油岩，颗粒灰岩及白云岩可作为储集岩，膏岩可作为盖层。

中侏罗世卡洛期（夏里组沉积期），盆地发生了一次海退过程，沉积了一套以碎屑岩为主的组合，本区块位于南羌塘坳陷三角洲至潟湖相区，沉积了一套前三角洲-三角洲前缘中远砂坝的细砂岩、粉砂岩、泥页岩夹灰岩、膏岩组合。该组泥页岩及膏岩可作为油气盖层。

上侏罗统牛津期-基末里期（索瓦组沉积期），羌塘盆地再次发生海侵，沉积了一套以碳酸盐岩为主的台地相组合，区块位于南羌塘开阔台地及台地边缘地区，沉积了一套颗粒灰岩及微泥晶灰岩组合。该套颗粒灰岩可作为储集岩，微泥晶灰岩可作为区块的油气盖层。

阿布山期为盆地关闭隆升之后的陆相沉积，区块内表现为河流相、河湖相及冲积扇等相。

三、构造特征

区块构造作用强烈，褶皱和断裂发育，地层多被断层肢解。

1. 褶皱构造特征

从地表露头资料显示，褶皱构造主要分布于区块中部，这些褶皱轴面倾角较大，一般为70°～80°，轴面要倾向北北西、北北东和南南东、南南西，枢纽倾伏角为10°～20°，按照理查德的位态分类原则，属于斜歪倾覆褶皱，反映其形成时，以南北向挤压为主，总体应变方式为纯剪应变，无明显单一倒向。研究区内褶皱翼间角大多在75°～115°，转折端大多圆滑，属于开阔褶皱。

但是在区块的不同位置，褶皱的形态相对有变化，具体表现为：在北部由于逆冲断层的强烈作用，褶皱相对较紧闭；在测区中部褶皱相对开阔，而且褶皱保存相对较完整。从地表露头观察所得，向斜两翼地层主要为上侏罗统夏里组和布曲组，核部地层主要为中侏罗统索瓦组（J_3s），多处为上白垩统阿布山组（K_2a）不整合覆盖。背斜两翼地层则主要为夏里组（J_2x），局部可见索瓦组（J_3s），核部地层为布曲组（J_2b），局部为阿布山组（K_2a）不整合覆盖，或被第四系覆盖（Q）。

区块主要褶皱构造特征如下。

1）达卓玛复背斜构造

达卓玛复背斜构造位于鄂斯玛地区中部，南起江鱼玛洛，北至达卓玛。复背斜核部位于日阿索娃玛附近，核部出露地层为中侏罗统布曲组（J_2b）灰岩；北翼位于达卓玛附近，出露地层为中侏罗统夏里组（J_2x）砂岩；南翼位于江鱼玛洛北东，出露地层为上白垩统阿布山组（K_2a），不整合覆盖于布曲组（J_2b）之上。该复背斜构造由两个背斜和两个向斜组成，分别为达卓玛南向斜、且玛佳赛背斜、鄂赛尼尔向斜和日阿索娃玛背斜。

（1）达卓玛南向斜。该向斜位于曲包玛-达卓玛逆冲断层下盘，向斜核部为上白垩统阿布山组（K_2a）砾岩，两翼岩层为中侏罗统夏里组（J_2x）砂岩。向斜北翼产状为184°∠54°，南翼产状为352°∠46°，向南东东方向仰起，为一直立倾覆褶皱。向斜北部受曲包玛-达卓玛逆冲断层影响，岩层倾角变陡。

（2）且玛佳赛背斜。该背斜位于且玛佳赛南西，同时位于达卓玛南向斜南侧，背斜核部为中侏罗统布曲组（J_2b），两翼岩层为中侏罗统夏里组（J_2x）砂岩。背斜北翼产状为352°∠46°，南翼产状为192°∠33°，向北西西方向倾覆，为一斜歪倾覆褶皱。

（3）鄂赛尼尔向斜。该向斜位于鄂赛尼尔南东，玛佳赛背斜南西侧，向斜核部为上侏罗统索瓦组（J_3s）灰岩，两翼岩层为中侏罗统夏里组（J_2x）砂岩。向斜北翼产状为192°∠33°，南翼产状为341°∠27°，向南东东方向仰起，为一直立倾覆褶皱。

（4）日阿索娃玛背斜。该背斜位于日阿索娃玛南西、鄂赛尼尔向斜南南西侧，背斜核部为中侏罗统布曲组（J_2b），北翼岩层为中侏罗统夏里组（J_2x）砂岩，南翼为上白垩统阿布山组（K_2a）不整合覆盖。背斜北翼产状为357°∠41°，南翼产状为184°∠43°，向北西西方向倾覆，为一直立倾覆褶皱。

2）茶曲强玛复背斜

茶曲强玛复背斜构造位于鄂斯玛地区北西部，南起吉开结成玛，北至崩果额茸。复背斜核部位于茶曲强玛西部，核部出露地层为中侏罗统布曲组（J_2b）灰岩；北翼位于崩果额茸北部，出露地层为中侏罗统夏里组（J_2x）砂岩；南翼位于吉开结成玛，出露地层为中侏罗统夏里组（J_2x）砂岩。该复背斜构造由两个背斜和一个向斜组成，分别为崩果额茸背斜、茶曲强玛南向斜和吉开结成玛背斜。

（1）崩果额茸背斜。该背斜位于崩果额茸北东、背斜核部为中侏罗统布曲组（J_2b）灰岩，北翼岩层为中侏罗统夏里组（J_2x）砂岩，南翼为中侏罗统布曲组（J_2b）灰岩。背斜北翼产状为358°∠43°，南翼产状为178°∠65°，向南东东方向倾覆，为一斜歪倾覆褶皱。

（2）茶曲强玛南向斜。该向斜位于茶曲强玛南西、崩果额茸背斜南西侧，向斜核部为上侏罗统布曲组（J_2b）灰岩，该向斜为布曲组内褶皱，两翼岩层也为中侏罗统布曲组（J_2b）灰岩。北翼产状为 178°∠65°，南翼产状为 348°∠38°，向北西西方向仰起，为一斜歪倾覆褶皱。

（3）吉开结成玛背斜。该背斜位于吉开结成玛北东、茶曲强玛南向斜南南东侧，背斜核部为中侏罗统布曲组（J_2b），北翼岩层为中侏罗统布曲组（J_2b）砂岩，南翼为中侏罗统夏里组（J_2x）砂岩。背斜北翼产状为348°∠38°，南翼产状为167°∠37°，向北东东方向倾覆，为一直立倾覆褶皱。

综上所述，鄂斯玛地区主要出露上三叠统、中侏罗统和上白垩统地层，上三叠统与中侏罗统多为不整合接触关系，区块外围西侧查郎拉一带为断层接触关系；中侏罗统与上白垩统之间既有不整合接触，亦有断层接触。该区构造特征为在北部大型逆冲断层控制下，次级逆冲断层共同作用，形成逆冲叠瓦构造，研究区中部发育大量褶皱，褶皱卷入地层多为中侏罗统。

2. 断层构造特征

从地表露头情况看，区内断层以逆冲断层为主，形成逆冲推覆构造，鄂斯玛地区最主要的两条逆冲断层位于北部，分别为曲包玛-达卓玛逆冲断层和赛包玛逆冲断层。

（1）曲包玛-达卓玛逆冲断层。曲包玛-达卓玛逆冲断层位于鄂斯玛地区北部，西起曲包玛，东至达卓玛，断层面走向近北西-南东向，倾向近北北东向，断层面倾角较陡，在西段曲包玛，断层面倾角可达60°，东段达卓玛断层面倾角为50°～55°。逆冲断层上盘为中侏罗统布曲组（J_2b）灰岩，岩层倾向近北东东，倾角为40°～55°，局部较陡，可达60°。逆冲断层下盘出露中侏罗统夏里组（J_2x）砂岩和上白垩统阿布山组（K_2a）砾岩，西段曲包玛主要出露夏里组（J_2x），岩层倾向近北北西向，岩层倾角为40°～45°。东段达卓玛主要出露阿布山组，岩层倾向近南南西向，岩层倾角约为60°（图6-2）。根据地层切割律判断，曲包玛-达卓玛逆冲断层卷入最新地层为上白垩统，因此推断其形成于晚白垩世以后。

（2）赛包玛逆冲断层。赛包玛逆冲断层位于鄂斯玛地区西北部，西起赛包玛，东至尼玛陇北东，断层面走向近北西西-南东东向，倾向近北北东向，断层面倾角较陡，西段赛包玛断层倾角为45°～50°，东段尼玛陇北东断层倾角为50°～55°。逆冲断层上盘为上三叠统夺盖拉组（T_3d）砂岩，东段尼玛陇上盘局部出露中侏罗统雀莫错组（$J_{1-2}q$），上盘岩层倾向近北北东，倾角较陡，为60°～65°。逆冲断层下盘出露中侏罗统布曲组（J_2b）灰岩，西段布曲组（J_2b）岩层倾向近正北，岩层倾角为55°～60°；东段岩层倾向近北东东向，岩层倾角为60°～65°。在此断层控制下，区内北部地层抬升较高，出露较老的上三叠统夺盖拉组（T_3d）地层。

图 6-2　达卓玛逆冲推覆构造

该逆冲断层与南部曲包玛-达卓玛逆冲断层、吉开结成玛逆冲断层，均为断层面走向呈东西向，断层面倾向近北东东向，三者共同作用，形成区内重要的逆冲叠瓦构造。根据地层切割律，赛包玛逆冲断层卷入最新地层单位为中侏罗统夏里组（J_2x），由此可以推断该逆冲断层形成的时间为中侏罗世以后。

（3）赛维丁玛尔逆冲断层。赛维丁玛尔逆冲断层位于鄂斯玛地区南西部，西起吉朗木结，东至赛维丁玛尔北东，断层面走向近北东东—南西西向，倾向近南南东向，断层面倾角较陡，西段吉朗木结断层倾角为 40°～45°，东段赛维丁玛尔断层倾角为 50°左右。逆冲断层上盘为中侏罗统布曲组（J_2b）灰岩，上盘岩层倾向正南，倾角较陡，为 65°～70°。逆冲断层下盘出露中侏罗统夏里组（J_2x）砂岩，岩层倾向近正南，岩层倾角较缓，为 30°～40°。赛维丁玛尔逆冲断层的特征为“南倾北冲”，断层性质与前述曲包玛-达卓玛逆冲断层等截然不同，推断其为一条发育较为局限的反冲断层。根据地层切割律，赛维丁玛尔逆冲断层卷入最新地层单位为中侏罗统夏里组（J_2x），由此可以推断该逆冲断层形成的时间为中侏罗世以后。

四、岩浆活动与岩浆岩

岩浆岩分布面积较小，在区块内零星出露，主要发育于上白垩统阿布山组中，分布在区块马登、破曲、达卓玛等地。该套火山岩被夹于正常沉积磨拉石建造的一套粗碎屑岩中，在马登一带发育良好，被命名为马登火山岩层，火山岩呈紫红色、灰白色，厚度从数米至数十米不等，分布于阿布山组底部，与砂砾岩呈互层状。

镜下分析显示，破曲火山岩包括安山岩、粗面安山岩，岩石具有斑状结构，块状结构。斑晶包括斜长石（含量为 8%～15%）、正长石（含量为 4%～5%）和角闪石（含量为 2%～3%）；大部分的斑晶为 3～4 mm。基质显示交织结构，主要由微晶斜长石（含量为 45%～60%）、正长石（含量为 8%～10%）、角闪石（含量为 10%～15%）、黑云母（含量为 1%～3%）和石英（含量为 1%～3%）组成。马蹬火山岩岩性由英安岩和流纹岩组成。英安岩呈灰色，流纹岩为灰色和浅红色，英安岩和流纹岩均显示斑状结构。斑晶主要由正长石（含量为 10%～15%）和较小的石英（含量小于 5%），基质主要由钾长石（含量为 45%～55%）、斜长石（含量为 25%～30%）、石英（含量为 15%～20%）、角闪石（含量为 5%～8%）和黑云母（含量为 1%～3%）等组成。

锆石 LA-ICP-MS 测年结果显示，马登火山岩年龄为（102.6±1.6）Ma（MSWD = 2.7，n = 19）和（100.8±0.9）Ma（MSWD = 0.93，n = 20），破曲火山岩年龄为（100.4±1.1）Ma（MSWD = 1.09，n = 21）和（96.1±2.4）Ma（MSWD = 4.3，n = 16）（图 6-3）。分析结果表明阿布山组沉积时代开始于早白垩世晚期。

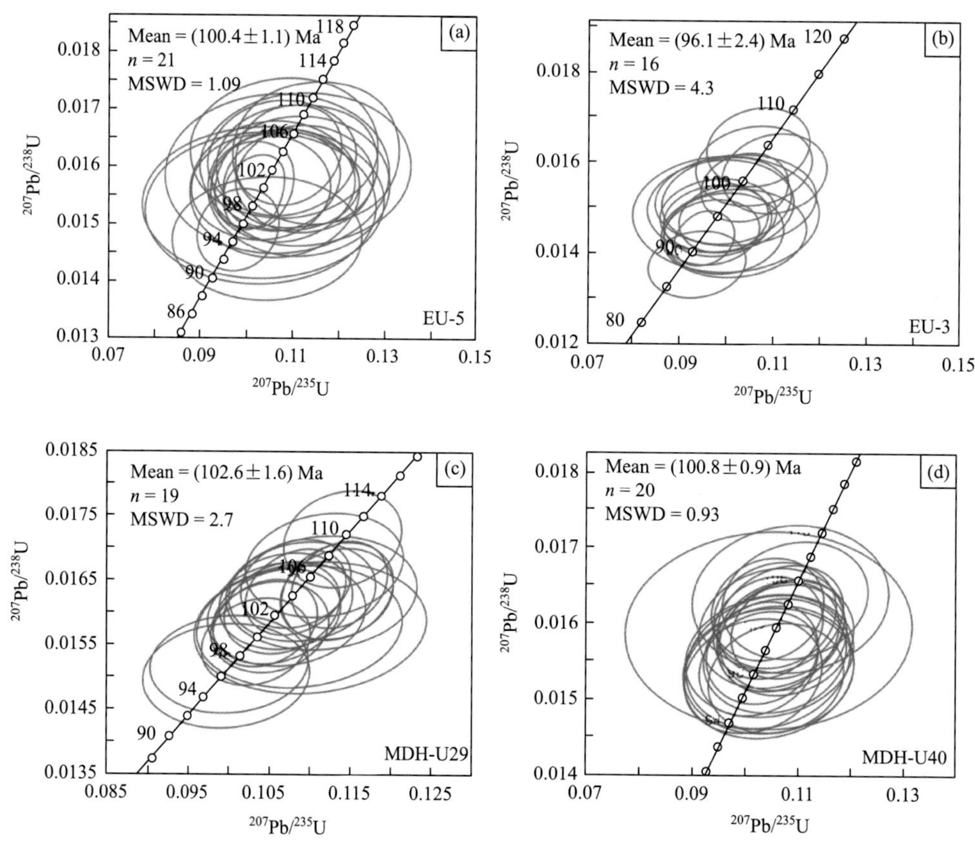

图 6-3　阿布山组火山岩锆石 U-Pb 年龄

总体来说，研究区岩浆活动较弱，是整个青藏高原区域性隆升背景下的局部陆内熔融的产物，晚白垩世火山作用发生于主生烃、排烃期后，对油气保存条件有一定的破坏作用，但由于该火山作用具有水上喷发、溢流的特点，向下基本无影响。此外，强大的岩浆上侵力及巨大热能，打破了原先的油气平衡系统，使油气再次运移、聚集，形成次生油气藏。

第三节　石油地质特征

鄂斯玛区块古地理面貌显示，该地区在晚三叠世至侏罗纪时期处于以过渡相为主的过渡相至浅海相区，沉积了上三叠统含煤碎屑岩，雀莫错组砂岩，色哇组和夏里组砂岩、泥页岩，布曲组和索瓦组微泥晶灰岩、颗粒灰岩夹石膏层。其沉积体内生储盖层发育，具备良好的油气地质条件。

一、烃源岩特征

鄂斯玛区块主体位于蒂让-土门凹陷，基底埋深约为 7 km，形成巨厚的沉积充填和多套生储盖组合，为生油层的发育和油气藏的形成提供了基本地质条件。

1. 烃源岩特征

区块地表出露的烃源岩层位主要为上三叠统、中侏罗统色哇组、布曲组、夏里组和上侏罗统索瓦组。岩石类型包括泥质岩和碳酸盐岩两大类，其中泥质岩类烃源岩主要分布于上三叠统、中侏罗统色哇组和夏里组地层中；碳酸盐岩类烃源岩主要分布于中侏罗统布曲组和上侏罗统索瓦组地层中。由于夏里组和索瓦组多暴露于地表，成为无效烃源层，因此本书仅阐述中侏罗统布曲组、色哇组及上三叠统烃源层。

1）中侏罗统布曲组烃源岩

布曲组烃源岩主要为碳酸盐岩，其次为泥岩，厚度为 90.11～631.6 m。布曲组碳酸盐岩烃源岩的有机碳含量整体较高，各剖面中碳酸盐岩有机碳含量均值为 0.07%～0.254%，大部分属于中等烃源岩，少部分为较差烃源岩（表 6-1）。其中，曲巴地贡玛剖面有机碳平均含量在布曲组中最高，平均值达到 0.254%。各剖面生烃潜量平均值在 0.042～0.08 mg/g，氯仿沥青“A”平均数为 13.55×10^{-6}～50.67×10^{-6}，总体呈偏低的趋势。造成这种结果的原因可能是样品采自于地表剖面，样品长时间暴露地表，遭受风化剥蚀作用使得其有机质流失而导致烃源岩具有较高的有机碳、较低生烃潜量和氯仿沥青“A”。

表 6-1　鄂斯玛区块布曲组烃源岩厚度及有机质丰度数据统计表

剖面名称	岩性	厚度/m	实测有机碳/% 均值（个数）	生烃潜量(S_1+S_2)/(mg/g) 均值（个数）	氯仿沥青“A”/（$\times10^{-6}$） 均值（个数）	资料来源
曲巴地贡玛	灰岩	—	0.08～0.77 0.254（32）	—	6.7～40.3 13.55（14）	本次调查研究
	泥岩		0.37～0.57 0.464（5）	—	4.1～10 7.225（4）	
破岁抗巴	灰岩	631.6	0.14～0.27 0.215（6）	0.025～0.075 0.0445（6）	25～107 50.67（6）	
	泥岩	291.1	0.25～2.57 0.795（6）	0.066～1.071 0.3（6）	33～569 142.67（6）	

续表

剖面名称	岩性	厚度/m	实测有机碳/% 均值（个数）	生烃潜量(S_1+S_2)/(mg/g) 均值（个数）	氯仿沥青“A”/（$\times10^{-6}$） 均值（个数）	资料来源
卢玛甸多	灰岩	307.6	0.01～0.37 0.07（20）	0.05～0.20 0.08（20）	17.5～68 33.6（20）	本次调查研究
阿索娃玛	泥岩	494.8	0.01～0.68 0.345（2）	0.07～0.22 0.145（2）	42～44 43（2）	
达卓玛	灰岩	365.1	0.05～0.34 0.199（17）	0.009～0.06 0.042（17）	31～33 32（2）	吉开结成玛幅（1996）
改拉曲	泥岩	90.11	0.44～0.78 0.598（10）	0.044～0.064 0.052（10）	20～47 36.5（10）	查郎拉-气相错幅（1996）

泥岩类烃源岩的有机碳含量整体不高，各剖面中泥岩有机碳含量均值为0.345%～0.795%，除了破岁抗巴剖面属于中等烃源岩之外，其余大部分为较差烃源岩（表6-1）。各剖面生烃潜量平均值为0.052～0.3 mg/g，氯仿沥青“A”平均数为7.225×10^{-6}～142.67×10^{-6}，总体呈偏低的趋势。这种偏低生烃潜量和氯仿沥青“A”可能与地表样品经历长时间风化剥蚀有关。

布曲组灰岩中干酪根显微组分以腐泥组为主，三个剖面灰岩中腐泥组含量均值分别为64.94%、76%和86%，惰质组含量均值分别为30.11%、20%和9.86%，镜质组含量为4.94%、4%和3.93%，未见有壳质组组分（图6-4）。平均类型指数（TI）分别为31.13%、53%和73.04%，显示全部样品均为Ⅱ型有机质类型，其中20件样品为Ⅱ$_1$型，14件样品为Ⅱ$_2$型。布曲组泥岩以曲巴地贡玛剖面为例，干酪根显微组分以腐泥组为主，平均含量为85%，惰质组含量均值为12.25%，镜质组含量均值为3%（图6-4）。平均类型指数（TI）均值为70.7%，显示全部4件样品均为Ⅱ$_1$型有机质类型（表6-2）。

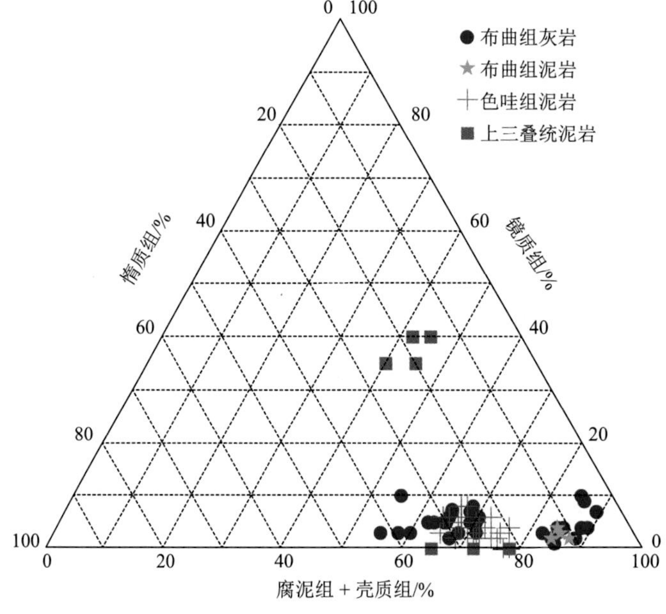

图6-4　鄂斯玛区块烃源岩干酪根显微组分特征图

表 6-2　鄂斯玛区块烃源岩干酪根类型参数一览表

剖面	层位	岩性	干酪根显微组分/%				类型指数 TI 均值（个数）	干酪根元素		干酪根 $\delta^{13}C_{PDB}$/% 均值（个数）	有机质类型（个数）
			腐泥组 均值（个数）	壳质组 均值（个数）	镜质组 均值（个数）	惰质组 均值（个数）		H/C 均值（个数）	O/C 均值（个数）		
达卓玛	J_2b	灰岩	70～82 76(2)	0	3～5 4(2)	15～25 20(2)	41.25～64.75 53(2)	—	—	—	II_1(2)
曲巴地贡玛	J_2b	灰岩	84～89 86(14)	0	1～10 3.93(14)	4～14 9.86(14)	68.8～79.2 73.04(14)	—	—	—	II_1(14)
		泥岩	84～87 85(4)	0	2～4 3(4)	11～14 12.25(4)	68～73.8 70.7(4)	—	—	—	II_1(4)
卢玛甸多	J_2b	灰岩	55～71 64.94(18)	0	2～10 4.94(18)	24～42 30.11(18)	10.75～42.75 31.13(18)	0.1～0.31 0.19(11)	0.13～0.23 0.18(11)	—	II_1(4) II_2(14)
改拉	J_2s	泥岩	67～76 71.5(4)	—	2～5 3.25(4)	20～28 25.25(4)	35.25～53 43.81(4)	—	—	−24.1～−22.9 −23.7(4)	II_1(3) II_2(1)
江曲	J_2s	泥岩	70～78 73.83(6)	—	0～3 1.5(6)	22～28 24.67(6)	40.5～56 48.04(6)	0.43～0.5 0.47(4)	0.06～0.09 0.07(4)	−25.2～−24.0 −24.7(6)	II_1
达玛尔	J_2s	泥岩	74～75 74.5(2)	—	2～3 2.5(2)	22～24 23(2)	48.5～50.75 49.63(2)	0.38(2)	0.08(2)	−23.2(2)	II_1
鄂修布	J_2s	泥岩	64～76 68.46(13)	—	2～8 5.23(13)	20～32 26.31(13)	29.5～53 38.23(13)	0.38～0.53 0.44(6)	0.05～0.08 0.06(6)	−24.6～−22.7 −23.5(13)	II_1(5) II_2(8)
麦多	T_3t	泥岩	65～78 71.67(3)	—	—	22～35 28.33(3)	30～56 43.33(3)	0.31～0.33 0.32(3)	0.03～0.04 0.03(3)	−26.5～−26.1 −26.3(3)	II_1(2) II_2(1)
朵尔曲	T_3t	泥岩	40～45 43(4)	—	35～40 37.5(4)	15～25 19.5(4)	−11.25～0 −4.63(4)	0.32～0.41 0.38(4)	0.06～0.08 0.07(4)	−24.5～−24.1 −24.3(4)	III

布曲组共测试样品 38 件，R_o最小值为 1.17%，最大值为 2.48%，均值为 2.04%（表 6-3、图 6-5）。其中，1 件样品（位于达卓玛剖面）R_o为 1.17%，处于成熟阶段，20 件样品 R_o为 1.3%～2.0%，处在生凝析油和湿气的高成熟阶段，占总样品数的 52.63%，剩余 17 件样品 R_o>2.0%，为以生干气为主的过成熟阶段，占总样品数的 44.74%。从区域来看，区块北部以达卓玛和曲巴地贡玛剖面为代表，其 R_o为 1.75%，均处于高成熟阶段，而区块南部以卢玛甸多剖面为代表，其 R_o为 2.39%，除 1 件样品小于 2.0%外，其余 17 件样品 R_o>2.0%，处于过成熟阶段，整体具有北高南低的成熟度特征。

表 6-3　鄂斯玛区块烃源岩有机质成熟度参数一览表

剖面	层位	岩性	R_o/% 均值（个数）	T_{max}/℃ 均值（个数）	干酪根元素 H/C 均值（个数）	腐泥组颜色（所占比例/%）
达卓玛	J_2b	灰岩	1.17～1.86 1.515（2）	472～484 478（2）	—	—
卢玛甸多	J_2b	灰岩	1.58～2.48 2.386（18）	428～535 485.2（18）	0.1～0.31 0.19（11）	—
曲巴地贡玛	J_2b	灰岩	1.68～1.93 1.79（14）	—	—	—
		泥岩	1.66～1.77 1.705（4）	—	—	—
改拉	J_2s	—	2.21～2.29 2.26（4）	444～587 542.09（11）	—	棕色
江曲	J_2s	—	2.12～2.53 2.30（6）	478～506 497（11）	0.43～0.5 0.47（4）	棕褐
达玛尔	J_2s	—	2.40～2.44 2.42（2）	503～526 516.75（4）	0.38（2）	棕色
鄂修布	J_2s	—	1.10～1.78 1.6（13）	475～570 521.09（11）	0.38～0.53 0.44（6）	棕色棕黄（2）
麦多	T_3t	—	2.25～2.38 2.30（3）	403～569 481.17（6）	0.31～0.33 0.32（3）	棕褐
尕尔曲	T_3t	—	2.31～2.51 2.41（4）	525～587 534.56（9）	0.32～0.41 0.38（4）	棕黄

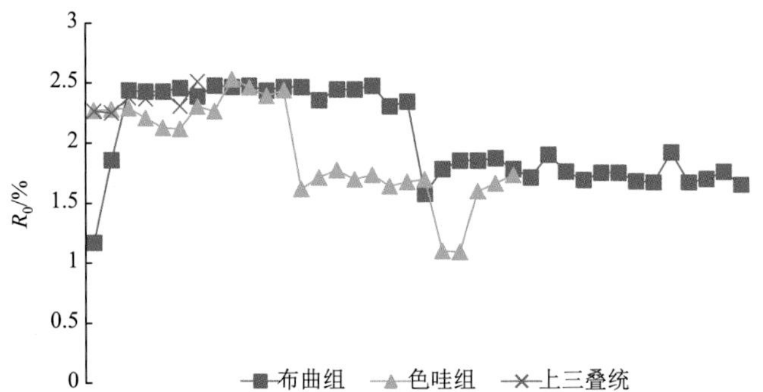

图 6-5　鄂斯玛区块烃源岩镜质体反射率 R_o分布图

布曲组 20 件灰岩样品 T_{max} 最小值为 428℃，最大值为 535℃，平均值为 481.6℃（表 6-3、图 6-6）。其中，达卓玛剖面 2 件样品 T_{max} 分别为 472℃和 484℃；卢玛甸多剖面 18 件样品 T_{max} 最小值为 428℃，最大值为 535℃，平均值为 485.2℃。总体来看，仅有 1 件样品 T_{max}＜430℃，处于生物气、未熟重质油的未成熟阶段；3 件样品 T_{max} 值为 430～470℃，处于低熟重质油-油的成熟阶段；剩余 16 件样品的 T_{max} 为 470～540℃，占布曲组样品数的 80%，表明鄂斯玛区块布曲组灰岩主要处于凝析油、湿气高成熟阶段。

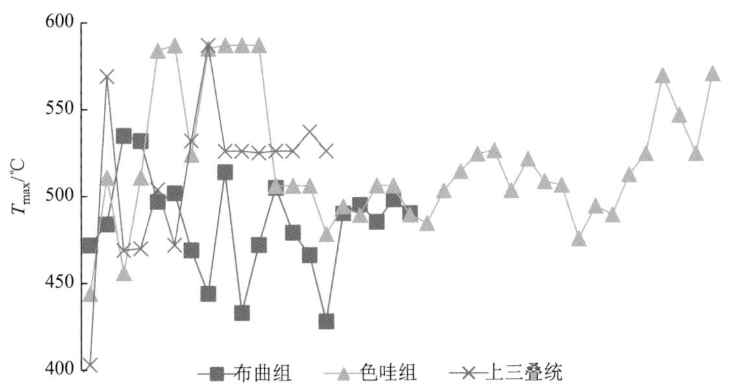

图 6-6　鄂斯玛区块烃源岩热解峰温 T_{max} 分布图

2）中侏罗统色哇组

该组烃源岩岩石类型以暗色泥页岩为主，夹少量深灰色泥灰岩、泥晶灰岩，厚度为 47.9～1043.85 m，主要分布在区块南部扎加藏布沿岸。以卓普和扎目纳剖面为例（表 6-4），灰岩类烃源岩有机碳含量为 0.17%～0.47%，生烃潜量为 0.056～0.088 mg/g，氯仿沥青“A”为 101×10^{-6}～120×10^{-6}，大部分属于中等-好烃源岩。泥岩类烃源岩有机质丰度差异较大，前人的卓普和扎目纳剖面数据显示有机碳含量均超过 0.6%，达到了中等生油岩的标准，而本书研究的 3 条剖面有机碳含量仅在 0.3%左右，未达到泥质岩生油下限值。各剖面泥质岩类烃源岩生烃潜量均值为 0.05～0.1 mg/g，生烃潜量和氯仿沥青“A”均表现得较低。

表 6-4　鄂斯玛区块色哇组烃源岩厚度及有机质丰度数据统计表

剖面名称	岩性	厚度/m	实测有机碳/% 均值（个数）	生烃潜量(S_1+S_2)/(mg/g) 均值（个数）	氯仿沥青“A”/（$\times10^{-6}$） 均值（个数）	资料来源
卓普	灰岩	2.88	0.33～0.47 0.4（2）	0.056～0.088 0.072（2）		羌塘盆地石油天然气路线地质调查报告（1995）
	泥岩	49.33	0.47～0.8 0.64（2）	0.047～0.06 0.054（2）	36（1）	
扎目纳	灰岩	31.25	0.17～0.23 0.2（2）	0.057～0.064 0.061（2）	101～120 110.5（2）	
	泥岩	1012.6	0.47～0.77 0.62（7）	0.047～0.06 0.054（7）		
江曲	泥岩	618.3	0.17～0.43 0.27（11）	0.02～0.13 0.05（11）		本次调查研究

续表

剖面名称	岩性	厚度/m	实测有机碳/% 均值（个数）	生烃潜量(S_1+S_2)/(mg/g) 均值（个数）	氯仿沥青“A”/（$\times10^{-6}$） 均值（个数）	资料来源
达玛尔	泥岩	47.9	0.14～0.42 0.297（4）	0.04～0.13 0.07（4）		本次调查研究
鄂修布	泥岩	893.4	0.17～0.58 0.31（11）	0.04～0.23 0.10（11）		

该组泥岩烃源岩干酪根显微组分以腐泥组为主，各剖面均值为68.46%～74.5%，惰质组其次，平均含量为23%～26.31%，镜质组平均含量为1.5%～5.23%（图6-4）。平均类型指数TI为38.23%～49.63%，显示全部样品均为Ⅱ型有机质类型，其中10件样品为Ⅱ_1型，9件样品为Ⅱ_2型（表6-2）。

该组共测试泥岩样品25件，其中鄂修布剖面13件，R_o为1.10%～1.78%，平均值为1.6%（图6-5），2件样品处于成熟阶段范围，剩余11件样品均处在生凝析油和湿气的高成熟阶段，而剩余剖面样品R_o为2.12%～2.53%，处于过成熟阶段范围，且占总样品数的48%（表6-3）。

表6-3和图6-6显示了研究区色哇组泥质烃源岩样品的热解峰温等热解参数及其分布。其中，江曲、达玛尔和鄂修布剖面27件样品热解峰温T_{max}为470～540℃，处在生凝析油和湿气的高成熟阶段；而改拉剖面T_{max}为444～587℃，均值为542.09℃，11件样品过半数处于过成熟阶段。研究区邻区松可尔剖面11件样品，T_{max}为477～587℃，均值为519℃，除2件落入以生成干气为主的过成熟区域外，其余样品均落入高成熟阶段范围。总体而言，曲色组、色哇组泥质烃源岩处于过成熟—高成熟热演化阶段，并以高成熟阶段占主导为特征，占泥岩样品总数的73.5%。

3）上三叠统

上三叠统烃源岩主要为暗色泥页岩及含煤泥页岩，厚度为206～408.6 m，该组烃源岩有机碳含量整体较高，各剖面均值在0.446%～1.03%，大部分属于中等烃源岩，少部分属于好烃源岩和较差烃源岩，还有极少数样品有机碳含量未达到生油下限值（表6-5）。查郎拉路线和尕尔曲剖面上的样品有机碳含量最高，均值分别为1.03%和0.87%，其中尕尔曲剖面有机碳含量为0.52%～2.09%，24件样品全部超过生油岩下限值。但值得注意的是，从区块及其外围的地表样品来看，上三叠统烃源岩普遍具有极低的生烃潜量和氯仿沥青“A”，各剖面生烃潜量均值为0.03～0.18 mg/g，氯仿沥青“A”均值介于37.4×10^{-6}～54×10^{-6}，区块内的井下样品生烃潜量和氯仿沥青“A”含量则明显比地表样品高，造成这种结果的原因可能是样品长时间暴露地表，遭受风化剥蚀作用使得其有机质流失而导致烃源岩具有较高的有机碳、较低生烃潜量和氯仿沥青“A”。

表6-5　鄂斯玛区块上三叠统烃源岩厚度及有机质丰度数据统计表

剖面名称	岩性	厚度/m	实测有机碳/% 均值（个数）	生烃潜量 (S_1+S_2)/(mg/g) 均值（个数）	氯仿沥青“A” /（$\times10^{-6}$） 均值（个数）	资料来源
尕尔曲	泥岩	408.6	0.52～2.09 0.87（24）	0.02～0.14 0.05（13）	13～57 37.4（8）	土门煤矿-查曲幅（1996）

续表

剖面名称	岩性	厚度/m	实测有机碳/% 均值（个数）	生烃潜量 (S_1+S_2)/(mg/g) 均值（个数）	氯仿沥青“A”/（$\times10^{-6}$） 均值（个数）	资料来源
查郎拉路线	泥岩	206	0.18～2.66 1.03（8）	0.031～0.808 0.18（8）	7～191 54（8）	查郎拉-气相错幅（1996）
麦多	泥岩	273.7	0.34～0.52 0.469（6）	0.02～0.07 0.03（6）	—	本书研究
多卓额包	泥岩	355.9	0.33～0.57 0.446（9）	0.03～0.06 0.04（9）	—	
热日	泥岩	—	0.36～0.81 0.525（3）	0.04～0.05 0.04（3）	—	
托纠	泥岩	237.2	0.48～0.84 0.688（4）	0.02～0.05 0.03（4）	—	

以区块内的尕尔曲剖面为例，干酪根显微组分以腐泥组和镜质组为主，平均值分别为43%和37.5%，惰质组为19.5%（图6-4）。平均类型指数TI为−11.25%～0，有机质类型为Ⅲ型。而区块外围北侧麦多地区泥岩中干酪根显微组分以腐泥组为主，平均值为71.67%，惰质组为28.33%，未见镜质组和壳质组组分，平均类型指数TI在30%～56%，显示全部样品均为Ⅱ型有机质类型，其中2件样品为Ⅱ$_1$型，1件样品为Ⅱ$_2$型（表6-2）。

鄂斯玛地区上三叠统泥质烃源岩R_o为2.25%～2.51%，平均值为2.355%，R_o均大于2.0%，为以生干气为主的过成熟阶段（表6-3、图6-5）。而区块外围西侧多普勒乃剖面R_o为0.65%～0.91%，平均0.72%，表明烃源岩处于生油高峰期的成熟阶段；搭木错日阿柔一带R_o为1.7%，属高成熟阶段。总体而言，鄂斯玛地区上三叠统泥质烃源岩处于过成熟阶段，从区域来看，上三叠统烃源岩整体具有东高西低的热演化特征。

上三叠统泥质烃源岩T_{max}为403～587℃，平均值为507.87℃（表6-3、图6-6），表明烃源岩处于以生凝析油和湿气为主的高成熟阶段；但在区块邻区上三叠统热演化程度表现出不均衡性，如在搭木错日阿柔、扎木错玛琼剖面或路线点平均T_{max}为545.67～571℃，表明烃源岩处于以生成干气为主的过成熟阶段；其余各剖面平均T_{max}皆处于470～540℃，为生油高峰期的成熟阶段。整体来看，结合研究区及邻区的资料，上三叠统共45件泥岩样品中，26.7%的样品处于成熟阶段，51.1%的样品处于生凝析油和湿气的高成熟阶段，未成熟和过成熟阶段的样品所占比例分别为20%和2.2%。因此，土门格拉组泥质烃源岩主要集中在成熟-高成熟阶段，并以高成熟阶段为主。

2. 烃源岩综合评价

在前述分别对鄂斯玛区块各组烃源岩分布及厚度、有机质丰度、有机质类型、热演化程度等特征分析基础上，以各组烃源岩厚度和有机质丰度为主要评价指标，有机质类型和热演化程度为辅助指标，综合评价鄂斯玛区块各层位生烃条件（表6-6）。

表 6-6　鄂斯玛区块主要烃源岩综合评价表

时代	岩性	厚度/m	有机质丰度	有机质类型	成熟度	综合评价
J_2b	以灰岩为主	90.11～631.6	以中等为主	$Ⅱ_1$-$Ⅱ_2$	过成熟—高成熟	中等
J_2s	泥岩	47.9～1043.85	以低—中为主	$Ⅱ_1$-$Ⅱ_2$	过成熟—高成熟	中等
T_3	以泥岩为主	206～408.6	以中—高为主	$Ⅱ_1$-$Ⅱ_2$、Ⅲ	高成熟—过成熟	好

（1）布曲组烃源岩。该组烃源岩以灰岩为主，烃源岩厚度可达 90.11～631.6 m，有机碳含量及生烃潜量等显示以中等有机质丰度为主，有机质类型以$Ⅱ_1$-$Ⅱ_2$型为主，热演化程度处于过成熟-高成熟阶段。由于布曲组地下埋藏范围较大，埋深适中，因此综合评价为中等生烃层位。

（2）色哇组（曲色组）烃源岩。该组烃源岩主要以泥岩为主，烃源岩厚度多为 47.9～1043.85 m，有机碳含量及生烃潜量等显示以低-中等有机质丰度为主，有机质类型以$Ⅱ_1$-$Ⅱ_2$型为主，热演化程度处于过成熟-高成熟阶段。由于色哇组在研究区及邻区烃源岩地层厚度较大，出露面积较少，因此综合评价为研究区中等生烃层位。

（3）上三叠统烃源岩。该套烃源岩主要以泥岩为主，烃源岩厚度多为 206～408.6 m，有机碳含量及生烃潜量等显示以中-高有机质丰度为主，有机质类型以$Ⅱ_1$-$Ⅱ_2$、Ⅲ型为主，热演化程度处于高成熟-过成熟阶段。由于上三叠统地层的生烃条件较好，且多覆盖于地下，保存较好，因此综合评价为好生烃层位。

综上所述，鄂斯玛区块上三叠统为研究区最有利生烃层位，中侏罗统布曲组和色哇组为中等生烃层位。

二、储集层特征

鄂斯玛区块储层主要分布于上三叠统、中下侏罗统雀莫错组、中侏罗统色哇组、布曲组、夏里组以及上侏罗统索瓦组。岩石类型包括颗粒灰岩（白云岩）和碎屑岩，其中灰岩储层主要分布于索瓦组、布曲组地层中，白云岩储层主要分布于布曲组，碎屑岩储层主要分布于上三叠统、色哇组、雀莫错组、夏里组。由于中侏罗统夏里组和上侏罗统索瓦组多暴露地表，为无效储层，而中下侏罗统雀莫错组缺少数据资料，因此本书仅对上三叠统、中侏罗统色哇组、布曲组储层进行阐述。

1. 储层特征

1）中侏罗统布曲组储集层

（1）储层岩性及厚度。布曲组储层岩性为颗粒灰岩和白云岩，但主要储层岩性为砂糖状白云岩。在日阿索娃玛剖面的白云岩厚度为 84.7 m，占整个布曲组地层的 31%左右。日阿索娃玛东剖面的颗粒灰岩储层厚度为 126.36 m，占整个布曲组地层的 29.9%。

岩石学特征显示，白云岩储集岩岩性主要为中—细晶白云岩、粗晶白云岩。布曲组白云岩储层白云石含量大于 95%，含有很少的石英、斜长石、方解石、黏土，这些矿物含量不超过 5%（表 6-7）。

表 6-7　鄂斯玛区块主要储层岩石学特征表

层位	样号	岩石定名	全岩定量分析/%						
			黏土总量	石英	钾长石	斜长石	方解石	白云石	黄铁矿
J_2b	PM4-8CH1	细中晶白云岩	—	—	—	—	—	—	—
	PM4-9CH1	细中晶白云岩	—	—	—	1	1	98	—
	PM4-10CH1	细中晶白云岩	—	1	—	1	1	97	—
	PM4-11CH1	粗晶白云岩	—	1	—	1	3	95	—
	PM4-12CH1	细中晶白云岩	—	—	—	1	—	99	—
	PM4-13CH1	中细晶白云岩	—	1	—	—	1	98	—
	PM4-22CH1	砂屑灰岩	3	1	—	—	95	1	—
	PM4-23CH1	砂屑灰岩	—	3	—	—	97	—	—
	PM4-23CH2	鲕粒灰岩	—	1	—	—	97	2	—
	PM4-23CH3	薄层灰岩	2	1	—	—	97	—	—
	PM4-26CH1	灰岩	—	2	—	—	96	2	—
J_2s	1002	砂岩	7	89	1	—	2	1	—
	1003	砂岩	8	89	1	—	2	—	—
	1004	砂岩	6	92	1	—	1	—	—
	1005	砂岩	6	92	1	—	1	—	—
	1006	砂岩	7	89	2	—	1	1	—

白云岩粒度特征如图 6-7 所示，粒度平均值（M_z）为 3.39～5.30，变化幅度不大，平均值为 4.58；标准偏差（SI）为 2.27～2.68，平均值为 2.53；偏度（S_k）为 0.83～1.20，平均值为 0.99；峰度（K_g）为 2.36～3.83，变化幅度比较大，平均值为 2.93。从粒度平均值、标准偏差、偏度以及峰度可以看出研究区碎屑岩粒度分布比较均匀，主要还是以中、细粒为主，少量为粗粒。

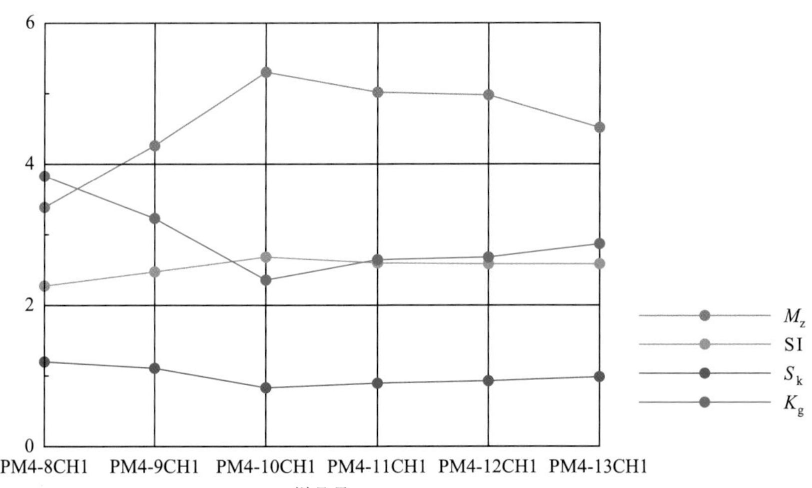

图 6-7　白云岩粒度特征分布图

（2）物性特征。布曲组储层样品 11 件，全部为碳酸盐岩储层，其中白云岩储层 6 件，灰岩储层 5 件。白云岩储层有效孔隙度为 2.3%～6.3%，均值为 4.73%，渗透率为 0.04～8.16 mD，均值为 2.987 mD。灰岩储层有效孔隙度为 0.1%～0.7%，均值为 0.38%，渗透率为 0.04～0.1 mD，均值为 0.052 mD。从图 6-8 可以看出，白云岩储层比灰岩储层无论渗透率还是有效孔隙度都好很多。

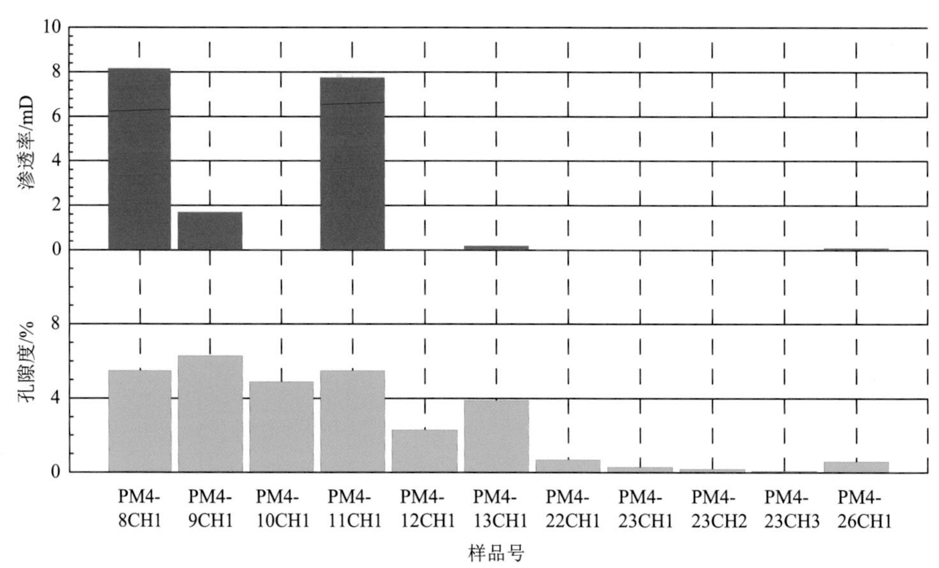

图 6-8　布曲组储层样品孔隙度及渗透率直方图

（3）储层孔隙类型与孔隙结构。根据储层扫描电镜观测结果，灰岩储层较为致密，以泥粉晶结构、微晶结构为主，少量粒屑，晶间微孔隙仅有几微米，少见 10 μm 以上的大孔隙；灰岩中粒内溶孔不太发育，孔径一般小于 0.1 mm，连通性差。布曲组的白云岩储层多为粒屑结构，局部孔隙发育，粒屑间孔隙发育不均一，多在 10～50 μm，少量为 50～90 μm；白云岩中粒屑间孔隙发育，多在 20～90 μm，少量小于 20 μm 和大于 100 μm，连通性较好。

根据毛管压力曲线的形态，区块有 I 型（孔喉分选较好）、II 型（孔喉分选性较差）、III型（孔喉分选性差）三种类型，其中III型占大多数，II 型其次，I 型最少。但白云岩的孔隙结构相对较好，如 PM4-8CH1 样品属于布曲组白云岩样品，岩性为中细晶白云岩，PM4-8CH1 样品毛细管压力曲线进汞曲线略向左凹右凸（图 6-9），曲线平坦段位置比较低，平坦段较长，排驱压力为 0.24 MPa，排驱压力较小，退出效率为 52.84%，中值压力为 1.1 MPa，孔喉直径均值为 2.01 μm，分选系数为 5.35（表 6-8），该样品具有低排驱压力、孔喉含量比较高、孔喉比较粗等特点。孔喉半径的 30.64%集中在 0～0.1um，孔喉半径在 0.1～25.0 μm 基本属于正态分布，其中正态分布的中值为 1.0～1.6 μm，说明该储层样品的孔隙结构比较好。

表 6-8　碳酸盐岩及碎屑岩储层物性及压汞分析统计表

地层	样号	岩性	孔隙度/%	渗透率/mD	质量/g	岩样密度/(g/cm^3)	总体积/cm^3	喉直径均值/μm	分选系数	排驱压力/MPa	中值压力/MPa	退出效率/%	均质系数	孔隙结构系数	评价
J_2b	PM4-8CH1	细中晶白云岩	5.5	8.16	30.54	2.68	11.39	2.01	5.35	0.24	1.1	52.84	0.35	0.85	I
	PM4-9CH1	细中晶白云岩	6.3	1.71	30.47	2.66	11.46	1.21	3	0.27	0	25.6	0.49	1.7	II
	PM4-10CH1	细中晶白云岩	4.9	0.04	31.26	2.7	11.58	0.27	0.49	1.65	0	13.97	0.37	2.82	II
	PM4-11CH1	粗晶白云岩	5.5	7.76	30.29	2.68	11.3	2.06	5.43	0.23	1.62	42.77	0.36	0.94	I
	PM4-12CH1	细中晶白云岩	2.3	0.05	31.7	2.78	11.4	0.09	0.08	3.76	0	33.49	0.4	0.12	II
	PM4-13CH1	中细晶白云岩	3.9	0.2	31.61	2.73	11.58	0.15	0.17	2.34	0	25.65	0.52	0.14	III
	PM4-22CH1	砂屑灰岩	0.7	0.04	31.66	2.69	11.77	0.07	0.03	5.08	0	37	0.43	0.02	III
	PM4-23CH1	砂屑灰岩	0.3	0.04	31.44	2.69	11.69	0.08	0.05	4.1	0	54.07	0.42	0.02	III
	PM4-23CH2	鲕粒灰岩	0.2	0.04	30.12	2.69	11.2	0.05	0.06	7.83	0	43.81	0.63	0	III
	PM4-23CH3	薄层灰岩	0.1	0.04	31.51	2.69	11.71	0.06	0.03	5.79	0	36.8	0.71	0	III
	PM4-26CH1	灰岩	0.6	0.1	29.8	2.67	11.16	0.05	0.03	7.5	0	44.74	0.58	0.01	III
J_2s	1002	砂岩	5.2	0.11	28.16	2.51	11.22	0.34	0.77	1.65	5.36	23.91	0.41	1.72	I
	1003	砂岩	10	19.2	26.9	2.38	11.3	2.5	7.76	0.18	0.68	33.5	0.36	1.02	I
	1004	砂岩	8.1	0.26	27.67	2.44	11.34	0.8	1.95	0.61	1.69	16.61	0.4	6.25	I
	1005	砂岩	6.9	0.09	27.63	2.46	11.23	0.3	0.7	1.8	5.41	12.42	0.36	2.18	I
	1006	砂岩	8.7	0.56	26.01	2.4	10.84	0.65	1.66	0.61	2.78	22.62	0.32	2.03	I

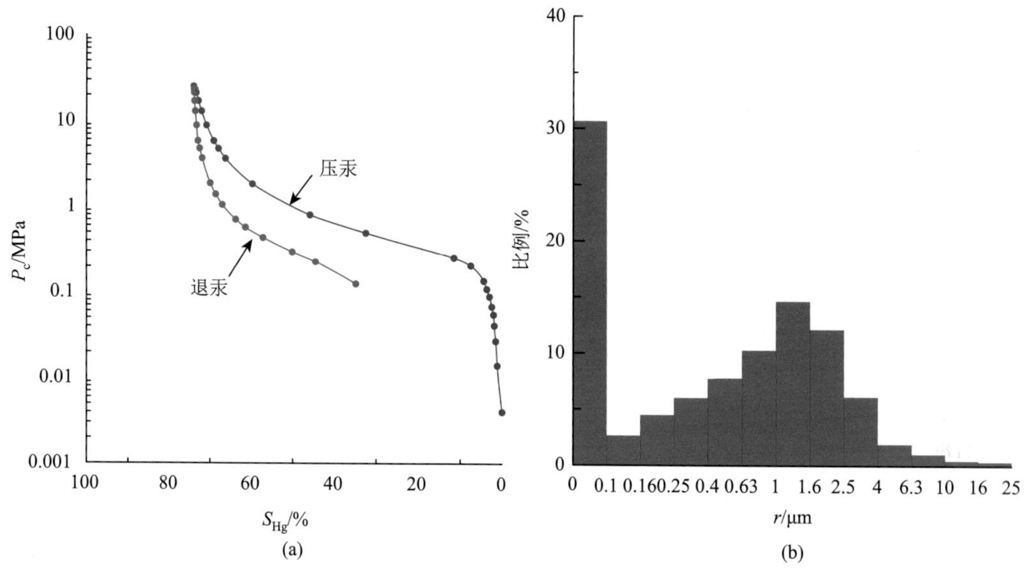

图 6-9　PM4-8CH1 样品毛细管压力曲线（a）以及孔喉等效半径分布（b）图

2）中侏罗统色哇组

中侏罗统色哇组储层见于洒道加地层剖面，储层厚度为 64.64 m，占整个色哇组的 15.7%，岩性为细粒岩屑石英砂岩夹粗粒岩屑砂岩，此条剖面未见顶底，该剖面露头一般，总体基岩出露率达 50%～60%。

岩石学特征显示，色哇组储层黏土含量为在 6%～8%，变化不大，黏土中矿物含量中主要是高岭石、伊利石和伊利石-蒙皂石混层，不含绿泥石和蒙皂石。岩石主要颗粒石英占绝大部分，在 90%左右，含有很少的钾长石、方解石，含量约为 1%，含有少量白云石胶结物（表 6-7）。

色哇组储层样品共 5 件，全部为碎屑岩储层（图 6-10），有效孔隙度为 5.2%～10%，

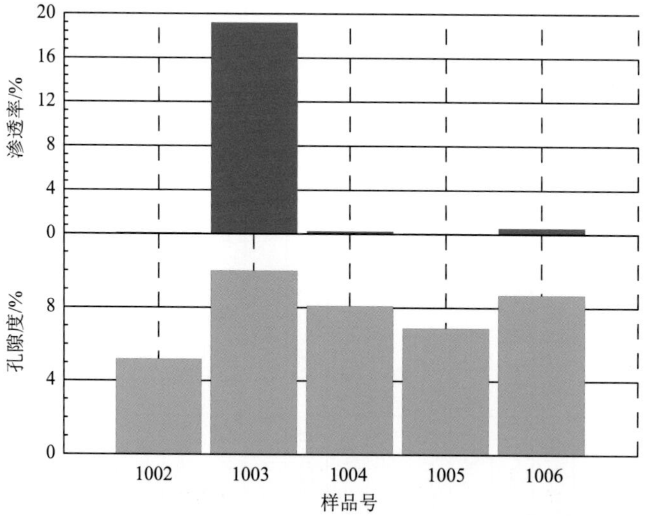

图 6-10　色哇组储层样品孔隙度及渗透率直方图

均值为 7.78%，渗透率为 0.09～19.2 mD，均值为 4.044 mD（表 6-8）。色哇组 5 件样品中 1003 样品渗透率为 19.2 mD，比其他 4 件样品渗透率大很多，1003 样品同样属于砂岩储层，1003 样品在渗透率上出现的异常的原因有待进一步研究。

3）上三叠统储集层

上三叠统主要储集岩有砾岩、细砂岩、粉砂岩。其中，砾岩层厚 14.10 m，占本储层的 0.91%，细砂岩厚 706.20 m，占本储层的 45.58%，粉砂岩厚 829 m，占本储层的 53.51%。全储层总厚 1549.30 m，占地层总厚的 59.46%。

通过收集区块内及外围资料，上三叠统碎屑岩储层样品孔隙度为 3.04%～11.97%，平均值为 5.77%，其中孔隙度在 3.00%～5.00%的样品占样品总数的 56%， 5.00%～8.00%和 8.00%～12.00%的样品各占 22%（表 6-9、图 6-11）；渗透率为 0.0317～0.9247 mD，平均值为 0.2180 mD，其中渗透率为 0.01～0.05 mD 和 0.05～0.50 mD 的样品各占样品总数的 0.44%，0.50～1.00 mD 的占 0.11%。同时，孔隙度和渗透率呈良好的正相关性，相关系数为 0.95。数据表明，按原中石油青藏石油勘探项目经理部的分类评价标准，上三叠统碎屑岩储层以致密层为主，其次是很致密层，还有少部分储层属于近致密层。

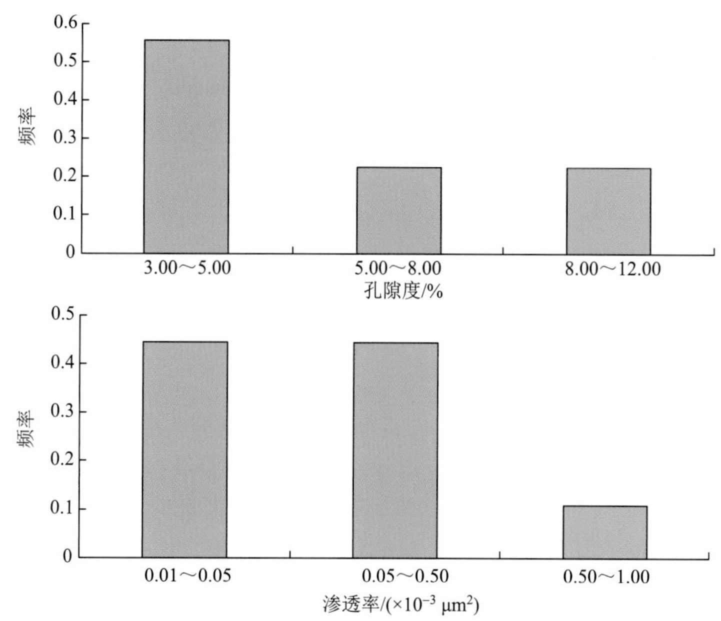

图 6-11 鄂斯玛及邻区上三叠统碎屑岩储层孔隙度和渗透率分布频率直方图（样品总数为 9 份）

表 6-9 鄂斯玛及邻区上三叠统土门格拉组碎屑岩储层物性特征参数表

样品编号	岩性	孔隙度/%	渗透率/mD	备注
TL03-005CH1	含砾粗砂岩	4.63	0.0402	—
TL03-001CH1	中—粗砂岩	3.04	0.0389	—
ZLP-05CH1	细—中砂岩	6.37	0.1001	—

续表

样品编号	岩性	孔隙度/%	渗透率/mD	备注
多普勒乃-1	中砂岩	5.76	0.2576	—
多普勒乃-2	中砂岩	7.29	—	样品易碎
多普勒乃-3	中砂岩	3.57	0.0317	—
多普勒乃-4	中砂岩	4.5	1.8694	样品易碎
扎仁东-1	细砂岩	3.26	0.0379	—
扎仁东-2	细砂岩	4.49	0.0924	—
赛公药-1	中—粗砂岩	12.53	3.0751	样品易碎
赛公药-2	细—中砂岩	11.97	0.9247	—
赛公药-3	中砂岩	12.88	2.6764	样品易碎
鄂纵错	中砂岩	8.87	0.4389	—

2. 储集层综合评价

在前述分别对鄂斯玛区块各组储集层厚度、储层物性特征、孔隙类型和孔隙结构等指标进行分析的基础上，以各组储集层厚度和物性特征为主要评价指标，综合评价鄂斯玛区块各层位储集条件。

（1）上三叠统。上三叠统土门格拉组储集岩以岩屑石英砂岩占主导，储层孔隙以次生孔隙为主，主要为溶蚀孔隙，还有部分铸模孔、裂缝等。储层样品孔隙度为3.04%～11.97%，平均值为5.77%，渗透率为0.0317～0.9247 mD，平均值为0.2180 mD。总体上，根据原中石油青藏石油勘探项目经理部的评价标准，土门格拉组碎屑岩储层以致密层为主。

（2）色哇组。色哇组主要岩性为砂岩，颗粒成分以石英为主，且变化不大，砂岩粒度以中细粒为主，岩石分选性较好，次棱角状，颗粒间呈点-线接触，接触式胶结，次为孔隙式-基底式，填隙物以方解石为主。储集岩孔隙度为有效孔隙度为5.2%～10%，均值为7.78%，渗透率为0.09～19.2 mD，均值为4.044 mD。孔隙类型为粒间、粒内溶孔和裂隙，排驱压力为0.18～1.8 MPa，中值压力为0.68～5.41 MPa，孔喉直径均值为0.3～2.5 μm，属于孔隙型储层。地层厚度累计为411.54 m，其中储集层厚度为64.64 m，占15.7%，总体为Ⅲ类储层。

（3）布曲组。布曲组碳酸盐岩储层包含白云岩储层和灰岩储层，主要岩性为细-中晶白云岩、粗晶白云岩、砂屑灰岩和鲕粒灰岩。布曲组灰岩储集层孔隙度为0.1%～0.7%，平均值为0.38%，渗透率为0.04～0.7 mD，孔隙度与渗透率相关性很不好，较为致密，以泥粉晶结构、微晶结构为主，少量粒屑，晶间微孔隙仅有几微米，少见10 μm以上的大孔隙，灰岩中粒内溶孔不太发育，孔径一般小于0.1 mm，连通性差。排驱压力为4.1～7.83 MPa，孔喉直径均值为0.05～0.08 μm，属于裂缝型储层，总体属于Ⅳ类储层。

布曲组白云岩储集层孔隙度为2.3%～6.3%，平均值为4.73%，渗透率为0.035～8.16 mD，孔隙度与渗透率相关性比较好，多为粒屑结构，局部孔隙发育，粒屑间孔隙发育不均一，多在 10～50 μm，少量为 50～90 μm，白云岩中粒屑间孔隙发育，多为 20～90 μm，少量小于 20 μm 和大于 100 μm。排驱压力为 0.24～3.67 MPa，中值压力为 0～1.62 MPa，孔喉直径均值为0.09～2.01 μm，属于裂缝-孔隙型储层，总体属于Ⅱ类储层。

三、盖层条件分析

研究区内盖层分布层位多，从色哇组至索瓦组均有分布，盖层岩性主要为泥页岩、泥晶灰岩和膏岩，研究区各组盖层厚度如表6-10所示。研究区内各地层盖层条件均较好，特别是索瓦组盖层厚达2303.42 m，而其在区内中生界油气目的层内产出位置最高，十分有利于封盖。

表6-10　鄂斯玛区块盖层厚度统计表

层位	岩类/m			盖层总厚度/m	剖面代号
	泥页岩	泥晶灰岩	膏岩		
J_3s	808.60	882.69～1366.89	127.93	1819.22～2303.42	地质路线
J_2b	173.53	—	39.78	213.31	达卓玛剖面
J_2x	214.34	74.69	—	289.03	地质路线
J_2s	80.44	164.82	—	245.26	洒道加剖面、地质路线

1. 盖层分布及厚度特征

（1）索瓦组。该地层于区块内广泛分布，一段主要是一套碳酸盐台地相的灰岩沉积，二段主要是一套海湾相的灰岩及碎屑岩沉积。能做盖层的有泥页岩、泥晶灰岩、膏岩，种类较为齐全。通过本次工作，可见该地层盖层厚 1819.22～2303.42 m，其中泥页岩厚808.60 m，泥晶灰岩厚 882.69～1366.89 m，膏岩系厚 127.93 m。具备形成盖层的条件，其内的膏岩系是区内最好的盖层。

（2）夏里组。该地层主要是一套三角洲相的碎屑岩及灰岩沉积，能做盖层的有泥页岩、泥晶灰岩。通过本次工作，可见该地层盖层厚289.04 m，约占地层厚度的17%，其中泥页岩厚214.34 m，泥晶灰岩厚74.69 m。具备形成盖层的条件。

（3）布曲组。布曲组下段是一套以灰岩为主的地层，在底部夹有白色厚层块状石膏，石膏质地细密，厚度较大，是一套良好的油气盖层。在整个布曲组中，泥页岩总厚173.53 m，占地层总厚13.24%，膏岩总厚39.78 m，占地层总厚的3.03%。布曲组的泥岩层不仅提供了盖层条件，而且可能具有生油潜力。

（4）色哇组。该地层于区块内未见底，主要是一套三角洲相的碎屑岩及灰岩沉积，能做盖层的有泥页岩、泥晶灰岩。通过本书研究，可见该地层盖层厚245.26 m，约占地层厚度的 60%，其中泥页岩厚 80.44 m，泥晶灰岩厚 164.82 m。具备形成盖层的条件。

（5）上三叠统。上三叠统土门格拉组仅分布在区块北缘，该层中段以泥晶灰岩为主，夹有砾岩、细砂岩等，未发现泥岩、页岩类；上段以细砂岩、粉砂岩为主，夹有煤线和煤层，局部夹有石膏透镜体，缺乏形成区域性盖层的地层条件。

2. 盖层岩石类型

根据野外调查，研究区内盖层岩石类型主要为泥页岩、泥晶灰岩和膏岩。

（1）泥页岩类盖层特征。泥页岩类盖层包括泥岩、页岩、粉砂质泥岩，这类岩石主要发育于研究区索瓦组二段地层内。沉积环境常属水体较为局限半封闭条件下海湾相沉积，这些相带分布面积较广，横向延伸稳定，常形成较优质的盖层。

（2）泥晶灰岩类盖层特征。这类岩石在研究区中生界地层中广泛发育，属碳酸盐台地相沉积，分布面积广，横向延伸稳定，但此类盖层的最大弱点就是脆性，其内裂隙发育，对封盖条件有一定的影响。

（3）膏岩盖层。此类岩石盖层主体是石膏岩及其相伴的泥晶灰岩及紫红色黏土岩，发育于研究区夏里组和布曲组地层中，岩系厚度 127.93 m，沉积环境属蒸发潟湖沉积，是研究区内最好的盖层。受沉积相位控制，只分布于区内北侧，因此对其总体封盖条件有一定的影响。

3. 盖层评价

结合该区块的生储盖评价结果，以及前述的盖层论述可知，鄂斯玛区块的主力区域性盖层为泥页岩类，其分布广、厚度大且集中，宏观和微观封闭能力均较强，故为研究区最好的盖层；尽管泥晶灰岩类分布广，厚度也较大，但其受后期构造改造较强，裂隙发育，因此其封盖能力差，仅能作为区块内主要的辅助盖层；膏岩盖层虽然封盖性能优质，但受分布面积影响，不能作为区块内区域性盖层，其在该区块内封盖能力显得较为局限，也仅为区块内主要的辅助盖层。

四、生储盖组合

根据鄂斯玛区块各层系的烃源岩、储集岩和盖层岩类的发育状况和时空配置关系，本书从下到上划分出 3 个有效组生储盖组合，即上三叠统-中下侏罗统组合（Ⅰ）、中侏罗统色哇组-布曲组组合（Ⅱ）、中侏罗统布曲组-夏里组组合（Ⅲ）。

上三叠统-中下侏罗统组合（Ⅰ）：上三叠统阿堵拉组暗色泥页岩及煤岩为生油层，夺盖拉组长石石英砂岩作为储层，中下侏罗统雀莫错组或中侏罗统色哇组作为盖层，构成下生上储组合。区块阿堵拉组的暗色泥页岩及含煤泥页岩厚度为 206～408.6 m，该组烃源岩有机碳含量整体较高，各剖面均值为 0.446%～1.03%，大部分属于中等烃源岩。储集条件也相对较好，孔隙度为 3.00%～5.00%的样品占样品总数的 56%，5.00%～8.00%和 8.00%～12.00%的样品各占 22%；渗透率为 0.0317～0.9247 mD，平均值为 0.2180 mD，孔隙度和渗透率呈良好的正相关性。

中侏罗统色哇组-曲组组合（Ⅱ）：色哇组暗色泥页岩、泥晶灰岩作为生油层，色哇组或雀莫错组砂岩作为储层，布曲组微泥晶灰岩作为盖层，构成自生自储组合。区块南部的卓普和扎目纳剖面，灰岩类烃源岩有机碳含量为 0.17%～0.47%，大部分属于中等-好烃源岩；泥岩类烃源岩有机碳含量均超过 0.6%，达到了中等生油岩的标准。储集岩孔隙度为有效孔隙度，为 5.2%～10%，均值为 7.78%，渗透率为 0.09～19.2 mD，均值为 4.044 mD。孔隙类型为粒间、粒内溶孔和裂隙，属于孔隙型储层。储集层厚度为 64.64 m，占地层厚度 15.7%，具有一定的储集能力。

中侏罗统布曲组-夏里组组合（Ⅲ）：该组合烃源岩为布曲组泥晶灰岩，布曲组颗粒灰岩、白云岩为储层，夏里组泥页岩为盖层，构成自生自储组合。布曲泥岩、泥晶灰岩生油层厚度较大，有机质丰度较高。布曲组储集层孔隙度为 2.3%～6.3%，平均值为 4.73%，渗透率为 0.035～8.16 mD，孔隙度与渗透率相关性比较好，多为粒屑结构，局部孔隙发育，屑间孔隙发育不均一，多为 10～50 μm，少量为 50～90 μm；白云岩中屑间孔隙发育，多为 20～90 μm，少量小于 20 μm 和大于 100 μm；排驱压力为 0.24～3.67 MPa，中值压力为 0～1.62 MPa，孔喉直径均值为 0.09～2.01 μm，属于裂缝-孔隙型储层，总体属于Ⅱ类储层。

第四节　二维地震特征

2015 年，本书研究团队在鄂斯玛区块完成了 7 条共计 245 km 的二维地震测量，通过地震测线的综合解释和构造层图的编制，获得以下主要地质信息。

1. 断裂构造发育

研究区断层发育，地表存在许多断层，地震解释显示西北部还存在推覆构造。

鄂斯玛地区西部 E2015-01 地震剖面（图 6-12）表现为断层北倾南冲，形成叠瓦构造样式，东部与西部不同，在 E2015-05 地震剖面（图 6-13）上表现为强烈褶皱，断层突破冲断，形成隆凹相间的构造格局。

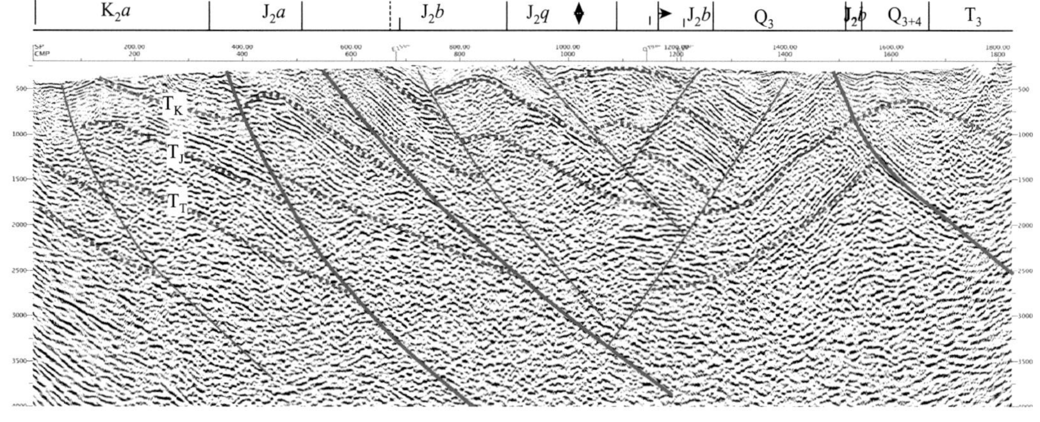

图 6-12　鄂斯玛地区 E2015-01 地震剖面示意图

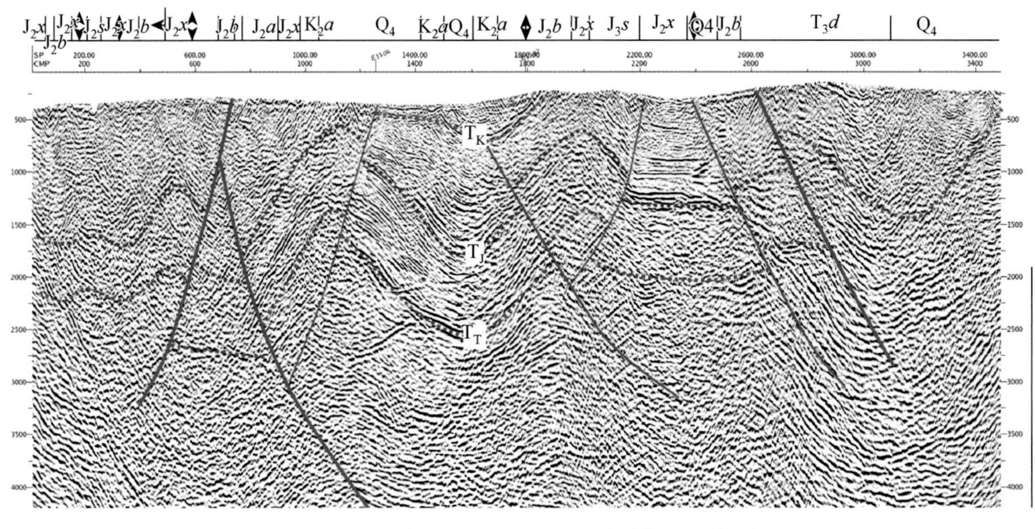

图 6-13　鄂斯玛地区 E2015-05 地震剖面示意图

研究区范围内解释断层有 8 条（图 6-14、图 6-15），这些断层走向大致可分为三组：近东西向、北西向、北东向（表 6-11）。几条延伸较长的断层起到明显的控制作用，北部

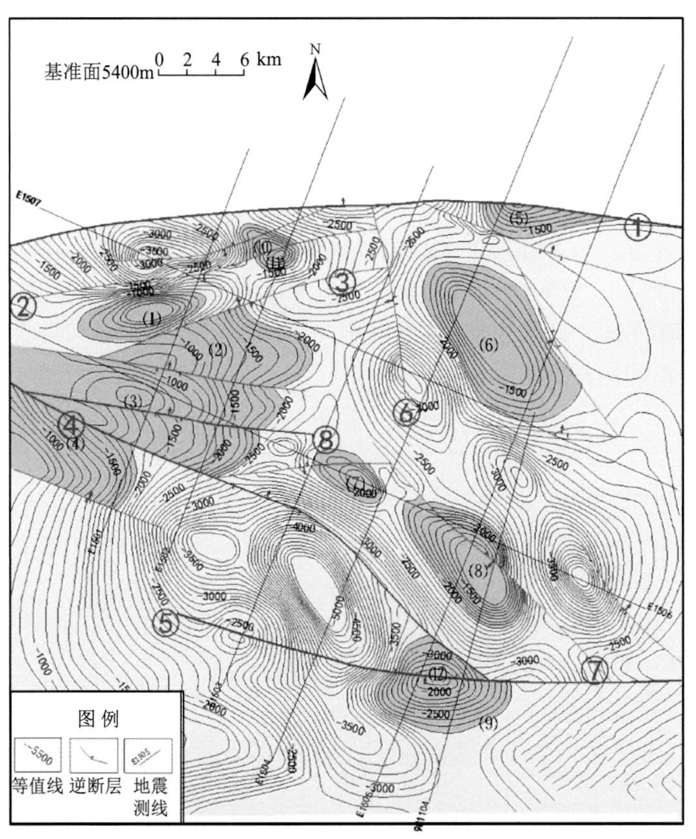

图 6-14　鄂斯玛地区地震 TJ 反射层等 t_0 示意图（基准面 5400 m）

近东西向断层控制侏罗系分布，其上盘侏罗系已全部剥蚀，出露地层为三叠系（T）；南部近东西走向断层控制其上盘近东西走向的构造带。延伸较短的断层有些只在一条地震测线上有所显现，仅对局部构造起到分割作用。

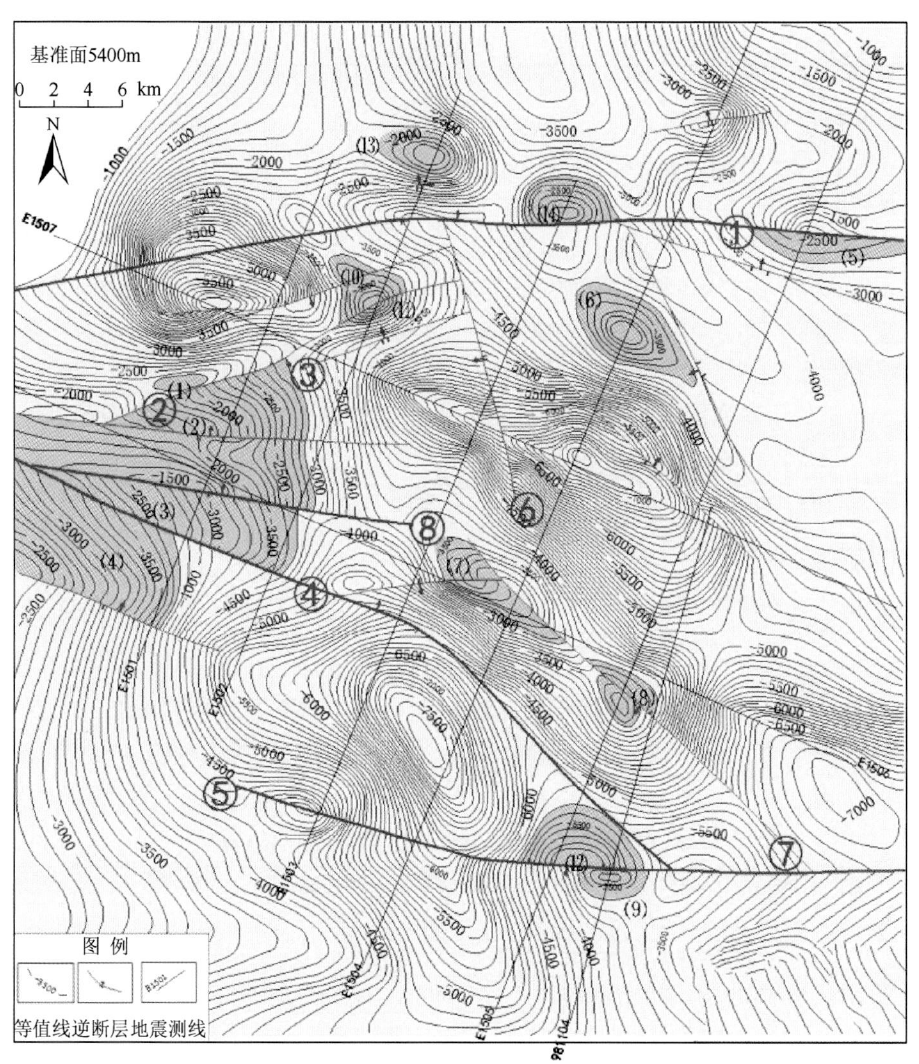

图 6-15　鄂斯玛地区地震 TT_3 反射层构造图示意图（基准面 5400 m）

表 6-11　鄂斯玛地区断裂要素表

断层名称	断层性质	断开层位	最大断距/ms	走向	倾向	延伸长度/km	主要测线
鄂 1 号	逆断层	T-地表	＞2500	近 EW	N	46	E1501、E1504、E1507
鄂 2 号	逆断层	基底-J_2b	750	NEE	SE	21	E1501、E1502、E1507
鄂 3 号	逆断层	基底-J_2b	500	NEE	NW	18.6	E1501、E1502、E1507
鄂 4 号	逆断层	基底-地表	1100	NW	NE	38	E1501、E1504、E1505

续表

断层名称	断层性质	断开层位	最大断距/ms	走向	倾向	延伸长度/km	主要测线
鄂 5 号	逆断层	T-K	600	近 EW	S	36.9	E1504、E1505
鄂 6 号	逆断层	T-J	200	NNW	SW	12.6	E1503、E1507
鄂 7 号	逆断层	T-J	200	NW	SW	12.3	E1505、E1506
鄂 8 号	逆断层	基底-J_2b	600	近 EW	N	18	E1501、E1502、E1506

主要断层描述：

鄂 1 号：位于研究区北部，主测线北段均通过该断层，在 E1501、E1502、E1504 测线上，具有明显的断面波。该断层为区域上较大的分界断层，最大断距大于 4500 ms，断层上盘出露地层为上三叠统（T_3），下盘地层为中侏罗统布曲组（J_2b）。

鄂 4 号：位于研究区西南，主测线均存在该断层。其上盘表现为北西走向的背斜构造带，下盘为北西走向的向斜构造带。在鄂 4 号主断裂之上，发育一些次级断裂，分隔了几个局部圈闭。

鄂 5 号：位于研究区南部，经过 E1504 及 E1505 测线，其南部上盘为背斜带，图件范围内由于测线较稀疏，仅在 E1505 南段形成一个断背斜形态的局部圈闭。

鄂 7 号：位于研究区东南部，经过测线为 E1505、E1506，与鄂 4 号一同控制鄂斯玛 8 号断背斜。

2. 发现了多个地腹构造

鄂斯玛地区圈闭类型以断背斜、断鼻为主，地震 TJ 反射层构造图上（图 6-14），发现圈闭 12 个（表 6-12），圈闭总面积为 370.3 km^2；地震 TT_3 反射层构造图上（图 6-15），发现圈闭 14 个，圈闭总面积为 230.71 km^2。

表 6-12　鄂斯玛地区圈闭要素表（基准面 5400 m）

<table>
<tr><th>序号</th><th>圈闭名称</th><th>地震层位</th><th>圈闭类型</th><th>面积/km^2</th><th>高点埋深/ms</th><th>幅度/ms</th><th>主要测线</th><th>圈闭排序</th><th>落实程度</th></tr>
<tr><td rowspan="4">1</td><td rowspan="4">鄂斯玛 1 号</td><td>TJ</td><td>背斜</td><td>20.73</td><td>−300</td><td>500</td><td rowspan="4">E1501</td><td rowspan="4">4</td><td rowspan="4">较落实</td></tr>
<tr><td colspan="3">高点坐标 X：16278571</td><td colspan="2">Y：3632563</td></tr>
<tr><td>TT_3</td><td>背斜</td><td>1.72</td><td>−2300</td><td>100</td></tr>
<tr><td colspan="3">高点坐标 X：16262749</td><td colspan="2">Y：3641876</td></tr>
<tr><td rowspan="6">2</td><td rowspan="6">鄂斯玛 2 号</td><td>TJ_2b</td><td>断鼻</td><td>88</td><td>−100</td><td>1300</td><td rowspan="6">E1501、E1502、E1506</td><td rowspan="6">6</td><td rowspan="6">显示</td></tr>
<tr><td colspan="3">高点坐标 X：16262446</td><td colspan="2">Y：3636792</td></tr>
<tr><td>TJ</td><td>断鼻</td><td>96.94</td><td>−600</td><td>1300</td></tr>
<tr><td colspan="3">高点坐标 X：16277506</td><td colspan="2">Y：3626959</td></tr>
<tr><td>TT_3</td><td>断鼻</td><td>66.22</td><td>−1400</td><td>1500</td></tr>
<tr><td colspan="3">高点坐标 X：16262387</td><td colspan="2">Y：3637018</td></tr>
<tr><td rowspan="4">3</td><td rowspan="4">鄂斯玛 3 号</td><td>TJ_2b</td><td>断鼻</td><td>32.8</td><td>−300</td><td>1400</td><td rowspan="4">E1501、E1502</td><td rowspan="4">7</td><td rowspan="4">显示</td></tr>
<tr><td colspan="3">高点坐标 X：16259176</td><td colspan="2">Y：3635432</td></tr>
<tr><td>TJ</td><td>断鼻</td><td>34.55</td><td>−900</td><td>1500</td></tr>
<tr><td colspan="3">高点坐标 X：16273202</td><td colspan="2">Y：3626074</td></tr>
</table>

续表

序号	圈闭名称	地震层位	圈闭类型	面积/km^2	高点埋深/ms	幅度/ms	主要测线	圈闭排序	落实程度
3	鄂斯玛3号	TT_3	断鼻	27.79	−2000	1700	E1501、E1502	7	显示
		高点坐标 *X*：16256996			*Y*：3637049				
4	鄂斯玛4号	TJ_2x	断鼻	25	200	900	E1501	8	显示
		高点坐标 *X*：16255938			*Y*：3632234				
		TJ_2b	断鼻	41.78	0	1200			
		高点坐标 *X*：16255036			*Y*：3632412				
4	鄂斯玛4号	TJ	断鼻	40.84	−600	1200	E1501	8	显示
		高点坐标 *X*：16269979			*Y*：3622863				
		TT_3	断鼻	43.72	−2300	1500			
		高点坐标 *X*：16254834			*Y*：3632644				
5	鄂斯玛5号	TJ_2b	断鼻	10.15	−400	600	E1504、E1505	9	较落实
		高点坐标 *X*：16288776			*Y*：3649282				
		TJ	断鼻	12.73	−1000	600			
		高点坐标 *X*：16303437			*Y*：3639551				
		TT_3	断鼻	9.19	−2500	200			
		高点坐标 *X*：16294599			*Y*：3649328				
6	鄂斯玛6号	TJ_2b	背斜	66.7	−700	600	E1504、E1505	3	较落实
		高点坐标 *X*：16286796			*Y*：3640762				
		TJ	背斜	66.64	−1300	600			
		高点坐标 *X*：16301679			*Y*：3630571				
		TT_3	背斜	17.26	−3200	500			
		高点坐标 *X*：16285588			*Y*：3644500				
7	鄂斯玛7号	TJ_2b	断背斜	11.7	−1100	400	E1503、E1504、E1506	2	落实
		高点坐标 *X*：16277926			*Y*：3631452				
		TJ	断背斜	10.92	−1700	400			
		高点坐标 *X*：16292741			*Y*：3621397				
		TT_3	断鼻	12.95	−2400	600			
		高点坐标 *X*：16278146			*Y*：3631869				
8	鄂斯玛8号	TJ_2b	断背斜	41.66	−700	800	E1505、E1506	1	落实
		高点坐标 *X*：16286116			*Y*：3625602				
		TJ	断背斜	40.78	−1300	800			
		高点坐标 *X*：16300987			*Y*：3615391				
		TT_3	断背斜	6.54	−3200	500			
		高点坐标 *X*：16285377			*Y*：3625764				
9	鄂斯玛9号	TJ_2x	断背斜	33.36	−700	1000	E1505、981104	5	显示
		高点坐标 *X*：16283368			*Y*：3618034				
		TJ_2b	断背斜	31.58	−1200	1000			
		高点坐标 *X*：16283356			*Y*：3618322				

续表

序号	圈闭名称	地震层位	圈闭类型	面积/km^2	高点埋深/ms	幅度/ms	主要测线	圈闭排序	落实程度
9	鄂斯玛 9 号	TJ	断背斜	27.65	−1800	1000	E1505、981104	5	显示
		高点坐标 X：16297874			Y：3608016				
		TT_3	断背斜	4.65	−3300	300			
		高点坐标 X：16284985			Y：3617005				
10	鄂斯玛 10	TJ_2x	断背斜	4.3	−200	500	E1502	11	显示
		高点坐标 X：16271938			Y：3646914				
		TJ_2b	断鼻	4.6	−700	500			
		高点坐标 X：16271896			Y：3647002				
		TJ	断鼻	5.34	−1300	500			
		高点坐标 X：16286735			Y：3636921				
		TT_3	断鼻	7.13	−2700	600			
		高点坐标 X：16272644			Y：3646130				
11	鄂斯玛 11	TJ_2b	断背斜	4.53	−400	400	E1502	12	较落实
		高点坐标 X：16272756			Y：3646342				
		TJ	断背斜	3.43	−1000	400			
		高点坐标 X：16287427			Y：3636382				
		TT_3	断鼻	2.15	−2400	500			
		高点坐标 X：16272816			Y：3645808				
12	鄂斯玛 12	TJ_2x	断鼻	4.8	−1700	600	E1505	10	较落实
		高点坐标 X：16282858			Y：3619154				
		TJ_2b	断鼻	6.4	−2300	400			
		高点坐标 X：16283556			Y：3619062				
		TJ	断鼻	9.75	−2600	600			
		高点坐标 X：16298165			Y：3608653				
		TT_3	断鼻	14.38	−5100	600			
		高点坐标 X：16283245			Y：3618000				
13	鄂斯玛 13	TT_3	背斜	7.25	−1700	300	E1502	14	显示
		高点坐标 X：16275451			Y：3653361				
14	鄂斯玛 14	TT_3	断背斜	9.76	−2200	600	E1503	13	较落实
		高点坐标 X：16282611			Y：3650494				
	总面积	TJ_2x		67.46					
	总面积	TJ_2b		298.24					
	总面积	TJ		370.3					
	总面积	TT_3		230.71					

主要圈闭描述：

鄂斯玛 6 号：位于研究区东北部，有 E1504、E1505 测线通过，总体表现为北东走向的背斜形态（图 6-16），在构造翼部，可能存在小断层切割该构造。

鄂斯玛 7 号：即以往地震解释曾经发现的达卓玛构造西高点，位于研究区中部，有 E1503、E1506 测线通过，为北西西走向的背斜，构造高部位存在一条 NEE 走向的逆断层，该构造在 E1504 测线也有显示，构造落实程度较高。

鄂斯玛 8 号：即以往地震解释曾经发现的达卓玛构造东高点（图 6-17），位于研究区东南部，通过的测线有 E1505、E1506、981104 测线。构造依附于鄂 4 号断层上盘，呈北西走向，与鄂斯玛 7 号以鞍部接触，在其北翼，有一条 NW 走向的逆断层，构造落实程度较高。

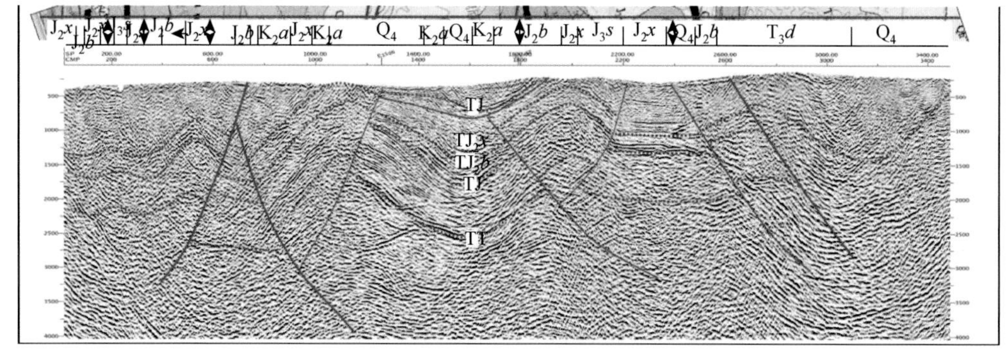

图 6-16　鄂斯玛地区 E1505 地震剖面示意图

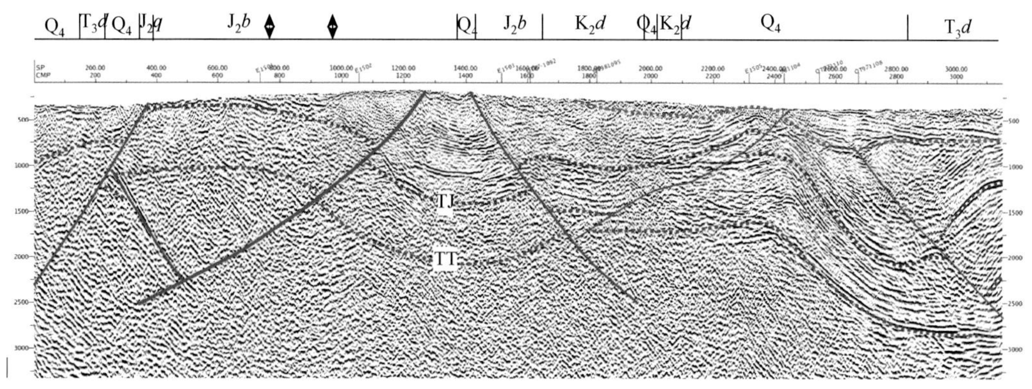

图 6-17　鄂斯玛地区 E1506 地震剖面示意图

第五节　油气成藏与保存条件

一、油气成藏条件

1. 生烃史

第二章、第五章已阐述了南羌塘拗陷生油层的生烃史，该区块的生烃史与之相似，即上三叠统生油岩在中侏罗世中期（$J_{1\text{-}2}q$ 末期）进入生油门限，在中侏罗世巴通期晚期（J_2b 末期）进入生油高峰，晚侏罗世中期-末期（J_3s 末期）进入湿气-干气阶段，现今处于湿气-干气阶段；色哇组烃源岩在中侏罗世中期（J_2b 晚期）进入生油门限，在晚侏罗世中期（J_3s 末期）进入生油高峰，在白垩系早期，开始进入湿气期，此后一直为生油高峰-湿气阶段，在新近纪早期，埋深再次增大，开始进入湿气-干气阶段，现今主要处于湿气-干气阶段；布曲组烃源岩在中侏罗晚期（约 152 Ma）进入生油门限，晚侏罗早期（约 144 Ma）进入生油高峰，到晚侏罗晚期进入生油末期。

2. 油气圈闭与成藏

区块的油气圈闭主要有岩性圈闭和构造圈闭。岩性圈闭主要为砂岩圈闭、白云岩圈闭，与烃源岩多为同沉积期产物。构造圈闭主要为背斜圈闭，区块背斜较发育，落实地表背斜构造 14 个，背斜定型期主要为燕山晚期。鉴于此，本区圈闭形成期与主要排烃期同期或圈闭形成在前，两者构成了良好的时间配置，有利于油气聚集。

二、油气保存条件

从构造角度上看，区块断裂构造发育，但主要集中在区块北部和西部，中南部相对较少，且以逆冲断层为主，这些断层虽然对油气有一定的破坏作用，但地震解释的圈闭构造主要为断背斜、断鼻构造，与断裂作用有密切关系，因此这些圈闭构造仍有可能形成油气藏。

从地层剥蚀程度上看，区块北部已出露上三叠统地层，区块南部已出露中侏罗统色哇组到上侏罗统索瓦组地层，并且一些背斜高点上已将布曲组油气藏（含油白云岩层）剥蚀露出地表。因此区块剥蚀程度较强。但区块向内部凹陷区出露地层主要为上侏罗统索瓦组或中侏罗统夏里组，可能还保存有布曲组含油白云岩层。

从岩浆活动上看，区块岩浆岩分布很少，仅在上白垩统阿布山组见岩浆岩。因此区块岩浆活动对油气藏破坏较弱。

综上所述，区块构造破坏较强，地层剥蚀程度较高，保存条件较差。但在区块内部凹陷区保存相对较好。

第六节　综合评价与目标优选

一、含油气地质综合评价

1. 烃源岩条件好

鄂斯玛地区发育有上三叠统暗色泥页岩和煤岩烃源岩，中侏罗统色哇组黑色泥页岩烃源岩以及布曲组碳酸盐岩烃源岩，这些烃源岩厚度大，具有形成大中型油气田的能力。

2. 储集条件较有利

区块发育上三叠统夺盖拉组、中侏罗统色哇组或中下侏罗统雀莫错组砂岩储层及中侏罗统布曲组砂糖状白云岩、颗粒灰岩储层，这些储层厚度大，特别是白云岩孔渗性较好，具备储集大型油气田的空间。

3. 油气保存条件中等

中侏罗统布曲组含油白云岩在主背斜高点多破坏而暴露，但在凹陷区尚有保存；中侏罗统色哇组和上三叠统地层在区块多埋藏于地下，保存相对较好。区块未见大规模岩浆活动，岩浆活动对油气破坏较弱。区块断裂构造发育，但以逆冲断层为主，断层下盘的断背斜、断鼻构造等保存相对较好。

4. 成藏条件优越

区内背斜构造主要定型于燕山晚期，而各组合生油岩的生油高峰期多在燕山期或之后，因此油气生成与背斜圈闭的形成时限配套良好，利于油气成藏。

二、目标优选

1. 区带划分及评价

根据地震解释，结合地表地质特征，鄂斯玛地区中侏罗统残余厚度具有东厚西薄特点，研究区北部及东部缺失中侏罗统。研究区范围内最大残余厚度为3600 m（图6-18），位于E1503线南端。残余厚度大于1600 m的有3个区域，东北区面积为190 km^2，西南区面积为355 km^2。

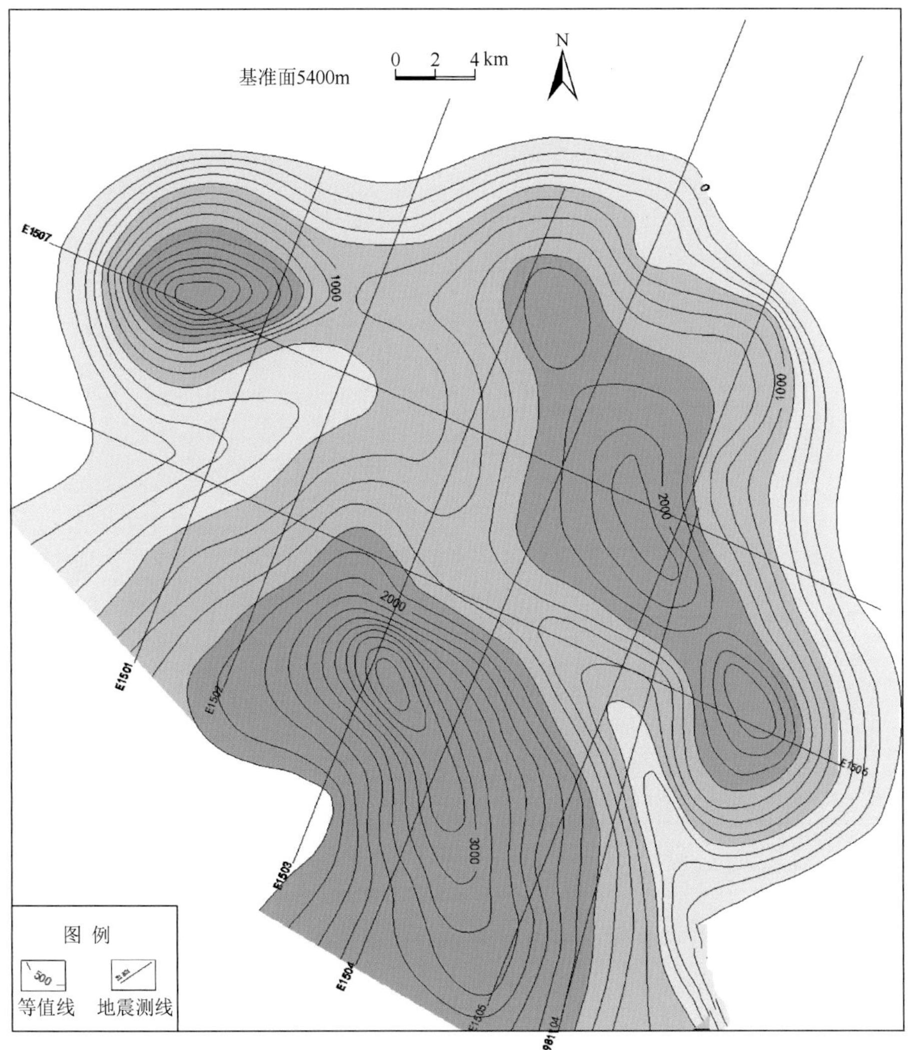

图6-18　鄂斯玛地区中侏罗统残余厚度图（单位：m）

鄂斯玛地区上三叠统残余厚度图（图 6-19）显示：厚度总体西薄东厚，研究区范围内最厚为 3800 m，位于 E1507 线东部（E1504 交点与 E1505 交点之间），其余厚度较大的分别位于 E1505 测线北段、E1506 测线东端，厚度达到 3000 m，且厚度有向东南方向加厚的趋势。残余厚度大于 1600 m 的区域，北区面积为 430 km^2，东南区面积为 190 km^2。

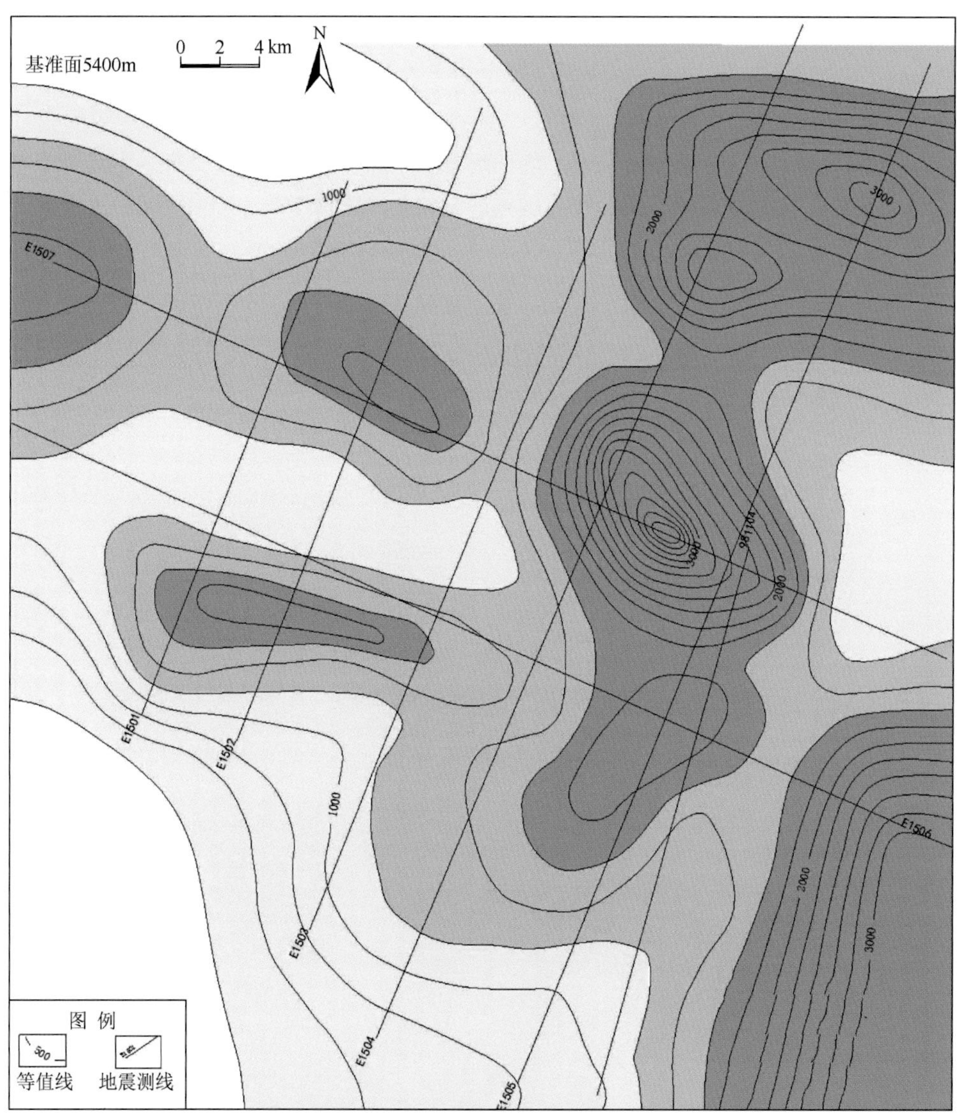

图 6-19 鄂斯玛地区上三叠统肖茶卡组残余厚度图（单位：m）

根据鄂斯玛地区中侏罗统残余厚度分布，可以将该区划分为三个区带（图 6-20），分别是南部凹陷带、中央凸起带、北部凹陷带。

南部凹陷带位于研究区南部，北北东走向，区带面积为 475 km^2，其中中侏罗统厚度大于 1600 m 的面积为 355 km^2，分布在南部凹陷带的圈闭有鄂斯玛 9 号。

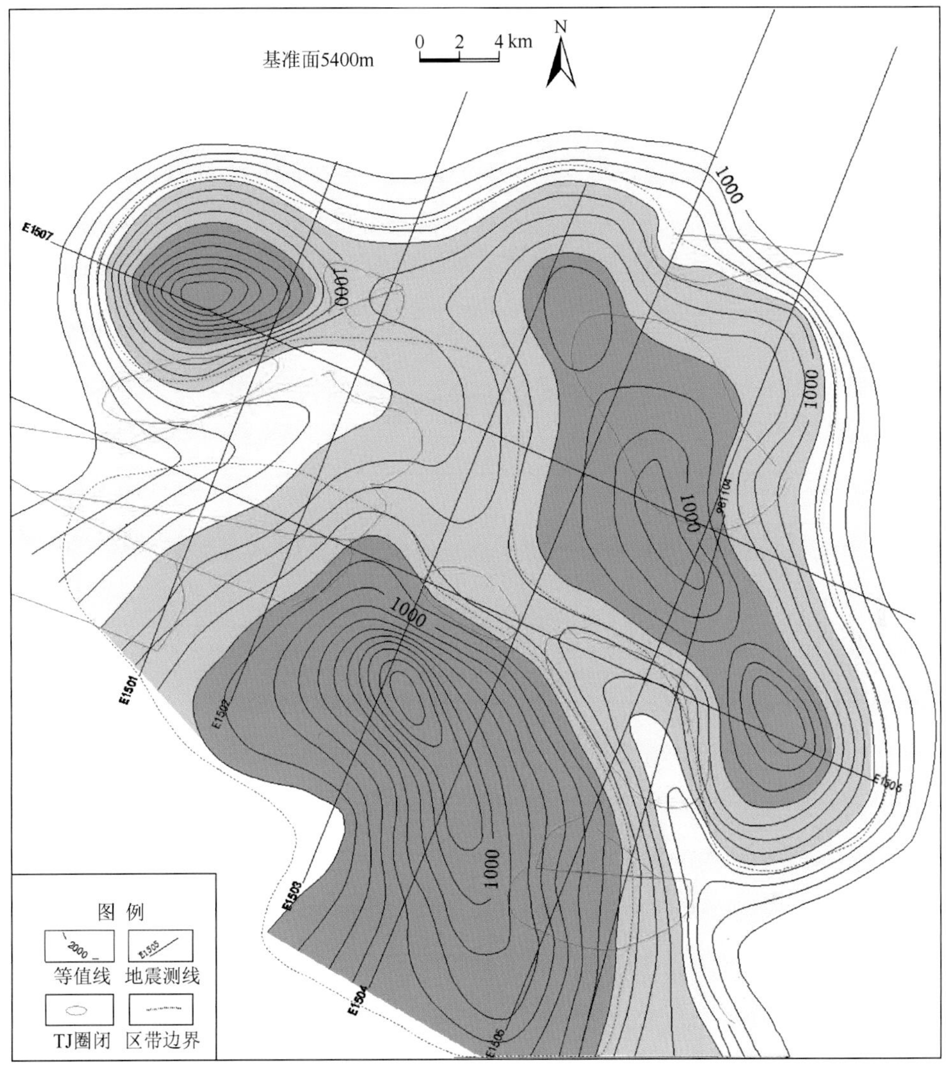

图 6-20　鄂斯玛地区综合评价图（单位：m）

中央凸起带位于研究区中部，北西走向，区带较窄，中侏罗统厚度一般小于 1000 m，面积为 220 km^2，分布在中央凸起带的圈闭有鄂斯玛 7 号、鄂斯玛 8 号、鄂斯玛 2 号、鄂斯玛 3 号、鄂斯玛 4 号。

北部凹陷带位于研究区东北部，北西走向，区带面积为 490 km^2，其中中侏罗统厚度大于 1600 m 的面积为 238 km^2，分布于北部凹陷带的圈闭有鄂斯玛 5 号、鄂斯玛 6 号、鄂斯玛 1 号。

根据地层厚度分布、断裂展布、圈闭类型等，结合上三叠残余厚度图，本书总体评价北部凹陷带、中央凸起带、南部凹陷带均为一类有利区带。

2. 目标优选

鄂斯玛地区地震测线相对较多，且相交成测网，圈闭落实程度较高，构造相对完整，构造类型为断背斜；尤其是处于研究区中部的鄂斯玛 6 号、鄂斯玛 7 号、鄂斯玛 8 号，建议在此三个构造上部署三口预探井，了解该区地层发育情况及主要目的层含油气性，同时验证地震资料解释成果，为下一步勘探评价羌塘盆地油气资源提供科学依据（表 6-13、图 6-21～图 6-23）。

表 6-13　鄂斯玛地区井位设计简表

井名	预探 1	预探 2	预探 3
所属地区	鄂斯玛	鄂斯玛	鄂斯玛
所在圈闭	鄂斯玛 8 号	鄂斯玛 7 号	鄂斯玛 6 号
圈闭落实程度	落实	落实	较落实
部署依据	地震资料品质较好，圈闭面积大，圈闭落实，地层埋深较浅	地震资料品质较好，圈闭落实，地层埋深较浅	地震资料品质好，圈闭面积大，圈闭较落实，地层埋深较浅
地表高程/m	5020	4980	5050
TJ_2b 圈闭面积/km^2	41.66	11.7	66.7
TJ_2b 圈闭高点坐标	X：16286116	X：16277926	X：16286796
	Y：3625602	Y：3631452	Y：3640762
TJ 圈闭面积/km^2	40.78	10.92	66.64
TJ 圈闭高点坐标	X：16300987	X：16292741	X：16301679
	Y：3615391	Y：3621397	Y：3630571
TT_3x 圈闭面积/km^2	6.54	12.95	17.26
TT_3 圈闭高点坐标	X：16285377	X：16278146	X：16285588
	Y：3625764	Y：3631869	Y：3644500
目的层	中侏罗系布曲组、上三叠统肖茶卡组	中侏罗系布曲组、上三叠统肖茶卡组	中侏罗系布曲组、上三叠统肖茶卡组
经过测线	E1505、E1506、991104	E1506、E1503	E1504、E1505
设计井深/m	3500	3400	3200
TJ 层深度(预测)/m	1100	1500	900
TT_3 层深度(预测)/m	3300	3250	3100

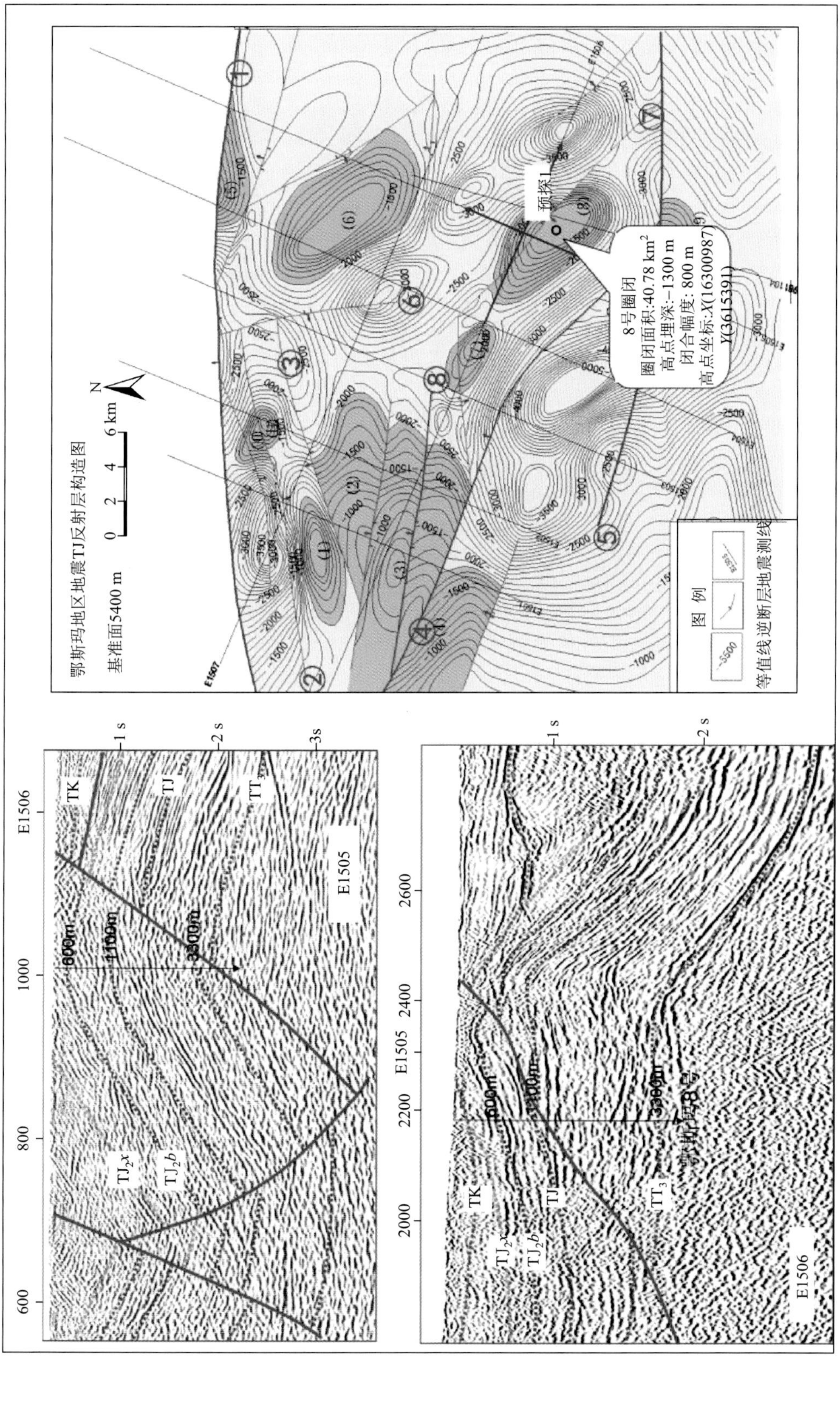

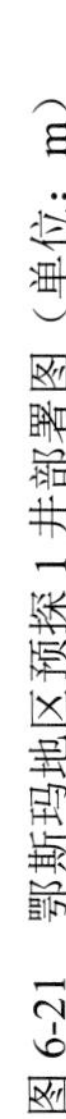

图 6-21　鄂斯玛地区预探 1 井部署图（单位：m）

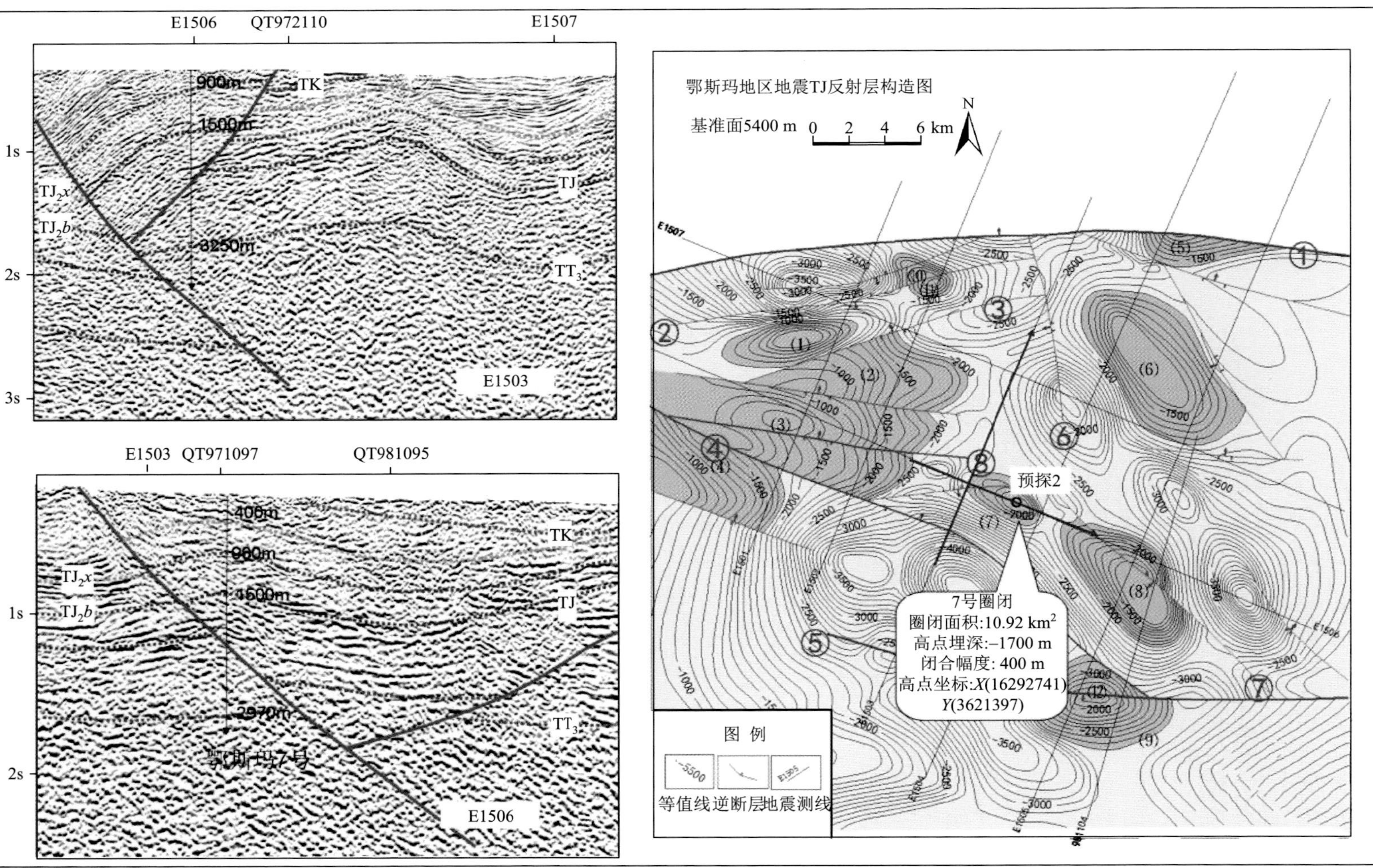

图 6-22　鄂斯玛地区预探 2 井部署图（单位：m）

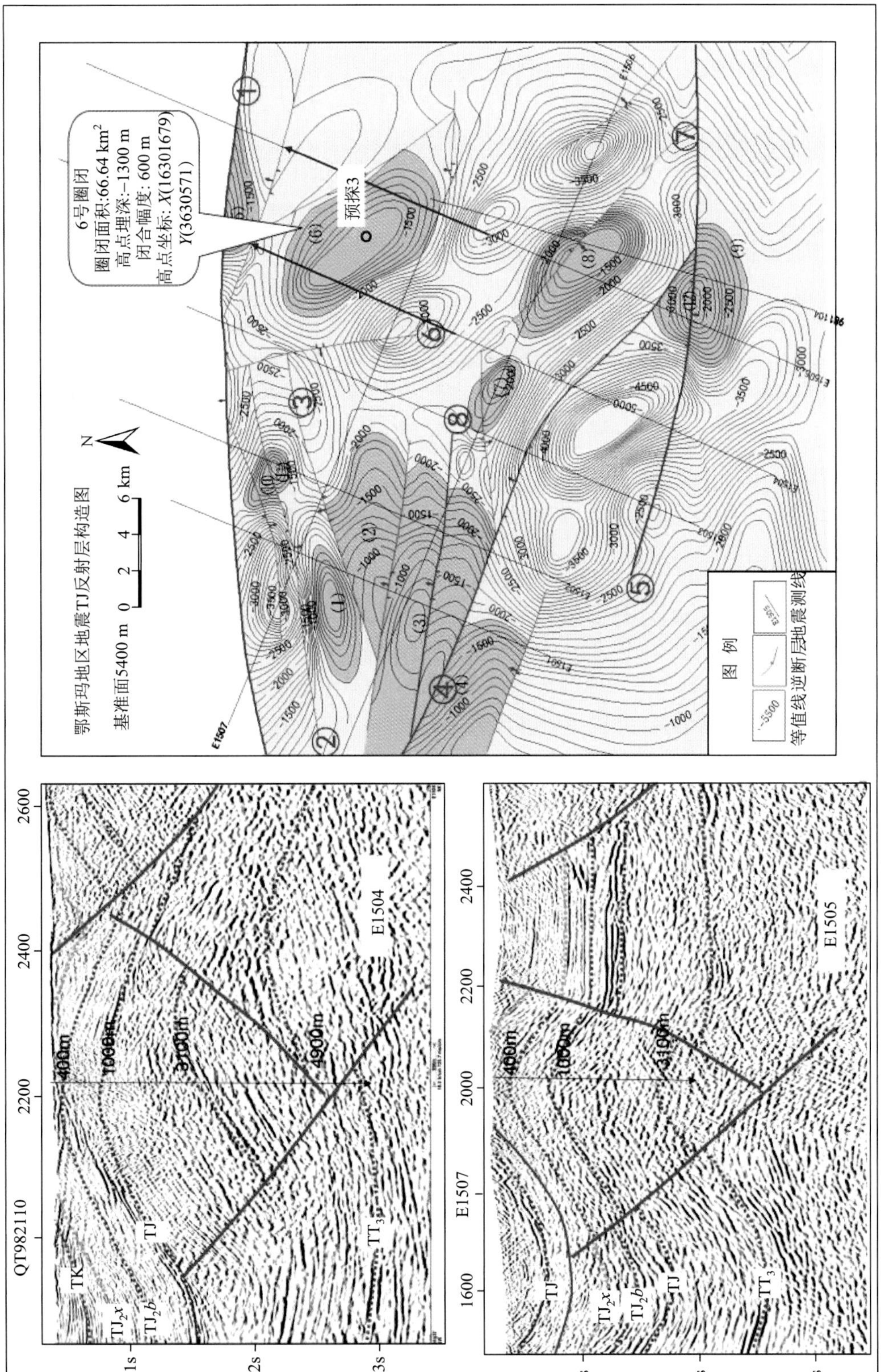

图 6-23　鄂斯玛地区预探 3 井部署图（单位：m）

第七章　其他区块调查与评价

赵政璋等（2001d）、王剑等（2004，2009）、刘家铎等（2007）在对羌塘盆地油气地质综合评价时将包含光明区块、胜利河区块、玛曲区块在内的金星湖—东湖—托纳木地区、布若错—那底岗日地区、雀莫错地区等优选为盆地有利含油气远景区。本章由于总体工作量较少或者油气保存条件相对较差等原因，仅在玛曲区块、光明湖区快、胜利河区块安排了少量工作，基于此，本章将这些区块列为其他区块进行简要阐述。

第一节　玛曲区块油气地质调查与评价

一、概述

玛曲区块在地理上位于西藏自治区那曲市安多县玛曲乡南西约 35 km 的雀莫错地区，介于 N33°37′～33°48′、E91°04′～91°24′之间；在构造上位于北羌塘拗陷东部地区，区块面积约为 600 km^2。

原地质矿产部（1986 年）和原国土资源部（2004 年）组织完成的 1∶100 万、1∶25 万区域地质填图覆盖了该地区，并确定该区地表分布地层主要有上三叠统、侏罗系和新生界。王剑等（2004）在“青藏高原重点沉积盆地油气资源潜力分析”项目中，通过对沉积、油气、构造及保存条件等分析之后，将包含该区块的雀莫错地区评价为有利远景区。

在前人工作成果基础上，“羌塘盆地金星湖-隆鄂尼地区油气资源战略调查”项目于 2015 年在该区块部署了 4 条共计 102 km 的二维地震测线，2016 年实施了 600 km^2 的 1∶10 万石油地质调查和 1 口地质调查井。基于此，本节对该区块进行综合油气评价，确定区块的目标构造为波尔藏陇巴背斜，目的层为上三叠统波里拉组和巴贡组。

二、基础地质特征

1. 地层特征

玛曲区块内大面积出露有三叠系、侏罗系及下白垩统和第四系地层（图 7-1），总体呈北西—南东向延伸。现将各系地层特征简述如下。

1）三叠系

三叠系主要出露于区块的中部，分布于波尔藏陇巴背斜核部及两翼，从下到上包括上三叠统波里拉组（T_3b）、巴贡组（T_3bg）、鄂尔陇巴组（T_3e）。

波里拉组（T_3b）：岩性为一套灰黑色、浅灰色薄—中层状泥晶灰岩，局部夹薄层状、透镜状岩屑石英砂岩、细砾岩，顶部为灰色中层状泥晶灰岩。时代属晚三叠世诺利期。未见底，与上覆巴贡组呈整合接触，厚度大于 209.65 m。

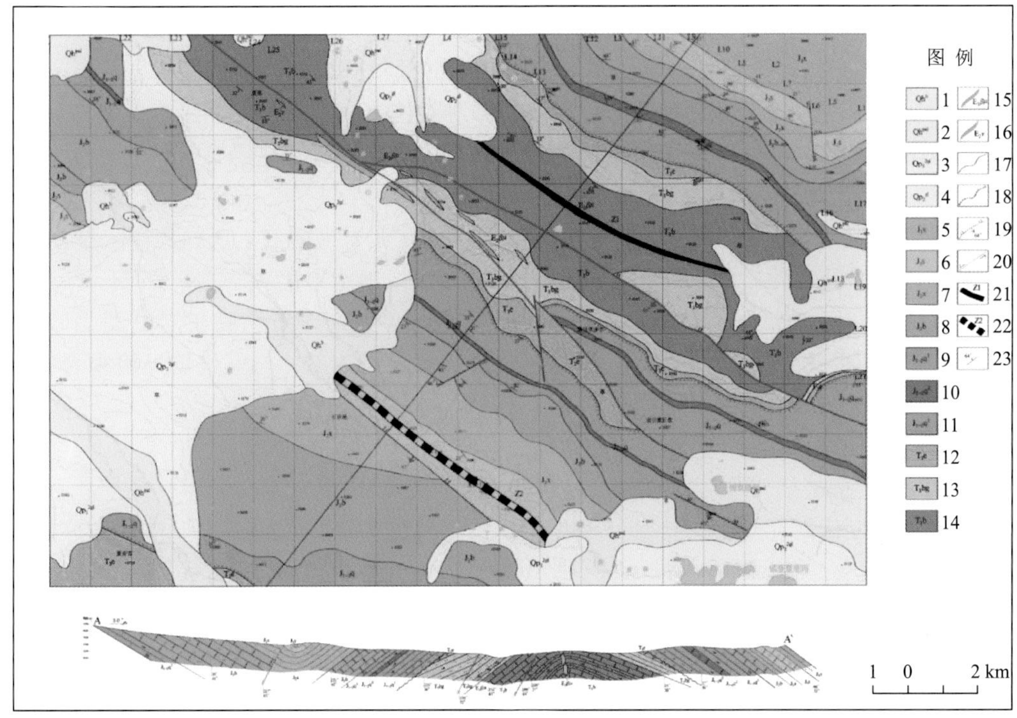

图 7-1 玛曲区块地质示意图

1. 第四系全新统沼泽沉积；2. 第四系全新统洪冲积物；3. 第四系上更新统冰碛物；4. 第四系中更新统冰碛物；5. 侏罗系上统雪山组；6. 侏罗系上统索瓦组；7. 侏罗系中统夏里组；8. 侏罗系中统布曲组；9. 侏罗系中下统雀莫错组三段；10. 侏罗系中下统雀莫错组二段；11. 侏罗系中下统雀莫错组一段；12. 三叠系上统鄂尔陇巴组；13. 三叠系上统巴贡组；14. 三叠系上统波里拉组；15. 辉绿岩脉；16. 辉长岩脉；17. 地质界线；18. 角度不整合界线；19. 逆断层；20. 平移断层；21. 背斜；22. 向斜；23. 产状

巴贡组（$\mathrm{T_3}bg$）：岩性为深灰色、灰黑色泥岩、粉砂质泥岩、钙质泥岩夹透镜状粉砂岩、细砂岩，砂岩中见斜层理。与下伏波里拉组整合接触，地层厚度为 630.16 m。时代属晚三叠世诺利期。

鄂尔陇巴组（$\mathrm{T_3}e$）：该组大致相当于羌塘盆地中央隆起带的那底岗日组，主要为一套火山岩组合，岩性有灰绿色块状蚀变玄武岩、灰绿色中薄层状流纹质晶屑凝灰岩、紫红色流纹岩、沉凝灰岩等，玄武岩发育气孔、杏仁、块状构造。时代属晚三叠世诺利晚期—瑞替期，地层厚度大于 79.33 m。

2）侏罗系

侏罗统分布于玛曲区块的西南和东北地区，从下到上地层包括中下侏罗统雀莫错组（$\mathrm{J_{1\text{-}2}}q$）、中侏罗统布曲组（$\mathrm{J_2}b$）及夏里组（$\mathrm{J_2}x$）、上侏罗统索瓦组（$\mathrm{J_3}s$）。

雀莫错组（$\mathrm{J_{1\text{-}2}}q$）：该组分布于区块中部的大部分地区，与上覆布曲组呈整合接触，时代属中侏罗世巴柔期，其底部砾岩段时代为早侏罗世。根据岩性组合可划分为三段：雀莫错组一段（$\mathrm{J_{1\text{-}2}}q^1$），岩性组合底部为暗红色厚层状复成分角砾岩、含砾粗砂岩，上部为紫红色、灰白色、灰绿色薄—中层状中—细粒岩屑石英砂岩、长石石英砂岩、石英砂岩。地层厚度为 717.10 m。雀莫错组二段（$\mathrm{J_{1\text{-}2}}q^2$），分布局限，岩性为灰黑色中层状含生物碎屑泥晶灰岩、亮晶生物碎屑灰岩。地层厚度为 102.30 m。雀莫错组三段（$\mathrm{J_{1\text{-}2}}q^3$），岩性为紫红色薄层状中粒岩屑石英砂岩和浅灰色薄层状中—粗粒石英砂岩不等厚互层。地层厚度为565.70 m。

布曲组（J_2b）：岩性下部为灰色厚—中层状亮晶鲕粒灰岩、亮晶砂屑灰岩、泥晶生物碎屑灰岩等，亮晶砂屑灰岩发育平行层理；上部为灰色中—薄层状泥晶生物碎屑灰岩、泥晶灰岩、介壳灰岩夹灰色中层状细粒长石石英砂岩、浅灰色薄层状泥质粉砂岩。与下伏雀莫错组整合接触，地层厚度为476.60 m。

夏里组（J_2x）：岩性为暗红、灰绿色薄层状粉砂质泥岩夹暗红、灰绿色薄—中层状岩屑石英细砂岩、石英粉砂岩。与下伏布曲组整合接触，地层厚度大于341.75 m。

索瓦组（J_3s）：岩性为灰色、浅灰色泥晶灰岩、含生物碎屑泥晶灰岩、泥晶砂屑灰岩为主，夹浅灰色粉砂岩、粉砂质泥岩及细粒岩屑石英砂岩等。与下伏夏里组整合接触，地层厚度为318.63 m。

3）下白垩统

雪山组（K_1x）：岩性主要为灰绿、暗红色薄层状粉砂质泥岩夹灰色中—厚层状石英岩屑细砂岩。与下伏索瓦组整合接触，未见顶，地层厚度大于1018 m。

4）第四系

第四系广泛分布于区块的西部和南东部，主要由沼泽、洪冲积环境的砂砾岩、粉砂岩、泥岩等组成。

2. 沉积相特征

晚三叠世波里拉期：北羌塘拗陷主要表现为前陆盆地关闭晚期，玛曲区块主要表现为台盆相特征，沉积了一套深水低能的暗色泥晶灰岩、泥质泥晶灰岩、泥灰岩夹水下扇砂岩透镜体；其中深灰色泥晶灰岩、泥灰岩可作为生油岩，砂岩可作为储层。

晚三叠世巴贡期：北羌塘拗陷主要表现为前陆盆地关闭末期，玛曲区块位于盆地拗陷位置，沉积了一套深水低能的暗色泥岩、钙质泥岩、粉砂质泥岩夹扇三角洲砂岩、粉砂岩透镜体；砂岩底部见冲刷充填构造（泥砾片、槽模等），砂岩中见粒序层理、平行层理、交错层理等；该套砂岩可作为储层，暗色泥岩可作为生油岩。

晚三叠世鄂尔陇巴（那底岗日）期：该期为羌塘侏罗纪盆地打开初期，玛曲地区位于盆地开启的裂隙槽一带，堆积了一套基性、酸性火山岩及凝灰岩组合。

早中侏罗世雀莫错期：羌塘盆地为侏罗纪被动大陆边缘盆地沉陷初期，玛曲地区位于北羌塘拗陷区域，沉积了一套河流至陆缘近海湖泊相填平补齐的砂砾岩、泥页岩、膏岩组合。其中，砂砾岩可作为储集岩，膏岩及泥页岩可作为盖层。

中侏罗世布曲期：羌塘盆地演化为台地相碳酸盐岩沉积期，玛曲地区处于北拗陷潮坪相区域，沉积了一套亮晶鲕粒灰岩、砂屑灰岩、生物碎屑灰岩夹泥晶灰岩和泥页岩组合。其中，泥晶灰岩、泥页岩可作为烃源岩，颗粒灰岩可作为储集岩。

中侏罗世夏里期：羌塘盆地发生了一次海退过程，沉积了一套以碎屑岩为主的沉积物。玛曲地区位于北羌塘拗陷的潮坪-潟湖相区，沉积了一套泥页岩、粉砂质泥岩夹砂岩的组合。该套沉积体主要作为盖层，局部砂体可作为储集层。

晚侏罗世索瓦期：羌塘盆地再次发生海侵，沉积了一套以碳酸盐岩为主的台地相组合。玛曲地区位于北羌塘拗陷的潟湖相区，沉积了一套灰色泥晶灰岩、含生物碎屑泥晶灰岩夹粉砂岩、细砂岩组合。该套沉积体主要作为盖层。

早白垩世雪山期：羌塘盆地逐渐消亡，海水逐渐从北拗陷西北方向退出，玛曲地区位于北拗陷北缘的潮坪-三角洲相带，沉积了一套灰绿、暗红色薄层状粉砂质泥岩夹灰色中—厚层状石英岩屑细砂岩组合。该套沉积体主要作为油气盖层。

新生代时期：羌塘地区已隆升为陆，研究区局部地区有洪冲积、沼泽环境的碎屑岩沉积。

3. 构造特征

玛曲区块主要位于前人划分的羌中舒缓褶皱带内。区域上，羌中舒缓褶皱带主要出露上三叠统—侏罗系地层，由一系列近北西向展布的平行褶皱群构成，单个褶皱呈线性延伸，转折端圆滑、等厚。

1）褶皱构造特征

玛曲区块内褶皱发育，在平面上多呈短轴型，褶皱轴迹展布与断层基本一致，以近北西向为主，反映其与近北西向断层的活动关系密切。区内褶皱以波尔藏陇巴背斜规模最大。该背斜呈北西—南东向延伸，核部主要为上三叠统波里拉组，两翼为上三叠统巴贡组及侏罗系。该背斜是在印支运动过程中形成，燕山运动对其进行了叠加改造。同时燕山运动还在两翼侏罗系地层中形成了规模较小的褶皱构造。

2）断裂构造特征

玛曲区块断裂构造发育，断层以近北西向为主，近南北向、北东向为辅。近北西向断层规模较大，大部分贯穿全区。据不完全统计，区块内主要发育 7 条断层，这些断层具有早期为压性，晚期为张性的特点（表 7-1）。

表 7-1 玛曲区块地表断层统计表

断层编号	断层名称	断层长度/km	断层宽度/m	产状			野外观察及卫片影像特征	断层性质
				走向/(°)	倾向/(°)	倾角/(°)		
F1	波尔藏陇巴断层	＞20	20～30	300	210	65～75	断层带内岩层近直立，以方解石脉穿插和褶皱变形为特征，地层重复，北西向线性影像清晰	早期为压性，晚期为张性
F2	夏里断层	＞25	20～25	300	—	—	断层两盘地层不连续，岩层产状不一致。北西盘发育北北西向牵引褶皱及网脉状方解石脉。北西向线性影像清晰，地貌上呈明显的负地形	早期为压性，晚期为张性
F3	索日依多尔西断层	3	2～4	173	—	—	两侧地层不连续，断层带内岩石破碎，方解石脉发育，呈明显的负地形特征。断层性质为张性	张性
F4	麦绕丁拉断层	2	5～10	60	—	—	两盘地层不连续，断层带内岩石破碎，节理发育，节理多被后期方解石脉充填。遥感影像北西向线性影像清晰	张性

续表

断层编号	断层名称	断层长度/km	断层宽度/m	产状			野外观察及卫片影像特征	断层性质
				走向/(°)	倾向/(°)	倾角/(°)		
F5	阻江陇巴-石块地断层	>20	10～15	313	223	63	破碎带由构造透镜体和碎裂岩组成，碎裂岩中发育有方解石脉，并穿插透镜体与碎裂岩。北西向线性影像清晰	早期为压性，晚期为张性
F6	错登强玛断层	3	3～5	290	200	41	断层两盘地层岩层产状不一致。地层产状紊乱，岩石破碎，断层带见构造角砾岩，碎裂岩中见擦痕，局部见铁质浸染现象。北西向线性影像清晰	早期为压性，晚期为张性
F7	仁艾麦曲断层	2	1～2	355	—	—	断层两盘地层不连续、产状不一致，地层产状紊乱，岩石破碎，断层带内见构造角砾岩，碎裂岩中见擦痕，地形上呈负地形。遥感影像呈明显的南北向线性影像清晰	不明

4. *岩浆活动与岩浆岩*

地表调查结合遥感解译显示，玛曲区块内侵入岩分布面积较小，主要是辉绿岩、辉长岩脉沿夏里断层、波尔藏陇巴断层断续分布，对区内油气藏影响不大。

三、石油地质特征

1. *烃源岩特征*

玛曲区块烃源岩层位有上三叠统波里拉组及巴贡组、中侏罗统布曲组和上侏罗统索瓦组；岩性有泥质岩和碳酸盐岩两大类，其中泥质岩烃源岩主要分布于巴贡组地层中，碳酸盐岩烃源岩分布于波里拉组、布曲组和索瓦组地层中。由于布曲组和索瓦组大面积出露，难以形成一定覆盖面积的生储盖组合，因此本节仅对上三叠统波里拉组和巴贡组烃源层进行阐述。

1）上三叠统波里拉组

玛曲区块内波里拉组为一套台盆相碳酸盐岩沉积组合，其烃源岩为台盆相暗色泥晶灰岩、泥质泥晶灰岩、泥灰岩，厚度为18.12 m，占地层厚度的9%（地层厚度为209.65 m）。

波里拉组灰岩的10件烃源岩样品（表7-2）中，有机碳含量为0.06%～0.66%，平均为0.281%，按照碳酸盐岩烃源岩评价标准，有2件为非烃源岩，6件达到中—好烃源岩；生烃潜量（S_1+S_2）为0.02～0.74 mg/g，平均0.30 mg/g，其中6件为好烃源岩，2件为中等烃源岩，2件为非烃源岩；氯仿沥青“A”为45×10^{-6}～434×10^{-6}，平均为175×10^{-6}；有机质类型为II_1-II_2型；R_o为1.529%～1.598%（表7-3），平均为1.57%，处于高成熟阶段；T_{max}为470～508℃，平均值为489℃，处于高成熟阶段。

表 7-2　玛曲区块烃源岩有机质丰度综合表

层位	样品编号	岩性	TOC/%	S_1/(mg/g)	S_2/(mg/g)	（S_1+S_2）/(mg/g)	氯仿沥青“A”/×10^{-6}
T_3b	No.9-1	灰岩	0.07	0.01	0.05	0.06	45
T_3b	No.9-2	灰岩	0.06	0.00	0.02	0.02	47
T_3b	No.9-3	灰岩	0.66	0.05	0.38	0.43	191
T_3b	No.9-4	灰岩	0.29	0.06	0.20	0.26	129
T_3b	No.9-5	灰岩	0.24	0.07	0.19	0.27	132
T_3b	No.9-6	灰岩	0.26	0.07	0.18	0.25	126
T_3b	No.9-7	灰岩	0.24	0.05	0.13	0.18	85
T_3b	No.9-8	灰岩	0.32	0.30	0.44	0.74	132
T_3b	No.9-9	灰岩	0.28	0.04	0.20	0.24	434
T_3b	No.9-10	灰岩	0.39	0.16	0.34	0.50	428
T_3bg	No.10-1	钙质页岩	0.99	0.11	0.72	0.84	597
T_3bg	No.10-2	钙质页岩	0.53	0.17	0.49	0.66	494
T_3bg	No.10-3	钙质页岩	1.10	0.32	1.21	1.53	366
T_3bg	No.10-4	钙质页岩	1.16	0.15	0.85	1.00	455
T_3bg	No.10-5	钙质页岩	1.10	0.16	0.77	0.93	419
T_3bg	No.10-6	钙质页岩	0.99	0.09	0.64	0.72	279
T_3bg	No.10-7	钙质页岩	0.72	0.17	0.66	0.84	229
T_3bg	No.10-8	钙质页岩	0.99	0.23	0.83	1.06	316
T_3bg	No.10-9	钙质页岩	0.76	0.18	0.61	0.79	371
T_3bg	No.10-10	钙质页岩	1.35	0.13	0.90	1.03	492
T_3bg	No.10-11	钙质页岩	1.66	0.38	1.55	1.93	734

表 7-3　玛曲区块烃源岩 R_o 与 T_{max} 值统计表

序号	野外编号	岩性	层位	R_o/%	T_{max}/℃
1	No.9-1	灰岩	T_3b	1.583	508
2	No.9-2	灰岩	T_3b	1.591	485
3	No.9-3	灰岩	T_3b	1.588	495
4	No.9-4	灰岩	T_3b	1.598	470
5	No.9-5	灰岩	T_3b	1.581	495
6	No.9-6	灰岩	T_3b	1.580	487
7	No.9-7	灰岩	T_3b	1.539	491
8	No.9-8	灰岩	T_3b	1.560	480
9	No.9-9	灰岩	T_3b	1.566	493
10	No.9-10	灰岩	T_3b	1.529	486
11	No.10-1	钙质页岩	T_3bg	1.434	467

续表

序号	野外编号	岩性	层位	R_o/%	T_{max}/℃
12	No.10-2	钙质页岩	T_3bg	1.331	474
13	No.10-3	钙质页岩	T_3bg	1.368	470
14	No.10-4	钙质页岩	T_3bg	1.383	468
15	No.10-5	钙质页岩	T_3bg	1.304	464
16	No.10-6	钙质页岩	T_3bg	1.373	472
17	No.10-7	钙质页岩	T_3bg	1.462	475
18	No.10-8	钙质页岩	T_3bg	1.429	472
19	No.10-9	钙质页岩	T_3bg	1.452	475
20	No.10-10	钙质页岩	T_3bg	1.431	466
21	No.10-11	钙质页岩	T_3bg	1.340	465

2）上三叠统巴贡组

玛曲区块巴贡组为一套深水低能的暗色泥页岩、钙质泥岩、粉砂质泥岩夹扇三角洲砂岩、粉砂岩透镜体沉积组合，其中暗色泥页岩可作为生油岩，烃源岩厚度为 338.91 m，占地层厚度的 54%（地层厚度为 630.16 m）。

巴贡组钙质页岩的 11 件样品（表 7-2），有机碳含量为 0.53%～1.66%，平均为 1.03%，按照泥质岩评价标准，有中 5 件达到好烃源岩，5 件为中等烃源岩，1 件为较差烃源岩；生烃潜量分布范围为 0.66～1.93 mg/g，平均为 1.03 mg/g；氯仿沥青“A”为 229×10^{-6}～734×10^{-6}，平均 432×10^{-6}；11 件样品的有机质类型全部为Ⅱ$_2$型；R_o为 1.304%～1.462%（表 7-3），平均为 1.392%，烃源岩处于高成熟阶段；T_{max}为 464～475℃，平均为 470℃，处于成熟—高成熟阶段。

综上可知，玛曲区块巴贡组的烃源岩厚度大、有机质丰度、区域分布广，并且该组是羌塘盆地主要生油岩之一，因此综合评价巴贡组烃源岩是本区的主要生油岩层。

2. 储集层分析

1）储集层特征

玛曲区块储层层位有上三叠统波里拉组及巴贡组、中下侏罗统雀莫错组、中侏罗统布曲组及夏里组、上侏罗统索瓦组和下白垩统雪山组；储层岩性有粗碎屑岩和颗粒灰岩。其中碎屑岩储层分布于波里拉组、巴贡组、雀莫错组、夏里组和雪山组地层中；碳酸盐岩储层分布于波里拉组、布曲组、索瓦组地层中。由于布曲组、夏里组、索瓦组、雪山组地层大面积出露，难以形成有效生储盖组合，因此本节仅阐述波里拉组、巴贡组、雀莫错组的储层特征。

（1）波里拉组。该组岩性为中层状泥晶灰岩、薄层状泥晶灰岩夹钙质泥岩，偶见含砾粗砂岩、粗砂岩、细砂岩等砂岩层。按照岩性特征来看，该组碳酸盐岩不应作为储层，但是露头剖面薄层状泥晶灰岩的断面具有浓烈的油气味，且岩石比较破碎，因此暂定其为储集岩。本书将该套泥晶灰岩等定为储层，因此其地层厚即为储层厚度，大于 209.65 m。

对 QZ-7 井、QZ-8 井的 11 件井下样品进行分析(表 7-4)，储层孔隙度为 0.67%～2.56%，平均为 1.49%；渗透率为 0.00007～0.77643 mD，平均为 0.14617 mD。按照碳酸盐岩储层评价标准，达到III类储层，储层物性较差。

（2）巴贡组。巴贡组储集岩岩性为岩屑石英砂岩、石英砂岩，储层厚度为 291.25 m，占地层总厚度的 46%（地层厚 630.16 m）。

区块内巴贡组总计分析有 16 件样品（表 7-4），其中 3 件为井下样品，13 件为地表样品，孔隙度为 0.29%～5.87%，平均为 1.67%；渗透率为 0.00011～0.0046432 mD，平均为 0.001432 mD。按照碎屑岩储层评价标准，为超致密裂缝型储层。

表 7-4　玛曲区块储层样品孔渗特征

序号	样品编号	层位	孔隙度/%	渗透率/mD	备注
1	QZ-7-336	T_3b	2.56	0.77643	—
2	QZ-7-389		0.67	0.00007	—
3	QZ-7-397		1.93	0.09719	—
4	QZ-8-LD4		1.41	0.00008	—
5	QZ-8-212		0.71	0.00952	—
6	QZ-8-241		1.11	0.15099	—
7	QZ-8-370		1.52	0.00626	—
8	QZ-8-406		1.12	—	无法取样
9	QZ-8-498		1.43	0.05135	—
10	QZ-8-499		1.98	0.19824	—
11	QZ-8-500		2.00	0.17157	—
12	QZ-8-114	T_3bg	1.75	0.00011	—
13	QZ-8-115		1.66	0.00048	—
14	QZ-8-116		3.52	0.00201	—
15	PM3-15-ch1	$J_{1\text{-}2}q$	9.40	0.0763319	—
16	PM3-16-ch1		5.13	0.0054716	—
17	PM3-30-ch1		5.54	—	贯穿裂缝
18	PM3-39-ch1		2.20	0.0100181	—
19	PM3-56-ch1		3.28	0.0096617	—
20	PM3-58-ch1		2.33	—	贯穿裂缝
21	PM3-62-ch1		2.68	0.1578410	表面部分缺失，有裂缝
22	PM3-65-ch1		0.58	0.0012892	—
23	PM3-65-ch2		2.83	0.0029900	—

续表

序号	样品编号	层位	孔隙度/%	渗透率/mD	备注
24	PM3-65-ch3	$J_{1-2}q$	1.23	0.0291117	—
25	PM3-67-ch1		4.91	0.0254711	—
26	PM3-76-ch1		7.08	0.0113986	—
27	PM3-76-ch2		6.18	0.0036567	—
28	PM3-81-ch1		2.25	0.0024528	—
29	PM3-86-ch1		2.94	0.0854679	—
30	PM3-88-ch1		1.71	0.0017314	—
31	PM3-90-ch1		2.22	0.1118540	—
32	PM3-91-ch1		2.01	0.0573974	表面缺失严重，有裂缝
39	16CH-1		3.76	0.0016940	—
40	16CH-2		1.29	0.0014923	—
41	16CH-5		1.26	0.0024767	—
42	16CH-6		1.10	0.0025408	—
43	16CH-7		1.24	0.0018236	—
44	16CH-8		1.84	0.0023753	—
45	16CH-9		0.73	0.0009869	—
46	16CH-10		1.81	—	贯穿裂缝
47	16CH-11		2.72	0.0023634	—
48	16CH-12		0.89	0.0012573	—
49	16CH-13	T_3bg	1.85	0.0046432	—
50	16CH-14		5.87	0.0041539	裂缝
51	16CH-15		0.29	0.0014347	—
52	16CH-16		0.59	0.0011891	—
53	16CH-18		0.62	0.0003969	—
54	16CH-19		2.60	—	渗透率实验后样品破碎
55	16CH-20		1.76	—	渗透率实验后样品破碎
56	16CH-21		0.88	0.0005726	—
57	16CH-22		1.02	0.0009233	—
58	16CH-23		1.51	0.0012249	—
59	16CH-24		0.68	0.0008787	—
60	16CH-25		0.99	0.0013163	—
61	16CH-26		1.06	0.0007202	—

（3）雀莫错组。雀莫错组储集岩岩性为岩屑长石砂岩、岩屑石英砂岩、长石石英砂岩、石英砂岩。在雀莫错组第一段、第三段浅灰色长石石英砂岩、石英砂岩中，局部见有少量沥青脉，呈星点状、脉状，表明在该组砂岩中曾有油气运移。

本节共取得 28 个雀莫错组物性测试数据。物性测试显示，雀莫错组孔隙度为 0.58%～9.4%，平均为 2.90%，样品孔隙度多数大于 2%；渗透率为 0.0009869～0.157841 mD，平均为 0.024366216 mD，所有样品渗透率均未达到 2.5 mD。按照碎屑岩储层评价标准，属于很致密—超致密储层。

2）孔喉结构特征

（1）雀莫错组。根据雀莫错组 11 个样品的高压压汞测试结果，其储层排驱压力为 0.02～3.28 MPa，均值为 0.70 MPa；中值压力为 2.32～140.29 MPa，均值为 38.12 MPa；中值半径为 0.0052～0.3166 μm，均值为 0.10 μm。分选系数为 1.75～3.56，均值为 2.31；歪度为 0.04～4.08，均值为 1.35；变异系数为 0.13～3.78，均值为 0.51。最大进汞饱和度（S_{Hg}）为 6.23%～96.34%，均值为 82.68%；退汞效率为 0～89.50%，均值为 37.55%。

雀莫错组储层的孔喉参数总体表现为孔喉分布不集中、孔喉半径小（0.22～21.88 μm）、分选较差的特点。其进汞饱和度参数整体较高，除 1 个样品外进汞饱和度均超过 80%；但退汞效率较低。进汞饱和度较高的结果说明了雀莫错组砂岩中存在着较多数量的孔隙；而退汞效率低则说明了孔隙主要为细小喉道连通的墨水瓶状，孔隙间的连通有效性差，流体不易运移，所以在压力降低时，已压入孔隙的汞难以通过细小喉道退出。

（2）巴贡组。巴贡组有 4 个储层压汞样品。其储层排驱压力为 0.024～0.32 MPa，均值为 0.12 MPa；中值压力为 69.94～143.76 MPa，均值为 106.72 MPa。最大孔喉半径为 2.3174～29.6042 μm，均值为 14.25 μm；中值半径为 0.0051～0.0105 μm，均值为 0.0078 μm。分选系数为 2.39～6.35，均值为 3.83；歪度为 0.86～2.28，均值为 1.73；变异系数为 0.15～1.80，均值为 0.86。最大进汞饱和度（S_{Hg}）为 19.93%～98.71%，均值为 58.98%；退汞效率为 0～15.09%。从上看出，巴贡组孔喉结构非常差，难以作为有效储层。

3）孔隙类型

砂岩铸体薄片鉴定表明，孔隙类型以粒间溶孔及粒内溶孔为主，发生溶蚀的组分主要是岩屑。

灰岩铸体薄片鉴定表明，孔隙类型主要是晶间孔隙和少量溶蚀孔，薄片中均未见大量发育的裂缝。

3. 盖层条件分析

研究区盖层分布层位较广，有上三叠统巴贡组泥岩、波里拉组泥晶灰岩、中下侏罗统雀莫错组泥晶灰岩，中侏罗统布曲组泥晶灰岩、夏里组泥岩、上侏罗统索瓦组泥晶灰岩。

调查表明（表 7-5），区块内各地层均有盖层分布，其中巴贡组发育的盖层厚 338.91 m，约占地层厚度的 54%，岩性为泥岩、粉砂质泥岩。波里拉组发育的盖层厚 187.95 m，占地层厚度的 89%，岩性为泥晶灰岩。雀莫错组发育的盖层为中部的泥晶灰岩、膏岩，厚度大于 497 m，其中泥晶灰岩厚 114.90 m，占地层厚度的 8%，羌资 16 井膏岩厚 382 m。布曲组发育的盖层厚 284.00 m，约占地层厚度的 59%，岩性为泥晶灰岩。夏里组发育的盖层厚 86.51 m，占 27%，岩性为泥岩；索瓦组发育的盖层厚 200.42 m，约占地层厚度的 63%，岩性为泥岩、泥晶灰岩。

表 7-5　研究区盖层厚度统计表

层位	地层厚度/m	岩石类别及厚度/m		盖层总厚度/m	地层比例/%
		泥岩	泥晶灰岩		
T_3bg	630.16	338.91	—	338.91	54
T_3b	209.65	—	187.95	187.95	89
$J_{1\text{-}2}q$	1385.10	—	114.9	114.9	8
J_2b	476.60	—	284.00	284.00	59
J_2x	314.75	86.51	—	86.51	27
J_3s	318.12	7.54	192.88	200.42	63
合计	3334.38	432.96	779.73	1212.69	36

4. 生储盖组合

根据生储盖层发育特征，区块内从下到上可划分出上三叠统波里拉组-上三叠统巴贡组组合、上三叠统巴贡组-中下侏罗统雀莫错组组合、中侏罗统布曲组-夏里组组合、上侏罗统索瓦组-下白垩统雪山组组合等四个组合。由于中侏罗统布曲组-夏里组组合、上侏罗统索瓦组-下白垩统雪山组组合多暴露于地表，为无效组合，因此该区仅有上三叠统波里拉组-上三叠统巴贡组组合、上三叠统巴贡组-中下侏罗统雀莫错组组合为有效组合。

上三叠统波里拉组-上三叠统巴贡组组合：该组合的生油层由波里拉组暗色泥晶灰岩、泥灰岩及巴贡组暗色泥页岩组成；储层为波里拉组泥晶灰岩；盖层由巴贡组上部泥页岩组成。该组合构成自生自储或上生下储特点。

上三叠统巴贡组-中下侏罗统雀莫错组组合：该组合的生油层由巴贡组暗色泥页岩、碳质泥岩组成；储层由巴贡组上部砂岩、雀莫错组下部砂砾岩组成；盖层由雀莫错组中部泥页岩、泥晶灰岩、膏岩组成。该组合构成下生上储特点。

四、地球物理特征

通过地震解释，可在玛曲区块内获得以下信息。

1. 识别出三叠系与二叠系之间的角度不整合接触界线

认为区内存在一个 T/Pz 不整合。地震 M1504 测线西部（图 7-2），浅层的三叠系（T）

底界为较弱反射，地层产状较平缓，深层的二叠系（P）反射波组振幅较强，产状从缓至陡，地层剥蚀现象明显，与上覆地层存在明显角度不整合接触关系。

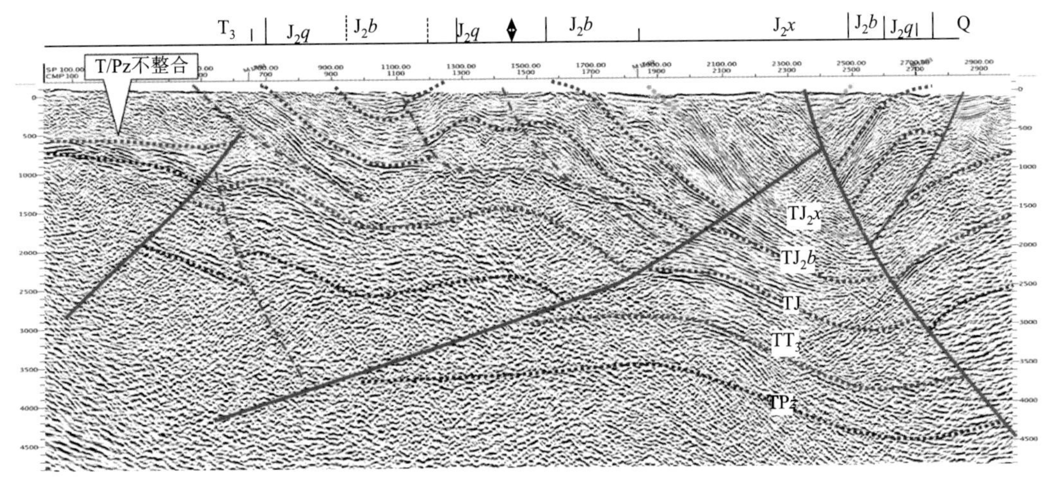

图 7-2　玛曲地区 M1504 地震剖面反射特征

2. 断裂构造特征

研究区范围内解释断层 16 条，断层走向以北西西为主，研究区北部存在一条北东走向的断层，这条断层基本为北东向构造带的东南边界。其主要断层特征如表 7-6 所示。

表 7-6　玛曲地区断裂要素表

断层名称	断层性质	断开层位	最大断距/ms	走向	倾向	延伸长度/km	主要测线
玛 1 号	逆断层	基底-J	200	NE	NW	24.9	M1501
玛 2 号	逆断层	基底-J	150	NE	SE	9.3	M1501
玛 3 号	逆断层	基底-地表	300	NWW	SW	18	M1501
玛 4 号	逆断层	基底-J_2b	600	NWW	SW	14.9	M1502、M1504
玛 5 号	逆断层	基底-J_2b	250	NWW	NE	17.6	M1502
玛 6 号	逆断层	基底-地表	200	NW	NE	16.6	M1503
玛 7 号	逆断层	P-T	300	NW	NE	11.1	M1503、M1504

3. 圈闭构造

通过解释，玛曲地区地震 TJ 反射层构造图上（图 7-3），发现圈闭 5 个（表 7-7），圈闭类型为断背斜、断鼻，圈闭总面积为 74.25 km^2；地震 TT_3 反射层构造图上（图 7-4），发现圈闭 6 个，圈闭总面积为 77.42 km^2。

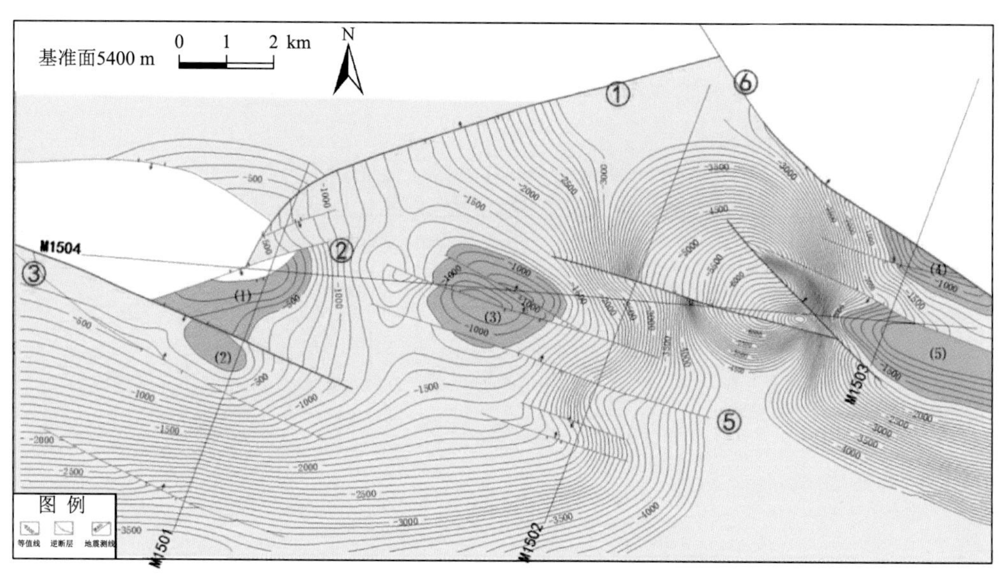

图 7-3　玛曲地区地震 TJ 反射层等 t_0 示意图（基准面 5400 m）

表 7-7　玛曲地区圈闭要素表（基准面 5400 m）

<table>
<tr><th>序号</th><th>圈闭名称</th><th>地震层位</th><th>圈闭类型</th><th>面积/km²</th><th>高点埋深/m</th><th>幅度/m</th><th>主要测线</th><th>圈闭排序</th><th>落实程度</th></tr>
<tr><td rowspan="4">1</td><td rowspan="4">玛曲 1 号</td><td>TJ</td><td>断鼻</td><td>14.88</td><td>−200</td><td>300</td><td rowspan="4">M1501、M1504</td><td rowspan="4">3</td><td rowspan="4">落实</td></tr>
<tr><td colspan="3">高点坐标 X：16264968</td><td colspan="2">Y：3635743</td></tr>
<tr><td>TT_3</td><td>断鼻</td><td>17.79</td><td>−2900</td><td>600</td></tr>
<tr><td colspan="3">高点坐标 X：16351676</td><td colspan="2">Y：3730889</td></tr>
<tr><td rowspan="4">2</td><td rowspan="4">玛曲 2 号</td><td>TJ</td><td>断背斜</td><td>4.65</td><td>−200</td><td>100</td><td rowspan="4">M1501</td><td rowspan="4">4</td><td rowspan="4">较落实</td></tr>
<tr><td colspan="3">高点坐标 X：16262450</td><td colspan="2">Y：3629814</td></tr>
<tr><td>TT_3</td><td>断背斜</td><td>3.12</td><td>−2900</td><td>100</td></tr>
<tr><td colspan="3">高点坐标 X：16350770</td><td colspan="2">Y：3727455</td></tr>
<tr><td rowspan="4">3</td><td rowspan="4">玛曲 3 号</td><td>TJ</td><td>断背斜</td><td>23.86</td><td>−700</td><td>400</td><td rowspan="4">M1504</td><td rowspan="4">1</td><td rowspan="4">较落实</td></tr>
<tr><td colspan="3">高点坐标 X：16288831</td><td colspan="2">Y：3634977</td></tr>
<tr><td>TT_3</td><td>断背斜</td><td>14.45</td><td>−4800</td><td>200</td></tr>
<tr><td colspan="3">高点坐标 X：16364270</td><td colspan="2">Y：3730247</td></tr>
<tr><td rowspan="4">4</td><td rowspan="4">玛曲 4 号</td><td>TJ</td><td>断鼻</td><td>8.49</td><td>−600</td><td>600</td><td rowspan="4">M1503</td><td rowspan="4">5</td><td rowspan="4">显示</td></tr>
<tr><td colspan="3">高点坐标 X：16333366</td><td colspan="2">Y：3638827</td></tr>
<tr><td>TT_3</td><td>断鼻</td><td>5.66</td><td>−2900</td><td>1100</td></tr>
<tr><td colspan="3">高点坐标 X：16386854</td><td colspan="2">Y：3732917</td></tr>
<tr><td rowspan="2">5</td><td rowspan="2">玛曲 5 号</td><td>TJ</td><td>断鼻</td><td>22.37</td><td>−1100</td><td>500</td><td rowspan="2">M1503、M1504</td><td rowspan="2">2</td><td rowspan="2">较落实</td></tr>
<tr><td colspan="3">高点坐标 X：16334789</td><td colspan="2">Y：3629759</td></tr>
</table>

续表

序号	圈闭名称	地震层位	圈闭类型	面积/km^2	高点埋深/m	幅度/m	主要测线	圈闭排序	落实程度
5	玛曲 5 号	TT_3	断鼻	16.4	−4100	800	M1503、M1504	2	较落实
		高点坐标 X：16386185			Y：3727455				
6	玛曲 6 号	TT_3	背斜	20	−1000	700	M1503	6	显示
		高点坐标 X：16388618			Y：3737372				
	总面积	TJ		74.25					
	总面积	TT_3		77.42					

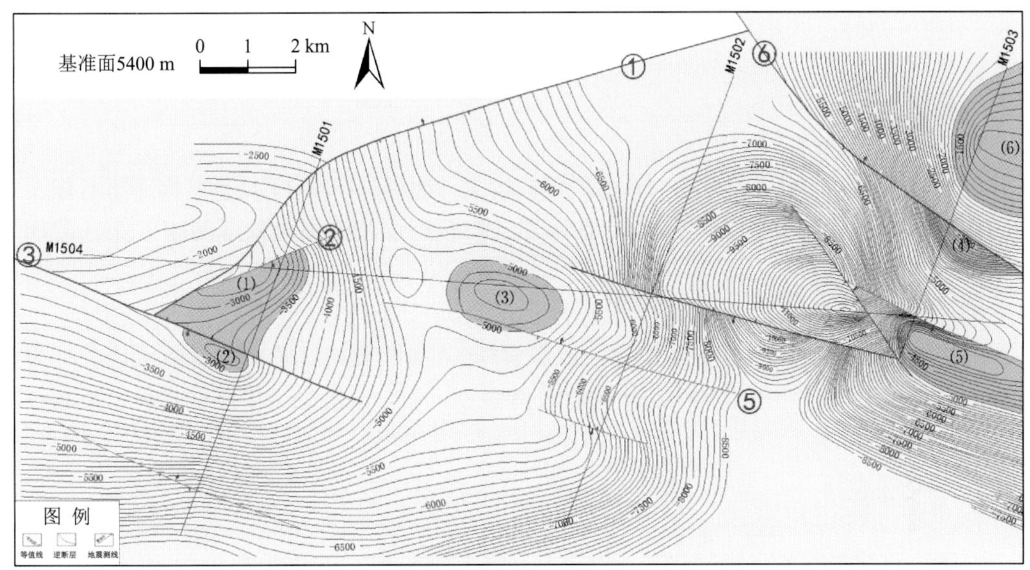

图 7-4　玛曲地区地震 TT3 反射层构造示意图（基准面 5400 m）

主要圈闭描述：

玛曲 3 号：位于研究区中部，M1504 测线经过，在 M1502 测线上有明显的背斜形态，构造走向北西西，构造高部位可能存在断层。

玛曲 5 号：位于研究区东部，M1503、M1504 测线经过，总体表现为断鼻形态，向东南方向抬升。

由于玛曲地区只有一条联络测线，且主测线间相距较远，致使圈闭落实程度较低，发现的 5 个圈闭中，较落实的为玛曲 3 号、玛曲 5 号。玛曲地区上三叠统肖茶卡组（T_3x）残余厚度图显示，玛曲 3 号所处位置的上三叠统肖茶卡组（T_3x）残余厚度达到 2200 m；玛曲地区中下侏罗统雀莫错组（$J_{1\cdot2}q$）残余厚度显示，玛曲 3 号东南方向 M1502 测线中段中下侏罗统雀莫错组（$J_{1\cdot2}q$）残余厚度达 2400 m。玛曲 5 号在 M1503、M1504 测线上均有构造显示，玛曲 5 号所处位置上三叠统肖茶卡组残余厚度为 2400 m。

五、综合评价与目标优选

1. 油气综合评价

1）烃源岩条件发育

玛曲区块发育多套烃源岩，尤以上三叠统巴贡组暗色泥质烃源岩最优，其厚度大，有机质丰度高，具备形成大中型油气田的物质基础。

2）储层较差

虽然区块内发育有多套储层，但其物性较差，多为致密、超致密储层。

3）盖层较优

区块发育多套盖层，尤以雀莫错组巨厚膏岩盖层最优，同时还有多套泥页岩盖层、泥晶灰岩盖层。

4）圈闭构造发育

区块地表见波尔藏陇巴背斜，该背斜规模较大；地震解释在 TJ 反射层构造图上有 5 个圈闭构造，圈闭总面积为 74.25 km^2；在地震 TT_3 反射层构造图上发现圈闭 6 个，圈闭总面积为 77.42 km^2。

5）保存较差

区块断裂发育，地表见多条断裂，地震解释 16 条断裂，这些断层多断至地表，并且规模较大，对油气破坏作用较强；从构造改造强度上看，该区处于中强改造区。因此该区保存条件较差。

2. 目标优选

区块地震解释有 6 个圈闭构造，但只有一条联络测线，且主测线间相距较远，致使圈闭落实程度较低。地表波尔藏陇巴背斜规模较大，路线地质调查显示波里拉组黑色薄层状泥晶灰岩见多处油气显示（具浓烈的油气味），因此不排除在深部存在有效圈闭的可能。同时，该圈闭所在位置也与地震解释成果较为接近。

综合以上因素，波尔藏陇巴背斜上三叠统波里拉组、巴贡组地层分布区域为区块油气成藏条件相对较好的区域。

第二节　光明湖区块油气地质调查与评价

一、概述

光明湖区块位于西藏自治区双湖县西北部的光明湖一带，地理坐标为 N34°00′～34°13′、E87°00′～87°30′，面积约为 1100 km^2。大地构造上位于北羌塘拗陷西南部的玛尔果茶卡凸起之上，为油气聚集的有利地区。

原地质矿产部（1986 年）和原国土资源部（2004 年）组织完成的 1∶100 万、1∶25 万区域地质填图覆盖了该地区，并确定该区地表露头主要为中上侏罗统地层。中国地质调查局成都地质调查中心承担的“青藏高原重点沉积盆地油气资源潜力分析”（2001～2004 年）、“青藏高原油气资源战略选区调查与评价”（2004～2008 年）项目和通过对羌塘盆地地层沉积、油气地质、构造及保存条件等进行研究，优选出“光明湖区块”为羌塘盆地具有油气资源潜力的有利区块之一。2012 年，中国地质调查局成都地质调查中心承担的“青藏地区油气调查评价”项目在该区块开展了 600 km^2 的 1∶5 万石油地质填图，并认为该区块油气地质条件优越，具有油气资源潜力。

由于工作量较少等原因，本书没有在区块内安排实物工作量，本节仅根据前期资料对其进行分析和评价，并初步确定主要勘探目的层为中侏罗统布曲组，次要目的层为中下侏罗统雀莫错组和上三叠统藏夏河组。

二、基础地质特征

1. 地层特征

光明湖区块地表出露有上侏罗统索瓦组和下白垩统白龙冰河组海相地层及新生界陆相地层（图 7-5），但从区域上推测其下埋藏有中侏罗统夏里组和布曲组、中下侏罗统雀莫错组、上三叠统藏夏河组（或肖茶卡组）等地层，其中上三叠统与中下侏罗统雀莫错组之间可能为角度不整合或平行不整合接触，侏罗系至下白垩统白龙冰河之间各组均为整合接触，新生界地层与下伏各组为角度不整合接触。从上到下各组地层特征如下。

（1）三叠系。三叠系地表未见出露，从区域推测其岩性为灰色薄—中厚层状岩屑砂岩、粉砂岩、粉砂质泥岩、灰黑色碳质泥岩、泥页岩、泥晶灰岩、泥灰岩。厚度大于 1069 m。

（2）侏罗系。侏罗系包括上侏罗统索瓦组、中侏罗统夏里组、中侏罗统布曲组、中下侏罗统雀莫错组，仅见上侏罗统索瓦组出露地表。

中下侏罗统雀莫错组为紫红色、灰色粗—中—细砾岩、岩屑砂岩、含砾砂岩、细砂岩、粉砂岩、泥质岩夹泥晶灰岩、泥灰岩，局部见膏岩。沉积序列上具有下粗上细的充填序列。厚度大于 1735 m。

中侏罗统布曲组从区域上推测为灰色中厚层泥晶灰岩、生物碎屑灰岩、介壳灰岩、鲕粒灰岩等。厚度大于 669 m。

中侏罗统夏里组从区域上推测为灰色、灰绿色薄—中层状细砂岩、粉砂岩、粉砂质泥岩不等厚互层夹灰岩、泥灰岩。厚度大于 502 m。

上侏罗统索瓦组为一套以灰色中层状泥晶灰岩、生物碎屑灰岩、颗粒灰岩为主，夹有少量泥灰岩的岩石组合。厚度大于 960 m。

（3）白垩系。该区仅见下白垩统白龙冰河组，主要为灰色中薄层状泥晶灰岩、内碎屑灰岩、鲕粒灰岩、生物碎屑灰岩、泥灰岩夹泥页岩，产菊石和植物孢粉化石。厚度大于 865 m。

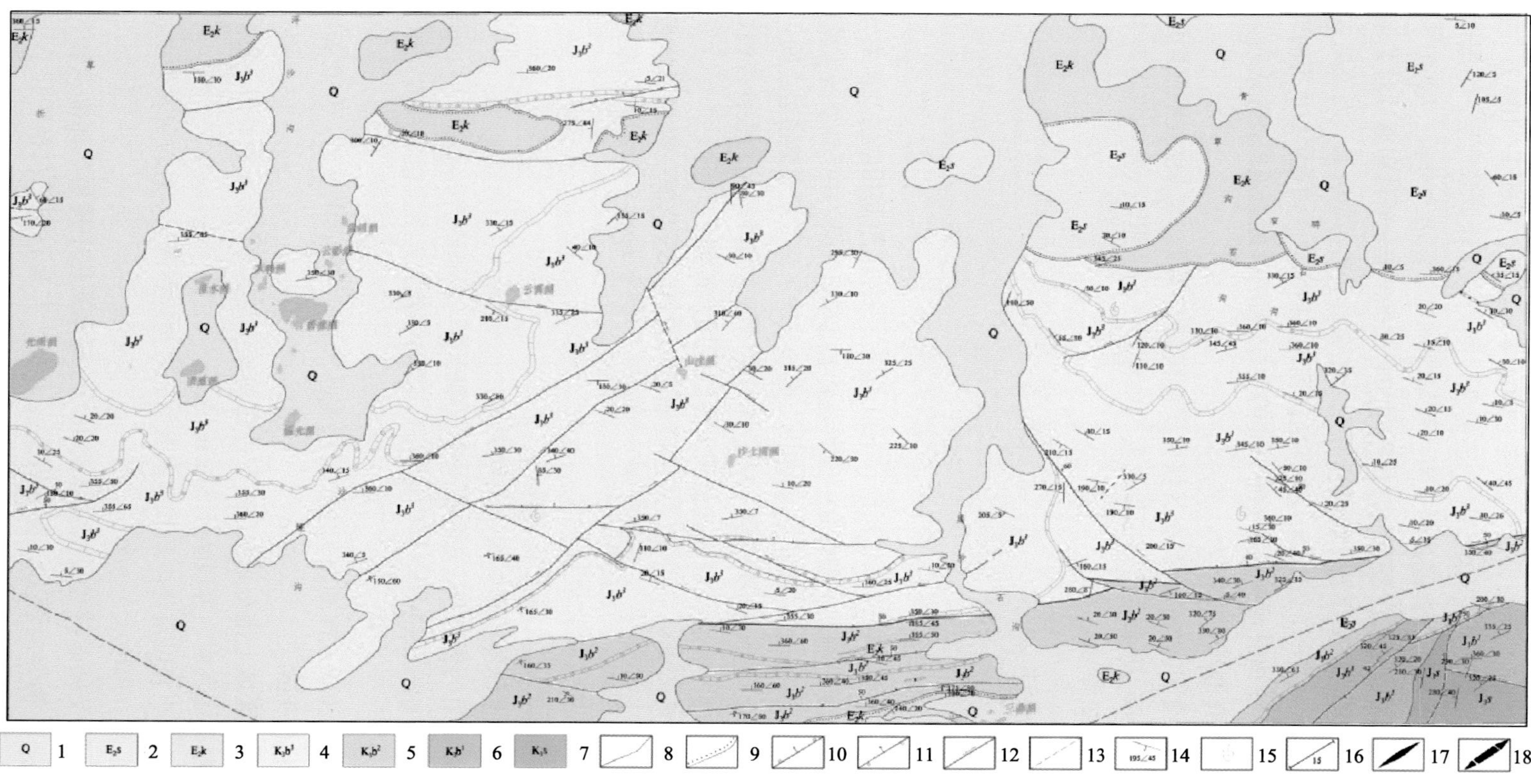

图 7-5　光明湖区块地质图

1. 第四系；2. 始新统唢呐湖组；3. 始新统康托组；4. 上侏罗统白龙冰河三段；5. 上侏罗统白龙冰河二段；6. 上侏罗统白龙冰河一段；7. 上侏罗统索瓦组；8. 地质界线；9. 不整合界线；10. 正断层；11. 逆断层；12. 走滑断层；13. 推测及遥感解译断层；14. 地层产状；15. 菊石采集点；16. 实测剖面及编号；17. 背斜；18. 向斜

（4）新生界。新生界包括古近系康托组、唢呐湖组和第四系。古近系康托组为一套河湖相灰褐、褐红色砂砾岩、砂岩、粉砂岩、泥岩、膏岩等沉积。唢呐湖组为一套湖泊相灰白色薄—中层状含膏藻灰岩夹内碎屑灰岩，底部发育复成分砾岩，上部发育膏灰岩，产介形虫。第四系为洪冲积、残坡积、湖积等成因的砂砾岩、泥岩等沉积。

2. 沉积相特征

晚三叠世藏夏河期（肖茶卡期）：区块位于前陆盆地斜坡至前渊相区，沉积了一套缓坡相泥晶灰岩、泥灰岩和浊积砂岩及深水泥页岩组合。其中，泥晶灰岩、深色泥页岩可作为生油岩，砂岩可作为储集岩。

早中侏罗世雀莫错期：区块主要位于北羌塘拗陷裂陷早期的河流-三角洲相带，沉积了一套河流-三角洲相砂砾岩、粉砂岩、泥岩组合。其砂砾岩可作为储集岩，粉砂岩、泥岩可作为盖层。

中侏罗世布曲期：区块位于碳酸盐台地的开阔台地相带，沉积了一套开阔台地相微泥晶灰岩及台内浅滩颗粒灰岩。其深色微泥晶灰岩可作为生油岩，颗粒灰岩可作为储集岩。

中侏罗世夏里期：区块主要位于北羌塘拗陷三角洲至潮坪潟湖相带，沉积了三角洲-潮坪相砂岩、粉砂岩、泥页岩及潟湖相泥晶灰岩泥灰岩夹泥页岩、膏岩。其中，深色泥晶灰岩、泥岩可作为生油岩，砂岩可作为储集岩。

晚侏罗世索瓦期：区块主要位于北羌塘拗陷开阔台地相-台盆相带，沉积了台内浅滩相颗粒灰岩、滩下泥晶灰岩夹泥灰岩沉积。其中，深色泥晶灰岩可作为为生油岩，颗粒灰岩可作为储集岩。

早白垩世白龙冰河期：区块位于北羌塘拗陷的海湾潮坪相带，沉积了潮坪相鲕粒灰岩、泥晶灰岩、泥灰岩夹泥页岩组合，可能有膏岩夹层。其深色泥晶灰岩、泥页岩可作为生油岩，鲕粒灰岩可作为储集岩，膏岩和泥页岩可作为盖层。

新生界：区块为大陆河湖相沉积，呈点状分布。康托组以河流相砂砾岩夹泥岩沉积为主；唢呐湖组以湖泊相钙质泥岩、灰岩夹膏灰岩沉积为主；第四系为残坡积、河流相砂砾岩沉积。

3. 构造特征

光明湖区块主要处于羌中舒缓构造带内，其褶皱和断裂构造发育。

1）褶皱构造

光明湖区块内共计有 13 个褶皱（图 7-6），其中有两个背斜长度大于 10 km。按其展布方向，可划分为北西西向、北北东向、北北西向、北东向四组方向。侏罗系构造层中的褶皱四组方向均有分布，而新生界构造层中只见及北西西一组褶皱，且新生界构造层中的褶皱翼间角明显舒缓。按其生成序列，划分出了四期褶皱作用，其中侏罗系构造层中的北西西向褶皱形成时间最早，北北东向褶皱规模最大，并叠加和改造了侏罗系构造层中的北西西向褶皱，控制了区块总体构造形态，北西向褶皱形成时间最晚。

2）断裂构造

通过野外填图并结合卫片解译，在区块内共计有 32 条断层，其中长度大于 3 km 的断

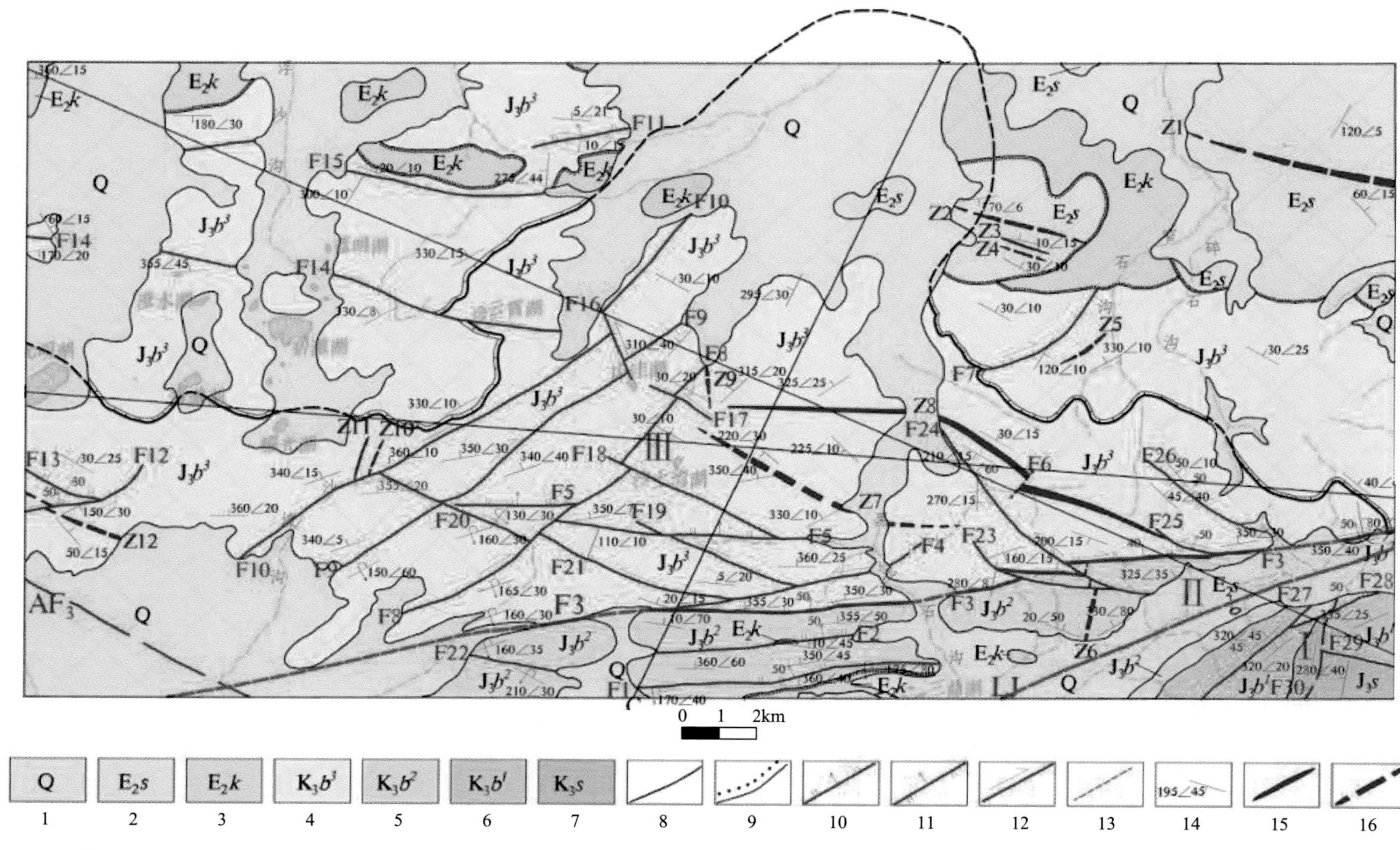

图 7-6　光明湖区块构造分区示意图

1. 第四系；2. 始新统唢呐湖组；3. 始新统康托组；4. 上侏罗统白龙冰河组三段；5. 上侏罗统白龙冰河组二段；6. 上侏罗统白龙冰河组一段；7. 上侏罗统索瓦组；8. 地质界线；9. 不整合界

层 20 条，而其长度大于 10 km 的断层就占有 5 条。区内的断层可划分为三个级别的断层：一级断层造就了区块内总体构造格局和构造样式；二级断层是区块于不同阶段的应力场的具体表现；三级断层反映了局部应力特征。

根据区块构造形态的差异，以南侧边界隐伏断层（LJ）、北东东向 F3 断层为界，将区块由南向北划分为东南侧北东向构造带（Ⅰ）；三鼎湖断夹块带（Ⅱ）；沙土湾湖鼻状构造带（Ⅲ）。总体看来，光明湖区块总体构造格局呈北西西向，同时区块内发育有一个大型鼻状构造——沙土湾湖鼻状背斜，该背斜控制面积达 328 km^2，占区块总面积的 52%，并控制了光明湖区块的总体构造形态。

同时，通过对区块内构造解析及应力场分析，分析了区块构造演化史。区块先后经历过近南北向的引张—北北东向挤压—近东西向右行走滑—近南北向的引张—北北东向挤压—南西向左行走滑，这与区块所位于的羌塘中生代盆地的形成及发展—闭合造山—后造山侧向挤压—造山期后引张—喜马拉雅期高原隆升紧密相连。

三、石油地质特征

1. 烃源岩特征

光明湖区块在地表仅出露有下白垩统白龙冰河组（K_1b）烃源岩，推测地下埋藏有中侏罗统布曲组及上三叠统藏夏河组烃源岩。烃源岩类型主要为碳酸盐岩和泥质岩两类。虽然白龙冰河组地层大面积出露地表，成为无效烃源层，但可以通过该组的烃源岩特征间接推测其下伏各层位烃源岩状况。

1）下白垩统白龙冰河

区块白龙冰河组生油岩为海湾潮坪相泥晶灰岩、泥灰岩、泥页，累计厚度为 881.12 m。20 件灰岩样品分析，有机碳含量为 0.01%～1.21%，平均值为 0.39%；其中好烃源岩样 10 件，代表厚度约 509.10 m，占地层厚度的 42%；中等烃源岩样 2 件，代表厚度约 252.34 m，占 21%；较差烃源岩样 2 件，代表厚度约 119.72 m，占 10%；非烃源岩样 6 件，占地层厚度的 27%；在这 10 件好烃源岩中有 2 件泥灰岩有机碳含量很高，含量分别为 1.21% 和 1.05%（表 7-8）。另外，采获 1 件泥质岩烃源岩，有机碳含量为 0.92%，达到中等烃源岩标准。总体上看该组烃源岩的残余有机碳含量较高。

表 7-8　光明湖区块烃源岩有机质丰度综合数据表

层位	样品编号	岩性	有机碳/%	恢复后有机碳/%	S_1/(mg/g)	S_2/(mg/g)	(S_1+S_2)/(mg/g)	氯仿沥青“A”/×10^{-6}
J_3-K_1b^1	D351SY	泥质岩	0.92	2.024	0.01	0.03	0.04	267.00
J_3-K_1b^2	PM1-9SY1	泥晶核形石灰岩	0.13	0.195	0.02	0.03	0.05	988.00
	PM1-10SY1	泥晶灰岩	0.03	0.045	0.01	0.02	0.03	119.00
	PM1-11SY1	核形石灰岩	0.01	0.015	0.01	0.03	0.04	411.00
	PM1-14SY1	核形石灰岩	0.21	0.315	0.01	0.03	0.04	408.00
	PM1-17SY1	含生物核形石灰岩	0.43	0.645	0.01	0.02	0.03	416.00

续表

层位	样品编号	岩性	有机碳/%	恢复后有机碳/%	S_1/(mg/g)	S_2/(mg/g)	(S_1+S_2)/(mg/g)	氯仿沥青“A”/×10^{-6}
J_3-K_1b^3	PM1-24SY2	微晶灰岩	0.72	1.08	0.08	0.06	0.14	3108.00
	PM1-25SY1	生物泥晶灰岩	0.56	0.84	0.01	0.04	0.05	405.00
	PM1-27SY1	含生物藻迹灰岩	0.65	0.975	0.01	0.03	0.04	359.00
J_3-K_1b^3	PM1-32SY1	泥晶灰岩	0.18	0.27	0.01	0.02	0.03	712.00
	PM1-35SY1	生物灰岩	0.06	0.09	0.01	0.02	0.03	54.00
	PM1-38SY1	含生物泥晶灰岩	0.62	0.93	0.02	0.03	0.05	888.00
	PM1-40SY1	泥质泥晶灰岩	0.32	0.48	0.01	0.02	0.03	32.00
	PM1-40SY2	介壳灰岩	0.38	0.57	0.01	0.02	0.03	53.00
J_3-K_1b^3	PM1-43SY1	泥晶含生物碎屑藻迹灰岩	0.37	0.555	0.01	0.03	0.04	61.00
	PM1-44SY1	泥质泥晶灰岩	0.04	0.06	0.02	0.04	0.06	72.00
	PM1-46SY1	泥晶灰岩	0.14	0.21	0.01	0.02	0.03	195.00
	PM1-47SY1	介壳灰岩	0.04	0.06	0.01	0.02	0.03	395.00
	PM1-49SY2	生物灰岩	0.05	0.075	0.01	0.06	0.07	649.00
	D376SY	泥灰岩	1.21	1.815	0.01	0.03	0.04	367.00
	D377SY	泥灰岩	1.05	1.575	0.06	0.18	0.24	293.00

区块烃源岩的产烃潜量（S_1+S_2）分布范围为 0.03～0.24 mg/g，平均值为 0.054 mg/g；氯仿沥青“A”含量分布范围为 32×10^{-6}～3108×10^{-6}，平均值为 488.19×10^{-6}，其中好烃源岩占 42%，中等烃源岩占 24%，较差烃源岩占 29%，非烃源岩占 5%，总体生油条件良好。

干酪根显微组分、干酪根稳定碳同位素（$\delta^{13}C$）及氯仿沥青“A”族组分特征分析，该组烃源岩的有机质类型为腐泥型，以II_1型为主，少量Ⅰ型和II_2型。

镜质体反射率显示，1 件泥质烃源岩样品 R_o 为 2.423%，20 件灰岩的 R_o 为 1.409%～2.116%（表 7-9），平均为 1.91%，处于高成熟阶段。岩石热解分析（T_{max}）为 473～514℃，平均为 494℃，处于高成熟阶段。

表 7-9　光明湖区块烃源岩 R_o 与 T_{max} 值统计表

层位	样品编号	岩性	R_o/%	T_{max}/℃
J_3-K_1b^1	D351SY	黏土岩	2.423	514
J_3-K_1b^2	PM1-9SY1	泥晶核形石灰岩	1.475	500
	PM1-10SY1	泥晶灰岩	1.409	503
	PM1-11SY1	核形石灰岩	1.437	487
	PM1-14SY1	核形石灰岩	1.518	494
	PM1-17SY1	含生物核形石灰岩	—	493

续表

层位	样品编号	岩性	R_o/%	T_{max}/℃
J_3-K_1b^3	PM1-24SY2	微晶灰岩	1.890	506
	PM1-25SY1	生物灰岩	1.985	496
	PM1-27SY1	含生物藻迹灰岩	1.972	496
	PM1-32SY1	泥晶灰岩	1.975	498
	PM1-35SY1	生物灰岩	1.973	500
	PM1-38SY1	含生物泥晶灰岩	1.988	489
J_3-K_1b^3	PM1-40SY1	泥质泥晶灰岩	1.993	496
	PM1-40SY2	介壳灰岩	2.005	492
	PM1-43SY1	微晶灰岩	2.003	490
	PM1-44SY1	泥质泥晶灰岩	2.017	473
	PM1-46SY1	泥晶灰岩	1.997	500
	PM1-47SY1	介壳灰岩	1.943	490
	PM1-49SY1	生物灰岩	2.008	486
	D376SY	泥灰岩	2.025	491
	D377SY	泥灰岩	2.116	507

2）布曲组烃源岩

由于区块内没有露头，但同处于开阔台地相带的向阳湖南、那底岗日一带有露头分布，据王剑等（2008）研究，向阳湖南剖面布曲组灰岩烃源岩厚度为 328 m，残余有机碳含量为 0.1%～0.18%，平均为 0.126%；那底岗日剖面布曲组灰岩烃源岩厚度 296 m，残余有机碳含量为 0.1%～0.25%，平均为 0.14%。据此结合该区块沉积相位置、同一区块的上覆白龙冰河组烃源岩较好等特点推测，该组烃源岩主要为深灰色泥晶灰岩烃源岩，烃源岩厚度在 300 m 左右，残余有机质丰度为 0.1%～0.2%，R_o 为 1.5～2.0，有机质类型为Ⅰ型、II_1 型。大致属于较差烃源岩—中等烃源岩。

3）上三叠统肖茶卡组（藏夏河组）烃源岩

由于该层位覆盖于地下，且附近未见出露，但该区块南部的沃若山地区和北部的藏夏河、多色梁子地区的该层位烃源岩发育，据王剑等（2008）研究，沃若山剖面泥质烃源岩厚度为 576 m，残余有机碳含量为 0.64%～3.29%，平均为 1.61%；藏夏河剖面泥质烃源岩厚度大于 304 m，残余有机碳含量为 0.42%～1.85%，平均为 0.7%，多色梁子剖面泥质烃源岩厚大于 116 m，残余有机碳含量为 1.52%～2.43%，平均为 1.84%。由于该区块处于三叠纪前陆盆地萎缩期的拗陷中部，应有较好的泥质烃源岩分布，因此推测，烃源岩主要为暗色泥页岩，厚度大于 100 m，残余有机质丰度为 0.4%～2.0%，R_o 为 1.5～2.0。属于中等—好烃源岩。

2. 储层特征

根据露头剖面样品测试及区域剖面推测，光明湖区块中生代储层有下白垩统白龙冰河组、中侏罗统布曲组、中下侏罗统雀莫错组、上三叠统藏夏河组。岩石类型有颗粒灰岩和砂砾岩。

虽然白龙冰河组已出露地表，成为无效储层，但可以从该套储层特征推测下伏储层状况。

1）下白垩统白龙冰河组储层

该组地层主要为潮坪滩相颗粒灰岩，包括鲕粒灰岩、砂屑灰岩、生物碎屑灰岩。储层厚度为 1706 m。

21 件碳酸盐岩储集岩样品（表 7-10），孔隙度为 0.5%～7.5%，平均为 2.75%；渗透率为 0.04～5.4 mD，平均为 1.06 mD。按照碳酸盐岩储层评价标准，以Ⅲ类储层为主，少量为Ⅱ类储层。

常规薄片的鉴定显示，光明湖地区储层样品的孔隙类型以次生孔隙为主，主要有溶蚀孔和裂缝，其中，裂缝分为成岩裂缝、溶蚀裂缝和压溶裂缝，未见原生孔隙。喉道类型主要有点状、片状、弯片状和管束状四种类型。

综上，白龙冰河组储层是低孔低渗储层，物性较差。由于地表样品经过长时间的风化作用，导致孔隙疏松。地下未出露的储层，可能会遭遇较严重的压实作用，使得储层物性更糟。当然，也不排除后期构造作用使得储层中裂缝发育，储层物性局部变好。

2）中侏罗统布曲组储层

根据附近露头剖面及同一区块上覆白龙冰河组储层较差等特点推测，布曲组储层主要为碳酸盐岩，厚度为 100～200 m，孔隙度为 1%～2%，渗透率为 0.1～1.0 mD，属于Ⅲ类、Ⅳ储层。

3）中下侏罗统雀莫错组储层

该组主要为碎屑岩储层，从附近露头剖面推测，储层厚度为 300～400 m，孔隙度为 3%～5%，渗透率为 0.04～1.0 mD，属于很致密储层。

4）上三叠统藏夏河组储层

该组主要为碎屑岩储层，从附近露头剖面推测，储层厚度为 100 m 左右，孔隙度为 3%～5%，渗透率为 0.04～1.0 mD，属于很致密储层。

总体看来，区块储层均为低孔低渗—特低孔低渗储层，储层物性较差。但也有可能受后期构造作用导致裂缝发育，储层物性在局部会变好。

3. 盖层特征与评价

光明湖区块盖层层位多、分布广、厚度大。从上到下有下白垩统白龙冰河组、上侏罗统索瓦组、中侏罗统夏里组及布曲组、中下侏罗统雀莫错组等，岩性有泥页岩、泥晶灰岩、泥灰岩等。

下白垩统白龙冰河组：为北羌塘拗陷海湾潮坪相沉积体，在区块内广泛分布，盖层岩性为泥灰岩、泥晶灰岩、泥质岩，可能还有膏岩，厚度为 2988 m。该套盖层厚度大，岩性组合较优，是区内优质盖层。

上侏罗统索瓦组：为开阔台地相至台盆相碳酸盐岩沉积体，盖层岩性为泥灰岩、泥晶灰岩，厚度为 495 m，从岩石组合上看具有一定的封盖能力。

中侏罗统夏里组：为三角洲至潮坪-潟湖相碎屑岩与灰岩沉积体，虽在光明湖区块未见露头，但从区域推测，盖层岩性包括泥质岩盖层、泥灰岩和致密灰岩、石膏，厚度为 297～723 m。总体上讲，该套地层的盖层厚度大，平面展布稳定，也是一套良好的区域性封盖层。

表 7-10　光明湖地区储层孔渗及压汞分析结果统计表

地层	样品编号	岩石类型	孔隙度/%	渗透率/mD	P_{c10}/MPa	R_{c10}/μm	P_{c50}/MPa	R_{c50}/μm	R_c>0.1μm/%	S_{min}/%	孔隙分级	喉道分级	孔喉组合类型
J_3-K_1b^2	PM1-12CH1	含砂质亮晶-泥晶含（藻）砾砂屑生物碎屑（藻）鲕粒灰岩	2.9	0.13	0.94	0.7979	12.16	0.0617	26.96	18.3	小孔隙	细喉道	小孔细喉
	PM1-22CH1	泥晶砂屑灰岩	1.8	5.4	1.39	0.5396	—	—	16.07	60.1	微孔隙	—	
	D359CH1	泥晶含生物碎屑核形石灰岩	0.8	0.07	1.73	0.4335	—	—	10.20	74.3	微孔隙	—	
	D903CH1	亮晶含生物碎屑含（藻）砾砂屑（藻）鲕粒灰岩	6.9	3.91	0.06	12.5	0.85	0.8824	62.66	28.5	中孔隙	中喉道	中孔中喉
	D905CH1	泥晶砂屑灰岩	3.9	0.07	0.79	0.9494	—	—	23.19	57.8	小孔隙	—	
J_3-K_2b^3	PM1-33CH1	泥晶灰岩	0.7	1.17	0.06	12.5000	—	—	25.89	65.11	微孔隙	—	
	PM1-24CH1	微晶（藻）砾砂屑灰岩	0.5	<0.04	2.55	0.2941	—	—	9.39	68.1	微孔隙	—	
	PM1-27CH1	泥晶藻迹灰岩	7.1	0.57	0.25	3.0000	10.12	0.0741	44.14	41.7	中孔隙	细喉道	中孔细喉
	PM1-30CH1	泥晶含生物碎屑含（藻）砾砂屑核形石灰岩	0.9	0.91	0.06	12.5000	15.23	0.0492	40.86	43.2	微孔隙	细喉道	微孔细喉
	PM1-37CH1	泥晶生物碎屑藻迹灰岩	3.6	0.49	0.54	1.3889	4.62	0.1623	52.62	32.12	小孔隙	细喉道	小孔细喉
	PM1-40CH1	泥晶含（藻）砾砂屑含生物碎屑核形石灰岩	7.5	3.91	0.21	3.5714	1.32	0.5682	68.86	21.5	中孔隙	中喉道	中孔中喉
	PM1-41CH1	泥晶含生物碎屑核形石灰岩	3.8	0.10	3.76	0.1995	—	—	6.49	75.4	小孔隙	—	
	PM1-48CH1	泥晶砂屑灰岩	1.5	<0.04	3.3	0.2273	—	—	8.98	64.75	微孔隙	—	
	PM1-49CH1	亮晶-泥晶（藻）砂屑灰岩	1.3	0.14	1.17	0.6410	21.42	0.0350	22.81	46.7	微孔隙	细喉道	微孔细喉
	PM2-7CH1	亮晶-泥晶（藻）砂屑（藻）鲕粒灰岩	4.3	0.86	0.38	1.9737	1.1	0.6818	77.32	17.84	小孔隙	中喉道	小孔中喉
	D311CH2	亮晶-泥晶含核形石鲕粒灰岩	1.6	2.32	0.15	5.0000	—	—	31.31	57.87	微孔隙	—	
	D368CH1	泥晶生物碎屑灰岩	1.9	<0.04	0.42	1.7857	—	—	29.38	53.1	微孔隙	—	
	D376CH1	泥晶-亮晶含（藻）鲕粒砂屑灰岩	1.7	<0.04	3.16	0.2373	—	—	12.82	51.6	微孔隙	—	
	D378CH1	泥晶含生物碎屑核形石灰岩	0.8	1.39	1.97	0.3807	—	—	13.70	57.1	微孔隙	—	
	D380CH1	泥晶核形石灰岩	1.4	0.45	0.12	6.2500	—	—	38.18	51.41	微孔隙	—	
	D791CH1	亮晶含生物碎屑（藻）鲕粒（藻）砾砂屑灰岩	2.8	0.16	0.52	1.4423	2.82	0.2660	65.55	14.21	小孔隙	中喉道	小孔中喉

中侏罗统布曲组：为开阔台地相碳酸盐岩沉积体，从区域推测其盖层岩性为泥晶灰岩、泥灰岩等，厚度大于 300 m。

中下侏罗统雀莫错组：为三角洲至潮坪相碎屑岩夹碳酸盐岩沉积体，推测其盖层岩性为粉砂质泥岩、泥晶灰岩、泥灰岩夹膏岩，厚度大于 500 m。

综上可知，光明湖区块的沉积相分布、盖层岩石组合及厚度、盖层分布等均反映良好，能够对地下油气藏起到保护作用。

4. 生储盖组合

根据生储盖发育情况，区块从下到上可划分出上三叠统藏夏河-中下侏罗统雀莫错组组合、中侏罗统布曲组-夏里组组合、下白垩统白龙冰河组-新生界组合等三套生储盖组合。由于区块内的白龙冰河组和新生界大面积暴露于地表，因此下白垩统白龙冰河组-新生界组合生储盖组合为无效组合。

上三叠统藏夏河-中下侏罗统雀莫错组组合：该组合的生油岩为藏夏河组泥质岩，储层为雀莫错组下部的砂砾岩，盖层为雀莫错组上部的泥页岩、泥晶灰岩夹膏岩，构成下生上储组合。

中侏罗统布曲组-夏里组组合：该组合生油岩为布曲组泥晶灰岩、泥质灰岩，储层为布曲组颗粒灰岩，盖层为夏里组泥岩、泥灰岩夹膏岩，构成自生自储组合。

四、圈闭条件与油气保存

1. 油气圈闭

在区块内，存在有一个大型鼻状背斜——沙土湾湖鼻状背斜，背斜控制面积为 328 km^2，占区块总面积的 52%。构造解析认为，该鼻状背斜形成于燕山晚期，与区块内中生代油气地层生油期配套较好；该鼻状背斜总体呈北北东 16°方向展布，并向北北东方向倾伏；沙土湾湖鼻状背斜形成于 F3 断层之后（或基本同时），其成因与 F3 断层左行走滑有关。地表未见油苗显示，盖层应当良好。由此说明，区块内沙土湾湖鼻状背斜控制范围是区内有利的，未被破坏的构造圈闭。另外，在沙土湾湖鼻状背斜内有一个较明显的背斜高点——Z8 背斜，构造解析认为，该背斜形成于沙土湾湖鼻状背斜之前，并受到了沙土湾湖鼻状背斜的叠加并改造。因此，在两背斜的叠加位置，构成了区内明显的构造高地，十分有利于油气的储集。

2. 油气保存

从区块出露地层来看，光明湖区块广泛出露下白垩统白龙冰河组地层，少量出露上侏罗统索瓦组地层，表明该区剥蚀程度较小。从区块内断层、岩浆分布来看，该区断层规模很小，且多为逆冲断层；该区未见岩浆岩分布，因此断裂、岩浆活动对油气藏破坏较小。从地表油气显示点分布来看，该区未发现沥青脉、油苗等油气显示，说明区内的破坏较弱。盆地构造改造强度显示该区处于盆地中强—弱改造地区。综上看出，该区块的油气保存较好，是寻找大中型油气藏的有利地区。

五、综合评价与目标优选

1. 油气综合评价

1）烃源岩条件发育

区块发育多套烃源岩，以上三叠统暗色泥质烃源岩最优，其厚度大，有机质丰度高，具备形成大中型油气田的物质基础。

2）储层较差

虽然区块内发育有多套储层，但其物性较差，多为致密、超致密储层。

3）盖层较优

区块发育多套盖层，盖层厚度大、分布广、岩性组合优良。

4）圈闭构造发育

区块地表见沙土湾湖鼻状背斜，背斜控制面积为328 km^2。

5）保存良好

区块剥蚀程度低，断层规模小，构造改造弱，因此该区保存条件较好。

2. 有利勘探目标选择

综合本书研究的成果，光明湖区块主要勘探目的层当是中侏罗统布曲组，次要目的层为中下侏罗统雀莫错组和上三叠统藏夏河组。有利区有两个（图7-7）。

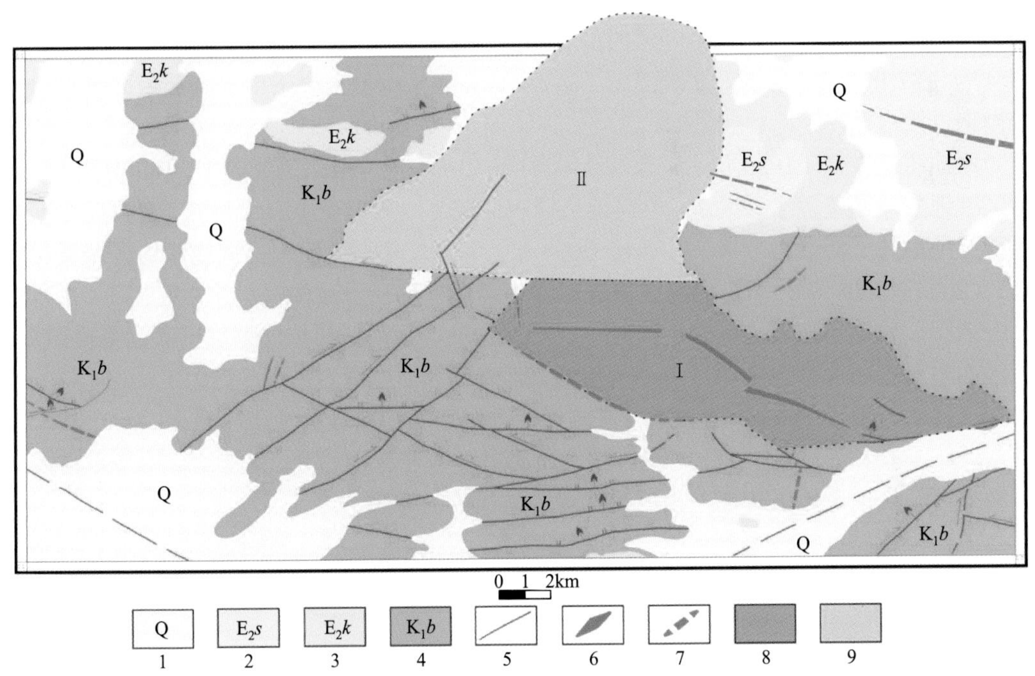

图7-7　光明湖区块有利区预测示意图

1. 第四系；2. 始新统唢呐湖组；3. 始新统康托组；4. 上侏罗统白龙冰河组；5. 断层；6. 背斜；7. 向斜；8. 有利区Ⅰ；9. 有利区Ⅱ

1）有利区Ⅰ

该区位于区块东南部，地表填出的沙土湾湖鼻状背斜是一个形态较好的背斜。构造解析认为，该背斜形成于沙土湾湖鼻状背斜之前，并受到了沙土湾湖鼻状背斜的叠加并改造。因此，在两背斜的叠加位叠，构成了区内明显的构造高地，十分有利于油气的储集。在背斜地表露头未见有油气显示，说明油气保存的效果非常良好，是一个有利的油气构造保存位置。

2）有利区Ⅱ

该区位于区块的北部，是大型鼻状背斜——沙土湾湖鼻状背斜的主要区域，在地表呈现明显的鼻状构造。根据构造解析成果，该鼻状背斜形成于燕山晚期，与区块内中生代油气地层生油期配套较好；该鼻状背斜总体呈北北东 16°方向展布，并向北北东方向倾伏，倾伏方向指向吐波错次级凹陷中心，因此也可以说其倾伏方向指向中生代油气地层生油中心区，十分有利于中心区的油气向南侧玛尔果茶卡凸起区运移时的聚集。同时，根据音频大地电磁法解释成果，该区地下可能发育有一套较为连续的石膏层，使得该区的油气保存条件得到提升。

第三节　胜利河区块油页岩调查与评价

一、概述

胜利河区块位于西藏自治区那曲市双湖县西北的胜利河地区，地理坐标为 N33°38′～33°47′、E87°00′～87°23.5′，面积约为 740 km^2。在大地构造上位于中央隆起带北侧与北羌塘拗陷过渡地区。

原地质矿产部（1986 年）及原国土资源部（2004 年）组织完成的 1∶100 万和 1∶25 万区域地质填图覆盖了该区块。中国地质调查局成都地质调查中心承担的“青藏高原重点沉积盆地油气资源潜力分析”（2001～2004 年）和“青藏高原油气资源战略选区调查与评价”（2004～2008 年）项目在该区块进行野外调查时发现了油页岩，并进行了 1∶5 万油页岩填图，确定了地表油页岩矿的时代、产出状况、规模及品位，估算了其远景资源量。中国地质调查局成都地质调查中心承担的“青藏地区油气调查评价”（2010～2014 年）项目在该区块开展了 150 km 的大地电磁测量，并阐述了油页岩的地下分布。

近年，本书研究团队再次对该区进行了野外调查和综合研究，基于此，本节以前人资料成果，结合地表地质特征，预测油页岩的区域内的分布。

二、基础地质特征

1. 地层特征

胜利河区块地表出露地层（图 7-8）由老到新为上侏罗统索瓦组（J_3s）、下白垩统白龙冰河组（K_1b）、古近系康托组（E_2k）、古近系唢呐湖组（E_2s）。各组地层特征如下：

索瓦组（J_3s）：一套深灰色厚层泥晶灰岩、生物碎屑灰岩与灰绿、深灰色钙质粉砂岩、泥质粉砂岩组成的地层体。未见底，厚度为 375～941 m。

白龙冰河组（K_1b）：该套地层为油页岩产出层位，据岩性组合特征，该组划分为下、中、上三段，各段均为整合接触。

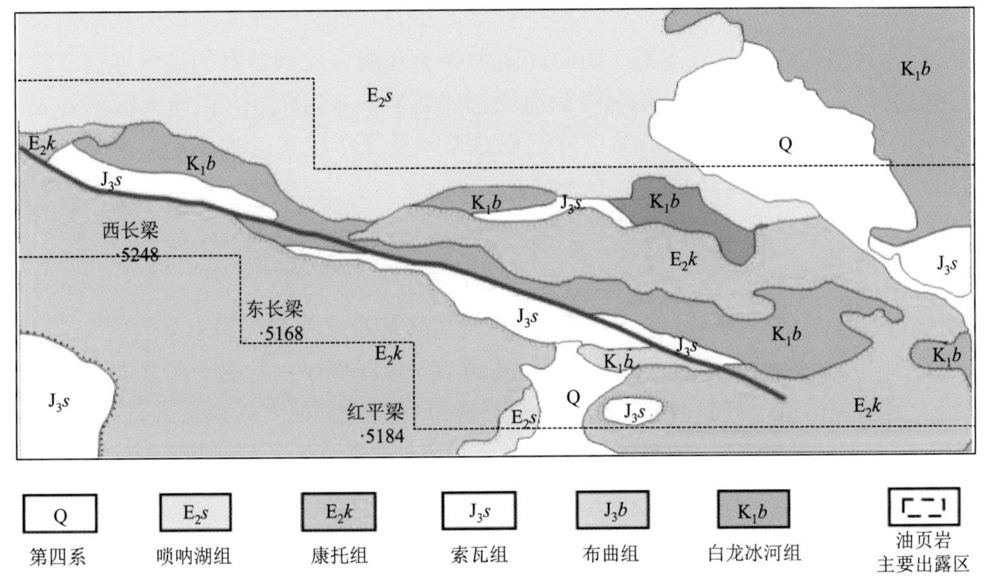

图 7-8　胜利河区块地层分布示意图

下段：为区块油页岩的赋存层位。主要岩性为深灰、灰色中厚层泥晶灰岩、生物碎屑泥晶灰岩夹灰黑、黑色中厚层油页岩。其顶底均为一套灰黑、黑色油页岩。以灰黑色、黑色厚层油页岩的出现与下伏索瓦组灰色中厚层生物碎屑泥晶灰岩、泥晶灰岩分界，两者呈整合接触。地层厚度为 22.01～72.05 m。

中段：岩性为浅灰色薄—中层状膏岩、泥岩。下部夹灰色中厚层生物碎屑泥晶灰岩，上部夹少量的碳质泥岩、灰黄及黄红色粉砂岩及泥岩。以浅灰色膏岩、灰色膏灰岩的出现与下段灰黑、黑色油页岩分界，两者呈整合接触。地层厚度大于 348.68 m。

上段：岩性为浅灰、灰色薄—中厚层状泥质泥晶灰岩、泥晶灰岩、生物碎屑泥晶灰岩。以灰色中层泥质泥晶灰岩的出现与下伏第二段灰色膏泥岩分界，两者呈整合接触。地层厚度大于 74.29 m。

古近系康托组（E_2k）：一套紫红色砾岩夹砂岩、含砾砂岩、粉砂岩及少量泥岩。角度不整合于下伏侏罗系、三叠系等不同层位之上。厚度为 850～3150 m。

古近系唢呐湖组（E_2s）：岩性以灰色、杂色、紫红色泥岩、泥灰岩、粉砂岩为主，次有石膏，底见砂砾岩，特别上部的淡水灰岩，标记清楚，易于识别，横向上显示自南而北和自西而东，碳酸盐岩成分减少，石膏成分和泥质碎屑岩增加的特征，在纵向上显示一个向上变细的退积序列。

第四系（Q）：测区第四系广泛分布。按成因类型主要有冲积、洪冲积、湖积、残坡积、风积等，其中以洪冲积最为发育。厚度大于 10 m。

2. 沉积相

研究区新生界地层为陆相沉积，其中康托组以洪冲积相、河流相紫红色砂砾岩、泥岩沉积为主；唢呐湖组以湖泊相红色泥岩、膏岩沉积为主；第四系为洪冲积、河流沉积。

研究区中生界地层为海相沉积，据王剑等（2009）研究，晚侏罗世索瓦期的北羌塘拗陷主要为台地相碳酸盐岩沉积，而研究区则处于开阔台地到台盆的过渡地区。早白垩世的北羌塘拗陷主要为河流三角洲相到海湾相碎屑岩夹灰岩沉积，而研究区则处于三角洲到海湾相过渡地区。研究区的油页岩沉积背景就是在早白垩世时羌塘盆地发生大规模海退在残留的海湾、潟湖环境中沉积形成。

3. 构造特征

研究区经受燕山、喜马拉雅构造运动后，构造形迹呈北西西—南东东向展布。野外露头调查发现，区块内地表褶皱、断裂构造均不发育，仅在其中南部见一条北西西向延伸且规模较大的断裂构造，该断裂构造作用及抬升剥蚀作用致使研究区油页岩露出地表。

三、油页岩特征

1. 油页岩分布

北羌塘盆地胜利河油页岩最早发现于 2006 年。截至目前，在胜利河地区已发现了横向延伸大于 50 km，出露宽度大于 30 km 的较大规模的油页岩成矿带。油页岩横向上总体呈东西向展布；纵向上具有多层式分布，其中最底部一层油页岩较为稳定，延伸长度大于 10 km；而上部油页岩单层厚度横向变化较大；单层厚度上东部地区较西部地区油页岩单层厚度大。

通过 12 条探槽工程揭露，油页岩层系累计厚度为 21.58～72.05 m，从西向东具体特征如下：

西部油页岩 5～7 层，西部的西段有 6 层；西部中段有 7 层；西部的东段有 5 层，最厚 1.07 m，薄者为 0.44 m，一般为 0.59～0.93 m。油页岩顶底板为泥晶灰岩、生屑泥晶灰岩，最上一层顶板为膏灰岩及膏岩。

中部油页岩 3～5 层，最厚 0.98 m，薄者为 0.13 m，一般为 0.40～0.90 m。油页岩顶底板为泥晶灰岩、生物碎屑泥晶岩。

东部油页岩 3 层，一般为 0.60～1.20 m，最厚 3.27 m，薄者为 0.20 m。油页岩顶底板为泥晶灰岩、生物碎屑泥晶灰岩。

2. 油页岩特征

胜利河地区油页岩新鲜面为深灰、灰黑色、灰褐色、褐黑色等，风化后略显灰色，弱油脂光泽，岩石较为疏松，能用指甲划出光滑的条痕，油页岩呈薄的叶片状或薄片状，可用小刀剥离出毫米级页片，油页岩易碎，破碎后断口呈贝壳状。

油页岩的表面，见有许多生物化石，主要为双壳类，这些双壳呈层状分布于油页岩的表面，由于受后期构造（挤压）的影响，双壳化石多呈扁平状，化石个体较小，大小多为1.0 cm。油页岩之下的泥晶灰岩中，也见有较多化石，这些化石以腕足类、双壳类为主，化石个体较小。油页岩层之上的灰岩裂隙中常含沥青。

将油页岩放入水中，水面上漂浮一层油花，油页岩可燃，油页岩燃烧时火焰长1～2 cm，烟浓黑，并发出浓烈的焦油臭味。

3. 油页岩等级划分

参照原国土资源部《2004年油页岩资源评价实施方案》及探槽工程对比图，主要选取含油率（ω）作为油页岩等级划分的标准，即把油页岩的含油率边界品位定为3.5%，按含油率的高低划分为ω＞10%、5%＜ω＜10%、3.5∠ω＜5%三个等级。在2012年的调查研究中，为了与毕洛错及伦坡拉盆地油页岩进行对比研究，还参考了含硫率以及灰分。按照油页岩的评价标准，研究区部分区域油页岩达到了工业开采品质。

4. 油页岩资源量计算

研究区是低勘探区，资源量计算参照《2004年油页岩资源评价实施方案》，采用体积丰度法计算，计算公式为$Q=S\times H\times D$。式中，Q为油页岩地质资源量，单位为t；S为油页岩面积，单位为m^2；H为油页岩厚度，单位为m；D为油页岩体重，单位为t/m^3。

油页岩的深度按探槽控制长度的1/4计算。

按上述的三个等级，结合探槽工程柱状对比，对研究区油页岩进行资源量计算，计算结果为：ω＞10%的资源量为0.04亿吨，占总资源量的0.90%；5%＜ω＜10%的资源量为0.15亿吨，占总资源量的3.34%；3.5%＜ω＜5%的资源量为4.30亿吨，占总资源量的95.76%；总资源量：4.49亿吨。

研究区56件油页岩测试的结果显示，其灰分为46.00%～89.33%，均值为63.05%；体重为1.68～2.44 t/m^3，均值为2.08 t/m^3；56件中有39件能测出发热量，发热量值为0.9～13.91 MJ/kg，均值为3.81 MJ/kg。从测试分析结果上可大致看出，含油率高的油页岩其灰分、体重相对较低，而含油率低的油页岩其灰分、体重相对较高。

5. 油页岩有机地球化学特征

油页岩是一种重要的油气烃源岩。对6条探槽中约30件油页岩样品进行烃源岩测试分析，并参照羌塘盆地泥质岩类烃源岩标准对其进行评价。

1）油页岩有机质丰度

研究区油页岩有机地球化学基本数据如表7-11所示。

表 7-11　胜利河区块油页岩有机地球化学分析数据

样品编号	S_1/(mg/g)	S_2/(mg/g)	(S_1+S_2)/(mg/g)	$S_1/(S_1+S_2)$/%	有机碳/%	氯仿沥青“A”/($\times10^{-6}$)	T_{max}/℃
TC1-5-1H	4.65	103.27	107.92	0.043	16.89	14665	449
TC1-5-2H	1.49	41.18	42.67	0.035	5.96	6848	455
TC1-5-3H	1.72	49.94	51.66	0.033	7.30	5227	452
TC1-5-10H	0.33	18.72	19.05	0.017	4.55	2964	435
TC1-5-12H	0.82	29.39	30.21	0.028	6.60	5645	438
TC1-7-1H	0.31	15.87	16.18	0.019	4.07	3370	433
TC1-7-3H	0.39	18.85	19.24	0.020	4.31	3929	433
TC1-7-9H	6.14	104.96	111.1	0.055	21.37	21357	451
TC2-6-1H	1.42	40.34	41.76	0.034	6.46	8420	444
TC2-6-3H	0.95	41.69	42.64	0.023	7.13	10721	432
TC2-6-5H	2.17	55.71	57.88	0.037	8.28	8709	436
TC2-6-9H	0.78	28.57	29.35	0.027	9.30	9467	433
TC2-6-13H	0.89	43.34	44.26	0.020	5.61	7678	432
TC2-6-15H	1.05	27.80	28.85	0.036	8.14	8104	432
TC2-6-17H	1.11	27.89	29.00	0.038	5.81	8397	434
TC2-10-1H	2.50	52.03	54.53	0.046	8.89	9806	459
TC2-10-3H	3.58	63.54	67.12	0.053	10.06	13963	454
TC2-10-5H	2.65	52.60	55.25	0.048	10.94	8036	460
TC2-10-9H	4.02	59.79	63.81	0.063	8.58	10658	452
TC2-10-11H	1.82	42.14	43.96	0.041	5.80	6531	434
TC3-3-1H	0.71	22.00	22.71	0.031	11.99	3816	441
TC3-3-2H	0.66	22.37	23.03	0.029	9.32	3515	442
TC3-3-3H	0.43	17.43	17.86	0.024	8.49	3074	444
TC3-3-4H	0.31	15.69	16.00	0.019	8.34	2959	443
TC3-3-5H	0.44	19.89	20.33	0.022	8.69	3170	443
TC3-3-6H	0.32	12.19	12.51	0.026	6.54	2605	439
TC5-1-1H	0.14	5.52	5.66	0.025	5.74	1200	447
TC5-1-3H1	0.23	10.41	10.64	0.022	8.12	1613	443
TC5-1-3H2	0.34	14.10	14.44	0.024	10.34	1722	445
TC5-1-5H	0.64	15.80	16.44	0.039	8.40	2296	444

从分析数据可看出，研究区内油页岩有机碳含量为4.07%～21.37%，均值为8.40%；氯仿沥青“A”为1200×10^{-6}～21375×10^{-6}，均值为6682×10^{-6}；生烃潜力(S_1+S_2)为5.66～111.1 mg/g，均值为37.20 mg/g。产油指数$[S_1/(S_1+S_2)]$为0.017%～0.063%，均值为0.032%。研究区油页岩有机碳丰度远高于羌塘盆地泥质岩好生油岩有机碳丰度，与国内各油页岩对比，各项参数也非常接近。

2）有机质类型

（1）干酪根显微组分。根据研究区内三件油页岩分析结果，研究区油页岩干酪根包括4种显微组分，即腐泥组、壳质组、镜质组和惰质组。其中，腐泥组含量为64%～70%，均值为67%，占绝对优势；次为镜质组含量为16%～18%，均值为17%；惰质组含量为10%～18%，均值为14.3%，壳质组含量为1%～2%；有机质类型为II_1-II_2。

（2）氯仿沥青“A”及族组分特征。研究区油页岩饱和烃含量为8.46%～34.69%，均值为18.59%，芳烃含量为13.08%～29.37%，均值为20.96%，饱/芳含量为0.53%～1.57%，均值为0.90%，饱和烃＋芳烃含量为21.87%～56.78%，均值为39.60%，非烃＋沥青质含量为32.98%～67.67%，均值为52.4%。其结果表明饱和烃、芳烃含量接近，饱和烃与芳烃比值较小，反映出油页岩具有较好有机质类型的特点及以腐泥—腐殖质型为主。

（3）有机质成熟度。

从表7-11可见，对研究区30件油页岩岩石进行热解分析，油页岩T_{amx}最大值为460℃，最小值为432℃，均值为433℃，也表明研究区油页岩热演化程度处于低成熟阶段。同时，三件油页岩的干酪根镜质体反射率（R_o）均值为0.63%，说明研究区油页岩烃源岩为低成熟阶段。从孢粉颜色上判断，研究区在上侏罗统—下白垩统地层采集的8件孢粉样品，全部检测出孢粉化石。孢粉呈黄棕色，也大体上反映出研究区上侏罗统—下白垩统地层处于低成熟阶段。

综合以上分析，本书从研究区油页岩的有机质丰度、有机质类型及有机质成熟度进行综合评价，认为油页岩为很好的烃源岩。

6. 油页岩对比评价

对青藏地区胜利河、毕洛错及伦坡拉盆地油页岩进行工业分析，结果显示：胜利河地区油页岩含油率较高，最高达10.4%，平均为4.42%，53%的油页岩样品含油率大于或等于3.5%；毕洛错地区油页岩含油率一般为2.7%～5.8%，平均为4.06%，70.6%的油页岩样品含油率大于3.5%；伦坡拉盆地油页岩含油率最高，为5%～10.3%，平均值为7.19%，伦坡拉地区油页岩样品含油率均大于3.5%。以上分析表明，胜利河、毕洛错及伦坡拉三个地区油页岩的含油率都达到了油页岩矿的标准，伦坡拉盆地的含油率最高，其次为胜利河和毕洛错地区。以前述油页岩品质评价表来看，伦坡拉盆地油页岩品质为中级油页岩，具有最大的勘探开发潜力。

灰分也是衡量油页岩品质的重要参数。胜利河地区油页岩灰分含量为53.16%～57.76%，平均为56.15%，为低灰分油页岩；毕洛错地区油页岩灰分含量为60.21%～88.25%，平均为69.8%，为高灰分油页岩；伦坡拉盆地油页岩灰分含量为74.97%～84.74%，平均为80.8%，为高灰分油页岩。以上结果表明，胜利河地区油页岩灰分较低，另两个地区油页岩灰分都较高，灰分均值由低到高的顺序为胜利河地区、毕洛错地区及伦坡拉盆地。从灰分与含油率的相关性图可知（图7-9），胜利河与伦坡拉地区灰分与含油率呈一定的负相关性，而毕洛错地区灰分与含油率的负相关性较为明显（$R^2=0.47$）。一般而言，灰分与含油率成反比，该参数越低，油页岩的品质可能越好。从油页岩品质评价表的灰分来看，胜利河地区油页岩品质较好，为低灰分油页岩。

全硫含量是评价油页岩利用时的潜在环境污染程度的重要指标。全硫含量越高，油页岩利用时的潜在环境污染程度越大。全硫含量小于1%为特低硫油页岩，在1%～1.5%范围内的为低含硫油页岩，在1.5%～2.5%范围内的为中含硫油页岩，在2.5%～4.0%范围内为富含硫油页岩。青藏地区油页岩工业分析表明，胜利河地区硫含量为0.12%～0.6%，平均值为0.26%；毕洛错地区油页岩硫含量为0.12%～0.62%，平均值为0.28%；伦坡拉盆地油页岩硫含量为 0.19%～1.03%，平均值为 0.45%。三个地区油页岩含硫率都较低，为特低硫型油页岩，油页岩开发利用时，对环境的污染程度轻。从含油率与全硫含量的相关性图可知（图 7-10），在胜利河与毕洛错地区，含油率越高，全硫含量也高，呈一定的正相关性；而伦坡拉盆地的含油率与硫含量不具有相关性，伦坡拉油页岩开发利用时，并不因高含油率而对环境造成污染，为优质油页岩。

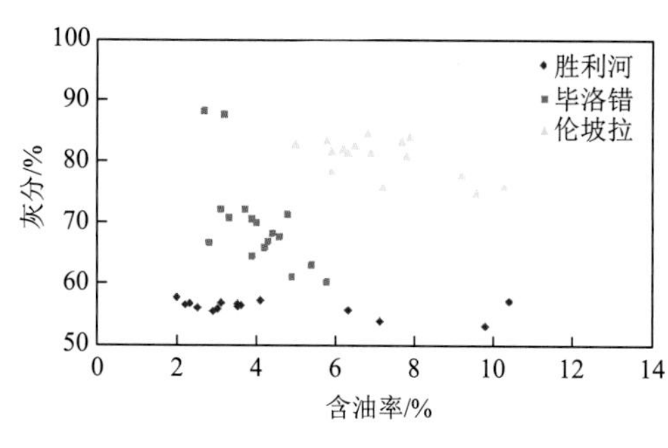

图 7-9　青藏地区含油率与灰分线对比图

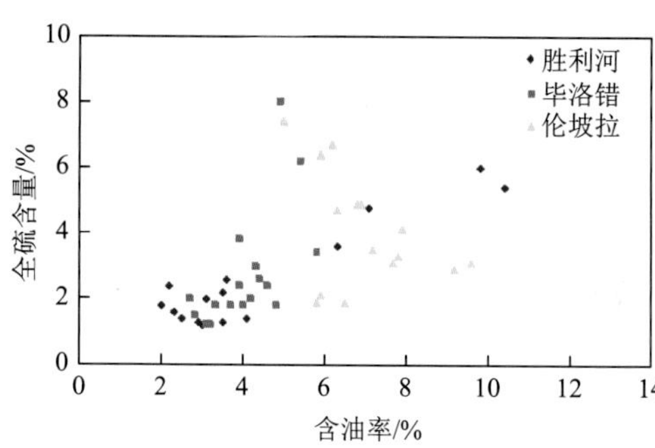

图 7-10　含油率与全硫含量对比图

综上，胜利河地区油页岩含油率较高，灰分最低，是低灰分特低硫型油页岩。同时，胜利河油页岩发现早，前人研究多，积累资料丰富，是可能取得油页岩突破的有利区域。

四、音频大地电磁特征

通过音频大地电磁（audio magnetotelluric，AMT）测量、物性样品检测，结合前人资料分析，认为区块油页岩及膏岩层系是低阻电层（表 7-12）。

表 7-12　地层 AMT 电性分层表

地层	主要岩性	相对电阻率/(Ω·m)	电性分层
Q	冲积物、黏土	中阻（30～50）	第一电性层
E	紫红色砂砾岩、泥岩夹石膏		
K_1b^3	泥岩、粉砂岩夹石膏		
K_1b^2	灰岩为主		
K_1b^1	油页岩、膏岩、泥页岩为主	低阻（<10）	第二电性层
J_3s	灰岩为主	高阻（>100）	第三电性层
J_2x	泥页岩为主	低阻（40～60）	第四电性层
J_2b	灰岩为主	高阻（>150）	第五电性层
$J_{1-2}q$	紫红色砂砾岩、泥岩夹石膏		
T_3n	中基性火山岩		
T_3x	含煤地层	低阻（<10）	第六电性层
T_2	灰岩为主	高阻（>100）	第七电性层

在完成各电性分层之后，通过对剖面资料和地表露头对应的定性、定量解释，本书确定了剖面电性结构、地质结构特征，从而推断解释了各剖面的构造特征及断裂分布情况，并对各电性地质构造层的空间展布进行相应描述。

通过 4 条测线的反演解释，得到以下结论：

（1）I 测线物性特征和反演剖面反映，露头油页岩和膏岩层为低阻层，剖面南端在埋深较浅（300～400 m）的位置发育有一套相对低阻层，其上覆和下伏地层电阻率相对较高，此层厚度约为 300 m。初步推测其为油页岩和膏岩层的综合反映。

（2）II 测线剖面和结合地表地质推测，剖面南段（龙尾湖凹陷西段）呈现为近地表相对高阻（$Q\text{-}K_1b^2$），埋深 300～500 m 以下发育一套厚约 500 m 低阻层，推测为油页岩及膏岩层系（K_1b^1）。

（3）III测线反演剖面看，近地表为相对高阻层，虽然 152～160 号点一带有 K_1b^1 地层出露，只是表现电阻率略低，推测此剖面位置油页岩及膏岩层反应的低阻层不发育。

（4）IV测线剖面看，推测中东段为油页岩及膏岩层反应的低阻层均近于出露且比较发育，虽然在剖面西段地表同样出露 K_1b^2，但这种低阻层不发育，即油页岩及膏岩层相对不发育。

（5）根据断裂判断原则及结合重磁资料、地质资料，剖面上共确定 7 条主要断裂。其中，最重要的断裂是 F1-1 断裂。综合各剖面解释成果，油页岩及膏岩层系所反应的低阻层，主要分布在 F1-1 断裂南侧龙尾湖凹陷中，F1-1 是一条对油页岩及膏岩层系展布起较大控制作用的断裂。F1-1 断裂向南逆冲，在断裂 F1-1 上盘形成一近东西向展布的油页岩及膏岩层系出露。由此，在龙尾湖凹陷中，推测为油页岩及膏岩层反应的低阻电性层埋深一般为 300～500 m，厚为 300～500 m。F1-1 断裂为一条地下断裂，根据地面地质与地下解释成果综合判断，F1-1 断裂大致位置在区块内主断层南部 3 km 处。

玛尔果茶卡凸起南侧，油页岩及膏岩层的低阻电性层不发育，或者说此低阻层较薄，AMT 不能明确划分出来。

五、综合评价与目标优选

结合前人及本轮工作的成果，本书认为胜利河油页岩有一定的工业价值。目前受制于缺乏地下资料，以及地表资料受风化作用影响较为严重，对于胜利河油页岩的地下分布情况、具体储量仍不够了解。

地表露头工作发现，研究区内油页岩呈近东西向分布，延伸长度达 30 km。油页岩单层厚度小，累积厚度不大，除最底部一层油页岩较稳定外，其余各层横向上变化较大，含油页岩岩系厚度不大且横向上厚度变化较大。探槽样品测试分析表明研究区油页岩具有含油率以中部的西段及西部的东段最高，两侧含油率较低的特征。胜利河油页岩形成时，海水向西北退出，区域大致处于局限台地潟湖相环境。受沉积环境影响，油页岩和泥灰岩、含生物灰岩互层的潟湖相页岩发育，这导致了油页岩具有展布面积较广，但厚度不大，且与其他岩性互层的特点。

地球物理方法表明，油页岩与石膏在地下均为一种相对低阻层。该层埋藏浅（300～

500 m)、厚度大（300～500 m)。在地表露头区域的中东段，AMT 剖面上反映较为明显。三条北东方向走向的 AMT 剖面的南段区域，地下都有较好的油页岩反应。区域上，根据 AMT 解释结果，油页岩展布受地下 F1-1 断层影响较大，推测在该断层下，向南直到龙尾湖凹陷可能会有 300～500 m 的厚度，延展稳定的油页岩发育。

根据地表调查及 AMT 法检测成果，本书总结出了油页岩发育有利区推测图（图 7-11)。在研究区的南部，地下可能会有发育好、厚度大的连片油页岩。由于该套油页岩埋藏浅，建议在该区域布置浅钻，以验证 AMT 法解释结果，进一步查明油页岩的地下发育情况。

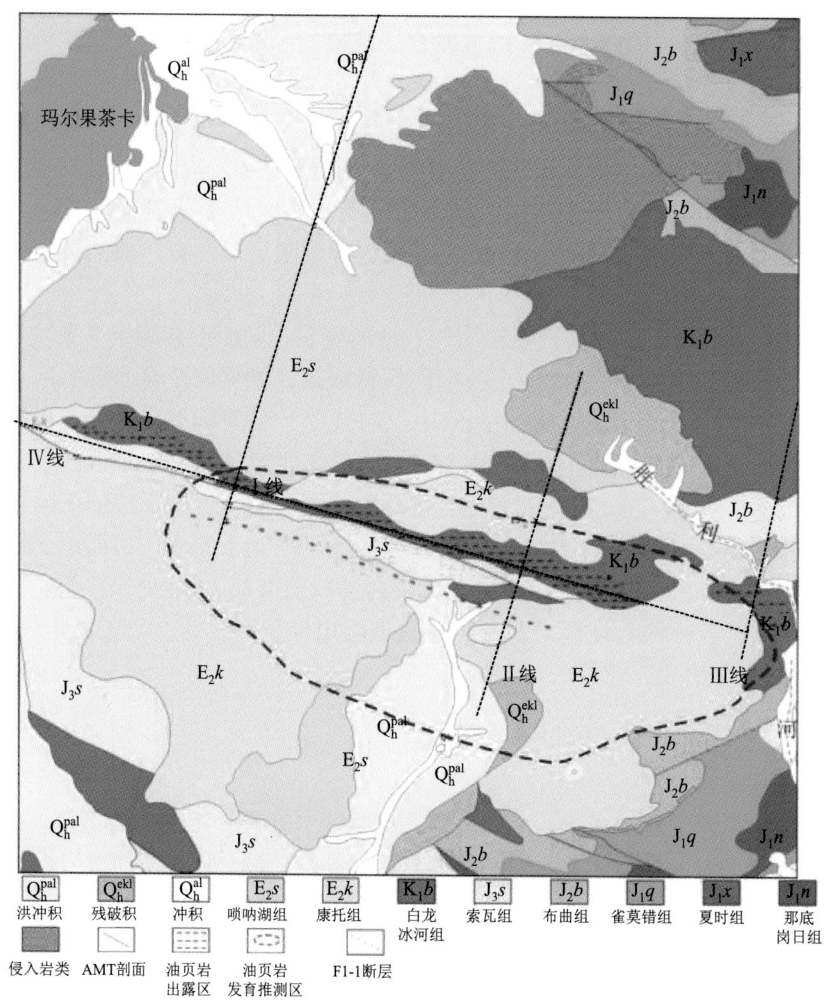

图 7-11 胜利河油页岩发育有利区推测示意图

此外，在胜利河东岸及北部地区，也有 K_1b 地层发育，可以在这两个区域进行地表调查，以进一步拓展、扩大油页岩的分布范围。同时，还需要进一步加强区内已见膏泥盖层的研究，总结其形成的沉积环境，推测其发育的大致范围，为区内及邻区的常规油气勘探中盖层方面的研究，打下基础。

第八章　结论与建议

“羌塘盆地重点区块调查与评价”项目属于“羌塘盆地金星湖—隆鄂尼地区油气资源战略调查”二级项目之下的子项目，承担单位为中国地质调查局成都地质调查中心。在中国地质调查局的统一领导下、成都地质调查中心的精心组织管理下，项目全体人员严格按照任务书要求，经过四年的野外调查、样品采集及室内测试分析等工作，全面收集、整理、分析、综合前人资料和本二级项目各子项目成果的基础上，通过地层学、沉积学、构造学、石油地质学及地球物理测量等综合研究，在多方面深化了前人的认识，并取得了以下方面的成果和新认识。

一、主要成果与认识

（1）本书概述了盆地的边界、基底、构造层及构造单元、地层划分与对比、沉积相及古地理、盆地性质及演化过程等基础地质特征，认为羌塘盆地具有形成大型油气田的地质背景。

（2）本书阐述了盆地主要生储盖层及组合、油气成藏等基本石油地质特征，认为羌塘盆地具有形成大型油气田的物质基础和封盖条件。在王剑等（2008）优选出的 6 个远景区带及 9 个远景区块基础上，确定了本书主要评价对象是：半岛湖区块、托纳木区块、隆鄂尼-昂达尔错区块、鄂斯玛区块、玛曲区块、光明湖区块和胜利河区块。

（3）在对半岛湖区块进行二维地震测量及连片处理解释、地质调查井揭示、羌科 1 井实施等基础上，结合前期调查成果，取得以下成果与认识：①区块生储盖油气地质条件及油气圈闭条件发育；油气保存条件优越，特别是夏里组和雀莫错组巨厚膏岩层对油气保存极为有利。②地震精细解释划分了 5 个次级构造单元，落实了 9 个地覆构造，并优选出半岛湖 6 号和半岛湖 1 号为区块最有利构造。③通过钻井揭示，确定区块中侏罗统布曲组、上三叠统那底岗日组底部、上三叠统肖茶卡组上部存在油气藏。④综合评价认为区块是羌塘盆地最具勘探潜力的地区之一，勘探第一目的层为中侏罗统布曲组颗粒灰岩及礁灰岩层，第二目的层为中下侏罗统雀莫错组砂砾岩层和上三叠统肖茶卡组砂岩层；目标构造为 6 号构造和 1 号构造。

（4）在托纳木区块通过二维地震加密测量及连片处理解释基础上，结合前期调查成果，取得以下成果与认识：①系统阐述了区块地层及沉积特征、构造特征、油气地质特征等，认为区块成藏条件优越，主要背斜构造区油气保存条件较好。②地震精细解释确定区块具有“两隆夹一凹”构造形态，落实了 6 个地腹构造，并优选出托纳木 4 号构造和托纳木 2 号构造为区块最有利构造。③综合评价认为区块具有油气资源勘探潜力，勘探第一目的层为中侏罗统布曲组颗粒灰岩层，第二目的层为中下侏罗统雀莫错组砂砾岩层和上三叠统肖茶卡组砂岩层；目标构造为 4 号构造。

（5）在隆鄂尼-昂达尔错区块二维地震测量解释及路线地质调查基础上，结合前期成果，本书取得了以下成果与认识：①阐述了区块地层、沉积及构造特征、油气生油-储层-盖层特征和油气成藏及保存条件；②详细论述了研究区白云岩层的时空分布、白云岩的结构构造、成因（该带白云岩至少有三期成因的复合，即早期低温混合水白云石化、中期高温埋藏白云石化、晚期燕山和喜马拉雅期构造白云石化）、物性特征，建立了油藏模式；③复电阻率圈定了 4 个异常区。地震解释出了 14 个圈闭构造，圈闭类型以断背斜、断鼻为主，圈闭总面积为 299.69 km^2；④综合评价区块具有一定的勘探潜力，勘探目标层位为中侏罗统布曲组含油白云岩层、中侏罗统沙巧木组石英砂岩和上三叠统土门格拉组上部砂岩层；目标区为北部逆冲断层下盘和凹陷内的玛日巴晓萨低凸起地区。

（6）在对鄂斯玛区块进行路线地质调查、区块石油地质填图、二维地震测量及处理解释等工作基础上，本书取得以下成果：①分析了区块基础地质、油气地质、油气成藏与保存等基本石油地质条件；②首次在区块唐日江木东-托木日阿玛一带布曲组地层中发现多个含油白云岩点，说明南羌塘拗陷隆鄂尼-昂达尔错古油藏带可以东延至鄂斯玛区块；③在地震 TJ 反射层构造图上发现圈闭 12 个，圈闭总面积为 370.3 km^2；地震 TT_3 反射层构造图上，发现圈闭 14 个，圈闭总面积为 230.71 km^2；④通过综合评价，区块具有勘探潜力，勘探目标位为中侏罗统布曲组含油白云岩层和上三叠统夺盖拉组砂岩层，目标构造为鄂斯玛 6 号、鄂斯玛 7 号、鄂斯玛 8 号；⑤建议在此三个构造上部署三口预探井，了解该区地层发育情况及主要目的层含油气性，同时验证地震资料解释成果，为下一步勘探评价羌塘盆地油气资源提供科学依据。

（7）针对其他区块，在简要分析区块的基础地质及油气地质等基础上，本书提出：玛曲区块的波尔藏陇巴背斜地区值得开展进一步工作，目标层位为上三叠统波里拉组、巴贡组；光明湖区块的沙土湾湖鼻状背斜值得开展进一步工作，主要目的层为中侏罗统布曲组，次要目标层位为中下侏罗统雀莫错组和上三叠统藏夏河组；推测胜利河区块的油页岩分布位于 F1 断裂以南，发育好、厚度大、埋深较浅、值得浅钻验证。

二、存在的主要问题与建议

1. 加强光明湖区块、玛曲区块等远景区块的二维地震测量

重点区块调查的目的之一是寻找地下（大致在埋深 7000 m 以内）圈闭构造和可能的油气藏，最终为油气勘探提供施钻靶区。而地震测量是提供地下圈闭构造和判定可能油气藏的有力手段。因此建议开展光明湖区块、玛曲区块等远景区块的地震测量，通过地震影像，一方面可了解地表构造向地下的延伸状况，构造、岩浆的分布及对油气藏的改造等；另一方面认识地下圈闭构造的形态、范围、延伸状况及圈闭的高度、幅度和油气异常等。

2. 开展科研深井钻探与地表地质对比研究

研究区确定的目的层及生储盖组合均埋藏于地下深部，各种评价数据主要来自邻区地表推测，急需钻井资料来验证；现今研究区地震解释主要从地表地质信息进行推断，没有钻井资料的标定。通过科研深井钻探和地表地质对比研究，可以提高地表样品数据的可靠性和地球物理解释的准确性，从而提高对区块油气资源潜力分析的精度。

参 考 文 献

边千韬，常承法，郑祥身，1997. 青海可可西里大地构造基本特征[J]. 地质科学，32（1）：37-46.

边千韬，沙金庚，郑祥身，1993. 西金乌兰晚二叠世—早三叠世石英砂岩及其大地构造意义[J]. 地质科学，28（4）：327-335.

常承法，1992. 特提斯及青藏碰撞造山带的演化特点//大陆岩石圈构造与资源[M]. 北京：海洋出版社.

陈浩，王剑，王羽珂，等，2016. 西藏隆鄂尼-昂达尔错地区布曲组白云岩地球化学特征及成因[J]. 新疆石油地质，37（5）：542-548.

陈兰，伊海生，胡瑞忠，2016. 藏北羌塘地区侏罗纪颗石藻化石的发现及其意义[J]. 地学前缘，10（4）：613-618.

陈明，谭富文，汪正江，等，2007. 西藏南羌塘拗陷色哇地区中—下侏罗统深色岩系地层的重新厘定[J]. 地质通报，26（4）：441-447.

陈明，王剑，谭富文，等，2010. 藏北北羌塘拗陷中西部地区布曲组碳酸盐岩烃源岩分布特征[J]. 石油实验地质，32（2）：185-191.

成都地质矿产研究所，2005a. 龙尾错地区 1∶5 万区域地质调查报告[R].

成都地质矿产研究所，2005b. 中华人民共和国 1∶25 万黑虎岭幅、多格错仁幅、江爱达日那幅、吐错幅区域地质调查报告[R].

成都理工大学，2002. 中华人民共和国 1∶25 万乌兰乌拉湖幅区域地质调查报告[R].

邓万明，1984. 藏北东巧-怒江超基性岩的岩石成因//喜马拉雅地质（Ⅱ）[M]. 北京：地质出版社.

杜德道，曲晓明，王根厚，等，2011. 西藏班公湖-怒江缝合带西段中特提斯洋盆的双向俯冲：来自岛弧型花岗岩锆石 U-Pb 年龄和元素地球化学的证据[J]. 岩石学报，27（7）：1993-2002.

冯兴雷，付修根，谭富文，等，2016. 北羌塘盆地沃若山地区早侏罗世雀莫错组砂岩地球化学特征与物源判别意义[J].中国地质，43（4）：1227-1237.

付修根，王剑，汪正江，等，2008. 藏北羌塘盆地菊花山地区火山岩 SHRIMP 锆石 U-Pb 年龄及地球化学特征[J]. 地质论评，54（2）：232-242.

付修根，王剑，汪正江，等，2009. 藏北羌塘盆地胜利河油页岩干酪根特征及碳同位素指示意义[J]. 地球学报，30（5）：643-650.

侯增谦，卢记仁，李红阳，等，1996. 中国西南特提斯构造演化——幔柱构造控制[J]. 地球学报，17（4）：439-453.

黄汲清，陈炳蔚，1987. 中国及邻区特提斯海的演化[M]. 北京：地质出版社.

黄继钧，2001. 羌塘盆地基底构造特征[J]. 地质学报，75（3）：333-337.

吉林大学，2005. 中华人民共和国 1∶25 万玛依岗日幅区域地质调查报告[R].

吉林省地质调查院，2005. 中华人民共和国 1∶25 万帕度错幅、昂达尔错幅区域地质调查报告[R].

李才，2003. 羌塘基底质疑[J]. 地质论评，49（1）：5-9.

李才，王天武，杨德明，等，2000. 西藏羌塘中部都古尔花岗质片麻岩同位素年代学研究[J]. 长春科技大学学报，30（2）：105-109.

李才，翟庆国，程立人，等，2005. 青藏高原羌塘地区几个关键地质问题的思考[J]. 地质通报，24（4）：295-301.

李勇，王成善，伊海生，等，2001. 青藏高原中侏罗世—早白垩世羌塘复合型前陆盆地充填模式[J]. 沉积学报，19（1）：20-27.

梁桑，周涛，李德威，等，2017. 班公湖中特提斯洋向南俯冲的时限：来自 SSZ 型辉长岩的制约[J]. 大地构造与成矿学，41（5）：989-1000.
刘宝珺，曾允孚，1985. 言行古地理基础和工作方法[M]. 北京：地质出版社；1-13.
刘家铎，周文，李勇，等，2007. 青藏地区油气资源潜力分析与评价[M]. 北京：地质出版社.
刘建清，贾宝江，杨平，等，2008. 羌塘盆地中央隆起带南侧隆额尼-昂达尔错布曲组古油藏白云岩稀土元素特征及成因意义[J]. 沉积学报，26（1）：28-38.
刘建清，杨平，陈文彬，等，2010. 羌塘盆地中央隆起带南侧隆额尼-昂达尔错布曲组古油藏白云岩特征及成因机制[J]. 地学前缘，17（1）：311-321.
刘增乾，徐宪，潘桂堂，等，1990. 青藏高原大地构造与形成演化[M]. 北京：地质出版社.
罗建宁，1995. 论东特提斯形成与演化的基本特征[J]. 特提斯地质，19：1-18.
莫宣学，路凤香，沈上越，等，1993. 三江特提斯火山作用与成矿[M]. 北京：地质出版社.
牟传龙，王启宇，王秀平，等，2016. 岩相古地理研究可作为页岩气地质调查之指南[J]. 地质通报，35（1）：10-19.
潘桂棠，陈智梁，李兴振，等，1997. 东特提斯地质构造形成演化[M]. 北京：地质出版社.
潘桂棠，李兴振，1996. 东特提斯多弧-盆系统演化模式. 岩相古地理[J]，16（2）：52-65.
潘桂棠. 1983. 初论班公湖-怒江结合带[J]. 青藏高原地质文集，（12）：229-242.
青海省地质调查院，2004. 中华人民共和国 1∶25 万沱沱河幅区域地质调查报告[R].
青海省地质调查院，2005. 中华人民共和国 1∶25 万治多县幅、杂多县幅区域地质调查报告[J].
沈上越，张保民，刘祥品，等，1994. 金沙江带洋脊火山岩特征研究[J]. 特提斯地质，18：130-141.
孙伟，陈明，曾胜强，等，2013b. 西藏羌塘盆地半岛湖中生代索瓦组的层状礁：群落结构和时代[J]. 地质通报，32（4）：567-572.
孙伟，陈明，何江林，等，2013a. 西藏羌塘盆地半岛湖地区索瓦组锶同位素组成与演化[J]. 沉积学报，33（2）：265-274.
孙伟，陈明，何江林，等，2015. 羌塘盆地半岛湖地区上侏罗—下白垩统礁灰岩地球化学特征和成岩流体性质[J]. 矿物岩石，35（2）：32-39.
谭富文，王剑，付修根，等，2009. 藏北羌塘盆地基底变质岩的锆石 SHRIMP 年龄及其地质意义[J]. 岩石学报，25（1）：139-146.
谭富文，王剑，李永铁，等，2004. 羌塘盆地侏罗纪末—早白垩世沉积特征与地层问题[J]. 中国地质，31（4）：400-405.
谭富文，王剑，王小龙，等，2003. 藏北羌塘盆地上侏罗统中硅化木的发现及意义[J]. 地质通报，22（11-12）：956-958.
万友利，王剑，付修根，等，2018. 羌塘盆地南部古油藏带布曲组白云岩地球化学特征及成因机制[J]. 成都理工大学学报（自然科学版），45（2）：129-141.
王成善，李亚林，李永铁，2006. 青藏高原油气资源远景评价问题[J]. 石油学报，27（4）：1-7.
王成善，伊海生，李勇，等，2001. 羌塘盆地地质演化与油气远景评价[M]. 北京：地质出版社.
王成善，伊海生，刘池洋，等，2004. 西藏羌塘盆地古油藏发现及其意义[J]. 石油与天然气地质，25（2）：139-143.
王国芝，王成善，2001. 西藏羌塘基底变质岩系的解体和时代厘定[J]. 中国科学 D 辑：地球科学，31（增刊）：77-82.
王剑，丁俊，王成善，等，2009. 青藏高原油气资源战略选区调查与评价[M]. 北京：地质出版社.
王剑，付修根，陈文西，等，2008. 北羌塘沃若山地区火山岩年代学及区域地球化学对比 —— 对晚三叠世火山-沉积事件的启示[J]. 中国科学 D 辑：地球科学， 38（1）：33-43.
王剑，付修根，杜安道，等，2007b. 藏北羌塘盆地胜利河油页岩地球化学特征及 Re-Os 定年[J]. 海相油

气地质，12（3）：21-26.
王剑，付修根，谭富文，等，2010. 羌塘中生代（T_3-K_1）盆地演化新模式[J]. 沉积学报，28（5）：884-893.
王剑，谭富文，李亚林，等，2004. 青藏高原重点沉积盆地油气资源潜力分析[M]. 北京：地质出版社.
王剑，汪正江，陈文西，等，2007a. 藏北北羌塘盆地那底岗日组时代归属的新证据[J]. 地质通报，26（4）：404-409.
王希斌，鲍佩声，邓万明，等，1987. 西藏蛇绿岩[M]. 北京：地质出版社.
吴珍汉，刘志伟，赵珍，等，2016. 羌塘盆地隆鄂尼—昂达尔错古油藏逆冲推覆构造隆升[J]. 地质学报，90（4）：615-627.
西藏区域地质调查队，1986. 1∶100 万改则幅区域地质调查报告[R].
西藏自治区地质调查院，2003. 中华人民共和国 1∶25 万兹格塘错幅区域地质调查报告[R].
西藏自治区地质调查院，2005. 中华人民共和国 1∶25 万改则县幅、日干配错幅区域地质调查报告[R].
新疆维吾尔自治区地质调查院. 2005. 中华人民共和国 1∶25 万玛尔盖茶卡幅、玉帽山幅、岗扎日幅区域地质调查报告[R].
徐传建，徐自生，杨志成，等，2004. 复电阻率（CR）法探测油气藏的应用效果[J]. 石油地球物理进展，39（增刊）：31-35.
伊海生，陈志勇，季长军，等，2014. 羌塘盆地南部地区布曲组砂糖状白云岩埋藏成因的新证据[J]. 岩石学报，30（3）：737-782.
伊海生，王成善，林金辉，等，2005. 藏北安多地区侏罗纪菊石动物群及其古地理意义[J]. 地质通报，24（1）：41-47.
宜昌地质矿产研究所，2003. 中华人民共和国 1∶25 万赤布张错幅区域地质调查报告[R].
宜昌地质矿产研究所，2004. 中华人民共和国 1∶25 万直根尕卡幅区域地质调查报告[R].
易积正，邓光辉，张修富，1996. 藏北羌塘盆地成油气地质条件探讨[J].地球科学，21（2）：141-146.
尹集祥，1997. 青藏高原及邻区冈瓦纳相地层地质学[M]. 北京：地质出版社.
张旗，周国庆，2001. 中国蛇绿岩[M]. 北京：科学出版社.
赵文津，赵逊，史大年，等，2002. 喜马拉雅和青藏高原深剖面（INDEPTH）研究进展[J]. 地质通报，21（11）：691-700.
赵政璋，李永铁，叶和飞，等，2001a. 青藏高原大地构造特征及盆地演化[M]. 北京：科学出版社.
赵政璋，李永铁，叶和飞，等，2001b. 青藏高原海相烃源层的油气生成[M]. 北京：科学出版社.
赵政璋，李永铁，叶和飞，等，2001c. 青藏高原地层[M]. 北京：科学出版社.
赵政璋，李永铁，叶和飞，等，2001d. 青藏高原羌塘盆地石油地质[M]. 北京：科学出版社.
赵政璋，李永铁，叶和飞，等，2001e. 青藏高原中生界沉积相及油气储盖层特征[M]. 北京：科学出版社.
中国地质大学（北京），2004. 中华人民共和国 1∶25 万安多县幅区域地质调查报告[R].
中国地质大学（武汉），2005. 中华人民共和国 1∶25 万库赛湖幅、不冻泉幅区域地质调查报告[R].
周祥，1984. 西藏板块构造-建造图及说明书[M]. 北京：地质出版社.
Dewey J F，Shackleton R M，常承法，等，1990. 青藏高原的构造演化（中英青藏高原综合地质考察报告）[M]. 北京：科学出版社.
Fu X G，Wang J，Qu W J，et al.，2008. Re-Os（ICP-MS）dating of marine oil shale in the Qiangtang Basin，northern Tibet，China[J]. Oil Shale，25：47-55.
Fu X G，Wang J，Tan F W，et al.，2010. The Late Triassic riftrelated volcanic rocks from eastern Qiangtang，northern Tibet（China）：Age and tectonic implications[J]. Gondwana Research，17：135-144.
Fu X G，Wang J，Zeng Y H，et al.，2011. Geochemistry and origin of rare earth elements（REEs）in the Shengli River oil shale，northern Tibet，China[J]. Chemie Der Erde-Geochemistry，71：21-30.
Girardeau J，Marcoux J，Allegre C J，et al.，1984. Tectonic environment and geodynamic significance of the

Neo-Cimmerian Donqiao Ophiolite，Bangong-Nujiang suture zone，Tibet[J]. Nature，307：27-31.

Haines S S，Klemperer S L，Brown L，2003. INDEPTH Ⅲ seismic data：From surface observations to deep crustal processes in Tibet[J]. Tectonics，22：1001.

Kapp P，Michael A. Murphy A Y，et al.，2003. Mesozoic and Cenozoic tectonic evolution of the Shiquanhe area of western Tibet[J]. Tectonics，22（4）：1-9.

Liu W L，Xia B，Zhong Y，et al.，2014. Age and composition of the Rebang Co and Julu ophiolites，central Tibet：Implications for the evolution of the Bangong Meso-Tethys[J]. International Geology Review，56：430-447.

Metcalfe I，2013. Gondwana dispersion and Asian accretion：Tectonic and palaeogeographic evolution of eastern Tethys[J]. Journal of Asian Earth Sciences，66：1-33.

Pan G T，Wang L Q，Li R S，et al.，2012. Tectonic evolution of the Qinghai-Tibet Plateau[J]. Journal of Asian Earth Sciences，53：3-14.

Pearce J A，Deng W. 1990. The ophiolites of the Tibet geotraverse，Lhasa to Golmud（1985）and Lhasa to Kathmandu（1986）[J]. Philosophical Transactions of the Royal Society，A，327：215-238.

Song P P，Ding L，Li Z Y，et al.，2015. Late Triassic paleolatitude of the Qiangtang block：Implications for the closure of the Paleo-Tethys Ocean[J]. Earth and Planetary Science Letters，424：69-83.

Zhang K J，Zhang Y X，Tang X C，et al.，2012. Late Mesozoic tectonic evolution and growth of the Tibetan plateau prior to the Indo-Asian collision[J]. Earth-Science Reviews，114：236-249.

Zhou M F，Malpas J，Robinson P T，et al.，1997. The dynamothermal aureole of the Donqiao ophiolite（northern Tibet）[J]. Canadian Journal of Earth Sciences，34（1）：59-65.

Zhu D C，Zhao Z D，Niu Y L，et al.，2013. The origin and pre-Cenozoic evolution of the Tibetan Plateau[J]. Gondwana Research，23：1429-1454.